中文版

# AutoCAD
## 2015 室内设计
### 从入门到精通

王兆丰 侯立丽 厉晓飞 / 编著

中国铁道出版社
CHINA RAILWAY PUBLISHING HOUSE

# 内 容 简 介

本书详细介绍了使用 AutoCAD 2015 绘制各种常见室内设计图纸的方法和技巧。主要内容包括：室内设计必备知识，初识 AutoCAD 2015，绘图辅助功能的设置与操作，二维图形，二维图形的编辑与修改，图层的管理与设置，文字、表格的创建与编辑，尺寸标注的设置与创建，图块、设计中心和外部参照，文件布局、打印与输出，以及室内平面图、立面图、天花、详图和照明图纸的绘制。

附带光盘中提供了书中实例的 DWG 文件和演示实例制作过程的语音视频教学文件。

本书内容翔实、图文并茂、语言简洁、思路清晰、实例丰富，是初学者和技术人员学习 AutoCAD 室内设计的理想参考书，也可作为大中专院校和社会培训机构室内设计、环艺设计及相关专业的教材使用。

## 图书在版编目（CIP）数据

中文版 AutoCAD 2015 室内设计从入门到精通 / 王兆丰，侯立丽，厉晓飞编著. —北京 ： 中国铁道出版社，2014.11

ISBN 978-7-113-19274-7

Ⅰ．①中… Ⅱ．①王… ②侯… ③厉… Ⅲ．①室内装饰设计—计算机辅助设计—AutoCAD 软件 Ⅳ. ①TU238-39

中国版本图书馆 CIP 数据核字（2014）第 216938 号

| | |
|---|---|
| 书　　　名：中文版 AutoCAD 2015 室内设计从入门到精通 | |
| 作　　　者：王兆丰　侯立丽　厉晓飞　编著 | |
| 责任编辑：于先军 | 读者热线电话：010-63560056 |
| 责任印制：赵星辰 | 封面设计：多宝格 |
| 特邀编辑：刘聪玲 | |

出版发行：中国铁道出版社（北京市西城区右安门西街 8 号　邮政编码：100054）

印　　　刷：三河市兴达印务有限公司

版　　　次：2014 年 11 月第 1 版　　2014 年 11 月第 1 次印刷

开　　　本：787mm×1092mm　　1/16　　印张：27.75　　字数：655 千

书　　　号：ISBN 978-7-113-19274-7

定　　　价：59.80 元（附赠 1DVD）

# 前　言

　　AutoCAD 是美国 Autodesk 公司推出的，集二维绘图、三维设计、渲染及通用数据库管理和互联网通信功能于一体的计算机辅助绘图软件包。自 1982 年推出以来，从最初的 1.0 版本，经多次版本更新和性能完善，现已发展到 AutoCAD 2015。目前，AutoCAD 不仅在机械、电子、建筑等工程设计领域得到了大规模的应用，而且在地理、气象、航海等特殊图形的绘制，甚至在乐谱、灯光、幻灯、广告等其他领域也得到了广泛的应用。AutoCAD 已成为 CAD 系统中应用最为广泛和普及的一款图形软件。

　　本书的执笔作者均系各高校多年从事室内设计教学与研究的教师和一线资深 CAD 设计师，他们具有丰富的教学实践经验、设计经验。多年的教学工作和设计工作使他们能够准确地把握读者的学习心理与实际岗位需求。在本书中，处处凝结着作者的经验与体会，贯彻着他们的教学思想和设计理念，希望能够给广大读者的学习起到抛砖引玉的作用，并提供学习有效的捷径。

## 本书内容

　　本书以循序渐进的方式，全面介绍了 AutoCAD 2015 中文版的基本操作和功能，详尽说明了各种工具的使用及创建技巧。本书实例丰富、步骤清晰，与实践结合非常密切。主要内容包括：室内设计必备知识，初识 AutoCAD 2015，绘图辅助功能的设置与操作，二维图形，二维图形的编辑与修改，图层的管理与设置，文字、表格的创建与编辑，尺寸标注的设置与创建，图块、设计中心和外部参照，文件布局、打印与输出，以及室内平面图、立面图、天花、详图和照明图纸的绘制。

## 本书特色

本书主要有以下几大优点：

- 内容全面，几乎覆盖了 AutoCAD 2015 中文版的所有常用选项和命令。
- 语言通俗易懂，讲解清晰，前后呼应，以最小的篇幅、最易读懂的语言来讲述每一项功能和每一个实例。
- 实例丰富，技术含量高，与实践紧密结合。每一个实例都倾注了作者多年的实践经验，每一个功能都经过了技术认证。
- 版面美观，图例清晰，并具有针对性。每一个图例都经过作者精心策划和编辑。只要仔细阅读本书，就能从中学到很多知识和技巧。

## 关于光盘

本书附赠光盘中提供了书中实例的 DWG 文件和演示实例制作过程的语音视频教学文件。

## 读者对象

- AutoCAD 初学者。
- 室内设计及相关行业的从业人员。
- 大中专院校和社会培训机构室内设计、环艺设计及相关专业的学员。

本书主要由河北农业大学艺术学院的王兆丰、侯立丽，河北大学艺术学院的厉晓飞老师编写，其中王兆丰负责编写第 1 章～第 7 章,侯立丽负责编写第 8 章～第 12 章,厉晓飞负责编写第 13 章～第 16 章。在编写过程中得到了同事和朋友的大力支持和帮助，在此一并表示感谢。由于作者水平有限，书中存在的疏漏和错误之处，敬请读者批评指正。

编 者

2014 年 10 月

CONTENTS

# 目 录

# 第 1 章
# 室内设计必备知识

人的一生，绝大部分时间是在室内度过的。因此，人们设计、创造的室内环境，必然会直接关系到室内生活及生产活动的质量，关系到人们的安全、健康、效率和舒适等。

## 1.1 室内设计的基本理论

室内设计，顾名思义是对建筑物室内空间环境的设计，是建筑设计的延续、深化和再创作。

室内环境的创造，应该把保障安全和有利于人们的身心健康作为室内设计的重要前提。人们对于室内环境除了有使用功能、冷暖光照等物质功能方面的要求之外，还要与建筑物的类型和风格相适应，符合人们精神生活的要求。

### 1.1.1 室内设计的定义与内容

本节首先来了解一下室内设计的定义和设计的内容。

#### 1. 室内设计的定义

室内设计是根据建筑物的使用性质、所处环境和相应标准，运用物质技术手段和建筑美学原理，创造功能合理、舒适优美、满足人们物质和精神生活需要的室内环境。这一空间环境既具有使用价值，满足相应的功能要求，同时也反映了历史文脉、建筑风格和环境气氛等精神因素。

由于人们长时间地生活、活动于室内，因此，现代室内设计，或称室内环境设计，是环境设计系列中与人们关系最为密切的环节。室内设计的总体（包括艺术风格），从宏观来看，往往能从一个侧面反映相应时期社会物质和精神生活的特征。随着社会的发展，历代的室内设计总是具有时代的印记，犹如一部无字的史书，这是由于室内设计从设计构思、施工工艺、装修、装饰材料到内部设施，必然与社会当时的物质生产水平、社会文化和精神生活状况联系在一起。在室内空间组织、平面布局和装饰处理等方面，从总体来说，也与当时的哲学思想、美学观点、社会经济和民俗民风等密切相关。从微观的、单个的作品来看，室内设计水平的高低及质量的优劣又都与设计者的专业素质和文化艺术素养等联系在一起。以至于各个单项设计最终实施后，其成果的品位又与该项工程具体的施工技术、用材质量、设施配置情况，以及与建设者（即业主）的协调关系密切相关，即设计是具有决定意义的最关键的环节和前提，但最终成果的质量则有赖于设计—施工—用材（包括设施），以及与业主关系的整体协调。

上述含义中，明确地把"创造满足人们物质和精神生活需要的室内环境"作为室内设计的目的，即以人为本，一切为人们的生活、生产活动创造美好的室内环境而服务。

### 2．室内设计依据因素

- 使用性质——建筑物和室内空间的功能设计要求。
- 所在场所——建筑物和室内空间的周围环境状况。
- 经济投入——相应工程项目的总投资和单方造价标准的控制。

在设计构思时，需要运用物质技术手段，即各类装修装饰材料和设施设备等，还需要遵循建筑美学原理。这是因为室内设计的艺术性，除了有与绘画、雕塑等艺术之间共同的美学法则（如对称、均衡、比例、节奏等）之外，作为"建筑美学"更需要综合考虑使用功能、结构施工、材料设备和造价标准等多种因素。建筑美学总是与实用、技术和经济等因素联系在一起，这是它有别于绘画、雕塑等纯艺术的差异所在。

现代室内设计既有很高的艺术性要求，涉及文化、人文及社会学科，其设计的内容又有很高的技术含量，并且与一些新兴学科，如人体工程学、环境心理学和环境物理学等关系极为密切。现代室内设计已经在环境设计系列中发展成为独立的新兴学科。

对室内设计含义的理解，以及它与建筑设计的关系，许多学者从不同的视角及不同的侧重点来分析，有不少见解深刻、值得人们仔细思考和借鉴的观点。例如，认为室内设计"是建筑设计的继续和深化，是室内空间和环境的再创造"；认为室内设计"是建筑的灵魂，是人与环境的联系，是人类艺术与物质文明的结合"。

我国建筑师戴念慈先生认为，"建筑设计的出发点和着眼点是内涵的建筑空间，把空间效果作为建筑艺术追求的目标，而界面和门窗是构成空间必要的从属部分。从属部分是构成空间的物质基础，并对内涵空间使用的观感起决定性作用，然而毕竟是从属部分。至于外形只是构成内涵空间的必然结果"。

日本千叶工业大学的小原二郎教授提出："所谓室内，是指建筑的内部空间。"现在"室内"一词的意义应该理解为既指单纯的空间，也指从室内装饰发展而来的规划、设计的"内容"，其范围极其广泛，以住宅为首，不仅包括写字楼、学校、图书馆、医院、美术馆、旅馆和商店等各种建筑，甚至扩展到机车、汽车、飞机和船舶等领域。以上诸方面各具有不同的条件功能和技术要求。

如本节上述含义，现代室内设计是综合的室内环境设计，它既包括视觉环境和工程技术方面的问题，也包括声、光和热等物理环境，以及氛围、意境等心理环境和文化内涵等内容。

### 3．室内设计师的工作

首先，能识别、探索和创造性地解决有关室内环境的功能和质量方面的问题。

其次，能运用室内构造、建筑体系与构成、建筑法规、设备、材料和装潢等方面的专业知识，为业主提供与室内空间相关的服务，包括立项、设计分析、空间策划与美学处理等。

最后，能提供与室内空间设计有关的图纸文件，其设计应该以提高和保护公众的健康、安全、福利为目标。

提　示

对室内设计的概念要理解清晰，对设计师的工作范围需要明确。

## 1.1.2　室内设计的基本理念

现代室内设计从创造符合可持续发展，满足功能、经济和美学原则并体现时代精神的室内环境出发，需要确定以下一些基本理念。

### 1. 环境为源，以人为本

现代室内设计，这一创造人工环境的设计、选材、施工过程，甚至延伸到后期使用、维护和更新的整个活动过程，理应充分重视环境的可持续发展、环境保护、生态平衡、资源和能源的节约等现代社会的准则，也就是室内设计以"环境为源"的理念。

可持续发展（Sustainable Development）一词最早是在 20 世纪 80 年代中期欧洲的一些发达国家提出来的。1989 年 5 月，联合国环境署发表了《关于可持续发展的声明》，提出"可持续发展是指满足当前需要而不削弱子孙后代满足其需要之能力的发展"。1993 年联合国教科文组织和国际建筑师协会共同召开了"为可持续的未来进行设计"的世界大会，其主题为各类人为活动应重视有利于今后在生态、环境、能源和土地利用等方面的可持续发展。联系到现代室内环境的设计和创造，设计者绝不可急功近利，只顾眼前，而要确立节能、充分节约与利用室内空间，力求运用无污染的"绿色装饰材料"，以及创造人与环境相协调的观点。

"以人为本"的理念就是在设计中以满足人和人际活动的需要为核心。

"为人服务，这正是室内设计社会功能的基石。"室内设计的目的是通过创造室内空间环境为人服务，设计者始终需要把人对室内环境的需求，包括物质使用和精神享受两方面放在设计的首位。由于设计的过程中矛盾错综复杂，问题千头万绪，设计者需要清醒地认识到要将以人为本，为人服务，确保人们的安全和身心健康，满足人和人际活动的需要作为设计的核心。为人服务这一真理虽平凡，但在设计时往往会有意无意地因过多局部因素的考虑而被忽视。

现代室内设计需要满足人们的生理、心理等要求，需要综合地处理人与环境、人际交往等多项关系，需要在为人服务的前提下，综合解决使用功能、经济效益、舒适美观和环境氛围等问题。设计及实施的过程中还会涉及材料、设备、定额、法规，以及与施工管理的协调等诸多问题。所以现代室内设计是一项综合性极强的系统工程，而现代室内设计的出发点和归宿只能是为人和人际活动服务。

从为人服务这一"功能的基石"出发，需要设计者细致入微、设身处地地为人们创造美的室内环境。因此，现代室内设计特别重视人体工程学、环境心理学和审美心理学等方面的研究，用以科学地、深入地了解人们的生理特点、行为心理和视觉感受等方面对室内环境的设计要求。

针对不同的人及不同的使用对象，相应地应该有不同的要求。例如，幼儿园室内的窗户考虑到适应幼儿的尺度，窗台高度由通常的 900～1 000mm 降至 450～550mm，楼梯踏步的高度也在 12cm 左右，并设置适应儿童和成人尺度的两档扶手；一些公共建筑应顾及残疾人的通行和活动，在室内外高差、垂直交通、卫生间和盥洗室等许多方面应做无障碍设计，如图 1-1 所示；近年来，地下空间的疏散设计，如上海的地铁车站，考虑到活动反应较迟缓的人们的安全疏散，在紧急疏散时间的计算公式中，引入了为这些人安全疏散多留 1 分钟的疏散时间余地。上面的 3 个例子，着重是从儿童、老年人和残疾人等弱势群体的行为生理特点来考虑的。

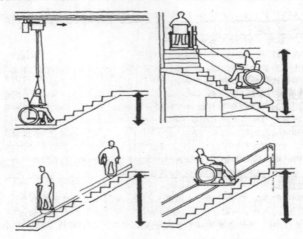

图 1-1　解决垂直高差楼梯中的无障碍设计

　　在室内空间的组织、色彩和照明的选用，以及相应的室内环境氛围的烘托等方面，更需要研究人们的行为心理和视觉感受方面的要求。例如，教堂高耸的室内空间有神秘感，会议厅规整的室内空间有庄严感，而娱乐场所绚丽的色彩和缤纷闪烁的照明给人愉悦的心理感受。应该充分运用现时可行的物质技术手段和相应的经济条件，创造出满足人和人际活动所需的室内人工环境，如图 1-2 所示。

高耸神秘的教堂　　　　（b）宜人的餐饮场所　　　　（c）温馨的居室

图 1-2　不同室内空间氛围给予人们不同的心理视觉感受

　　遵循"环境为源，以人为本"的理念，首先强调尊重自然规律，顺应环境发展，注重人为活动与自然发展的融洽和协调。"环境为源，以人为本"正是演绎我国传统哲学"天人合一"的观念。

### 2．系统与整体的设计观

　　现代室内设计需要确定"系统与整体的设计观"，这是因为室内设计确实紧密地、有机地联系着方方面面。白俄罗斯建筑师 E·巴诺玛列娃曾提到："室内设计是一项系统，它与下列因素有关，即整体功能特点、自然气候条件、城市建设状况和所在位置，以及地区文化传统和工程建造方式等。"环境整体意识薄弱，"关起门来做设计"，容易使创作的室内设计缺乏深度，没有内涵。当然，使用性质不同、功能特点各异的设计任务，相应地对环境系列中各项内容联系的紧密程度也有所不同。但是，从人们对室内环境的物质和精神两方面的综合感受来说，仍然应该强调对环境整体予以充分重视。

现代室内设计的立意、构思、室内风格和环境氛围的创造，需要着眼于对环境整体、文化特征，以及建筑物的功能特点等方面的考虑。现代室内设计，从整体观念上来理解，应该看成是环境设计系列的"链中一环"，如图 1-3 所示。

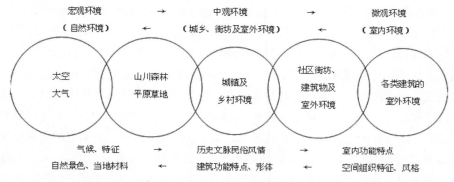

图 1-3　室内设计——环境设计系列的"链中一环"

室内设计的"里"与室外环境的"外"（包括自然环境、文化特征和所在位置等），可以说是一对相辅相成、辩证统一的矛盾，正是为了更深入地做好室内设计，就更加需要对环境整体有足够的了解和分析。着手于室内，但首先要着眼于"室外"。当前室内设计的弊病之一是相互类同，很少有创新和个性，对环境整体缺乏必要的了解和研究，从而使设计的依据流于一般，设计构思局限封闭。看来，忽视环境与室内设计关系的分析，也是重要的原因之一。

室内环境设计即现代室内设计，这里的"环境"着重有两层含义：

一层含义是，在室内设计时固然需要重视视觉环境的设计，但是对室内声、光和热等物理环境，空气质量环境，以及心理环境等因素也应极为重视。因为人们对室内环境是否舒适的感受总是综合的。一个闷热、背景噪声很高的室内，即使看上去很漂亮，身处其间也很难给人愉悦的感受。

另一层含义是，应把室内设计看成"自然环境—城乡环境（包括历史文脉）—社区街坊、建筑室外环境—室内环境"这一环境系列的有机组成部分，是"链中一环"，是一个系统，当然，它们相互之间有许多前因后果或相互制约和提示的因素存在。

### 3．科学性与艺术性相结合

现代室内设计的又一个基本理念是在创造室内环境中高度重视科学性，高度重视艺术性及其相互的结合。从建筑和室内发展的历史来看，具有创新精神的新风格的兴起，总与社会生产力的发展相适应。社会生活和科学技术的进步，人们价值观和审美观的改变，促使室内设计必须充分重视并积极运用当代科学技术的成果，包括新型材料、结构构成和施工工艺，以及为创造良好声、光和热环境的设施及设备。现代室内设计的科学性，除了在设计观念上需要进一步确立以外，在设计方法和表现手段等方面，也日益受到重视。设计者已开始用科学的方法分析、确定室内物理环境和心理环境的优劣，并已运用电子计算技术辅助设计和绘图。贝聿铭先生早在 20 世纪 80 年代来华讲学时所展示的华盛顿艺术东馆室内透视的比较方案，就是电子计算机绘制的，这些精确绘制的非直角的形体和空间关系，极为细致、真实地表达了室内空间的视觉形象。

一方面需要充分重视科学性，另一方面又需要充分重视艺术性。在重视物质技术手段的同时，高度重视建筑美学原理，重视创造具有表现力和感染力的室内空间及形象，创造具有视觉愉悦感和文化内涵的室内环境，使生活在现代社会高科技、高节奏中的人们，在心理和精神上得到平衡，即将现代建筑和室内设计中的高科技（High-tech）和高感情（High-touch）有机结合。总之，室内设计是科学性与艺术性、生理要求与心理要求，以及物质因素与精神因素的综合。

在具体工程设计时，会遇到不同类型和功能特点的室内环境（生产性或生活性、行政办公或文化娱乐，以及居住性或纪念性等），对待上述两个方面的具体处理可能会有所侧重，但从宏观整体的设计观念出发，仍然需要将两者结合。科学性与艺术性两者决不是割裂的或者对立的，而是可以密切结合的。意大利设计师 P·奈尔维（P·Nevi）设计的罗马小体育宫和都灵展览馆，以及尼迈亚设计的巴西利亚菲特拉教堂，其屋顶的造型既符合钢筋混凝土和钢丝网水泥的结构受力要求，结构的构成和构件本身又极具艺术表现力，如图 1-4 所示；荷兰鹿特丹办理工程审批的市政办公楼，室内拱形顶的走廊结合顶部采光，不做装饰的梁柱处理，在办公建筑中很好地体现了科学性与艺术性的结合，如图 1-5 所示。

 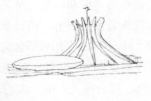 

（a）教堂内景　　　（b）教堂外景

图 1-4　巴西利亚菲特拉教堂

图 1-5　鹿特丹市政厅结合顶部采光的拱形顶走廊

### 4．时代感与历史文脉并重

从宏观整体看，正如前述，建筑物和室内环境总是从一个侧面反映当代社会物质生活和精神生活的特征，铭刻着时代的印记，但是现代室内设计更需要强调自觉在设计中体现时代精神，主动考虑满足当代社会生产活动和行为模式的需要，分析具有时代精神的价值观和审美观，积极采用当代物质技术手段。

同时，人类社会的发展，不论是物质技术的，还是精神文化的，都具有历史延续性。在室内设计中，在生活居住、旅游休闲和文化娱乐等类型的室内环境里，都有可能因地制宜地采取具有民族特点、地方风情、乡土风味，以及充分考虑历史文化的延续和发展的设计手法。应该指出，这里所说的历史文化，并不能简单地只从形式和符号来理解，而是广义地涉及规划思想、平面布局和空间组织特征，甚至设计中的哲学思想和观点。日本著名建筑师丹下健三为东京奥运会设计的代代木国立竞技馆，是一座采用悬索结构的现代体育馆，但从建筑形体和室内空间的整体效果来看，确实可以说它既具有时代精神，又具有日本建筑风格的某些内在特征，如图 1-6 所示。

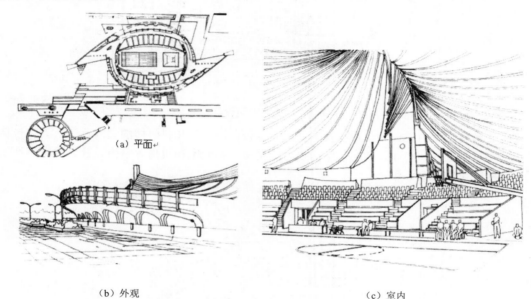

（a）平面

（b）外观　　　　　　　　　　　　　　　（c）室内

图 1-6　日本东京代代木国立竞技馆

 提 示

室内设计的基本理念是设计的依据，是室内设计的理论基础。

## 1.1.3　室内设计的分类

根据建筑物的使用功能，室内设计可分为居住建筑室内设计、公共建筑室内设计、工业建筑室内设计和农业建筑室内设计。

### 1. 居住建筑室内设计

居住建筑室内设计主要涉及住宅、公寓和宿舍的室内设计，具体包括前室、起居室、餐厅、书房、工作室、卧室、厨房和浴厕设计。

### 2. 公共建筑室内设计

公共建筑室内设计主要包括以下几个方面。
- 旅游建筑室内设计。主要涉及宾馆、度假村、疗养院和小型旅馆等，具体包括大堂、客房、餐厅、宴会厅、酒吧、舞厅、健身房、保龄球馆和桑拿浴室等室内设计。酒吧设计平面效果如图 1-7 所示。

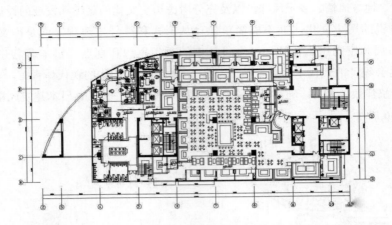

图 1-7　酒吧平面设计

- 文教建筑室内设计。主要涉及幼儿园、学校、图书馆和科研楼的室内设计，具体包括门厅、过厅、中厅、教室、活动室、阅览室、实验室和机房等室内设计。教室设计平面效果如图 1-8 所示。

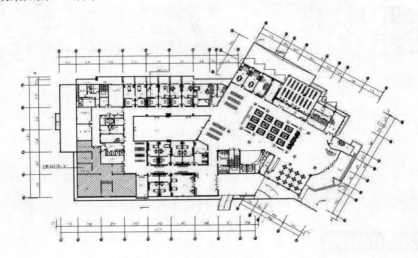

图 1-8　教室平面设计

- 医疗建筑室内设计。主要涉及医院、社区诊所及疗养院的建筑室内设计，具体包括门诊室、检查室、手术室和病房的室内设计。
- 办公建筑室内设计。主要涉及行政办公楼和商业办公楼内部的办公室、会议室，以及报告厅的室内设计。
- 商业建筑室内设计。主要涉及商场、便利店和餐饮建筑的室内设计，具体包括营业厅、专卖店、酒吧、茶室和餐厅的室内设计。
- 观演建筑室内设计。主要涉及剧院、影视厅、电影院和音乐厅等建筑的室内设计，具体包括观众厅、排演厅和化妆间等的设计。
- 展览建筑室内设计。主要涉及各种美术馆、展览馆和博物馆的室内设计，具体包括展厅和展廊的室内设计。

- 娱乐建筑室内设计。主要涉及各种舞厅、歌厅、KTV 和游艺厅的建筑室内设计。
- 体育建筑室内设计。主要涉及各种类型的体育馆和游泳馆的室内设计，具体包括用于不同体育项目的比赛和训练厅，以及配套的辅助用房的设计。体育馆平面效果如图 1-9 所示。

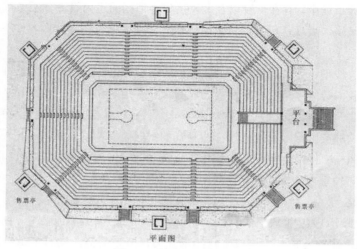

图 1-9　体育馆平面设计

- 交通建筑室内设计。主要涉及公路、铁路、水路、民航的车站、候机楼和码头建筑，具体包括候机厅、候车室、候船厅和售票厅等的室内设计。

### 3．工业建筑室内设计

工业建筑室内设计主要涉及各类厂房的车间和生活间，以及辅助用房的室内设计。厂房车间平面效果如图 1-10 所示。

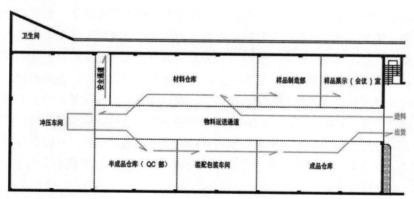

图 1-10　厂房车间平面设计

### 4．农业建筑室内设计

农业建筑室内设计主要涉及各类农业生产用房，如种植暖房、饲养房的室内设计。

 提　示

不同的室内设计有相应的表达方式，分清室内设计的分类是进行室内设计的基础。

## 1.1.4 关于室内设计分类及流派的一些说明

### 1. 关于室内设计分类的说明

在当前的设计市场中，存在一种以艺术风格作为依据的室内设计分类方式，即业界常说的传统风格、现代风格、后现代风格、自然风格和混合型风格等，具体内容如下。

（1）传统风格

在室内布置、线型、色调，以及家具、陈设的造型等方面，吸取传统装饰"形"、"神"的特征。例如吸取我国传统木构架建筑室内的藻井天棚、挂落和雀替的构成和装饰，明、清家具造型和款式特征。又如西方传统风格中仿罗马风、哥特式、文艺复兴式、巴洛克、洛可可和古典主义等，如仿欧洲英国维多利亚或法国路易式的室内装潢和家具款式。此外，还有日本传统风格、印度传统风格、伊斯兰传统风格和北非城堡风格等。传统风格常给人们以历史延续和地域文脉的感受，它使室内环境突出了民族文化渊源的形象特征。

（2）现代风格

现代风格起源于 1919 年成立的鲍豪斯学派，该学派强调突破旧传统，创造新建筑，重视功能和空间组织，注意发挥结构构成本身的形式美，造型简洁，反对多余装饰，崇尚合理的构成工艺，尊重材料的性能，讲究材料自身的质地和色彩的配置效果，发展了非传统的以功能布局为依据的不对称的构图手法。鲍豪斯学派重视实际的工艺制作，强调设计与工业生产的联系。

（3）后现代风格

后现代主义一词最早出现在西班牙作家德·奥尼斯 1934 年出版的《西班牙与西班牙语类诗选》一书中，用来描述现代主义内部发生的逆动，特别有一种现代主义纯理性的逆反心理，即为后现代风格。20 世纪 50 年代，美国在所谓现代主义衰落的情况下，也逐渐形成后现代主义的文化思潮。受 20 世纪 60 年代兴起的大众艺术的影响，后现代风格是对现代风格中纯理性主义倾向的批判，后现代风格强调建筑及室内装潢应具有历史的延续性，但又不拘泥于传统的逻辑思维方式，探索创新造型手法，讲究人情味，常在室内设置夸张、变形的柱式和断裂的拱券，或把古典构件的抽象形式以新的手法组合在一起，即采用非传统的混合、叠加、错位和裂变等手段，以及象征、隐喻等手法，以期创造一种融感性与理性、集传统与现代、揉大众与行家于一体的即"亦此亦彼"的建筑形象与室内环境。关于后现代风格，不能仅仅以所看到的视觉形象来评价，需要我们透过形象从设计思想来分析。后现代风格的代表人物有 P·约翰逊、R·文丘里和 M·格雷夫斯等。

（4）自然风格

自然风格倡导"回归自然"，在美学上推崇自然、结合自然，这样才能在当今高科技、高节奏的社会生活中，使人们能取得生理和心理的平衡，因此室内多用木料、织物和石材等天然材料，显示材料的纹理，清新淡雅。此外，由于其宗旨和手法的类同，也可把田园风格归入自然风格一类。田园风格在室内环境中力求表现悠闲、舒畅和自然的田园生活情趣，也常运用天然木、石、藤和竹等材质质朴的纹理，巧于设置室内绿化，创造自然、简朴、高雅的氛围。

（5）混合型风格

近年来，建筑设计和室内设计在总体上呈现多元化兼收并蓄的状况。室内布置中也有既趋于现代实用，又吸取传统的特征，在装潢与陈设中融古今中外于一体，例如传统的屏风、摆设和茶几，配以现代风格的墙面及门窗装修、新型的沙发；欧式古典的琉璃灯具和壁面装饰，配以东方传统的家具和埃及的陈设、小物品等。混合型风格虽然在设计中不拘一格，运用多种体例，但设计中仍然是匠心独具，深入推敲形体、色彩和材质等方面的总体构图和视觉效果。

**2．关于室内设计流派的说明**

所谓流派，在这里是指室内设计的艺术派别。现代室内设计从所表现的艺术特点分析，也有多种流派，主要有高技派、光亮派、白色派、新洛可可派、风格派、超现实派、解构主义派和装饰艺术派等。

（1）高技派（或称重技派）

高技派或称重技派，突出当代工业技术成就，并在建筑形体和室内环境设计中加以炫耀，崇尚"机械美"，在室内暴露梁板、网架等结构构件，以及风管、线缆等各种设备和管道，强调工艺技术与时代感。高技派典型的实例有法国巴黎蓬皮杜国家艺术与文化中心、香港中国银行等。

（2）光亮派（或称银色派）

光亮派或称银色派，室内设计中夸耀新型材料及现代加工工艺的精密细致和光亮效果，往往在室内大量采用镜面及平曲面玻璃、不锈钢、磨光的花岗石和大理石等作为装饰面材。在室内环境的照明方面，常使用漫射、折射等各类新型光源和灯具，在金属和镜面材料的烘托下，形成光彩照人、绚丽夺目的室内环境。

（3）白色派

白色派的室内设计朴实无华，室内各界面以至家具等常以白色为基调，简洁明确，例如美国建筑师 R·迈耶设计的史密斯住宅及其室内设计即属此例。R·迈耶白色派的室内设计并不仅仅停留在简化装饰、选用白色等表面处理上，而是具有更为深层的构思内涵，设计师在室内环境设计时，综合考虑了室内活动着的人，以及透过门窗可见的变化着的室外景物。由此，从某种意义上讲，室内环境只是一种活动场所的"背景"，从而在装饰造型和用色上不作过多渲染。

（4）新洛可可派

洛可可原为 18 世纪盛行于欧洲宫廷的一种建筑装饰风格，以精细轻巧和繁复的雕饰为特征。新洛可可继承了洛可可繁复的装饰特点，但装饰造型的"载体"和加工技术却运用现代新型装饰材料和现代工艺手段，从而具有华丽而略显浪漫、传统中仍不失时代气息的装饰氛围。

（5）风格派

风格派起始于 20 世纪 20 年代的荷兰，以画家 P·蒙德里安等为代表，强调"纯造型的表现"，"要从传统及个性崇拜的约束下解放艺术"。风格派认为"把生活环境抽象化，这对人们的生活就是一种真实"。他们对室内装饰和家具经常采用几何形体，以及红、黄、青三原色，间或以黑、灰、白等色彩相配置。风格派的室内，在色彩及造型方面都具有极为鲜明的特征与个性。建筑与室内常以几何方块为基础，对建筑室内外空间采用内部空间与外部空间穿插统一构成一体的手法，并以屋顶、墙面的凹凸和强烈的色彩对块体进行强调。

（6）超现实派

超现实派追求所谓超越现实的艺术效果，在室内布置中常采用异常的空间组织，曲面或具有流动弧形线型的界面，浓重的色彩，变幻莫测的光影，造型奇特的家具与设备，有时还以现代绘画或雕塑来烘托超现实的室内环境气氛。超现实派的室内环境较为适应具有视觉形象特殊要求的某些展览或娱乐的室内空间。

（7）解构主义派

解构主义是 20 世纪 60 年代以法国哲学家 J•德里达为代表所提出的哲学观念，是对 20 世纪前期欧美盛行的结构主义和理论思想传统的质疑与批判。建筑和室内设计中的解构主义派对传统古典、构图规律等均采取否定的态度，强调不受历史文化和传统理性的约束，是一种貌似结构构成解体，突破传统形式构图，用材粗放的流派。

（8）装饰艺术派（或称艺术装饰派）

装饰艺术派起源于 20 世纪 20 年代法国巴黎召开的一次装饰艺术与现代工业国际博览会，后传至美国等各地，如美国早期兴建的一些摩天楼即采用这一流派的手法。装饰艺术派善于运用多层次的几何线型及图案，重点装饰于建筑内外门窗线脚、檐口和建筑腰线，以及顶角线等部位。

 提　示

不同的室内设计有相应的表达方式，分清室内设计的分类，是进行室内设计的基础。

## 1.1.5　室内设计与相关学科

室内设计融科学性和艺术性于一体，是一门综合性学科。作为室内设计人员，应了解与之相关的学科领域，从而掌握大量的信息，并运用到室内设计任务中。

### 1. 室内设计与建筑设计

在多数情况下，室内设计是在建筑设计结束后甚至在建筑建设竣工后才进行的设计阶段，因此室内设计是建筑设计的继续和深化。

首先，室内设计要受到建筑设计已定的建筑空间的约束。要在给定条件下通过艺术处理和技术手段进行室内设计，使其满足业主要求。

其次，室内设计虽是建筑设计的继续与深化，但一些建筑设计并不十分理想，有的甚至存在功能布局的不合理问题。对于此种情况，室内设计要在原有建筑设计的基础上进行适当的改造和再创造。

最后，在建筑物使用的全寿命过程中，部分建筑由于不满足新环境的使用要求而被废弃。此时，室内设计的介入就成为旧建筑的改造和更新利用的重要手段。

除此以外，还有一些建设项目投资大、规模大，属于少量大型性建筑，如大会堂、国家级剧院等，建筑设计人员往往要参考后期室内使用效果进行建筑设计。在此种情况下，建筑设计与室内设计应是同步进行的，且室内设计为建筑设计提供一定的设计依据。建筑设计人员和室内设计人员应充分协调配合，方可创造出建筑和室内设计完美结合的作品。

**2．室内设计与结构工程**

建筑空间中包括主要的结构支撑构件和围护分隔构件，室内设计人员往往会根据使用要求进行内部空间的重构，例如去掉一些墙体，增加一些隔墙，或在适当的位置开设门窗洞口。因此，室内设计人员要具备一定的建筑结构和构造知识，以保证室内空间改造的安全、合理、经济和美观。

**3．室内设计与人体工程学**

人体工程学是研究人体与工程系统及周围环境内在联系的一门独立学科，它科学地研究了人、机器、环境系统在相互作用时如何达到最优化的问题。例如进行厨房设计，在既定的建筑空间内布置家具和电器，要充分考虑到人在厨房内烹饪的一系列活动，如洗涤、取物、切菜、煮饭、配菜、烹饪，以及这些活动所对应的人体活动的范围和尺度。

人体工程学所涉及的范围很广，在室内设计中运用最为深入广泛的是人体尺度及其应用，即将人体工程学在人体尺度方面的研究成果运用到室内设计中，如成年人行、住、坐、卧等一系列活动所需的最小尺度及舒适尺度在室内空间布置中的应用，这些尺度在室内家具陈设设计及布置中的运用等都是室内设计人员经常遇到的问题，合理地运用人体工程学可以提高人在行为活动过程中的舒适度，从而提高效率。因此，人体工程学也是室内设计人员必备的基础理论之一。

**4．室内设计与环境心理学**

环境心理学是研究环境与人的行为之间相互关系的学科，它着重从心理学和行为学的角度出发，探讨人与环境的最优化问题。环境心理学是一门新兴的综合性学科，与人体工程学、人类学、生态学，以及城市规划学、建筑学、室内环境学等学科关系密切。环境心理学非常重视生活于人工环境中人们的心理倾向，把选择环境与创建环境相结合，着重研究环境和行为的关系，怎样进行环境的认知，环境和空间的利用，环境感知和评价，以及在已有环境中人的行为和感觉。

环境心理学的原理在室内设计中的应用面极广，可以协助设计师合理组织空间，设计好界面、色彩和光照，处理好室内环境，使之符合人们的要求。例如：

（1）室内环境设计应符合人们的行为模式和心理特征

在现代大型商场的室内设计中，顾客的购物行为已从单一的购物，发展为购物—游览—休闲—信息—服务等行为。购物要求尽可能接近商品，亲手挑选比较，由此自选及开架布局的商场结合茶座、游乐和托儿等场所应运而生。

（2）认知环境和心理行为模式对组织室内空间的提示

从环境中接受初始刺激的是感觉器官，评价环境或作出相应行为反应判断的是大脑，因此，"可以说对环境的认知是由感觉器官和大脑一起进行工作的"。认知环境结合上述心理行为模式的种种表现，设计者能够比通常单纯从使用功能、人体尺度等为起始的设计依据，有了组织空间、确定其尺度范围和形状，以及选择其光照和色调等更为深刻的提示。

（3）室内环境设计应考虑使用者的个性与环境的相互关系

环境心理学从总体上既肯定人们对外界环境的认知有相同或类似的反应，同时也十分重视使用者对环境设计提出的要求。要充分理解使用者的行为和个性，在塑造环境时予以充分尊重，但也可以适当地动用环境对人的行为的"引导"，对个性的影响，甚至一定程度意义上的"制约"，在设计中辩证地掌握合理的分寸。

综合来看，环境心理学是从环境与人两个侧面进行系统分析，并着眼于相互作用关系，这是从事室内设计专业工作者必备的基础知识。

**5．室内设计与室内装修施工**

室内装修施工是有计划、有目标地完成室内设计图纸中的各项内容，达到室内设计预定效果的施工工艺过程。因此室内设计人员应充分了解室内装修施工的特点，使得设计方案具有可实施性，以确保所设计的内容最后能达到预期的效果。

室内装修是一个施工与设计互动的过程，这就要求室内设计人员要对室内装修工艺、构造和实际所选用的材料及性能有充分的了解，一方面可以保证设计的可实施性，另一方面也可在施工过程中针对出现的问题作出及时的调整。与此同时，室内设计人员还应注意与施工人员的沟通和协调，从而保障设计作品的最优化实施。

 提　示

室内设计和建筑设计的继续与深化，与相关科学有很广泛的联系。

# 1.2　室内设计的基本原则与方法

本节将详细介绍室内设计的基本原则和方法。

## 1.2.1　室内设计的基本原则

室内设计的基本原则主要有以下几个方面：
- 具有使用合理的室内空间组织和平面布局，提供符合使用要求的室内声、光、热效应，以满足室内环境物质功能的需要。
- 具有造型优美的空间构成和界面处理，宜人的光、色和材质配置，符合建筑物风格的环境气氛，以满足室内环境精神功能的需要。
- 采用合理的装修构造和技术措施，选择合适的装饰材料和设施设备，使其具有良好的经济效益。
- 符合安全疏散、防火和卫生等设计规范，遵守与设计任务相适应的有关定额标准。
- 随着时间的推移，考虑具有适应调整室内功能、更新装饰材料和设备的可能性。
- 联系到可持续性发展的要求，室内环境设计应考虑室内环境的节能、节材、防止污染，并注意充分利用和节省室内空间。

从上述室内设计的依据条件和设计要求的内容来看，相应地也对室内设计师应具有的知识和素养提出要求。或者说，应该按下述各项要求的方向去努力提高自己。归纳起来有以下几个方面：

- 建筑单体设计和环境总体设计的基本知识，特别是对建筑单体功能分析、平面布局、空间组织和形体设计的必要知识，具有对总体环境艺术和建筑艺术的理解与素养。
- 具有建筑材料、装饰材料、建筑结构与构造，以及施工技术等建筑材料和建筑技术方面的必要知识。
- 具有对声、光、热等建筑物理，风、水、电等建筑设备的必要知识。
- 对一些学科，如人体工程学、环境心理学等，以及现代计算机技术具有必要的知识和了解。
- 具有较好的艺术素养和设计表达能力，对历史传统、人文民俗和乡土风情等有一定的了解。
- 熟悉有关建筑和室内设计的规章与法规。

 提　示

室内设计的基本原则是评价室内设计好坏的标准。

## 1.2.2　室内设计的思考方法及工作程序

### 1. 室内设计的思考方法

室内设计的思考方法主要有以下几点。

（1）大处着眼，细处着手，总体与细部深入推敲

大处着眼是指室内设计应考虑的几个基本观点。这样，在设计时思考问题和着手设计的起点就高，有一个设计的全局观念。细处着手是指具体进行设计时，必须根据室内的使用性质，深入调查，收集信息，掌握必要的资料和数据，从最基本的人体尺度、人流动线、活动范围和特点，以及家具与设备等的尺寸和使用它们必需的空间等着手。

（2）从里到外，从外到里，局部与整体协调统一

建筑师 A·依可尼可夫说："任何建筑创作，应是内部构成因素和外部联系之间相互作用的结果，也就是'从里到外'、'从外到里'。"室内环境的"里"，以及和这一室内环境连接的其他室内环境，以至建筑室外环境的"外"，它们之间有着相互依存的密切关系，在设计时需要从里到外、从外到里多次反复协调，使设计更趋完善、合理。室内环境需要与建筑整体的性质、标准、风格，以及室外环境相协调统一。

（3）意在笔先或笔意同步，立意与表达并重

意在笔先原指创作绘画时必须先有立意，即深思熟虑，有了"想法"后再动笔，也就是说设计的构思、立意至关重要。可以说，一项设计没有立意就等于没有"灵魂"，设计的难度往往在于要有一个好的构思。具体设计时意在笔先固然好，但是一个较为成熟的构思，往往需要有足够的信息量，有商讨和思考的时间。也可以边动笔边构思，即所谓笔意同步，在设计前期和出方案的过程中使立意、构思逐步明确，但关键仍然是要有一个好的构思。

对于室内设计来说，正确、完整又有表现力地表达出室内环境设计的构思和意图，设计者和评审人员能够通过图纸、模型和说明等全面地了解设计意图，也是非常重要的。在设计投标

竞争中，图纸质量的完整、精确和优美是第一关，因为在设计中，形象毕竟是很重要的一个方面，而图纸表达则是设计者的语言，一个优秀室内设计的内涵和表达也应该是统一的。

**2．室内设计的具体工作方法**

室内设计的具体工作方法，由于设计任务和设计工作的复杂与多面，尚难以系统、有条理地逐一列出，但以下几点仍应在设计具体工作中予以重视。

（1）调查和收集信息

对建设单位的设计任务要求、使用功能特点、环境氛围设想、资金投入与造价标准意向进行调查，同时对室内设计任务所在的周围环境、建筑物、结构构成和设施设备等进行现场勘探、调查和汇总，形成设计的资料依据。

多渠道地收集与设计任务有关的各类技术资料的信息，如通过相关的书籍、杂志，以及约请熟悉同类设计任务的专业人员进行了解咨询，通过网络收集有关的信息等。

（2）设计定位

在通过调查、分析和收集相关资料信息之后，对接受的设计任务作出定位，是非常必要的。这里的"定位"是指：

- 设计任务所处的时代、时间特征，所在的地域、周边地区和室内空间所在的"左邻右舍"情况的"时空定位"。
- 设计任务使用功能特点、使用性质要求的"功能定位"。
- 设计任务和业主期望营造的环境氛围、造型格调的"风格定位"。
- 业主的整体资金投入和单方造价标准的"规模与标准定位"。

（3）相关工种协调

室内设计工作最终设计成果的优劣，设计意图是否具有可操作性，与室内设计和相关的空调、给排水和强弱电气等设施、设备的整体协调关系极为密切。例如，室内空调风口位置、水管和电线的布置等均与室内设计的整体功能效果密切相关，同时与室内声、光、热有关的相应设施、设备的配置与协调，也与风、水、电、设施、设备的配置与协调同等重要，这也是现代室内设计的重要内涵之一。

- 与土建和装修施工的前后期衔接。室内设计既受前期土建工程的制约，如承重结构部位、管道设施的布置等，也要为装修施工提供合理方便、可操作的设计方案。
- 方案比较。室内设计从实际情况分析，往往具有多种应对设计任务的方案，它们总是各有长短和得失，只有通过不同方案的分析比较，才能得出优选的解答。因此，室内设计方案的比较不仅是业主选择最佳作品的需要，也是设计师自身重要的工作方法之一。

**3．室内设计工作程序**

室内设计根据设计的进程，通常可以分为 4 个阶段，即设计准备阶段、方案设计阶段、施工图设计阶段和设计实施阶段。

（1）设计准备阶段

- 设计准备阶段主要是接受委托任务书，签订合同，或者根据标书要求参加投标；明确设计期限并制订设计计划进度安排，考虑各有关工种的配合与协调。
- 明确设计任务和要求，如室内设计任务的使用性质、功能特点、设计规模、等级标准和总造价，根据任务的使用性质所需创造的室内环境氛围、文化内涵或艺术风格等。

- 熟悉设计有关的规范和定额标准，收集分析必要的资料和信息，包括对现场的调查勘探，以及对同类型实例的参观等。
- 在签订合同或制定投标文件时，还包括设计进度安排，设计费率标准，即室内设计收取设计费占室内装饰总投入资金的百分比（通常由设计单位根据任务的性质、要求、设计复杂程度和工作量，提出收取设计费率数，最终与业主商议确定）。

（2）方案设计阶段

方案设计阶段是在设计准备阶段的基础上，进一步收集、分析、运用与设计任务有关的资料和信息，构思立意，进行初步方案设计、深入设计，进行方案的分析与比较。

确定初步设计方案，提供设计文件。室内设计初步设计方案的文件通常包括以下几种：

- 平面图（包括家具布置），常用比例有 1:50、1:100 等。
- 室内立面展开图，常用比例有 1:20、1:50 等。
- 平顶图或仰视图（包括灯具、风口等布置），常用比例有 1:50、1:100 等。
- 室内透视图（彩色效果）。
- 室内装饰材料实样版面（墙纸、地毯、窗帘、室内纺织面料、墙地面砖及石材、木材均用实样，家具、灯具、设备等用实物照片）。
- 设计意图说明和造价概算。

初步设计方案需经审定后，方可进行施工图设计。

（3）施工图设计阶段

施工图设计阶段需要补充施工所必要的有关平面布置、室内立面和平顶等图纸，还需包括构造节点详图、细部大样图，以及设备管线图，编制施工说明和造价预算。

（4）设计实施阶段

设计实施阶段也是工程的施工阶段。室内工程在施工前，设计人员应向施工单位进行设计意图说明及图纸的技术交底。工程施工期间需按图纸要求核对施工实况，有时还需根据现场实况提出对图纸的局部修改或补充（由设计单位出具修改通知书）。施工结束后，会同质检部门和建设单位进行工程验收。

为了使设计取得预期效果，室内设计人员必须抓好设计各阶段的环节，充分重视施工、材料和设备等各个方面，并熟悉、重视与原建筑物的建筑设计、设施（风、水、电等设备工程）设计的衔接，同时还必须协调好与建设单位和施工单位之间的相互关系，在设计意图和构思方面取得沟通与共识，以期取得理想的工程设计成果。

 提 示

室内设计的思考方法及工作程序，其具体设计的方法和程序必须遵守。

## 1.3 室内设计绘图的基本知识

本节将详细介绍室内设计图纸绘制的基本知识。

## 1.3.1 专业图示表达

### 1. 概念设计与表达

进入一个项目最初设计阶段，需要一个很好的切入点，即准确地把握项目的中心问题，系统化地展开思路，以唤起适宜的形式。一般来说，室内工程有 3 种目的：满足机能、创造效益和表现有利的艺术形式。由目的产生意图，设计意图是一个先导因素，表达意图是整体设计进程的重要环节，这就要求设计师能提供一种最简捷的表达手段设计概念草图。

设计概念草图对于设计师自身起着分析、思考问题的作用。对于观者是设计意图的表达方式，宗旨在于交流。设计概念草图的信息交流包含 3 种层面指向，以及图面深度与设计阶段的限定。每个层面有着各自不同的表达图形：其一是设计师自我体验的层面，是做设计思考所用的图像，简约而有探索性，演变而不带结论性；其二是设计师行内研究的层面，所用的是抽象图形以提交讨论，从而激发和展开新思路；其三是设计师与业主交流的层面，图像要求符合沟通对象在可接受程度的范围内作出相应深度的设计概念草图。强调直观性、粗线条，能多向发展，供业主选择，特别注意要把业主引到项目中的实质性问题上来讨论。

下面就设计概念草图表达的定义、作用、内容、图形、构想与方法等方面进行系统表述，供室内设计专业人士参考。

（1）定义

设计概念草图是指将专业知识与视觉图形进行交织性的表达，为深刻了解项目中的实质问题提供分析、思考、讨论和沟通的图面，并具有极为简明的视觉图形和文字说明。

（2）作用

设计概念草图是作用于项目设计最初阶段的预设计和估量设计，同时又是创造性思维的发散方式，对问题产生系统的构想并使之形象化，是快捷表达设计意图的交流媒介。

（3）内容

设计概念草图的表达内容是按项目本身问题的特征划分的，针对项目中反映的各种不同问题相应产生不同内容的草图，旨在将设计方向明确化。具体内容如下：

① 反映功能方面的设计概念草图。

室内设计是对建筑物内部的深化设计或二次设计，很多项目是针对因原有建筑使用性质的改变而产生的功能方面的问题，因此项目设计即是通过合适的形式和技术手段来解决这些问题。应用设计概念草图手段将围绕着使用功能的中心问题展开思考。其中有关平面分区、交通流线、空间使用方式、人数容量和布局特点等诸方面的问题进行研究，这一类概念草图的表达多采用较为抽象的设计符号集合，并配合文字、数据和口述等综合形式，如图 1-11 和图 1-12 所示。

② 反映空间方面的设计概念草图。

室内的空间设计属于限定设计，只能结合原有建筑物的内部进行空间界面的思考，要求设计师理解建筑物的空间构成现状，结合使用要求，采用因地制宜的方式，并能努力地克服原建筑缺陷，善于化腐朽为神奇，将不利的怪异空间创造成独特的艺术空间。

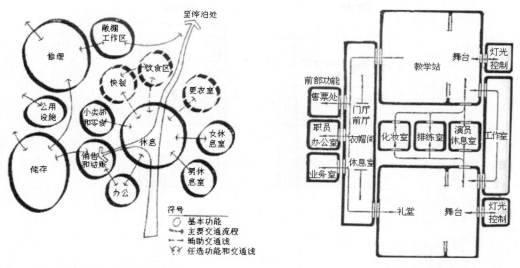

图 1-11　功能关系图　　　　　　　　　　　　　　图 1-12　功能关系

空间创意是室内设计最主要的组成部分，它既涵盖功能因素，又具有艺术表现力。设计概念草图易于表现空间创意并可形成引人注目的画面，其表达方法非常丰富，表现原则要求明确、概括，有尺度感，直观可读，平、立、剖面与文字说明相结合，如图 1-13 所示。

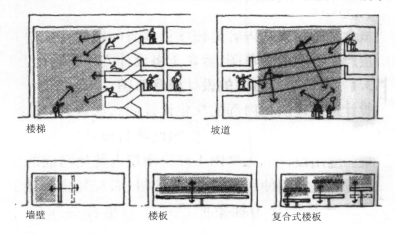

图 1-13　空间尺度

③ 反映形式方面的设计概念草图。

室内环境的构成除了空间和设备要素外，立面装修构件的风格样式也是视觉艺术的语言，蕴涵着设计师与业主审美观交流的中心议题。因此，要求设计概念草图表达具有准确的写实性和说服力，必要时辅助以成形的实物场景照片和背景文化进行说明，在同一项目内提供多种形式以供比较。对于美的选择往往是整个项目设计过程中关键的阶段和烦恼的阶段，有时也是最愉快的阶段。这里面因素很多，审美趣味相投或相反是一个方面，有感染力的交流技巧是一个方面，最主要的还是依赖设计师自身具备的想象力与描绘能力，特别要注意对设计深度的把握，概念草图是最好的手段，如图 1-14 所示。

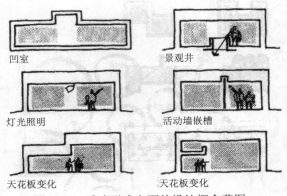

凹室　　　　　景观井

灯光照明　　　　活动墙嵌槽

天花板变化　　　　天花板变化

图 1-14　反映形式方面的设计概念草图

④ 反映技术方面的设计概念草图。

目前艺术与科学同步进入了人类生活的每一
个方面，室内设计也日益趋向科学的智能化、标
准化、工业化和绿色生态化。这意味着设计师要
不断地学习，了解相关门类的科学概念，努力将
其转化到本专业中来。要提高行业的先进程度，
必须提高设计的技术含量。室内设计是为了提高
人的生活质量，室内环境的品质反映了人的文明
生活程度。因此把技术因素升华为美感元素和文
化因素，设计师要具有把握双重概念结合的能力。
技术方面的设计概念草图表达既要包含正确的
技术依据，又要具有艺术形式的美感，如图 1-15
所示。

图 1-15　反映技术方面的设计概念草图

### 2．方案设计与表达

（1）方案设计的目的和作用

方案设计是对设计对象的规模、生产等内容进行预想设计，目的在于对要设计的项目中存
在的或可能发生的问题事先做好全盘的计划，拟订解决这些问题的办法和方案，用图纸和文件
表达出来。方案设计的作用是与业主和各工种进行深入设计或讨论施工方式，它是互相配合协
作的共同依据。

（2）方案设计的程序
● 了解项目。
● 分析项目。
● 进行设计。

（3）方案设计的表达内容

方案设计的表达主要是针对设计者与业主双方一致同意的任务书而制作的，通过图纸、说
明书和计划书等文件将设计、施工管理等各方面的问题全面、清晰地表达出来，其中包括图册、
模型和动画。

　　方案图册是方案设计阶段重要的设计文件，它通过文字和图形的表达方式对设计意图作出准确的描述和计划。

　　方案图册所包含的基本内容如下。

- 封面：工程项目的名称和制作时间。
- 目录：清晰地反映方案图册中各内容的名称和顺序。
- 设计说明：主要说明工程项目所在位置、规模、性质、设计依据和设计原则，各项设备和附属工程的内容和数量，施工技术要求和工程兴建程序，以及技术经济指标和工程概算。
- 材料样板：主要说明工程项目中主要材料的选择和搭配效果。
- 透视图和效果图：通过绘制室内空间的环境透视图，可使人们看到实际的室内环境，它是一种将三维空间的形体转换成具有立体感的二维空间画面的绘图技法，是以透视制图为骨架、绘画技巧为血肉的表达方式，将设计师预想的方案比较真实地再现出来。
- 平面图：根据建筑物的内容和功能使用要求，结合自然条件、经济条件和技术条件（包括材料、结构、设备和施工）等，来确定房间的大小和形状，确定房间与房间之间以及室内与室外之间的分隔与联系方式和平面布局，使建筑物的平面组合满足实用、经济、美观和合理的要求。
- 立面图：根据建筑物的性质和内容，结合材料、结构、周围环境特点，以及艺术表现要求，综合考虑建筑物内部的空间形象，外部的体形组合、立面构图，材料质感、色彩的处理等，使建筑物的形式与内容统一，创造良好的建筑艺术形象，以满足人们的审美要求。
- 剖面图：根据功能和使用方面对立体空间的要求，结合建筑结构和构造特点来确定房间各部分高度和空间比例；考虑垂直方向空间的组合和利用；选择适当的剖面形式，进行垂直交通和采光、通风等方面的设计，使建筑物立体空间关系符合功能、艺术、技术和经济的要求。

### 3．透视效果图表现技法

（1）铅笔画技法

　　铅笔是透视效果图技法中历史最久的一种。这种技法所用的工具容易得到，本身也容易掌握，绘制速度快，空间关系也能表现得比较充分。

　　绘图铅笔所绘制的黑白铅笔画类似美术作品中的素描，主要通过光影效果的表现描述室内空间，尽管没有色彩，仍为不少人偏爱。

　　彩色铅笔画色彩层次细腻，易于表现丰富的空间轮廓，色块一般用排列有序的密集笔画画出，利用色块的重叠，产生更多的色彩。也可以用笔的侧锋在纸面平涂，产生有规律的色点组成的色块，不仅速度快，而且有一种特殊的效果。

　　铅笔画一般用于搜集资料、设计草图，也可作为初步设计的表现图。它的线条流畅美观，并通过对物体的取舍和概括来表达设计师的意图。

（2）钢笔画技法

　　钢笔画线条坚挺，易出效果，尽管没有颜色，但画的风格较严谨，细部刻画和面的转折都能做到精细准确，并用点线的叠加来表现室内空间的层次和质感。

（3）水彩色技法

水彩色淡雅，层次分明，结构表现清晰，适合表现结构变化丰富的空间环境。水彩的明度变化范围小，图面效果不够醒目，制图较费时。水彩的渲染技法有平涂、叠加和退晕等。用色的干、湿、厚、薄能产生不同的艺术效果，适用于多种空间环境的表现。使用水粉色绘制效果图，绘画技巧性强，但是由于色彩干湿度变化大，湿时明度较低、颜色较深，干时明度较高、颜色较浅，所以掌握不好容易产生"怯"、"粉"、"生"的毛病。

（4）马克笔技法

马克笔分油性和水性两种，具有快干、不需用水调和、着色简便、绘制速度快的特点，画面风格豪放，类似于草图和速写的画法，是一种商业化的快速表现技法。马克笔色彩透明，主要通过各种线条的色彩叠加取得更加丰富的色彩变化。马克笔绘出的色彩不易修改，着色时需注意着色的顺序，一般是先浅后深。马克笔的笔头是毡制的，具有独特的笔触效果，绘制时可以尽量利用这种笔触的特点。

马克笔在吸水与不吸水的纸上会产生不同的效果，不吸水的光面纸上色彩相互渗透，吸水的毛面纸上色彩灰暗沉着，可根据不同需要进行选用。

（5）喷绘技法

喷绘技法画面细腻，变化微妙，有独特的表现力和现代感，是与画笔技法完全不同的。主要以气泵压力经喷笔喷射出的细微雾状颜料的轻、重、缓、急配合阻隔材料，遮盖不着色部分进行绘画。

（6）计算机效果图

日益发展得更加高级复杂的计算机图像制作程序，为设计师提供了更多的图像表达技术和工具。

 提　示

专业图示表达提供的表达设计意图的多种方法，可根据具体情况选用。

## 1.3.2　绘制样板图

在合作制图中，创建与引用样板图形文件是统一制图标准的重要手段。样板图作为一张标准图纸，除了需要绘制图形外，还要求设置图纸大小，绘制图框线和标题栏。而对于图形本身，需要设置图层以绘制图形的不同部分，设置不同的线型和线宽表达不同的含义，设置不同的图线颜色以区分图形的不同部分等。所有这些都是绘制一幅完整图形不可或缺的工作。为了方便绘图，提高绘图效率，往往将这些绘制图形的基本制图和通用设置绘制成一张基础图形，进行初步或标准的设置，这种基础图形称为样板图。

### 1. 设置绘图单位和精度

在绘图时，单位制都采用十进制，长度精度为小数点后0位，角度精度也为小数点后0位。选择"格式"|"单位"命令，弹出"图形单位"对话框，如图 1-16 所示。在"长度"选项组的"类型"下拉列表框中选择"小数"选项，在"精度"下拉列表框中选择 0 选项；在"角度"

选项组的"类型"下拉列表框中选择"十进制度数"选项，在"精度"下拉列表框中选择 0 选项，系统默认逆时针方向为正，设置完毕后单击"确定"按钮。

### 2. 设置图形边界

国家标准对图纸的幅面大小作了严格规定，每一种图纸幅面都有唯一的尺寸。在这里，按国标 A3 图纸幅面设置图形边界。A3 图纸的幅面为 420mm×297mm，故设置图形边界如下。

在"命令行"中输入 LIMITS 命令。

此时，命令行提示如下。

```
重新设置模型空间界限:
指定左下角点或[开(ON)/关(OFF)] <0,0>:0,0
指定右上角点<12,9>: 420,297
```

单击状态栏上的"栅格"按钮▓，可以在绘图窗口中显示图纸的图限范围。

### 3. 设置图层

在绘制图形时，图层作为一个重要的辅助工具，可以用来管理图形中的不同对象。创建图层一般包括设置层名、颜色、线型和线宽。图层的多少需要根据所绘制图形的复杂程度来确定，通常对于一些比较简单的图形，只需分别为辅助线、轮廓线、标注和标题栏等对象建立图层即可。

选择"格式"|"图层"命令，打开"图层特性管理器"选项板，在该选项板中新建图层，为图层设置颜色、线型和线宽，如图 1-17 所示。

图 1-16　"图形单位"对话框

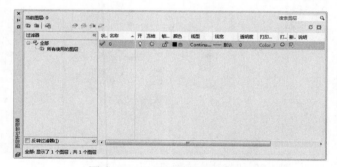

图 1-17　设置绘图文件的图层

### 4. 设置文本样式

在绘制图形时，通常要设置 4 种文字样式，分别用于一般注释、标题块中名称、标题块注释和尺寸标注。

选择"格式"|"文字样式"命令，弹出"文字样式"对话框，单击"新建"按钮，弹出"新建文字样式"对话框，如图 1-18 所示。采用默认的样式名"样式 1"，单击"确定"按钮，返回"文字样式"对话框，在"字体名"下拉列表框中选择"宋体"选项，在"宽度因子"文本框中输入 0.7，将"高度"设置为 5，如图 1-19 所示。单击"应用"按钮，再单击"关闭"按钮。依此类推，设置其他文字样式。

图 1-18  新建文字样式          图 1-19  "文字样式"对话框

根据要求，其他设置可定为：注释文字高度为 7mm，名称为"样式 1"，图标栏和会签栏中其他文字高度为 5mm，尺寸文字高度为 5mm，线型比例为 1，图纸空间的线型比例为 1，单位为十进制，小数点后 0 位，角度小数点后 0 位。

### 5．设置尺寸标注样式

尺寸标注样式主要用来标注图形中的尺寸，对于不同类型的图形，尺寸标注的要求也不一样。通常采用 ISO 标准，并设置标注文字为前面创建的"尺寸标注"。

选择"格式"|"标注样式"命令，弹出"标注样式管理器"对话框，如图 1-20 所示。在"预览"显示框中显示出标注样式的预览图形。根据前面的设定，单击"修改"按钮，弹出"修改标注样式"对话框，在该对话框中对标注样式的选项按照需要进行修改，如图 1-21 所示。

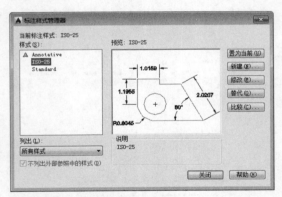 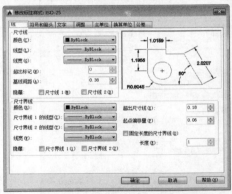

图 1-20  "标注样式管理器"对话框          图 1-21  "修改标注样式"对话框

其中，在"线"选项卡中，设置"颜色"和"线宽"为 ByLayer，"基线间距"为 6；在"符号和箭头"选项卡中，设置"箭头大小"为 1，其他保持不变；在"文字"选项卡中，设置"文字颜色"为 ByBlock，"文字高度"为 5，其他保持不变；在"主单位"选项卡中，设置"精度"为 0，其他保持不变；其他选项卡保持不变。

### 6．绘制图框线

在使用 AutoCAD 绘图时，绘图图限不能直观地显示出来，所以在绘图时还需要通过图框来确定绘图的范围，使所有的图形绘制在图框线之内。图框通常要小于图限，到图限边界要留一定的单位。

绘制图框线的操作步骤如下：

**Step 01** 单击"绘图"工具栏中的"矩形"按钮，绘制一个 420mm×297mm（A3 图纸大小）的矩形作为图纸范围。

**Step 02** 单击"修改"工具栏中的"分解"按钮，把矩形分解；单击"修改"工具栏中的"偏移"按钮，将左边的直线向右偏移 25mm，如图 1-22 所示。

**Step 03** 单击"修改"工具栏中的"偏移"按钮，设置矩形的其他 3 条边向里偏移的距离为 10mm，如图 1-23 所示。

**Step 04** 单击"绘图"工具栏中的"多段线"按钮，按照偏移线绘制图 1-24 所示的多段线作为图框，设置线宽为 0.3mm。绘制完成后，选择已经偏移的线条，将其删除。

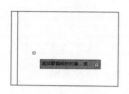  

图 1-22　分解矩形和偏移操作　　图 1-23　偏移操作效果　　图 1-24　绘制多段线

### 7．绘制标题栏

标题栏一般位于图框的右下角。在 AutoCAD 2015 中，可以使用"表格"命令来绘制标题栏。具体步骤如下：

**Step 01** 将"标题栏"层设置为当前层，选择"格式"|"表格样式"命令，弹出"表格样式"对话框。单击"新建"按钮，在弹出的"创建新的表格样式"对话框中创建新表格样式 Table，如图 1-25 所示。

**Step 02** 单击"继续"按钮，打开"新建表格样式：Table"对话框，在"单元样式"选项组的下拉列表中选择"数据"选项；选择"常规"选项卡，在"对齐"下拉列表中选择"正中"选项；选择"文字"选项卡，在"文字样式"下拉列表中选择"标题栏"选项；选择"边框"选项卡，单击"外边框"按钮，并在"线宽"下拉列表中选择 0.3mm。

**Step 03** 单击"确定"按钮，返回"表格样式"对话框，在"样式"列表框中选中创建的新样式，单击"置为当前"按钮，如图 1-26 所示。设置完成后，关闭对话框。

 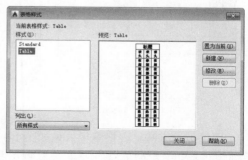

图 1-25　"创建新的表格样式"对话框　　图 1-26　"表格样式"对话框

**Step 04** 单击"绘图"工具栏中的"表格"按钮▦，弹出"插入表格"对话框，在"插入方式"选项组中选择"指定插入点"单选按钮；在"列和行设置"选项组中设置"列数"为 7，"数据行数"为 4，"列宽"为 20；在"设置单元样式"选项组，在 3 个下拉列表中均选择"数据"选项，如图 1-27 所示。

**Step 05** 单击"确定"按钮，在绘图文档中插入一个 6 行 7 列的表格，如图 1-28 所示。

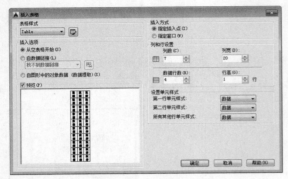
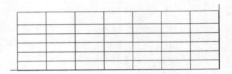

图 1-27 "插入表格"对话框　　　　图 1-28 插入表格

 提 示

　　如果第一行没有表格，则选中第一行并右击，在弹出的快捷菜单中选择"取消合并"命令。

**Step 06** 拖动鼠标选中表格中的前 3 行和前 3 列表格单元，右击，在弹出的快捷菜单中选择"合并"|"全部"命令，如图 1-29 所示。选中的表格单元将合并成一个表格单元，如图 1-30 所示。

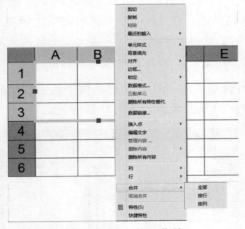
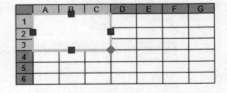

图 1-29 "合并"菜单　　　　图 1-30 合并后的单元格

　　通过上述方法，表格编辑效果如图 1-31 所示。

**Step 07** 选中绘制的表格，将其拖放到图框右下角，如图 1-32 所示，再标上相应的文字，完成标题栏的绘制。

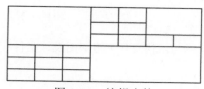

图 1-31　编辑表格

图 1-32　绘制标题栏

### 8．保存成样板图文件

样板图及其环境设置完成后，应将其保存成样板图文件。选择"文件" | "保存"或"另存为"命令，弹出"图形另存为"对话框，如图 1-33 所示。在"文件类型"下拉列表框中选择"AutoCAD 图形样板（*.dwt）"选项，输入文件名 A3，单击"保存"按钮，弹出"样板选项"对话框，在"说明"文本框中输入对样板图形的描述和说明，如图 1-34 所示，单击"确定"按钮，创建一个 A3 幅面的样板文件。

图 1-33　"图形另存为"对话框

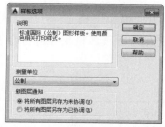

图 1-34　"样板选项"对话框

 提　示

绘制样板图是计算机绘图入门基础。

## 1.4　施工图设计与表达

本节主要介绍建筑装饰施工图的定义、作用及相关规定等，主要内容来自于相关的规范要求。因为施工图纸是施工的依据，也是决定最终工程质量好坏的重要因素，包括设计审查、施工、监理和造价等各个部门的工作，全部建立在对图纸的正确理解的基础上。只有遵守这些规范要求，才能绘制出标准化的图纸，从而避免理解上的误差，最终指导装饰工程的全过程。

### 1.4.1　室内设计施工图的定义

施工图是设计单位的"技术产品"，是室内设计意图最直接的表达，是指导工程施工的必要依据。

## 1.4.2 室内设计施工图的作用

施工图对工程项目完成后的质量和效果负有相应的技术与法律责任，施工图设计文件在工程施工过程中起着主导作用。

- 能据以编制施工组织计划及预算。
- 能据以安排材料、设备定货及非标准材料、构件的制作。
- 能据以安排工程施工及安装。
- 能据以进行工程验收及竣工核算。

施工图设计文件的深度除对工程具体材料及做法的表达外，还应明确工程相关的标准构配件代号、做法及非标准构配件的型号及做法。

在施工图设计中应积极推广和正确选用国家、行业和地方的标准设计，并在设计文件的图纸目录中注明图集名称，其目的在于统一室内设计制图，保证制图质量，提高制图效率，做到图面清晰、简明，符合设计、施工和存档的要求，适应工程建设的需要。

## 1.4.3 室内设计施工图标准制图规范

### 1. 图纸幅面规格

- 图纸幅面及图框尺寸应符合表 1-1 所示的规定。

**表 1-1 幅面及图框尺寸**

单位：mm

| 幅面代号 / 尺寸代号 | A0 | A1 | A2 | A3 | A4 |
|---|---|---|---|---|---|
| b×1 | 841×1 189 | 594×841 | 420×594 | 297×420 | 210×297 |
| c | 10 | | | 5 | |
| a | 25 | | | | |

- 需要微缩复制的图纸，其中一个边上应附有一段精确的米制尺度。4 个边上均附有对中标志，米制尺度的总长应为 100mm，分格应为 10mm。对中标志应画在图纸各边长的中点处，线宽为 0.35mm，伸入框内应为 5mm。
- 需要加长图纸的短边一般不应加长，长边可以加长，但应符合表 1-2 所示的规定。

**表 1-2 图纸长边加长尺寸**

单位：mm

| 幅 面 尺 寸 | 边 长 尺 寸 | 边长加长尺寸 | | | | | | |
|---|---|---|---|---|---|---|---|---|
| A0 | 1 189 | 1 486 | 1 635 | 1 783 | 1 932 | 2 080 | 2 230 | 2 378 |
| A1 | 841 | 1 051 | 1 261 | 1 471 | 1 682 | 1 892 | 2 102 | |
| A2 | 594 | 743 | 891 | 1 041 | 1 189 | 1 338 | 1 486 | 1 635 |
| A3 | 420 | 630 | 841 | 1 051 | 1 261 | 1 471 | 1 682 | 1 892 |

- 图纸以短边为垂直边，称为横式；以短边为水平边，称为立式。一般 A0～A3 图纸宜横式使用，必要时也可立式使用。

- 在一个项目设计中，每个专业所使用的图纸一般不应多于两种幅面，不含目录及表格所采用的 A4 幅面。

2．标题栏与会签栏

- 图纸的标题栏、会签栏及装订边的位置应符合下列规定。
  - 横式使用的图纸，应按图 1-35 所示的形式布置。

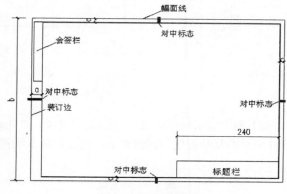

图 1-35  横式图纸

  - 立式使用的图纸，应按图 1-36 和图 1-37 所示的形式布置。

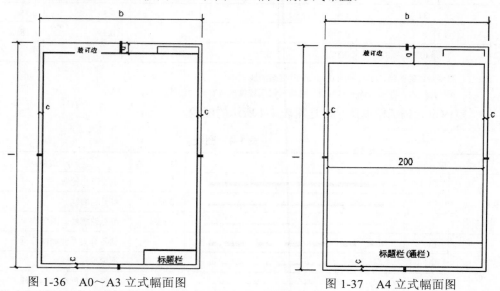

图 1-36  A0～A3 立式幅面图　　　　图 1-37  A4 立式幅面图

- 标题栏应按图 1-38 所示，根据工程需要确定其尺寸、格式及分区。涉外工程的标题栏内，各项主要内容的中文下方应附有译文，设计单位的上方或左方应加"中华人民共和国"字样。
- 会签栏应按图 1-39 所示的格式绘制，其尺寸应为 100mm×20mm，栏内应填写会签人员所代表的专业、姓名和日期（年月日）；一个会签栏不够时，可另加一个，两个会签栏应并列；不需要会签栏的图纸可不设会签栏。

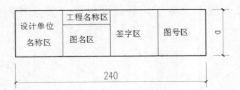

图 1-38　标题栏

图 1-39　会签栏

### 3．图线

● 图线的宽度 $b$，宜从下列线宽系列中选取：2.0mm、1.4mm、1.0mm、0.7mm、0.5mm、0.35mm。每个图样应根据复杂程度与比例大小，先选定基本线宽比，再选用表 1-3 中相应的线宽组。

表 1-3　线宽组

单位：mm

| 线　宽　比 | 线　宽　组 | | | | | |
|---|---|---|---|---|---|---|
| $b$ | 2.0 | 1.4 | 1.0 | 0.7 | 0.5 | 0.35 |
| $0.5b$ | 1.0 | 0.7 | 0.5 | 0.35 | 0.25 | 0.18 |
| $0.25b$ | 0.5 | 0.35 | 0.25 | 0.18 | - | - |

注：1．需要微缩的图纸，不宜采用 0.18mm 及更细的线宽。
　　2．同一张纸内，各不同线宽的细线，可统一采用较细的线宽组的细线。

● 室内设计施工图制图，应选用表 1-4 所示的图线。

表 1-4　图线

| 名　　称 | | 线　型 | 线　宽 | 一般用途 |
|---|---|---|---|---|
| 实线 | 粗 | | $b$ | 主要可见轮廓 |
| | 中 | | $0.5b$ | 可见轮廓线 |
| | 细 | | $0.25b$ | 可见轮廓线、图例线 |
| 虚线 | 粗 | | $b$ | 见各有关专业制图标准 |
| | 中 | | $0.5b$ | 不可见轮廓线 |
| | 细 | | $0.25b$ | 不可见轮廓线、图例线 |
| 单点长画线 | 粗 | | $b$ | 见各有关专业制图标准 |
| | 中 | | $0.5b$ | 见各有关专业制图标准 |
| | 细 | | $0.25b$ | 中心线、对称线等 |
| 双点长画线 | 粗 | | $b$ | 见各有关专业制图标准 |
| | 中 | | $0.5b$ | 见各有关专业制图标准 |
| | 细 | | $0.25b$ | 假象轮廓线、成型原始轮廓线 |
| 折断线 | | | $0.25b$ | 断开界线 |
| 波浪线 | | | $0.25b$ | 断开界线 |

- 同一张图纸内，相同比例的各图样，应选用相同的线宽组。
- 图纸的图框线和标题栏线，可采用表 1-5 所示的线宽。

表 1-5　图框线和标题栏线的宽度

单位：mm

| 幅面代号 | 图　框　线 | 标题栏、外框线 | 标题栏分隔线、会签栏线 |
|---|---|---|---|
| A0、A1 | 1.4 | 0.7 | 0.35 |
| A2、A3、A4 | 1.0 | 0.7 | 0.35 |

- 相互平行的图线其间隙不宜小于其中的粗线宽度，且又不小于 0.7mm。
- 虚线、单点长画线或双点长画线的线段长度和间隔宜各自相等。
- 单点长画线或双点长画线，当在较小图形中绘制困难时，可用细实线代替。
- 单点长画线或双点长画线的两端不应是点。点画线与点画线交接或点画线与其他图线交接时，应是线段交接。
- 虚线与虚线交接或虚线与其他图线交接时，应是线段交接。虚线为实线的延展线时，不得与实线连接。
- 图线不得与文字、数字或符号重叠、混淆，不可避免时，应首先保证文字等的清晰。

### 4．字体

- 图纸上所需书写的文字、数字或符号等均应笔画清晰、排列整齐，标点符号也应清楚正确。
- 文字的字高应从如下系列中选用：3.5mm、5.7mm、10mm、14mm 和 20mm。如需书写更大的文字，其高度应按 2 的倍数递增。
- 图样及说明中的汉字宜采用长仿宋体，宽度与高度的关系应符合表 1-6 所示的规定。

表 1-6　长仿宋体字高宽关系

单位：mm

| 字高 | 20 | 14 | 10 | 7 | 5 | 3.5 |
|---|---|---|---|---|---|---|
| 字宽 | 14 | 10 | 7 | 5 | 3.5 | 2.5 |

- 汉字的简化书写必须符合国务院公布的《汉字简化方案》和有关规定。
- 拉丁字母、阿拉伯数字、罗马数字的书写和排列应符合表 1-7 的规定。

表 1-7　拉丁字母、阿拉伯数字与罗马数字的书写规则

| 书　写　格　式 | 一　般　字　体 | 窄　字　体 |
|---|---|---|
| 大写字母高度 | $h$ | $h$ |
| 小写字母（上下均无延伸） | $7/10h$ | $10/14h$ |
| 小写字母伸出的头部或尾部 | $3/10h$ | $4/14h$ |
| 笔画宽度 | $1/10h$ | $1/14h$ |
| 字母间距 | $2/10h$ | $2/14h$ |
| 上下行基准线最小间距 | $15/10h$ | $21/14h$ |
| 词间距 | $6/10h$ | $6/14h$ |

- 拉丁字母、阿拉伯数字与罗马数字如需写成斜体字，其斜度应从字的底线逆时针向上倾斜 75°，斜体字的高度与宽度应与相应的直体字相等。

- 拉丁字母、阿拉伯数字与罗马数字的字高应不小于 2.5mm。
- 数量的数值注写，应采用正体阿拉伯数字。
- 分数、百分数和比例数的注写，应采用阿拉伯数字和数学符号，例如，四分之三、百分之二十五和一比五十应分别写成 3/4、25%和 1:50。
- 当注写的数字小于 1 时，必须写出个位的 0，小数点应采用圆点，齐基准线书写，例如 0.01。

### 5. 比例

- 图样的比例应为图形与字物相对应的线性尺寸比。比例的大小是指比例值的大小，如 1:50 大于 1:100。
- 比例的符号为 ":"，比例应以阿拉伯数字表示，如平面图为 1:100、1:1 和 1:2 等。
- 比例宜注写在图名的右侧，字的基准线应取平；比例的字宜比图名的字高小一号或两号。
- 绘图所用的比例，应根据图样的用途与被绘对象的复杂程度，从表 1-8 中选用常用的比例。

表 1-8　绘图所用的比例

| 常用比例 | 1:1、1:2、1:5、1:10、1:20、1:50、1:100、1:150、1:200、1:500 |
| --- | --- |
| 可用比例 | 1:3、1:4、1:6、1:15、1:25、1:30、1:40、1:250 |

- 在一般情况下，一个图样应选用一种比例。

### 6. 符号

（1）剖切符号

- 剖视的剖切符号应符合下列规定。
  - ◆ 剖视的剖切符号应由剖切位置线及投射方向线组成，均以粗实线绘制。剖切位置线长度宜为 6～10mm；投射方向线垂直于剖切位置线，长度短于剖切位置线，宜为 4～6mm，如图 1-40 所示。绘制时，剖视的剖切符号不应与其他图线接触。
  - ◆ 剖视剖切符号的编号宜采用阿拉伯数字，按顺序由左至右、由上至下连续编排，并应写在剖视方向线的端部。
  - ◆ 需要转折的剖切位置线时，应在转角的外侧加注与该符号相同的编号。
  - ◆ 建筑物剖面图的剖切符号宜标注在±0.000 标高的平面上。
- 断面的剖切符号应符合下列规定。
  - ◆ 断面的剖切符号应只用剖切位置线表示，并应以粗实线绘制，长度宜为 6～10mm。
  - ◆ 断面的剖切符号的编号宜采用阿拉伯数字，按顺序连续编排，并应注写在剖切位置线的一侧；编号所在的一侧应为该断面的剖视方向，如图 1-41 所示。

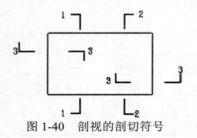

图 1-40　剖视的剖切符号

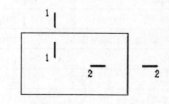

图 1-41　断面的剖切符号

剖面图或断面图，如与被剖切图样不在同一张图内，可在剖切位置线的另一侧注明所在图纸的编号，也可在图上集中说明。

（2）索引符号与详图符号

图样中的某一局部或构件如需另附详图，应以索引符号索引，如图 1-42（a）所示。索引符号是由直径为 10mm 的圆和水平直径组成的，圆及水平直径均应以细实线绘制。索引符号应按下列规定编写：

① 索引出的详图，应在索引符号的上半圆中用阿拉伯数字注明该详图编号。如被索引的详图在同一图纸中，应在下半圆中画一段水平细实线，如图 1-42（b）所示。

② 索引出的详图，如与被索引详图不在同一图纸中，应在索引符号的下半圆中用阿拉伯数字注明该详图所在图纸的编号，如图 1-42（c）所示。数字较多时，可加文字标注。

③ 索引出的详图，如采用标准图，应在索引符号水平直径的延长线上加注该标准图册的编号，如图 1-42（d）所示。

图 1-42 索引符号

索引符号如用于索引剖视详图，应在被剖切的部位绘制剖切位置线，并用引出线引出索引符号，剖切位置线所在的一侧应为投射方向。索引符号的编写如图 1-43 所示。

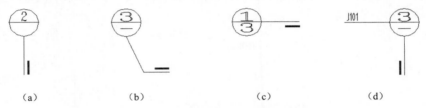

图 1-43 用于索引剖面详图的索引符号

零件、钢筋、杆件和设备等的编号，以直径为 4～6mm（同一图样应保持一致）的细实线图表示，其编号应用阿拉伯数字按顺序编写，如图 1-44 所示。

详图的位置和编号，应以详图符号表示。详图符号的圆应以直径为 14mm 的粗实线绘制。详图应按下列规定编写：

① 详图与被索引的图样同在一张图纸中时，应在详图符号内用阿拉伯数字标明详图编号，如图 1-45 所示。

② 详图与被索引的图样不在同一张图纸中时，应用细实线在详图符号内画一水平直径，在上半圆中注明详图编号，在下半圆中注明被索引的图纸编号，如图 1-46 所示。

图 1-44 零件、钢筋等的编号　　图 1-45 与被索引图样同在　　图 1-46 与被索引图样不在
　　　　　　　　　　　　　　　　一张图纸内的详图符号图样　　　　一张图纸内的详图符号

（3）引出线

① 引出线应以细实线绘制，宜采用水平方向的直线，与水平方向呈 30°、45°、60°、90° 的直线，或经上述角度再折为水平线。文字说明宜写在水平线的上方，如图 1-47（a）所示，也可注写在水平线的端部，如图 1-47（b）所示。索引详图的引出线应与水平直径相连接，如图 1-47（c）所示。

② 同时引出几个相同部分的引出线宜互相平行，如图 1-48（a）所示，也可画成集中于一点的放射线，如图 1-48（b）所示。

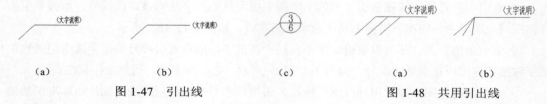

| （a） | （b） | （c） | （a） | （b） |

图 1-47　引出线　　　　　　　　　　　图 1-48　共用引出线

③ 多层构造或多层管道共用引出线应通过被引出的各层。文字说明宜注写在水平线的上方，或注写在水平线的端部，说明的顺序由上至下，并应与被说明的层次相互一致；如层次为横向排序，则由上至下的说明顺序应与由左至右的层次相互一致，如图 1-49 所示。

（4）其他符号

① 对称符号由对称线和两端的两对平行线组成。对称线用细点画线绘制；平行线用细实线绘制，其长度宜为 6～10mm，每对的间距宜为 2～3mm；对称线垂直平分两对平行线，两端超出平行线的长度宜为 2～3mm，如图 1-50 所示。

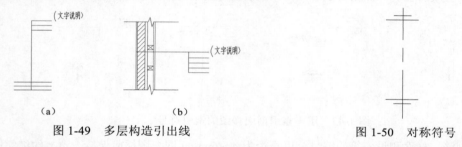

| （a） | （b） |

图 1-49　多层构造引出线　　　　　　　　　　　图 1-50　对称符号

② 连接符号应以折断表示需连接的部位。两部位相距过远时，折断线两端靠近图样一侧应标注大写拉丁字母表达连接编号。两个被连接的图样必须用相同的字母编号，如图 1-51 所示。

③ 指北针如图 1-52 所示，其圆的直径宜为 24mm，用细实线绘制；指北针尾部宽度为 3mm，指针头部应注写"北"（涉外工程图纸使用）字。需较大直径绘制指北针时，指针尾部宽度宜为直径的 1/8。

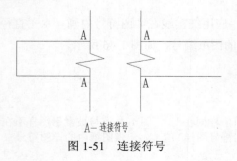

A—连接符号

图 1-51　连接符号

图 1-52　指北针

**7．尺寸标注**

（1）尺寸界线、尺寸线和尺寸起止符号

① 图样上的尺寸包括尺寸界线、尺寸线、尺寸起止符号和尺寸数字，如图 1-53 所示。

② 尺寸界线应用细实线绘制，一般应与被注长度垂直，其一端应离开图样轮廓线不小于 2mm，另一端宜超出尺寸线 2～3mm，图样轮廓线可用作尺寸界线，如图 1-54 所示。

③ 尺寸线应用细实线绘制，应与被注长度平行。图样本身的任何图线均不得用作尺寸线。

④ 尺寸起止符号一般用中粗斜短线绘制，其倾斜方向应与尺寸界线呈顺时针 45°，长宜为 2～3mm。半径、直径、角度与弧长的尺寸起止符号宜用箭头表示，如图 1-55 所示。

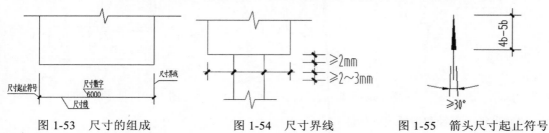

图 1-53　尺寸的组成　　　　图 1-54　尺寸界线　　　　图 1-55　箭头尺寸起止符号

（2）尺寸数字

① 图样上的尺寸应以尺寸数字为准，不得从图上直接量取。

② 图样上的尺寸单位，除标高及总平面图以 m 为单位外，其他必须以 mm 为单位。

③ 尺寸数字的方向，应按图 1-56（a）所示的规定注写。若尺寸数字在 30°斜线区内，宜按图 1-56（b）所示的形式注写。

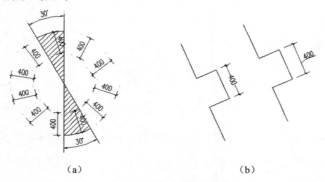

（a）　　　　　　　　　　　　（b）

图 1-56　尺寸数字的注写方向

④ 尺寸数字一般应依据其方向注写在靠近尺寸线的上方中部。如没有足够的注写位置，最外边的尺寸数字可注写在尺寸界线的外侧，中间相邻的尺寸数字可错开注写，如图 1-57 所示。

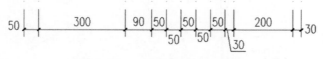

图 1-57　尺寸数字的注写位置

（3）尺寸的排列与布置

① 尺寸宜标注在图样轮廓以外，不宜与图线、文字及符号等相交，如图 1-58 所示。

② 互相平行的尺寸线，应从被注写的图样轮廓线由近向远整齐排列，较小尺寸应离轮廓线较近，较大尺寸应离轮廓线较远，如图 1-58 所示。

③ 图样轮廓线以外的尺寸界线，距图样最外轮廓之间的距离不宜小于 10mm。平行排列的尺寸线的间距应为 7～10mm 并保持一致，如图 1-58 所示。

④ 总尺寸的尺寸界线应靠近所指部位，中间的分尺寸线可稍短，但其长度应相等，如图 1-59 所示。

图 1-58　尺寸数字的标注　　　　　　　　　　图 1-59　尺寸的排列

（4）半径、直径和球的尺寸标注

① 半径的尺寸线应一端从圆心开始，另一端箭头指向圆弧。半径数字前应加注半径符号 R，如图 1-60 所示。

② 较小圆弧的半径，可按图 1-61 所示的形式标注。

③ 较大圆弧的半径，可按图 1-62 所示的形式标注。

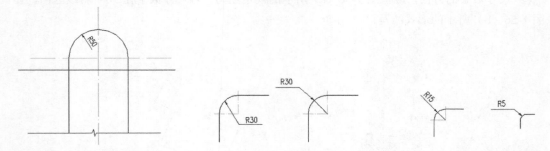

图 1-60　半径的标注方法　　图 1-61　小圆弧半径的标注方法　　图 1-62　大圆弧半径的标注方法

④ 标注圆的直径尺寸时，直径数字前应加直径符号 $\phi$。在圆内标注的尺寸线应通过圆心，两端箭头指至圆弧，如图 1-63 所示。

⑤ 较小的圆的直径尺寸标注在圆外，如图 1-64 所示。

图 1-63　圆直径的标注方法　　　　　　图 1-64　小圆直径的标注方法

⑥ 在标注球内的半径尺寸时，应在尺寸数字前加注符号 SR。在标注球的直径尺寸时，应在尺寸数字前加注符号 S$\phi$，标注方法与圆弧半径和圆直径的尺寸标注方法相同。

（5）角度、弧度和步长的标注

① 角度的尺寸线应以圆弧表示。该圆弧的圆心应是该角的顶点，角的两边为尺寸界线。起止符号应以箭头表示，如果没有足够位置画箭头，可用圆点代替，角度数字应按水平方向注写，如图 1-65 所示。

② 标注圆弧的弧长，尺寸线应以该圆弧圆心的圆弧线表示，尺寸界线垂直于该圆弧的弦，起止符号用箭头表示，弧长数字上方应加注圆弧符号"⌒"，如图 1-66 所示。

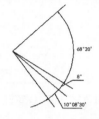

图 1-65 角度标注方法

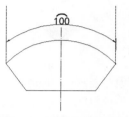

图 1-66 弧度标注方法

③ 在标注圆弧的弦长时，尺寸线应以平行于该弦的直线表示，尺寸界线垂直于该弦，起止用中粗短斜线表示，如图 1-67 所示。

（6）尺寸的简化标注

① 连续排列的等长尺寸，可用"等长尺寸×个数＝总长"的形式标注，如图 1-68 所示。

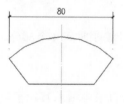

图 1-67 弦长标注方法

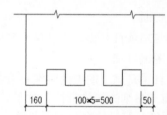

图 1-68 等长尺寸简化标注方法

② 对称构配件采用对称省略画法时，该对称构配件的尺寸线应超过对称符号，仅在尺寸线的一端画尺寸起止符号，尺寸数字应按整体全尺寸注写，其注写位置应与对称符号对齐，如图 1-69 所示。

（7）标高

① 标高符号应以等腰直角三角形表示，按图 1-70（a）所示的形式用细实线绘制；如标高位置不够，可按图 1-70（b）所示的形式绘制。标高符号的具体画法如图 1-70（c）和（d）所示。

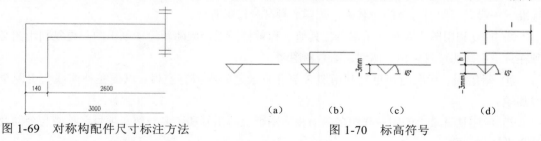

图 1-69 对称构配件尺寸标注方法　　　　图 1-70 标高符号

② 总平面图室外地坪的标高符号，宜用涂黑三角形表示，如图 1-71（a）所示。具体画法如图 1-71（b）所示。

③ 标高符号的尖端应指至被注高度的位置。尖端一般应向下，也可向上。标高数字应标写在标高符号的左侧或右侧，如图 1-72 所示。

④ 标高数字以 m 为单位，注写到小数点后第 3 位。在总平面图中，可注写到小数点后第 2 位。

⑤ 零点标高应注写成±0.000，正数标高不注"＋"，负数标高应注"－"，如 3.000、-0.600 等。

⑥ 在图样的同一位置上需表示几个不同标高时，标高数字可按图 1-73 所示的形式注写。

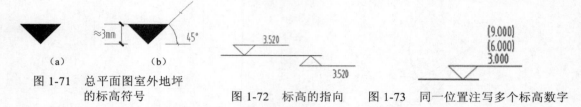

图 1-71　总平面图室外地坪 　　　　　图 1-72　标高的指向　 图 1-73　同一位置注写多个标高数字
　　　　　的标高符号

### 8．施工图的编制（本节重点阐述的是室内装修施工图部分）

装修施工图设计应根据已批准的初步设计方案进行编制。内容以图纸为主，其编排顺序为：封面、图纸目录、设计说明（或首页）、图纸（平、立、剖面图及大样图、详图）、工程预算书以及工程施工阶段的材料样板。同时各类专业的图纸应按图纸内容的主次关系和逻辑关系有序排列。

（1）封面

封面包括项目名称、建设单位名称、设计单位名称和设计编制时间 4 个部分。

（2）图纸目录

图纸目录是施工图纸的明细和索引。

- 施工图纸的编排应按工种子项独立书写，不得在一份目录内编入其他子项或其设计的图纸，其目的在于方便归档、查阅和修改。
- 图纸目录应排列在施工图纸的最前面，且不编入图纸序号内，其目的在于出图后增加或修改图纸时，方便目录的续编。
- 图纸目录应先列新绘图纸，后列选用的标准图或重复利用图。

图纸目录编排应注意以下几点：

① 新绘图。新绘图纸应依次按首页图与设计说明、材料做法表、设计图与详图三大部类编排目录。

② 标准图。目前有国家标准图、大区标准图、省（市）标准图和本设计单位标准图 4 类。标准图一般只写图册号及图册名称，数量多时可只写图册号。

③ 重复利用图。多是利用本单位其他工程项目图纸，应随新绘图纸出图。重复利用图必须在目录中写明项目名称、图别、图号和图名。

④ 新绘图、标准图和重复利用图 3 部分目录之间应留有空格，以便在补图或变更图单时加填。

⑤ 应注意目录上的图号和图名应与相应图纸上的图号和图名一致，项目名称应与合同及初步设计相一致。

⑥ 图号应从 1 开始依次编排，不得从 0 开始。

⑦ 图纸规格应根据复杂程度确定大小适当的图幅，并尽量统一，以便于施工现场使用。

（3）首页

① 设计说明。

设计说明主要介绍工程概况、设计依据、设计范围及分工，以及施工和制作时应注意的事项，其内容主要包括以下几项：

- 本项工程施工图的设计依据。
- 根据初步的方案设计，说明本项工程的概况。其内容一般应包括工程项目名称、项目地点、建设单位、建筑面积、耐火等级、设计依据和设计构思等。
- 对于工程项目中特殊要求的做法说明。
- 对采取的新材料和新做法的说明。

② 工程材料做法表。

工程材料做法表应包含本设计范围内各部位的装饰用料及构造做法，以文字逐层叙述的方法为主，或者引用标准图的做法与编号，否则应另绘详图交代。

设计部分除以文字说明外，也可用表格形式表达，在表格上填写相应的做法或编号。

编写工程材料做法表时，应注意以下几点：

- 表格中做法名称应与被索引图册的做法名称和内容一致，否则应加注"参见"二字，并在备注中说明变更内容。
- 详细做法无标准图可索引时，应另行书写交代，并加以索引。
- 对于选用的新材料和新工艺，应对其可靠度进行确认。

③ 装修门窗表。

门窗表是一个子项中所有门窗的汇总与索引，目的在于方便工程施工，编写预算及厂家制作。

在编写门窗表时应注意以下几点：

- 在装修中所涉及的门窗表的设计编号，建议按材质、功能或特征分类编写，以便于分别加工和增减数量。
- 在装修中所涉及的洞口尺寸应与平、立、剖面图及门窗详图中相应的尺寸一致。
- 在装修中所涉及的各类门窗栏内应留有空格，以便增补调整。
- 在装修中所涉及的各类门窗应连续编号。

（4）图纸

室内设计施工图图纸部分由平面图、立面图、剖面图、大样详图，以及指定所用洁具等五金件产品型号 5 个类别组成。

① 平面图。

平面图的形式及其重要性：平面图是室内设计施工图中最基本、最主要的图纸，其他图纸如立面图、剖面图及某些详图都是以它为依据派生和深化而成的，同时平面图也是其他相关工种（结构、设备、水暖、消防和配电等）进行分项设计与制图的重要依据。反之，其他工种的技术要求也主要在平面图中表示。

因此，平面图与其他施工图纸相比更为复杂，绘图要求更全面、准确、简明。

平面图的表达内容：平面图一般是指在建筑物门窗洞口处水平剖切的俯视图（大空间影剧场、体育场/馆等的剖切位置可酌情而定），按直接正投影法绘制。室内设计施工图中还应包括建筑各层装饰部位的吊顶平面图。平面图所表达的是设计者对各层室内的功能与交通、家具与设施布置，地面材料与分割，以及施工尺寸、标高和详图的索引符号等。吊顶平面图所表达的是各层室内的照明方式、灯具、消防烟感、喷淋布置、空调设备的进/回风口位置，以及各级吊顶的标高、材料和详图索引符号等。

平面图绘制的内容可分为以下两个层次：

- 用细实线和图例表示剖切到的原建筑实体断面，并标注相关尺寸，如墙体、柱子、门中和窗等。
- 用粗实线表示装修项目涉及范围的建筑装修界面、配件及非固定设施轮廓线，并标注必要的尺寸和标高，如图 1-74 和图 1-75 所示。

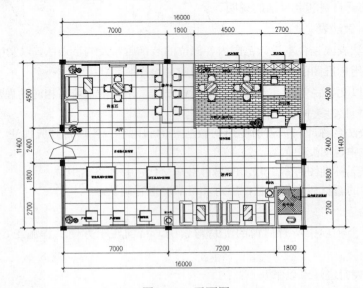

图 1-74　平面图

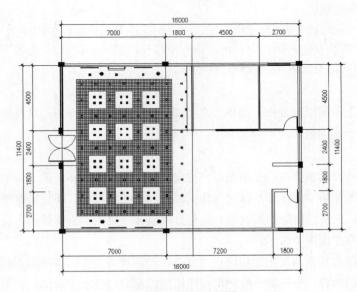

图 1-75　吊顶平面图

② 局部放大平面图。

根据工程性质及复杂程度，应绘制复杂部分的局部放大平面图，其中应注意以下几点：

- 复杂的特殊局部空间，往往需绘制放大平面图才能表达清楚。放大平面图常用的比例为 1:50。
- 放大平面应在第一次出现的平面图中索引，其后重复出现的层次则不必再引。平面图中已索引放大平面的部位，不要再标注欲在放大平面中交代的尺寸、详图索引等。
- 放大平面中的门窗不必再标注门窗号，即门窗号一律标注在平面图中，这样便于统一设计和修改，如图 1-76 所示。

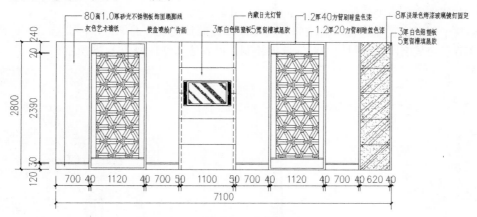

图 1-76　大样

③ 立面图。

立面图的形式：在室内设计施工图中，是用以表达室内各立面方向造型、装修材料及构件的尺寸形式与效果的直接正投影图。

立面图的表达内容：立面图表达投影方向可见的室内装修界面轮廓线和构造、构配件做法及必要的尺寸与标高。

绘制立面图的要求如下：

- 室内各个方向界面的立面应绘全。内部院落及通层的局部立面，可在相关的剖面图上表示。如果剖面不能表达全面，则需单独绘出。
- 在平面图中表示不出的编号，应在立面图上标注。
- 各部分节点、构造应以详图索引，注明材料名称或符号。
- 立面图的名称可按平面图各面的编号确定（如××A 立面图、××B 立面图等），也可以根据立面两端的建筑定位轴线编号确定（如①～⑧轴立面图、A～B 轴立面图等）。
- 前后立面重叠时，前者的外轮廓线宜向外侧加粗，以方便看图。
- 立面图的比例根据其复杂程度设定，不必与平面图相同。
- 完全对称的立面图，可以只画一半，在对称轴处加绘对称符号，如图 1-77 所示。

④ 剖面图。

剖面图的形式：剖面图是室内的竖向剖视图，应按直接正投影法绘制。

剖面图的表达内容如下：

- 用细实线和图例画出所剖到的原建筑实体切面（如墙体、梁、板、地面和屋面等），以及标注必要的相关尺寸和标高。

- 用粗实线绘出投影方向剖切部位的装修界面轮廓线，以及标注必要的相关尺寸和材料。
- 有时在投影方向可以看到室外局部立面，如果其他立面没有表示过，则用细实线画出该局部立面。

绘制剖面图的要求如下：

- 剖视位置宜选择在层高不同、空间比较复杂、具有代表性的部位。
- 剖面图应注明材料名称、节点构造及详图索引符号。
- 主体剖切符号一般应绘制在底层平面图内，剖视方向宜向上、向左，以利于看图。
- 标高是指装修完成面及吊顶底面的标高。
- 内部高度尺寸主要标注吊顶下的净高尺寸。
- 鉴于剖视位置多选在室内空间比较复杂，且最具代表性的部位，因此墙身大样或局部节点应从剖面图中引出，对应放大绘制，以表达清楚，如图 1-78 所示。

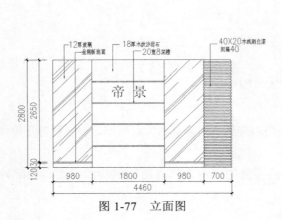

图 1-77　立面图

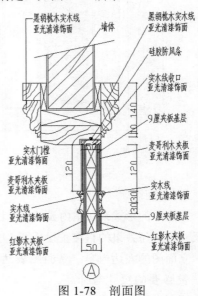

图 1-78　剖面图

⑤ 详图。

详图是整套施工图中不可缺少的部分，是施工过程中准确地完成设计意图的依据之一。

施工图表示内容及注意事项如下。

- 平、立、剖面图中尚未能表示清楚的一些局部构造、装饰材料、做法及主要造型处理应专门绘制详图。
- 利用标准图和通用图可以大量节省时间，提高工作效率，但要避免索引不当和盲目参照，在引用时应注意以下几点：
  - ◆ 选用前应仔细阅读图集的相关说明，了解其使用范围、限制条件和索引方法。
  - ◆ 要注意所选用的图集是否符合规范，哪些做法或节点构造已经过时而被淘汰。
  - ◆ 要对号入座，避免张冠李戴。
  - ◆ 选用的标准要恰当，应与本工程相符合。
  - ◆ 索引符号要标注完全。

标准图和通用图只能解决一般性、量大、面广的功能性问题，对于设计中特殊的做法和非标准构件的处理，仍需自行设计非标准构配件详图。

指定所用五金件、洁具等的产品型号。

室内设计施工图根据建筑的自身条件及投资金额，选定合适的五金件及洁具等的产品型号和规格，并做合理的说明。

 提　示

施工图设计与表达是施工的关键。

# 1.5　本章小结

本章阐述了室内设计的定义、内容，室内设计的分类和相关学科，室内设计的基本原则和一般方法，专业图示表达及施工图的绘图与表达，以及计算机绘图基本设置等基本知识。作为室内设计的基础理论，读者应从室内设计的定义和基本原则出发，熟悉室内设计的工作方法和设计要求，结合实际工程，深化认识室内设计的方法与技巧。

# 1.6　问题与思考

1. 什么是室内设计？
2. 室内设计的基本理念是什么？
3. 室内设计的相关学科有哪些？
4. 室内设计的基本原则有哪些？如何将这些原则落实到实际工程中？
5. 室内设计的一般流程包括哪几个阶段，都包含哪些内容？
6. 室内设计流派一般分为哪几种？
7. 如何设置图层？

# 第 2 章
# 初识中文版 AutoCAD 2015

AutoCAD 是世界上应用最广泛的计算机辅助设计软件，它在航空、建筑、水利、机械、电子和化工等行业都有广泛的应用，已经成为各个行业设计师的得力工具。

## 2.1 了解 AutoCAD 2015 的主要功能

AutoCAD 2015 是对 AutoCAD 的又一次升级，其主要功能概括如下：

- 绘制与编辑图形。
- 标注图形尺寸。
- 渲染三维图形。
- 控制图形显示。
- 绘图实用工具。
- 数据库管理功能。
- Internet 功能。
- 输出与打印图形。

下面将对其主要功能逐一进行详细解释与说明。

### 2.1.1 绘制与编辑图形

在 AutoCAD 2015 的"绘图"菜单中包含多种绘图命令，通过使用它们，用户可以绘制直线、构造线、圆、矩形、多边形和椭圆等基本图形，也可以将绘制的图形转换为面域，并对其进行填充。在此基础上，再结合"修改"菜单中的修改命令对该图形进行编辑，便可以绘制出多种多样的二维图形。对于一些二维图形，用户也可以通过拉伸、设置标高和厚度等操作轻松地将其转换为三维图形。

### 2.1.2 标注图形尺寸

标注图形尺寸即是为图形添加测量注释的过程，在整个绘图过程中这一步必不可少。
AutoCAD 2015 的"标注"菜单中包含了一套完整的尺寸标注和编辑命令，使用它们可以在图形的各个方向上创建各种类型的标注，也可以方便、快速地以一定格式创建符合行业或项目标准的标注。标注显示了对象的测量值、对象之间的距离与角度，以及特征与指定原点的距离等。在 AutoCAD 中，提供了线性、半径和角度 3 种基本的标注类型，可以进行水平、垂直、对齐、旋转、坐标、基线或连续等标注。此外，还可以进行引线标注、公差标注，以及自定义粗糙度标注。标注的对象可以是二维图形，也可以是三维图形，分别如图 2-1 和图 2-2 所示。

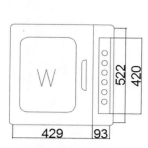

图 2-1　在 AutoCAD 中标注二维图形

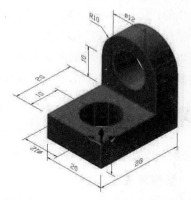

图 2-2　在 AutoCAD 中标注三维图形

## 2.1.3　渲染三维图形

在 AutoCAD 中，可以运用雾化、光源和材质，将模型渲染为具有真实感的图像。如果是为了进行演示，可以渲染全部对象；如果时间有限，或显示设备和图形设备不能提供足够的灰度等级和颜色，就不必精细渲染；如果只需快速查看设计的整体效果，则可以简单消隐或设置视觉样式。图 2-3 所示为使用 AutoCAD 进行光线跟踪渲染的效果。

图 2-3　在 AutoCAD 中进行光线跟踪渲染的效果

## 2.1.4　控制图形显示

在 AutoCAD 中，可以方便地以多种方式放大或缩小所绘图形。对于三维图形，可以改变观察视点，从不同的观看方向显示图形；也可以将绘图窗口分成多个视口，从而在各个视口中以不同的方位显示同一图形。此外，AutoCAD 还提供了三维动态观察器，利用它可以动态地观察图形。

### 2.1.5　绘图实用工具

在 AutoCAD 中，可以方便地设置图形元素的图层、线型、线宽、颜色，以及尺寸标注样式和文字标注样式，也可以对所标注的文字进行拼写检查。通过各种形式的绘图辅助工具设置绘图方式，提高绘图效率与准确性。使用特性窗口可以方便地编辑所选择对象的特性；使用标准文件功能，可以对诸如图层、文字样式和线型等类似的命名对象定义标准设置，以保证同一单位、部门、行业，以及合作伙伴间在所绘图形中对这些命名对象设置的一致性；使用图层转化器可以将当前图形图层的名称和特性转换成已有图形或标准文件对图层的设置，即将不符合本部门图层设置要求的图形进行快速转换。

### 2.1.6　其他功能

AutoCAD 还有以下几种功能。

#### 1．数据库管理功能

在 AutoCAD 中，可以将图形对象与外部数据库中的数据相关联，而这些数据库是由独立于 AutoCAD 的其他数据库管理系统（如 Access、Oracle 和 FoxPro 等）建立的。

#### 2．Internet 功能

AutoCAD 提供了极为强大的 Internet 工具，使设计者之间能够共享资源和信息，同步进行设计、讨论、演示和发布消息，即时获得业界新闻，并得到相关帮助。

#### 3．输出与打印图形

AutoCAD 不仅允许将所绘图形以不同的样式通过绘图仪或打印机输出，还能将不同格式的图形导入 AutoCAD 中或将 AutoCAD 图形以其他格式输出。因此，当图形绘制完成后，可以使用多种方法将其输出。例如，可以将图形打印在图纸上，或创建成文件，以供其他应用程序使用。

## 2.2　启动与退出 AutoCAD 2015

下面将详细介绍启动与退出 AutoCAD 2015 的方法。

### 2.2.1　软件的启动

AutoCAD 2015 的启动方式有很多种，用户需要了解以下几种常用的启动方法：
- 在 Windows 桌面上双击 AutoCAD 2015 快捷图标 。
- 双击已经存盘的任意 AutoCAD 2015 图形文件 。
- 选择"开始"|"所有程序"｜Autodesk｜AutoCAD 2015-中文简体（Simplified Chinese）｜AutoCAD 2015-中文简体（Simplified Chinese）命令，如图 2-4 所示。

图 2-4  从"所有程序"中打开 AutoCAD 2015

## 2.2.2  软件的退出

AutoCAD 2015 的退出方式有很多种，用户需要了解以下几种常用的退出方法：
- 单击 AutoCAD 2015 工作界面右上角的"关闭"按钮 ✖。
- 右击系统任务栏中的 AutoCAD 2015 图标，在弹出的快捷菜单中选择"关闭窗口"命令，如图 2-5 所示。
- 单击 AutoCAD 2015 软件左上角的 ▲ 按钮，在弹出的下拉列表中单击"退出 Autodesk AutoCAD 2015"按钮，如图 2-6 所示。

图 2-5  选择"关闭窗口"命令

图 2-6  通过"菜单栏浏览器"关闭

## 2.3  AutoCAD 2015 的工作界面及用户习惯界面的设置

成功启动 AutoCAD 2015 后，就会迅速进入其工作界面，如图 2-7 所示。与其他 Windows 的应用程序窗口非常相似，它主要由标题栏、菜单栏、工具栏、绘图窗口、十字光标、坐标系图标、垂直滚动条、水平滚动条、命令行和状态栏等部分组成，下面将分别介绍各部分的功能及设置方法。

### 2.3.1　标题栏

标题栏位于界面的最上面，中间用于显示 AutoCAD 2015 的程序图标及当前正在操作的图形文件的名称；右边的 3 个按钮依次是 AutoCAD 2015 的窗口管理按钮，即最小化、最大化（或还原）和关闭按钮，其操作与其他 Windows 应用程序相同，如图 2-7 所示。

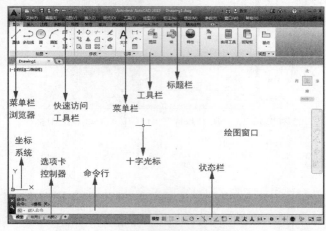

图 2-7　AutoCAD 2015 工作界面

### 2.3.2　菜单栏

在 AutoCAD 2015 中，菜单分为下拉菜单和快捷菜单两种。

**1．下拉菜单**

AutoCAD 2015 的菜单栏中共有 12 个菜单，用鼠标单击任意一个菜单，就会弹出一个相应的下拉菜单，如图 2-8 所示，再选择相应的命令，即可执行相应的命令。

图 2-8　AutoCAD 2015 的下拉菜单

 **注　意**

在选择下拉菜单中的命令时，应注意以下几点：

① 如果命令后面跟有快捷键，表示按下相应的快捷键就可以执行一条相应的 AutoCAD

命令，如图 2-9 所示。

②　如果命令后面带有黑三角形标记，表示单击该黑三角形标记，还可以打开下一级子菜单，并可进一步进行选择，如图 2-10 所示。

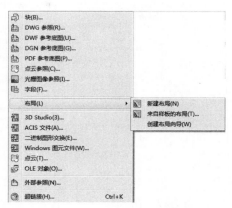

| 图 2-9　下拉菜单中命令的使用 1 | 图 2-10　下拉菜单中命令的使用 2 |
| --- | --- |

③　如果命令后面带有省略号标记，选择该命令就会弹出相应的对话框，在弹出的对话框中用户可做进一步的设置，如图 2-11 所示。

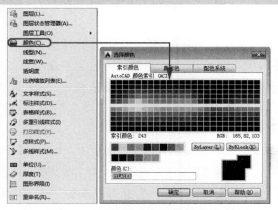

图 2-11　下拉菜单中命令的使用 3

④　命令如果呈灰色，则表示该命令在当前状态下不可用。

### 2．快捷菜单

在 AutoCAD 中，除了可以使用下拉菜单外，还可以使用快捷菜单。如在绘图窗口中右击，AutoCAD 就会弹出一个快捷菜单，可方便用户操作。

在 AutoCAD 2015 中，也可以设置禁止在绘图区中使用快捷菜单。当设置了禁止使用快捷菜单后，在绘图过程中，若右击，则表示确认该选项；完成绘图后，若右击，则表示重复上一步操作的命令。

设置该功能的具体操作步骤如下：

**Step 01** 选择"工具"|"选项"命令，弹出"选项"对话框，在该对话框中选择"用户系统配置"选项卡，如图 2-12 所示。

**Step 02** 在 "Windows 标准操作" 选项组中单击 "自定义右键单击" 按钮，弹出 "自定义右键单击" 对话框，在 "命令模式" 选项组中可以进一步选取右键执行命令的方式，如图 2-13 所示。

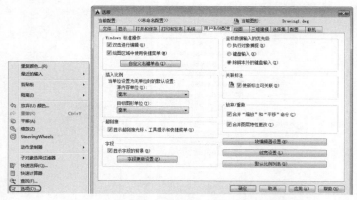 

图 2-12 在 AutoCAD 中打开 "选项" 对话框　　图 2-13 打开 "自定义右键单击" 对话框

**Step 03** 在 "Windows 标准操作" 选项组中取消选择 "绘图区域中使用快捷菜单" 复选框，则禁止在绘图区域中使用快捷菜单，如图 2-14 所示。

## 2.3.3　工具栏

工具栏是应用程序调用命令的另一种方式，它包含了众多由图标表示的命令按钮。在 AutoCAD 2015 中，系统提供了 20 多种工具栏。在默认设置下，AutoCAD 2015 只在工作界面中显示 "标准"、"绘图"、"修改"、"图层"、"注释"、"块"、"特性" 和 "实用程序" 等工具栏，利用这些工具栏中的按钮可以方便地进行各种操作。

用户可以根据需要将某个工具栏复制到工具栏面板中。具体操作过程为：在标题栏中单击图标，在弹出的快捷菜单中选择 "工作空间" 命令，单击 草图与注释 图标，在弹出的下拉列表中选择 "自定义"，在打开的 "自定义用户界面" 窗口中展开 "工具栏" 选项，选择所需工具栏并右击，在弹出的快捷菜单中选择 "复制到功能区面板" 命令，如图 2-15 所示。

图 2-14 取消选择 "绘图区域中使用快捷菜单" 复选框　　图 2-15 选择所要定义的工具栏选项

### 2.3.4　绘图窗口

绘图窗口是用来绘制图形的区域，用户可以在该区域内绘制、显示与编辑各种图形，同时还可以根据需要关闭某些工具栏以增大绘图空间。如果图纸比较大，需要查看未显示的部分，可以单击窗口右边的垂直滚动条和下边的水平滚动条的箭头按钮，或拖动滚动条上的滑块来移动和显示图纸。此外，用户也可以按住鼠标中键进行拖动，得到需要显示的图形部分后松开鼠标中键即可。

在绘图窗口中，系统默认显示的颜色为黑色，用户可以根据自己的需要将其更改为其他颜色，具体操作步骤如下：

**Step 01** 在绘图窗口右击，在弹出的快捷菜单中选择"选项"命令。弹出"选项"对话框，如图 2-16 所示。

图 2-16　打开"选项"对话框

**Step 02** 在"选项"对话框中，切换到"显示"选项卡，单击"窗口元素"选项组中的"颜色"按钮，弹出"图形窗口颜色"对话框，如图 2-17 所示。

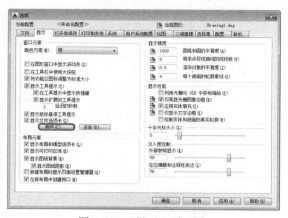

图 2-17　"显示"选项卡

**Step 03** 在"图形窗口颜色"对话框中，在"颜色"下拉列表中选择"白"并单击"应用并关闭"按钮，如图 2-18 所示。

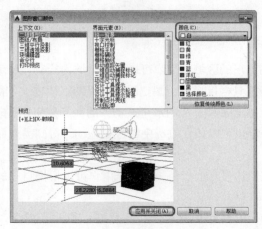

图 2-18 设置"颜色"

## 2.3.5 十字光标

在绘图窗口内有一个十字光标,其交点表示光标当前所在的位置,用它可以绘制和选择图形。移动鼠标时,光标会因为位于界面的不同位置而改变形状,以反映出不同的操作。用户可以根据自己的习惯对十字光标的大小进行设置。操作方法如下:按照上述方法打开"选项"对话框,选择"显示"选项卡,在右下方的"十字光标大小"选项组中更改参数,以调整其大小,如图 2-19 所示。

图 2-19 设置"十字光标"的大小

## 2.3.6 其他设置

在 AutoCAD 2015 中还可以设置"坐标系图标"、"状态栏"、"选项卡控制器"、"命令行"等内容。

### 1. 坐标系图标

"坐标系图标"位于绘图窗口的左下角,它表示当前绘图所使用的坐标系形式和坐标轴方向,用户可以显示或关闭它。

### 2．状态栏

"状态栏"用于显示当前的绘图状态。左侧显示的是当前光标的坐标，右侧是辅助绘图按钮，用于在绘图时打开或关闭捕捉、栅格、正交、极轴、对象捕捉、对象追踪、线宽和模型。各具体功能将在以后的章节中详细介绍。

### 3．选项卡控制器

"选项卡控制器"用于实现模型空间和布局空间的切换。模型空间用于在屏幕上绘制和编辑图形，布局空间用于打印输出图形。

### 4．命令行

"命令行"位于绘图窗口的下方，是 AutoCAD 显示用户输入的命令和提示信息的地方。用户可以根据需要改变"命令"窗口的大小，也可以将其拖动为浮动窗口，如图 2-20 所示。

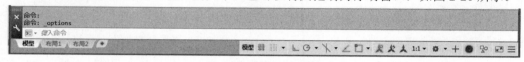

图 2-20　"命令"窗口

在默认情况下，AutoCAD 只在"命令"窗口中显示最后 3 行所执行的命令或提示信息。用户可以根据需要改变"命令"窗口的大小，使其显示多于或少于 3 行的信息。

当执行不同的命令时，命令行将显示不同的提示信息。即每一个命令都有自己的一系列提示信息，而同一个命令在不同的情况下被执行时，出现的提示信息也可能不同。

## 2.4　图形文件的管理

在 AutoCAD 2015 中，图形文件管理包括创建新的图形文件、打开已有的图形文件、关闭图形文件，以及保存图形文件等操作。

### 2.4.1　创建新图形文件

在绘制图形之前，需要先新建一个图形文件，有以下 4 种方法：
- 选择"文件"|"新建"命令。
- 单击"标准"工具栏上的"新建"按钮 ，如图 2-21 所示。
- 在命令行中输入 NEW 命令，如图 2-22 所示。

图 2-21　单击"新建"按钮

图 2-22　使用"命令行"新建

- 单击"菜单浏览器"按钮，在弹出的下拉列表中选择"新建"|"图形"命令，如图 2-23 所示。

执行上述操作后，将弹出"选择样板"对话框，如图 2-24 所示。

图 2-23　使用"菜单栏浏览器"新建　　　　　图 2-24　"选择样板"对话框

在"选择样板"对话框中，用户可以在"名称"列表框中选择某一个样板文件，这时在右侧的"预览"窗口中将显示样板的预览图像。用户通过单击"打开"按钮，可以将选中的样板文件作为样板来新建图形。

在样板文件中通常包含与绘图相关的一些通用设置，如图层、线型和文字样式等。此外，还包括一些通用图形对象，如标题栏和图幅框等。利用样板创建新图形，可以避免绘图设置和绘制相同图形对象这样的重复操作，在提高绘图效率的同时也保证了图形的一致性。

## 2.4.2　打开图形文件

要打开已有图形文件，有以下 4 种方法：

- 选择"文件"|"打开"命令，如图 2-25 所示。
- 单击"标准"工具栏上的"打开"按钮 📂。
- 在命令行中输入 OPEN 命令，如图 2-26 所示。
- 单击"菜单浏览器"按钮，在弹出的下拉列表中选择"打开"命令。

图 2-25　选择"打开"命令　　　　　图 2-26　输入 OPEN 命令运行打开

执行上述操作后，将弹出"选择文件"对话框，如图 2-27 所示。

图 2-27　"选择文件"对话框

当在"选择文件"对话框中选择某一图形文件时，将会在对话框右侧的"预览"窗口中显示出该图形的预览效果。选择需要打开的图形文件，再单击"打开"按钮即可。

AutoCAD 2015 有多种方式可以将所绘制的图形以文件形式存入磁盘，下面将分别介绍。

**1．快速存盘**

快速存盘有以下几种方法：
- 选择"文件"|"保存"命令。
- 单击"标准"工具栏上的"保存"按钮 🖫 。
- 在命令行中输入 SAVE 命令。
- 单击"菜单浏览器"按钮，在弹出的下拉列表中选择"保存"命令。

执行快速存盘命令后，AutoCAD 将把当前编辑的已命名的图形直接以原文件名存入磁盘，不再提示输入文件名。如果当前所绘制的图形没有命名，则 AutoCAD 会弹出"图形另存为"对话框，如图 2-28 所示。在该对话框中用户可以指定图形文件的存放位置、文件名和存放类型等。

图 2-28　"图形另存为"对话框

**2．另存为图形**

如果要另存为图形文件，可以使用以下几种方法：
- 选择"文件"|"另存为"命令，如图 2-29 所示。

- 在命令行中输入 SAVEAS 命令。

执行上述操作后，AutoCAD 将会弹出"图形另存为"对话框，在该对话框中指定图形的保存位置和文件名，即可将当前编辑的图形以新的名称保存。

图 2-29　另存为方式

### 3．设置密码

在保存图形时，用户可以为图形文件设置保存密码，具体操作步骤如下：

`Step 01` 在"图形另存为"对话框中，选择右侧的"工具"|"安全选项"命令，弹出"安全选项"对话框，在该对话框中输入密码，如图 2-30 所示。

`Step 02` 输入密码后，单击"确定"按钮，弹出"确认密码"对话框，在该对话框中再次输入密码，如图 2-31 所示。

图 2-30　"安全选项"对话框

图 2-31　确认密码

`Step 03` 单击"确定"按钮，返回"图形另存为"对话框，单击"保存"按钮。为文件设置密码后，当试图打开图形文件时，系统会弹出一个对话框，要求用户输入密码。如果输入的密码正确，则打开图形，否则将无法打开图形。

## 2.4.4　关闭图形文件

如果要关闭当前图形文件，可以使用以下几种方法：

- 选择"文件"|"关闭"命令。
- 在命令行中输入 CLOSE 命令。

执行上述操作后，如果当前图形文件没有存盘，AutoCAD 就会弹出图 2-32 所示的提示对话框。

在提示对话框中有 3 个按钮，含义分别如下。

- "是"按钮：如果单击该按钮，将弹出"图形另存为"对话框，表示在退出之前先要保存当前的图形文件。
- "否"按钮：如果单击该按钮，则表示不保存当前的

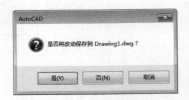

图 2-32　AutoCAD 的提示对话框

图形文件，直接退出。
- "取消"按钮：此按钮表示不执行退出命令，返回工作界面。

注　意

　　AutoCAD 的"选项"对话框为用户提供了特别实用的系统设置功能，在这里可以方便地进行全方位的设置与修改，如改变窗口颜色、十字光标大小、字体大小、是否显示流动条，以及自动捕捉标记的颜色等。

　　选择"工具"|"选项"命令，或执行 OPTIONS 命令，都可以打开"选项"对话框。在该对话框中共包括"文件"、"显示"、"打开和保存"、"打印和发布"、"系统"、"用户系统配置"、"绘图"、"三维建模"、"选择集"、"配置"和"联机"11 个选项卡，如图 2-33 所示。

图 2-33 "选项"对话框

下面将对各个选项卡的功能进行简单介绍。
- "文件"选项卡：该选项卡用于确定 AutoCAD 搜索支持文件、驱动程序文件、菜单文件和其他文件的路径，以及用户定义的一些设置。
- "显示"选项卡：该选项卡用于控制图形布局和设置系统显示，包括"窗口元素"、"布局元素"、"十字光标大小"、"显示精度"、"显示性能"和"淡入度控制"等选项组。
- "打开和保存"选项卡：该选项卡用于设置是否自动保存文件、自动保存文件的时间间隔、是否保存日志和是否加载外部参照等，包括"文件保存"、"文件安全措施"、"文件打开"和"外部参照"等选项组。
- "打印和发布"选项卡：该选项卡用于设置 AutoCAD 的输出设备。在默认情况下，输出设备为 Windows 打印机，但在很多时候，为了输出较大的图形，也可能需要使用专门的绘图仪。包括"新图形的默认打印设置"、"常规打印选项"和"打印和发布日志文件"等选项组。
- "系统"选项卡：该选项卡用于设置当前图形的显示特性，设置定点设备、是否显示 OLE特性对话框、是否显示所有警告信息、是否显示启动对话框和是否允许长符号名等，包括"硬件加速"、"当前定点设备"、"布局重生成选项"、"数据库连接选项"、"常规选项"和"安全性"等选项组。
- "用户系统配置"选项卡：该选项卡用于优化系统，设置是否使用右键快捷菜单和对象的排序方式，包括"Windows 标准操作"、"插入比例"、"超链接"、"坐标数据输入的优先级"、"字段"和"关联标注"等选项组。

- "绘图"选项卡：该选项卡用于设置自动捕捉、自动追踪等绘图辅助工具，包括"自动捕捉设置"、"自动捕捉标记大小"、"AutoTrack 设置"、"对齐点获取"和"靶框大小"等选项组。
- "三维建模"选项卡：该选项卡用于控制三维操作中十字光标指针显示样式的设置。
- "选择集"选项卡：该选项卡用于设置选择对象方式和控制显示工具，包括"拾取框大小"、"选择集模式"、"夹点尺寸"和"夹点"等选项组。
- "配置"选项卡：该选项卡用于实现新建系统配置、重命名系统配置和删除系统配置等操作。
- "联机"选项卡：用户只有登入账户，才能与 Autodesk 360 账户同步图形或设置。

## 2.5　本章小结

通过本章的学习，读者应该掌握 AutoCAD 2015 的基本功能，图形文件的创建、打开和保存方法，AutoCAD 参数选项、图形单位、绘图图限的设置方法，以及命令与系统变量的使用方法。

## 2.6　问题与思考

1. 在安装 AutoCAD 2015 时，需要哪些安装条件？
2. AutoCAD 2015 的工作界面包括哪几部分，各部分的主要功能是什么？
3. AutoCAD 2015 有哪些增强和新增功能？
4. 在 AutoCAD 中，可以使用哪几种方式来执行命令？

# 第 3 章
# 绘图辅助功能的设置与操作

　　利用 AutoCAD 2015 进行绘图，是一个完全数字化的绘图过程，数字化图纸的主要优点是编辑和调用方便。在手工绘图的时代，图版和丁字尺是必备的工具之一，只有通过合适的工具，才能够绘制出准确、美观的图纸，并且还能够提高设计效率。在计算机上绘图也面临着一些问题，数字化图纸的最大问题就是受显示设备的限制，图纸是看得见摸不着的，因此需要采用合理的软件工具设置，使设计人员能够熟练地使用，并且在计算机的辅助下，成倍地提高设计效率，最终绘制出美观的图纸。

## 3.1　精确绘图辅助工具设置

　　在绘图过程中，使用鼠标这样的定点工具对图形文件进行定位虽然方便、快捷，但往往所绘制的图形精度不高。为了解决这一问题，AutoCAD 2015 提供了捕捉模式、栅格显示、正交模式、极轴追踪、对象捕捉和对象追踪捕捉等一些绘图辅助功能帮助用户精确绘图。

　　用户可以通过打开图 3-1 所示的"草图设置"对话框来设置部分绘图辅助功能。打开该对话框有如下 3 种方法：

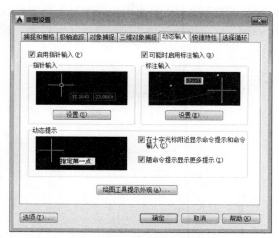

图 3-1　"草图设置"对话框

- 选择"工具" | "绘图设置"命令，如图 3-2 所示。

- 在命令行中输入 DSETTINGS 命令并按【Enter】键，如图 3-3 所示。
- 右击状态栏中的"捕捉模式"、"三维对象捕捉"、"栅格显示"、"极轴追踪"、"对象捕捉"和"对象捕捉追踪" 6 个切换按钮之一，在弹出的快捷菜单中选择"设置"命令，如图 3-4 所示。

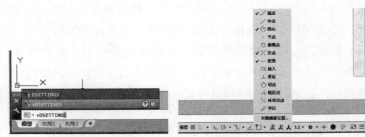

图 3-2 选择"绘图设置"命令　图 3-3 输入 Dsettings 命令　图 3-4 选择"设置"命令

在"草图设置"对话框中，"捕捉和栅格"、"极轴追踪"和"对象捕捉" 3 个选项卡分别用来设置捕捉和栅格、极坐标跟踪功能和对象捕捉功能。

## 3.1.1 栅格和捕捉

栅格（Grid）是可见的位置参考图标，是由用户控制是否可见但不呈现在打印中的点所构成的精确定位的网格与坐标值，它可以帮助用户进行定位，如图 3-5 所示。当栅格和捕捉配合使用时，对于提高绘图精确度有重要作用。

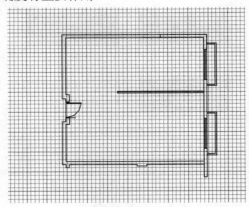

图 3-5 绘图过程中运用栅格进行定位

### 1．显示栅格

由于 AutoCAD 只在绘图界限内显示栅格，所以栅格显示的范围与用户所指定的绘图界限大小有关。使用栅格既可以快捷地对齐对象，又能够直观地显示对象间的间距。用户可以在运行其他命令的过程中打开和关闭栅格。在放大或缩小图形时，需要重新调整栅格的间距，使其适合新的缩放比例。

用户可以使用下列方法打开栅格，也可以在不需要时关闭栅格。

- 单击状态栏上的"栅格图形显示"按钮，如果该按钮被按下，则表示已经打开栅格显示。再次单击可以关闭栅格显示。默认状态是关闭栅格显示，如图 3-6 所示。
- 按【F7】键，可以在打开和关闭栅格显示之间进行切换。
- 在"草图设置"对话框的"捕捉和栅格"选项卡中，选择"启用栅格"复选框，然后单击"确定"按钮，如图 3-7 所示。

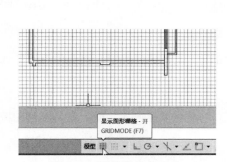

图 3-6　识别栅格的状态

图 3-7　选择"启用栅格"复选框

- 按【Ctrl+G】组合键。
- 在命令行中输入 GRID 命令，如图 3-8 所示。根据提示，输入 ON 将显示栅格，输入 OFF 将关闭栅格。
- 在命令行中输入 GRIDMODE 命令，再在提示下输入变量 GRIDMODE 的新值，值为 1 将显示栅格，值为 0 将不显示栅格，如图 3-9 所示。

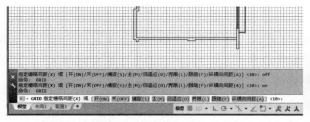

图 3-8　打开与关闭栅格 1

图 3-9　打开与关闭栅格 2

### 2．设置栅格间距

如上所述，栅格是用来精确绘制图形的，用户为了方便绘图，可以随时调整它的间距。例如，当用户所输入的一些点的坐标都为 7 的倍数时，那么便可以设置栅格的横、竖间距都为 7，进而通过捕捉栅格上的点来输入这些点，而不必通过键盘输入坐标的方法来进行输入。当然用户也可以将栅格的横竖间距设置为不同，以适应具体需要。

设置栅格间距的方法有以下两种：

- 在命令行中输入 GRID 命令，然后根据提示来完成设置，如图 3-10 所示。

命令: GRID
指定栅格间距(X) 或 [开(ON)/关(OFF)/捕捉(S)/主(M)/自适应(D)/界限(L)/跟随(F)/纵横向间距(A)] <纵横向间距>: a 指定水平间距 (X) <1000>: 1000 指定垂
直间距 (Y) <20>: 1000
键入命令

图 3-10　通过命令行设置栅格间距

- 通过"草图设置"对话框完成间距的设置。

在图 3-7 所示的"草图设置"对话框中，将"捕捉间距"选项组中的"栅格 X 轴间距"和"栅格 Y 轴间距"都设置为 10，单位是用户指定的绘图单位。

用户也可以在"草图设置"对话框的"捕捉和栅格"选项卡中设置栅格的密度和开关状态。

 **注　意**

栅格只显示在绘图范围界限之内。栅格只是一种辅助定位图形，不是图形文件的组成部分，不能被打印输出。

"草图设置"对话框左下角的"捕捉类型"选项组用于设置捕捉类型，该选项组中的选项介绍如下：

- "栅格捕捉"单选按钮：用来控制栅格捕捉类别，它有两个附属单选按钮，即"矩形捕捉"和"等轴测捕捉"。前者是对平面图形而言的栅格捕捉方式，而后者是轴测图栅格捕捉方式。
- PolarSnap（极轴捕捉）单选按钮：用来设置极坐标捕捉方式。

 **提　示**

在输入"栅格 X 轴间距"后，要将"栅格 Y 轴间距"设置为相同的值，直接按【Enter】键或者空格键即可。

### 3. 设置（栅格）捕捉

"栅格显示"只是一种绘制图形时的参考背景，而"捕捉"则能够约束鼠标的移动。捕捉功能用于设置一个鼠标移动的固定步长，如 3 或 5，从而使绘图区的光标在 X 轴和 Y 轴方向的移动量总是步长的整数倍，以提高绘图的精度。

一般情况下，捕捉和栅格可以互相配合使用，以保证鼠标能够捕捉到精确的位置。

当捕捉模式处于打开状态时，用户移动鼠标时就会发现，鼠标指针会被吸附在栅格点上。用户通过设置 X 轴和 Y 轴方向的间距可以便捷地控制捕捉精度。捕捉模式由开关控制，可以在其他命令执行期间进行打开或关闭操作。

可以在"草图设置"对话框中进行捕捉设置。在"捕捉和栅格"选项卡的"捕捉间距"选项组中有两个文本框，在"捕捉 X 轴间距"文本框中设置 X 轴方向间距，在"捕捉 Y 轴间距"文本框中设置 Y 轴方向间距。

也可以通过在命令行中输入 SNAP 命令来设置栅格捕捉的间距。图 3-11 所示为将捕捉 X

轴方向间距设置为 50，*Y* 轴方向间距也设置为 50。

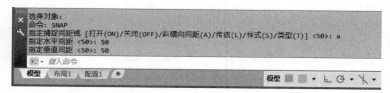

图 3-11　设置（栅格）捕捉

当设置完捕捉间距后，用户同样可以在其他命令执行期间打开或关闭捕捉模式。切换捕捉模式的方法有以下几种：

- 单击状态栏上的"捕捉模式"按钮。当按钮被按下时，表示已经打开了捕捉模式，再次单击，则恢复为原状态。系统默认为关闭捕捉模式。
- 按【F9】键，可以在打开和关闭捕捉模式之间进行切换。
- 在"草图设置"对话框的"捕捉和栅格"选项卡中，选择"启用捕捉"复选框，单击"确定"按钮，即可启动捕捉功能。

 提　示

修改捕捉角度将同时改变栅格角度。

捕捉间距不必与栅格间距相同。用户可以根据实际的绘图需要调整栅格间距与捕捉间距。例如，用户可以设置较宽的栅格间距用作参考，同时使用较小的捕捉间距以保证定位点时的精确性，当然栅格间距也可以小于捕捉间距。

- 在命令行中输入 SNAP 命令，再在提示下输入 ON 命令，将打开捕捉模式；输入 OFF命令，则关闭捕捉模式。该命令也可透明使用。
- 在命令行中输入 SNAPMODE 命令，可更改系统变量 SNAPMODE 的值，1 表示打开捕捉模式，0 表示关闭捕捉模式。

如图 3-11 所示，当用户在命令行中输入 SNAP 命令后，除了"打开"、"关闭"选项之外，还有"纵横向间距"、"样式"和"类型"3 个选项。

- "纵横向间距"选项要求用户指定水平间距与垂直间距。
- "样式"选项用于设置栅格捕捉样式，用户可以在标准的矩形（平面）栅格捕捉方式和轴测图栅格捕捉方式之间进行选择。
- "类型"选项用于选择捕捉类型，用户可以按绘图需要来决定是按极轴追踪捕捉，还是按栅格捕捉。

技　巧

通常情况下，栅格和捕捉都是配合使用的，即捕捉和栅格的 *X*、*Y* 轴间隔分别对应，这样就更能保证鼠标可以便捷地拾取到精确的位置。

### 3.1.2 对象捕捉

相对于手工绘图来说，使用 AutoCAD 可以绘制出非常精确的工程图，因此高精确度是AutoCAD 绘图的优点之一。而"对象捕捉"又是 AutoCAD 绘图中用来控制精确性，使误差降到最低的有效工具之一。

在使用 AutoCAD 绘制图形时，常会用到一些图形中的特殊点，比如端点、中点、圆心、交点和切点等，用户可以通过对象捕捉这一功能快速地捕捉到对象上的这些关键几何点。因此，对象捕捉是一个十分有用的工具，它可以将十字鼠标指针强制性地、准确地定位在实体上的某些特定点或特定位置上。

例如，用户要以屏幕上两条直线的交点为起点再绘制直线，就要求能准确地把鼠标指针定位在这个交点上，这仅靠视觉很难做到。而使用交点捕捉功能，只需把交点置于选择框内，甚至置于选择框的附近，便可准确地定位在交点上，从而保证了绘图的精确度。

**1. 设置对象捕捉**

设置对象捕捉有以下两种方式。

（1）设置临时对象捕捉方式

设置临时对象捕捉方式主要有下述几种操作方法：

- 单击"状态栏"中的"将光标捕捉到二维参照点（开）"右侧的下三角按钮，如图 3-12 所示。

- 在输入点的提示下，在命令行中输入 TT，然后指定一个临时追踪点，该点上将出现一个小的加号（+）。移动鼠标指针时，将相对于这个临时点显示自动追踪对齐路径。要将这点删除，需要将鼠标指针移回到加号（+）上面。

图 3-12 "对象捕捉"工具栏

（2）设置自动对象捕捉方式

当设置为自动对象捕捉功能后，在绘图过程中将一直保持对象捕捉状态，直到用户将其关闭为止。自动捕捉功能需要通过"草图设置"对话框来设置。在命令行中输入 DSETTINGS，打开"草图设置"对话框并同时打开"对象捕捉"选项卡，从中完成设置，如图 3-13 和图 3-14所示。

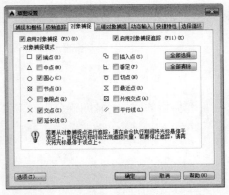

图 3-13 设置自动对象捕捉方式

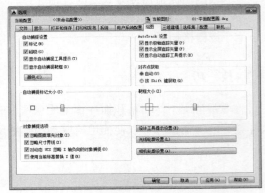

图 3-14 绘图设置

**提  示**

在命令提示符后输入 OSNAP 命令，也能打开"草图设置"对话框，并自动切换到"对象捕捉"选项卡。

用户可以使用下列几种方法打开或关闭自动捕捉模式：

- 单击状态栏上的"对象捕捉"按钮，按钮被按下表示打开自动对象捕捉模式，再次单击该按钮，将关闭自动对象捕捉模式，而系统本身的默认状态是关闭自动对象捕捉模式。
- 按【F3】键，可以在打开和关闭自动对象捕捉模式之间进行切换。
- 在"草图设置"对话框的"对象捕捉"选项卡中，选择"启用对象捕捉"复选框，单击"确定"按钮，即可启用自动对象捕捉功能。

**提  示**

对象捕捉与栅格捕捉不同，前者捕捉特定的目标，而后者则捕捉栅格的点阵。

### 2．对象捕捉方式

AutoCAD 所提供的对象捕捉功能均是针对捕捉绘图中的控制点而言的。AutoCAD 2015 共有 13 种对象捕捉方式（见图 3-13），其中常用的有 8 种，分别是：交点×、端点□、中点△、垂足┗、象限点◇、圆心○、切点♂和节点⊗。

下面将分别介绍这 13 种捕捉方式。

（1）端点捕捉方式（endpoint）

端点捕捉方式用来捕捉实体的端点，该实体既可以是一条直线或一段圆弧，也可以是捕捉三维实体中体和面域的边的端点。例如，当用户要捕捉立方体的端点（顶点）时，只需将拾取框移至所需端点所在的一侧单击即可。而拾取框总是捕捉它所靠近的那个端点。

用户可以在执行绘图命令时，单击"对象捕捉"工具栏上的"端点"按钮，也可以在绘图过程中根据系统所提示的"指定……点"的命令下输入 END，系统将提示用户选择对象，然后自动捕捉到对象的端点。用户也可以在"草图设置"对话框的"对象捕捉"选项卡中选择"端点"复选框（见图 3-13）。其他的对象捕捉方式与其操作基本相同。

（2）中点捕捉方式（midpoint）

中点捕捉方式用来捕捉一条直线或一段圆弧的中点。捕捉时只需将拾取框放在直线上即可，并不是必须将其放在中部。当选择样条曲线或椭圆弧时，中点捕捉方式将捕捉到对象起点和端点之间的中点。如果给定了直线或圆弧的厚度，便可捕捉对象的边的中点。同时，它还可以用来捕捉三维实体中体和面域的边的中点。

用户可以单击"对象捕捉"工具栏上的"中点"按钮，也可以在绘图命令中的"指定……点"提示下输入 MID 命令来启动中点捕捉方式。

（3）交点捕捉方式（intersection）

使用交点捕捉方式，可捕捉对象的真实交点，这些对象包括圆弧、圆、椭圆、椭圆弧、直线、多段线、射线、样条曲线和构造线等。虽然交点捕捉方式可以捕捉面域或曲线的边，但不能捕捉三维实体的边或角点。此外，还可以使用交点捕捉方式捕捉以下点：

- 具有厚度的对象的角点。如果两个具有厚度的对象沿着相同的方向延伸并有相交点，则可以捕捉到其边的交点。如果对象的厚度不同，则较薄的对象决定了交点的捕捉点。
- 块中直线的交点。如果块以一致的比例进行缩放，则可以捕捉块中圆弧或圆的交点。
- 两个对象延伸得到的交点。应该注意的是，只有将交点捕捉方式设置为单点（替代）对象捕捉，这个交点才会显示出来。

用户可以单击"对象捕捉"工具栏上的"交点"按钮✕，也可以在绘图命令中的"指定……点"提示下输入 INT 命令来启动交点捕捉方式。图 3-15 所示为使用交点捕捉方式的示例。

（4）圆心捕捉方式（center）

圆心捕捉方式可以捕捉圆弧、圆或椭圆的圆心，也可以捕捉三维实体中体或面域的圆的圆心。要捕捉圆心，只需在圆、圆弧或椭圆上移动鼠标指针（这时会有系统提示出现），然后单击，此时将显示"圆心"捕捉。图 3-16 所示为使用圆心捕捉方式的捕捉提示。

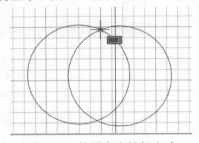
图 3-15　使用交点捕捉方式

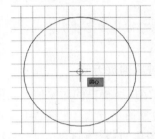
图 3-16　使用圆心捕捉方式

用户可以单击"对象捕捉"工具栏上的"圆心"按钮◎，也可以在绘图命令中的"指定……点"提示下输入 CEN 命令来打开圆心捕捉方式。

☂ **注　意**

> 与前面所叙述的一样，用户在捕捉圆心时，不一定非要用拾取框直接选择圆心部位，只要将拾取框移动到圆或圆弧上，鼠标指针就会自动在圆心上闪烁。

（5）象限点捕捉方式（quadrant）

使用象限点捕捉方式，可以捕捉圆弧、圆或椭圆的最近的象限点（0°、90°、180°和 270°点）。圆和圆弧象限点的捕捉位置关键在于当前用户坐标系（UCS）的方向。要显示象限点捕捉，圆或圆弧的法线方向必须与当前用户坐标系的 Z 轴方向一致。如果圆弧、圆或椭圆是旋转块的一部分，那么象限点也会随着块进行旋转。

用户可以单击"对象捕捉"工具栏上的"象限点"按钮◈，也可以在系统提示下输入 QUA 命令启动象限点捕捉方式。

（6）垂足捕捉方式（perpendicular）

使用垂足捕捉方式，可以捕捉与圆弧、圆、构造线、椭圆、椭圆弧、直线、多段线、射线、实体或样条曲线等正交的点，也可以捕捉对象的外观延伸垂足。如果垂足捕捉方式需要多个点来共同建立垂直关系，则 AutoCAD 将显示一个延伸的垂足自动捕捉标记和工具栏提示，并提示输入第 2 点。

**注　意**

延伸垂足对象捕捉不能处理椭圆或样条曲线。

用户可以单击"对象捕捉"工具栏上的"垂足"按钮 ，也可以在绘图命令中的"指定……点"提示下输入 PER 命令来启动垂足捕捉方式。

（7）节点捕捉方式（node）

节点捕捉方式可以用来捕捉用 POINT 命令绘制的点，或用 DIVIDE 和 MEASURE 命令放置的点。对于块中包含的点也可以用作快速捕捉点。

用户可以单击"对象捕捉"工具栏上的"节点"按钮 ，也可以在绘图命令中的"指定……点"提示下输入 NOD 命令来启动节点捕捉方式，然后将拾取框放在节点上。

（8）切点捕捉方式（tangent）

切点捕捉方式可以在圆或圆弧上捕捉与上一点相连的点，而这两点所形成的直线与该对象相切。

用户可以单击"对象捕捉"工具栏上的"切点"按钮 ，也可以在绘图命令中的"指定……点"提示下输入 TAN 命令来启动切点捕捉方式。

（9）最近点捕捉方式（nearest）

最近点捕捉方式可以捕捉对象上离拾取框中心最近的点，这些对象包括圆弧、圆、椭圆、椭圆弧、直线、点、多段线、样条曲线和参照线等。当用户只需要某一个对象上的点而不要求有确定位置的时候，可以使用这种捕捉方式。

用户可以单击"对象捕捉"工具栏上的"最近点"按钮 ，也可以在绘图命令中的"指定……点"提示下输入 NEA 命令来启动最近点捕捉方式。

（10）插入点捕捉方式（insertion）

插入点捕捉方式用来捕捉一个文本或图块的插入点。对于文本来说，就是捕捉其定位点。

用户可以单击"对象捕捉"工具栏上的"插入"按钮 ，也可以在系统给出的"指定……点"提示下输入 INS 命令来启动插入点捕捉方式。

（11）外观交点捕捉方式（apparentIntersection）

外观交点捕捉方式用来捕捉两个实体的延伸交点。该交点在图上并不存在，仅是在同一方向上延伸后才会得到的交点。

用户可以单击"对象捕捉"工具栏上的"外观交点"按钮 ，也可以在系统给出的"指定……点"提示下输入 APPINT 命令来启动外观交点捕捉方式。

（12）范围捕捉方式（extension）

范围捕捉方式用来捕捉已知直线延长线上的点，即在该延伸线上选择合适的点。

用户可以单击"对象捕捉"工具栏上的"范围"按钮 ，也可以在系统给出的"指定……点"提示下输入 EXT 命令来启动范围捕捉方式。

（13）平行线捕捉方式（parallel）

平行线捕捉方式用来捕捉一点，使已知点与该点的连线与一条已知的直线平行。与在其他对象捕捉模式中不同，用户可以将光标悬停移至其他线性对象上，直到获得角度，然后将光标移回正在创建的对象上。如果对象的路径与上一个线性对象平行，则会显示对齐路径，用户可将其用于创建平行对象。

### 3.1.3 对象捕捉追踪

对象捕捉追踪和极轴追踪是 AutoCAD 2015 提供的两个可以进行自动追踪（Tracking）的辅助绘图工具选项。所谓自动追踪功能，就是 AutoCAD 可以自动追踪记忆同一命令操作中鼠标指针所经过的捕捉点，从而以其中某一捕捉点的 X 或 Y 坐标控制用户所需选择的定位点。自动追踪可以用指定的角度绘制对象，或者绘制与其他对象有特定关系的对象。当自动追踪开启时，临时的对齐路径将有助于以精确的位置和角度创建对象。

使用对象捕捉追踪，可以沿着对齐路径进行追踪。对齐路径是基于对象捕捉点的。例如，可以基于对象端点、中点或者对象的交点，沿着某个路径选择一点。

#### 1．启动对象捕捉追踪

用户可以按照下面的任一方法来打开对象捕捉追踪。

- 按【F11】键。
- 单击状态栏上的"对象追踪"按钮 ∠。
- 在"草图设置"对话框的"对象捕捉"选项卡中，选择"启用对象捕捉追踪"复选框，即可执行自动追踪功能，如图 3-17 所示。

#### 2．使用对象捕捉追踪

在启动对象捕捉追踪后，用户可以执行一个绘图命令，同时也可以将对象捕捉追踪与编辑命令（如复制或偏移等）一同使用。然后将鼠标指针移动到一个对象捕捉点处作为临时获取点。不要单击它，只是暂时停顿即可获取。已获取的点会显示一个小加号（+），可以获取多个点。获取点之后，当在绘图路径上移动鼠标指针时，相对点的水平、垂直或极轴对齐路径将显示出来。图 3-18 所示为打开了端点对象捕捉，移动三角形的位置至捕捉到的端点处。

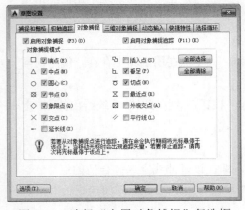

图 3-17　选择"启用对象捕捉"复选框

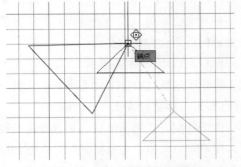

图 3-18　启用端点对象捕捉

#### 3．获取点与清除已获取点

可以使用端点、中点、圆心、节点、象限点、交点、插入点、平行、范围、垂足和切点对象捕捉追踪。例如，如果使用了垂足或切点，AutoCAD 就追踪到与选定的对象垂直或相切的方向对齐路径。

当用命令提示指定一个点时，将鼠标指针移到对象点上，然后暂停（不要单击）。

AutoCAD 获取点之后将显示一个小加号（+），当将鼠标指针移开已获取的点时，将出现临时对齐路径。

将鼠标指针移回到点的获取标记上，AutoCAD 会自动清除该点的获取标记。另外，在状态栏上单击"对象追踪"按钮也可清除已获取的点。

#### 4．对象捕捉追踪使用技巧

使用自动追踪时有一些技巧可以使特定的设计任务变得更加容易。用户可以试试以下几种技巧：

- 与对象捕捉追踪一起使用垂足、端点和中点对象捕捉，将以对象端点或中点为垂足进行绘制。
- 与对象捕捉追踪一起使用切点和端点对象捕捉，将以对象端点为切点进行绘制。
- 与临时追踪点一起使用对象捕捉追踪。在指定点的提示下输入 TT 命令，然后指定一个临时追踪点，该点上将出现一个小加号（+）。移动鼠标指针，将相对这个临时点显示自动追踪对齐路径。要将该点删除，将鼠标指针移回加号（+）上面即可。
- 获得对象捕捉点之后，使用直接距离输入指定一点，使该点与获得的对象捕捉点之间沿对齐路径有一个精确距离。要在提示下指定点，请选择对象捕捉，移动鼠标指针显示对齐路径，然后在命令行提示下输入距离。
- 选择"工具"|"选项"命令，弹出"选项"对话框，在"绘图"选项卡中可以设置对齐点获取的方式——"自动"和"按 Shift 键获取"，如图 3-19 所示。对齐点的获取方式默认设置为"自动"。如果选择"按 Shift 键获取"单选按钮，则按【Shift】键可以实现进行对象捕捉追踪与不进行对象捕捉追踪之间的切换。

图 3-19　设置对齐点获取的方式

### 3.1.4　极轴追踪

使用极轴追踪（Polar）工具进行追踪时，对齐路径是由相对于命令起点和端点的极轴角定义的。极轴追踪的极轴角增量可以在"草图设置"对话框的"极轴追踪"选项卡中进行设置，如图 3-20 所示。在"极轴角设置"选项组的"增量角"下拉列表框中可以选择 90°、45°、30°、22.5°、18°、15°、10°和 5°的极轴角增量进行极轴追踪。

例如，先绘制一条水平直线，然后再绘制一条倾斜的直线，与第一条直线成 45°。如果将"增量角"设置为 45°，当使用鼠标绘制 45°时，AutoCAD 将显示对齐路径和工具栏提示，如图 3-21 所示。当鼠标指针从该角度移开时，对齐路径和工具栏提示将消失。

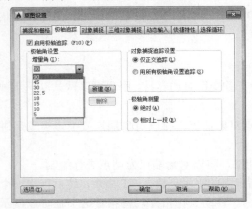

图 3-20　极轴角增量设置

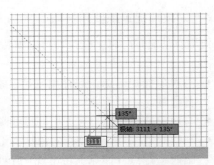

图 3-21　绘图过程中使用极轴增量角

也可以在"极轴角设置"选项组中选择"附加角"复选框，然后单击"新建"按钮，指定任意其他角度。图 3-22 显示了当极轴附加角设置为 45°时显示的对齐路径。

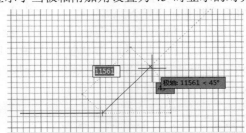

图 3-22　绘图过程中使用极轴附加角

### 1．打开极轴追踪

启动极轴追踪的方法有以下几种。

- 单击状态栏右侧的"极轴"按钮 ◢，当按钮被按下时，即启动了极轴追踪，再次单击该按钮将关闭极轴追踪。系统的默认模式是关闭极轴追踪。
- 按【F10】键，可在关闭和启动极轴追踪之间进行切换。
- 在"草图设置"对话框的"极轴追踪"选项卡中，选择"启用极轴追踪"复选框，即可启动极轴追踪功能，如图 3-23 所示。
- 更改系统变量 POLARMODE 的值。该变量的初始值为 1，它包含以下 4 个方式的可选值：在极轴角的测量方式下，0 表示基于当前用户坐标系测量极轴角（绝对角度），1 表示从选定对象开始测量极轴角（相对角度）；在对象捕捉追踪方式下，0 表示仅按正交方式追踪，2 表示在对象捕捉追踪中使用极轴追踪设置；在使用其他极轴追踪角度方式下，0 表示不使用，4 表示使用；在获取对象捕捉追踪点的方式下，0 表示自动获取，8 表示按【Shift】键获取。

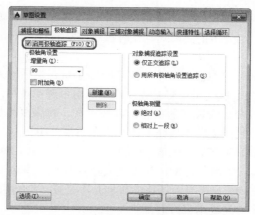

图 3-23　选择"启用极轴追踪"复选框

### 2．使用极轴追踪绘制对象

首先打开极轴追踪并启动一个绘图命令，如绘制圆弧（arc）、绘制圆（circle）或绘制直线（line）命令。也可以将极轴追踪与编辑命令结合使用，如复制对象（copy）、移动对象（move）命令等。系统将提示用户选择一个起点和一个端点。

如果鼠标指针移动时接近极轴角，将显示对齐路径和工具栏提示。默认角度值为 90°。可以使用对齐路径和工具栏提示绘制对象。与交点或外观交点一起使用极轴追踪，可以找出极轴对齐路径与其他对象的交点。

### 3．在命令行中输入极轴追踪角

可以为点在命令行中指定极轴追踪角。要输入一个极轴追踪角度，可以在命令行提示指定点时输入角度值，并在角度前添加一个左尖括号（<）。图 3-24 所示的"命令"窗口的命令序列显示了在绘制直线（line）命令中输入 45°追踪角度的操作。

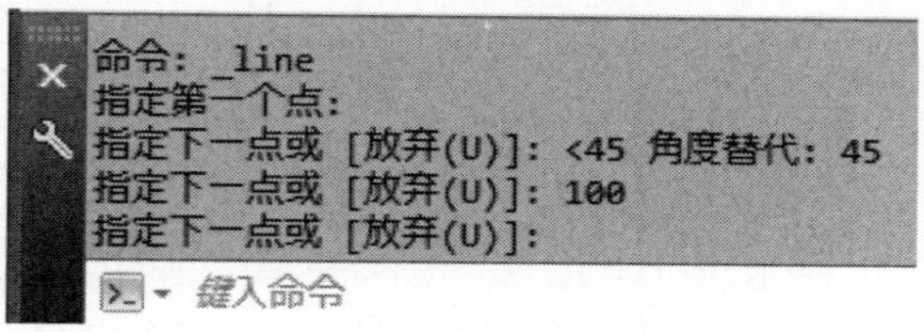

```
命令: line
指定第一个点:
指定下一点或 [放弃(U)]: <45 角度替代: 45
指定下一点或 [放弃(U)]: 100
指定下一点或 [放弃(U)]:
>· 键入命令
```

图 3-24　在命令行中输入极轴追踪角

## 3.1.5　正交模式

用户在使用鼠标绘制直线线条或辅助线时，有时觉得非常困难，不能绘制垂直和水平的线条。仅靠手工操作，绘制出来的水平线不水平，垂直线不垂直。有时虽然可以绘制出来，但需要用户操作十分细致，也很浪费时间。AutoCAD 提供了正交模式，在正交模式下，绘制的直线不是水平的就是垂直的，绘制起来十分简单。当然，用户也可以使用键盘输入直线端点坐标的方法来绘制水平或垂直线。

用户可以采用下面几种方法中的任意一种来启动正交模式。如果需要在非正交模式下绘图，可以将正交模式关闭。

- 单击状态栏右侧的"正交模式"按钮。如果该按钮被按下，则表示正交模式被打开。再次单击该按钮，则关闭正交模式，此时按钮恢复原状。AutoCAD 的默认状态是关闭正交模式。

- 在命令提示符后输入 ORTHO 命令并按【Enter】键，然后输入 ON 命令，将打开正交模式，输入 OFF 命令将关闭正交模式。该命令也可透明使用。

- 按【F8】键，将改变正交模式的状态。再按一次，将恢复为原来状态。用户可以查看命令行的显示来了解正交模式是处于打开状态还是关闭状态。

- 修改系统变量 ORTHOMODE 的值，0 表示关闭正交模式，1 表示打开正交模式。需要注意的是，正交模式约束鼠标指针在水平或垂直方向上移动（相对于 UCS），并且受当前栅格的旋转角影响。如果当前栅格的旋转角不是 0，那么用户在正交模式下绘制出来的直线便不是水平方向或垂直方向。

### 注　意

正交（ORTHO）、栅格（GRID）和捕捉（SNAP）命令都是透明命令，即可以在执行其他命令的过程中直接使用。另外，正交模式将鼠标指针限制在水平或垂直（正交）轴上。因为不能同时打开正交模式和极轴追踪，所以在打开正交模式时 AutoCAD 会自动关闭极轴追踪。如果打开了极轴追踪，AutoCAD 将自动关闭正交模式。

## 3.2　工作空间设置

通常情况下，安装好 AutoCAD 2015 后就可以在其默认状态下绘制图形了。但有时为了使用特殊的定点设备、打印机，或提高绘图效率，用户需要在绘制图形前先对系统参数进行必要的设置。

### 3.2.1　设置图形单位

在 AutoCAD 中，用户可以采用 1:1 的比例因子绘图。因此，所有的直线、圆和其他对象都可以以真实大小来绘制。例如，一个房间的进深是 3m，那么它也可以按 3m 的真实大小来绘制，在需要打印出图时，再将图形按图纸大小进行缩放。

在中文版 AutoCAD 2015 中，用户可以选择"格式"|"单位"命令，在弹出的"图形单位"对话框中设置绘图时使用的长度单位、角度单位，以及单位的显示格式和精度等参数。

### 3.2.2　设置绘图图限

在中文版 AutoCAD 2015 中，用户不仅可以通过设置参数选项和图形单位来设置绘图环境，还可以设置绘图图限。使用 LIMITS 命令可以在模型空间中设置一个想象的矩形绘图区域，也称为图限。它确定的区域是可见栅格指示的区域，也是选择"视图"|"缩放"|"全部"命令时决定显示多大图形的一个参数，如图 3-25 所示。

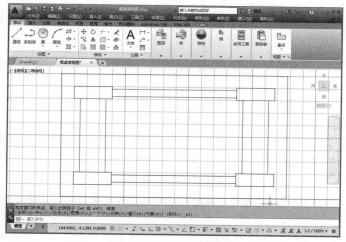

图 3-25　设置绘图图限

# 3.3　坐标系设置

AutoCAD 最大的特点在于它提供了使用坐标系统精确绘制图形的方法，使用户可以准确地设计并绘制图形。AutoCAD 2015 中的坐标包括世界坐标系统（WCS）、用户坐标系统（UCS）等多种坐标系统，系统默认的坐标系统为世界坐标系统。

## 3.3.1　世界坐标系统

世界坐标系统（World Coordinate System，WCS）是 AutoCAD 的基本坐标系统，当开始绘制图形时，AutoCAD 自动将当前坐标系设置为世界坐标系统。在二维空间中，它是由两个垂直并相交的坐标轴 $X$ 和 $Y$ 组成的，在三维空间中则还有一个 $Z$ 轴。在绘制和编辑图形的过程中，世界坐标系的原点和坐标轴方向都不会改变。

世界坐标系坐标轴的交汇处有一个"口"字形标记，它的原点位于绘图窗口的左下角，所有的位移都是相对于该原点计算的。在默认情况下，$X$ 轴正方向水平向右，$Y$ 轴正方向垂直向上，如图 3-26所示，$Z$ 轴正方向垂直屏幕平面向外，指向用户。

图 3-26　世界坐标系统

## 3.3.2　用户坐标系统

在 AutoCAD 中，为了能够更好地辅助绘图，系统提供了可变的用户坐标系统（User Coordinate System，UCS）。在默认情况下，用户坐标系统与世界坐标系统重合，用户可以在绘图的过程中根据具体需要来定义。

用户坐标的 $X$、$Y$、$Z$ 轴以及原点方向都可以移动或者旋转，甚至可以依赖于图形中某个特定的对象。尽管用户坐标系中 3 个轴之间仍然互相垂直，但是在方向及位置上却都有更大的灵活性。另外，用户坐标系统没有"口"字形标记。

### 3.3.3　坐标的输入

在 AutoCAD 中，点的坐标可以用绝对直角坐标、绝对极坐标、相对直角坐标和相对极坐标来表示。在输入点的坐标时要注意以下几点：

- 绝对直角坐标是从(0,0)出发的位移，可以使用分数、小数或科学计数等形式表示点的 $X$、$Y$、$Z$ 坐标值，坐标间用逗号隔开，如(1,2,3)。
- 绝对极坐标也是从(0,0)出发的位移，但它给定的是距离和角度。其中距离和角度用"<"分开，且规定 $X$ 轴正向为 0°，$Y$ 轴正向为 90°，如 10<60、23<30 等。
- 相对坐标是指相对于某一点的 $X$ 轴和 $Y$ 轴的位移，或距离和角度。它的表示方法是在绝对坐标表达式前加一个@号，如@4,6 和@3<45。其中，相对极坐标中的角度是新点和上一点连线与 $X$ 轴的夹角。

在 AutoCAD 中，坐标的显示方式有 3 种，它取决于所选择的方式和程序中运行的命令。用户可以在任何时候按【F6】键、【Ctrl+D】组合键或单击坐标显示区域在以下 3 种方式之间进行切换。

- "关"状态：显示上一个拾取点的绝对坐标，只有在一个新的点被拾取时，显示才会更新。但是，从键盘输入一个点并不会改变该显示方式，如图 3-27 所示。
- 绝对坐标：显示光标的绝对坐标，其值是持续更新的。该方式下的坐标显示是打开的，为默认方式，如图 3-28 所示。

图 3-27　"关"状态 　　　　　图 3-28　绝对坐标

- 相对坐标：当选择该方式时，如果当前处在拾取点状态，系统将显示光标所在位置相对于上一个点的距离和角度；当离开拾取点状态时，系统将恢复到绝对坐标状态。该方式显示的是一个相对极坐标，如图 3-29 所示。

图 3-29　相对坐标

## 3.4　图形观察设置

在中文版 AutoCAD 2015 中，用户可以使用多种方法来观察绘图窗口中的图形效果，如使用"视图"菜单中的命令、"视图"工具栏中的工具按钮，以及视口、鸟瞰视图等。通过这些方式，可以灵活地观察图形的整体效果或局部细节。

### 3.4.1　重画与重生成图形

在绘图和编辑过程中，屏幕上常常会留下对象的拾取标记，这些临时标记并不是图形中的对象，有时会使当前图形画面显得非常混乱，这时就可以使用 AutoCAD 的重画与重生成图形功能清除这些临时标记。

#### 1．重画图形

在 AutoCAD 中，使用"重画"命令，系统将在显示内存中更新屏幕，消除临时标记。使用重画命令（REDRAW），可以更新用户使用的当前视区。

### 2．重生成图形

在 AutoCAD 中，某些操作只有在使用"重生成"命令后才生效，如改变点的格式。如果一直使用某个命令修改编辑图形，但该图形似乎看不出发生了什么变化，此时可使用"重生成"命令更新屏幕显示。"重生成"命令有以下两种形式：选择"视图"|"重生成"命令（REGEN）可以更新当前视区；选择"视图"|"全部重生成"命令（REGENALL）可以同时更新多重视口。

 **注　意**

重生成与重画在本质上是不同的，利用"重生成"命令可重生成屏幕，此时系统从磁盘中调用当前图形的数据，比"重画"命令执行速度慢，更新屏幕花费时间较长。

## 3.4.2　缩放视图

按一定比例、观察位置和角度显示的图形称为视图。在 AutoCAD 中，可以通过缩放视图来观察图形对象。缩放视图可以增加或减少图形对象的屏幕显示尺寸，但对象的真实尺寸保持不变。通过改变显示区域和图形对象的大小能更准确、更详细地绘图。

### 1．"缩放"菜单和"缩放"工具栏

在 AutoCAD 2015 中，选择"视图"|"缩放"命令（ZOOM）中的子命令，如图 3-30 所示，或使用"缩放"工具栏，都可以对视图进行缩放。

通常，在绘制图形的局部细节时，需要使用缩放工具放大该绘图区域。当绘制完成后，再使用缩放工具缩小图形来观察图形的整体效果。常用的缩放命令或工具有"实时"、"窗口"、"动态"和"居中"等，如图 3-31 所示。

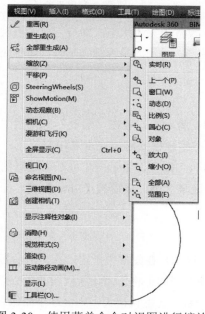

图 3-30　使用菜单命令对视图进行缩放

图 3-31　常用的缩放工具

## 2．实时缩放视图

选择"视图"|"缩放"|"实时"命令，如图 3-32 所示，或者在"标准"工具栏中单击"实时"按钮 ，进入实时缩放模式，此时鼠标指针呈 形状。此时向上拖动光标可以放大整个图形；向下拖动光标可以缩小整个图形；释放鼠标后停止缩放。

## 3．窗口缩放视图

选择"视图"|"缩放"|"窗口"命令，如图 3-33 所示，或者在"标准"工具栏中单击"窗口"按钮 ，可以在屏幕上拾取两个对角点以确定一个矩形窗口，之后系统将矩形范围内的图形放大至整个屏幕。

图 3-32 选择"实时"命令

图 3-33 选择"窗口"命令

在使用窗口缩放时，如果系统变量 REGENAUTO 设置为关闭状态，则与当前显示设置的界线相比，拾取区域显得过小。系统提示将重新生成图形，并询问是否继续下去，此时应输入NO，并重新选择较大的窗口区域。

## 4．动态缩放视图

选择"视图"|"缩放"|"动态"命令，如图 3-34 所示，或者在"缩放"工具栏中单击"动态缩放"按钮 ，可以动态缩放视图。当进入动态缩放模式时，在屏幕中将显示一个带"×"的矩形方框。单击鼠标，此时选择窗口中心的"×"消失，显示一个位于右边框的方向箭头，拖动鼠标可改变选择窗口的大小，以确定选择区域大小，最后按【Enter】键，即可缩放图形。

## 5．设置视图缩放比例

选择"视图"|"缩放"|"比例"命令，如图 3-35 所示，在图形中指定一点，然后指定一个缩放比例因子或者指定高度值来显示一个新视图，而选择的点将作为该新视图的中心点。如果输入的数值比默认值小，则会增大图像。如果输入的数值比默认值大，则会缩小图像。

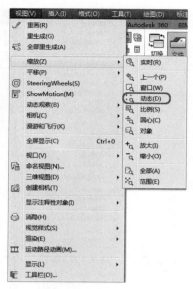

图 3-34 选择"动态"命令

图 3-35 选择"比例"命令

要指定相对的显示比例，可输入带 $x$ 的比例因子数值。例如，输入 $3x$ 将显示比当前视图大 3 倍的视图。如果正在使用浮动视口，则可以输入 $xp$ 来相对于图纸空间进行比例缩放。

### 3.4.3 平移视图

使用平移视图命令，可以重新定位图形，以便看清图形的其他部分。此时不会改变图形中对象的位置或比例，只改变视图。

#### 1."平移"视图

选择"视图"|"平移"命令中的子命令，如图 3-36 所示，或单击"标准"工具栏中的"实时平移"按钮，或在命令行中直接输入 PAN 命令，都可以平移视图。使用平移命令平移视图时，视图的显示比例不变。除了可以上、下、左、右地平移视图外，还可以使用"实时"和"点"命令平移视图。

#### 2.实时平移

选择"视图"|"平移"|"实时"命令，移动鼠标，窗口内的图形就可按鼠标路线的方向移动，如图 3-37 所示。

#### 3.定点平移

选择"视图"|"平移"|"点"命令，如图 3-38 所示，可以通过指定基点和位移值来平移视图。在 AutoCAD 中，"平移"功能通常称为摇镜，它相当于将一个镜头对准视图，当镜头移动时，视口中的图形也跟着移动。

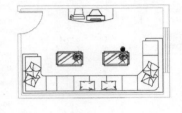

图 3-36 选择菜单命令平移视图　图 3-37 运行"实时"平移命令　图 3-38 选择"点"命令

## 3.4.4 使用命名视图

在 AutoCAD 中，在一张工程图纸上可以创建多个视图，当用户需要观看或修改图纸上的某一部分视图时，将该视图恢复出来即可。

### 1. 命名视图

选择"视图"|"命名视图"命令，如图 3-39 所示，或在"视图"工具栏中单击"命名视图"按钮，弹出"视图管理器"对话框，如图 3-40 所示。在该对话框中，用户可以创建、设置、重命名和删除命名视图。其中，"当前视图"选项后显示了当前视图的名称；"查看"选项组的列表框中列出了已命名的视图和可作为当前视图的类别。

图 3-39 选择"命名视图"命令　　图 3-40 "视图管理器"对话框

### 2. 恢复命名视图

在 AutoCAD 中，可以一次命名多个视图，当需要重新使用一个已命名的视图时，只需将该视图恢复到当前视口即可。如果绘图窗口中包含多个视口，用户也可以将视图恢复到活动视口中，或将不同的视图恢复到不同的视口中，以同时显示模型的多个视图。恢复视图时可以恢复视口的中点、查看方向、缩放比例因子和透视图（镜头长度）等设置。如果在命名视图时将当前的 UCS 随视图一起保存起来，当恢复视图时也可以恢复 UCS。

## 3.4.5　使用平铺视口

在绘图时，为了方便编辑，常常需要将图形的局部进行放大，以显示细节。当需要观察图形的整体效果时，仅使用单一的绘图视口已无法满足需要。此时，可使用 AutoCAD 的平铺视口功能，将绘图窗口划分为若干视口。

平铺视口是指把绘图窗口分成多个矩形区域，从而创建多个不同的绘图区域，其中每一个区域都可用来查看图形的不同部分。在 AutoCAD 中，可以同时打开多达 32 000 个视口，屏幕上还可保留菜单栏和命令提示窗口。

在 AutoCAD 2015 中，选择"视图"|"视口"子菜单中的命令，如图 3-41 所示。如选择"命名视口"命令，将弹出"视口"对话框，可以在模型空间中创建和管理平铺视口，如图 3-42 所示。

图 3-41　选择"视口"命令

图 3-42　"视口"对话框

### 1．创建平铺视口

选择"视图"|"视口"|"新建视口"命令，弹出"视口"对话框，如图 3-43 所示。在"新建视口"选项卡中可以显示标准视口配置列表，创建并设置新平铺视口。

例如，在创建多个平铺视口时，需要在"新名称"文本框中输入新建的平铺视口的名称，在"标准视口"

图 3-43　创建平铺视口

列表框中选择可用的标准视口配置，此时在"预览"显示框中将显示所选视口配置，以及已赋给每个视口的默认视图的预览图像。

### 2. 分割与合并视口

在 AutoCAD 2015 中，选择"视图"|"视口"子菜单中的命令，可以在不改变视口显示的情况下，分割或合并当前视口。例如，选择"视图"|"视口"|"一个视口"命令，可以将当前视口扩大到充满整个绘图窗口；选择"视图"|"视口"|"两个视口"、"三个视口"或"四个视口"命令，可以将当前视口分割为 2 个、3 个或 4 个视口。例如，将绘图窗口分隔为 2 个或 3 个视口，如图 3-44 和图 3-45 所示。

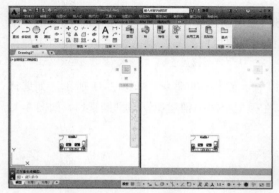 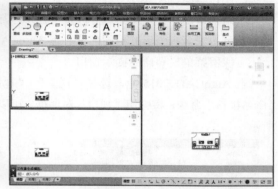

图 3-44  将绘图窗口分割为 2 个视口　　　　图 3-45  将绘图窗口分割为 3 个视口

选择"视图"|"视口"|"合并"命令，系统要求选定一个视口作为主视口，然后选择一个相邻视口，即可将该视口与主视口合并。

## 3.4.6  控制可见元素的显示

在 AutoCAD 中，图形的复杂程度会直接影响系统刷新屏幕或处理命令的速度。为了提高程序的性能，可以关闭文字、线宽或填充显示。

### 1. 控制填充显示

使用 FILL 变量可以打开或关闭宽线、宽多段线和实体填充。当关闭填充时，可以提高 AutoCAD 的显示处理速度。当实体填充模式关闭时，填充不可打印。但是，改变填充模式的设置并不影响显示具有线宽的对象。当修改了实体填充模式后，选择"视图"|"重生成"命令，如图 3-46 所示，可以查看效果，且新对象将自动反映新的设置。

### 2. 控制线宽显示

当在模型空间或图纸空间中工作时，为了提高 AutoCAD 的显示处理速度，可以关闭线宽显示。单击状态栏上的"显示/隐藏线宽"按钮或通过"线宽设置"对话框，可以切换线宽显示的开和关。线宽以实际尺寸打印，但在"模型"选项卡中与像素成比例显示，任何线宽的宽度如果超过了一个像素，就有可能降低 AutoCAD 的显示处理速度。如果要使 AutoCAD 的显示性能最优，则应该在图形中工作时把线宽显示关闭，如图 3-47 和图 3-48 所示。

图 3-46　选择"重生成"命令

图 3-47　选择"线宽"命令

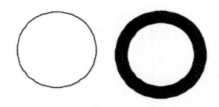

图 3-48　选择"线宽"命令后在视图中的显示

### 3．控制文字快速显示

在 AutoCAD 中，可以通过设置系统变量 QTEXT 打开"快速文字"模式或关闭文字的显示。快速文字模式打开时，只显示定义文字的框架。与填充模式一样，关闭文字显示可以提高 AutoCAD 的显示处理速度。打印快速文字时，则只打印文字框而不打印文字。无论何时修改了快速文字模式，都可以通过选择"视图"|"重生成"命令查看现有文字上的改动效果，且新的文字自动反映新的设置。

## 3.5　命令执行方式

在 AutoCAD 中，命令的执行方式有多种，如通过菜单方式执行、通过工具按钮方式执行或通过键盘输入的方式执行等。在绘图时，用户应根据实际情况选择最佳的执行方式，从而提高绘图效率。

### 3.5.1　以菜单方式执行命令

以菜单方式执行命令就是通过下拉菜单或右键快捷菜单中相应的命令来完成的。选择一个命令后，在命令行中就会出现相应的命令。以这种方式执行命令的优点在于，如果用户不知道某个命令的命令形式，又不知道该命令的工具按钮属于哪个工具栏，或者工具栏中没有该命令的工具按钮形式，就可以通过菜单方式来执行所需的命令。

例如，如果对字体样式进行设置，则可以在"格式"菜单下进行选择，因为样式的设置与格式有关；如果使用某个绘图命令，则可在"绘图"菜单中选择相应的绘图命令。

### 3.5.2　以工具按钮方式执行命令

以工具按钮方式执行命令就是在工具栏上单击所要执行命令的相应工具按钮，然后根据命令行的提示完成绘图操作。该操作方式与菜单方式不同的是，该操作方式执行命令是在工具栏中完成的。

例如，要使用"直线"命令绘制直线，可以通过单击"绘图"工具栏上的按钮来进行；如果要使用"移动"命令来移动图形对象，则可以通过单击"修改"工具栏上的按钮来进行。

### 3.5.3　以键盘输入的方式执行命令

通过键盘输入的方式执行命令是最常用的一种绘图方法。当使用工具进行绘图时，只需在命令行中输入该工具的命令形式，然后根据系统提示即可完成绘图。

例如，要使用"多段线"命令绘制多段线，则可以在命令行提示符下输入"多段线"的命令形式 PLINE，按【Enter】键后，根据系统提示进行相应的操作，如图 3-49 所示。

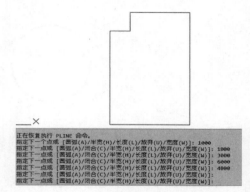

图 3-49　在命令行中输入 PLINE 绘制多段线

☂ 注　意

① 方括号中以"/"隔开的内容表示各种选项，若要选择某个选项，只需输入圆括号中的字母（大写或小写）。例如，在绘制"多段线"的过程中，要绘制圆弧线，可选择"圆弧"命令，即在命令行中输入 A。

② 在执行某些命令的过程中，会遇到命令提示的后面有一个尖括号，其中的值是当前系统的默认值。若在这种提示下直接按【Enter】键，则采用系统默认值。

通过键盘输入的方式执行命令来进行绘图，要求用户能够熟悉各种工具的命令形式，如"多段线"工具的命令形式为 PLINE、"矩形"工具的命令形式为 RECTANG 等。

### 3.5.4　重复执行上一次操作命令

在绘制图形时，有时需要反复执行某一条命令，这时就可以通过 AutoCAD 提供的快捷方式来进行。下面介绍几种简单的方法。

### 1．重复执行上一次刚执行过的命令

按【Enter】键或空格键即可快速重复执行该命令，或者在绘图区中右击，然后在弹出的快捷菜单中选择"重复"命令即可，如图 3-50 所示。

### 2．重复执行任何使用过的命令

将鼠标定位在"命令"窗口中，按向上键【↑】、向下键【↓】或拖动"命令"窗口右边的垂直滚动条，找到任何使用过的命令，然后按【Enter】键或空格键就可重复执行该命令。

也可以按【F2】键，在"AutoCAD 文本窗口"的命令行中将鼠标定位。按向上键【↑】、向下键【↓】或拖动窗口右边的垂直滚动条，找到要重复执行的命令，再按【Enter】键或空格键也可快速执行使用过的命令。

### 3．重复执行最近 6 次使用的命令

在"命令"窗口中右击，在弹出的快捷菜单中选择"近期使用的命令"命令，在弹出的子菜单中即为最近 6 次使用过的命令，可以根据需要选择，如图 3-51 所示。

图 3-50　选择"重复"命令

图 3-51　选择"近期使用的命令"命令

## 3.5.5　退出正在执行的命令

在 AutoCAD 中可以随时退出正在执行的操作命令。当执行某个命令时，可随时按【Esc】键退出该命令，也可以按【Enter】键结束某些操作命令，有的操作命令需要按两次或多次【Enter】键才能退出。

如在使用"剪切"命令时，按【Esc】键退出，如图 3-52 所示。

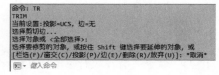

图 3-52　按【Esc】键退出正在运行的命令

## 3.5.6　取消已执行的命令

在绘图过程中，有时会出现各种各样的错误操作，给绘图工作带来了严重影响。这时，可以使用 AutoCAD 提供的 UNDO 命令来取消这些错误操作。

只要没有使用 QUIT 命令结束绘图，进入 AutoCAD 后的全部绘图操作都存储在缓冲区中，

使用 UNDO 命令可以逐步取消本次进入绘图状态后的操作，直至本次工作的初始状态。

调用取消命令的方式如下：

- 选择"编辑"|"放弃"命令。
- 单击"标准"工具栏上的"放弃"按钮，或者单击其后的下三角按钮，从弹出的下拉列表框中选择放弃的命令操作。

当执行了上述命令后，AutoCAD 就会取消前面的操作。

除此之外，还可以通过在命令行中执行 UNDO 命令来执行取消操作。执行该命令后，AutoCAD 将出现如下提示：

输入要放弃的操作数目或 [自动（A）/控制（C）/开始（BE）/结束（E）/标记（M）/后退（B）]：

下面对提示中的各个选项进行简单介绍。

- "自动"选项：使用该选项，可以设置 UNDO 自动模式。执行该选项后将出现如下提示。

输入 UNDO 自动模式[开（ON）/关（OFF）] <开>: on

- "控制"选项：选择该选项，可以设置保留多少恢复信息。执行该选项后将出现如下提示。

输入 UNDO 控制选项[全部（A）/无（N）/一个（O）] <全部>:

- "开始"选项：通常该选项和"结束"选项一起使用，用户可以通过该命令把一系列命令定义为一个小组，这个组由 UNDO 命令统一处理。
- "结束"选项：用于定义组的结束部位。
- "标记"选项：该选项和"后退"选项一起使用，用于在编辑过程中设置标记，以后可使用 UNDO 命令返回到这一标记位置。
- "后退"选项：选择该选项，可以使图形返回到标记位置。

## 3.5.7 恢复已撤销的命令

为了能恢复上一次撤销的操作，AutoCAD 提供了 REDO 命令，调用该命令的方式如下：

- 选择"编辑"|"重做"命令。
- 单击"标准"工具栏上的"重做"按钮，或者单击其后的下三角按钮，从弹出的下拉列表框中选择重复的命令操作。
- 在命令行中执行 REDO 命令。

当执行了上述命令后，就可以重复前一次或前几次的命令操作。

注 意

REDO 命令只有在执行了 UNDO 命令之后才起作用。

## 3.5.8 使用透明命令

通常用户都是在命令提示下输入命令来执行某一特定操作的，但 AutoCAD 还允许用户在不退出当前命令操作的情况下穿插执行某些命令，这些命令称为透明命令。透明命令可以方便用户在执行某一绘图或编辑操作时设置 AutoCAD 的系统变量、调整屏幕显示范围、快速显示相应的帮助信息和增强绘图辅助功能，而不中断正在执行的命令。在绘制复杂的图形时，透明命令显得尤为重要。

在 AutoCAD 中，很多命令可以"透明"使用，而这些透明命令多为修改图形设置的命令，或是打开绘图辅助工具的命令，如 ZOOP（缩放）命令、PAN（平移）命令、HELP（帮助）命令、ORTHO（正交）命令、SNAP（捕捉）命令和 GRID（栅格）命令等。

要启动透明命令，用户可以在执行某个命令的过程中单击透明命令按钮，或从菜单中选择相应的命令，也可以在命令之前输入单引号"'"，透明命令的提示前有一个双折号。执行完透明命令后将继续执行原命令。

例如，在绘制直线时，要打开正交模式，具体操作如下。

命令：_line 指定第一点：
指定下一点或 [放弃（U）]：'ortho
>>输入模式 [开（ON）/关（OFF）] <关>：on
正在恢复执行 LINE 命令。
指定下一点或 [放弃（U）]：

在执行完被透明命令中断的命令之前，透明命令打开的对话框中所进行的更改不能生效。同样，重置系统变量时，新值在下一个命令开始时才能生效。

**注　意**

当命令处于活动状态时，UNDO 命令可以取消该命令及其任何已执行的透明命令。用户也可以不通过透明方式使用透明命令，而直接使用该命令。

## 3.6　帮助信息应用

在 AutoCAD 的使用过程中，可以按【F1】键来调用帮助系统。在对话框激活的状态下，【F1】键无效，只能通过菜单栏中的"帮助"菜单或单击"帮助"按钮来打开帮助系统。在命令执行状态或对话框激活状态下，调用帮助系统将直接链接到相应页面，其他情况则打开帮助主界面。

### 3.6.1　启动帮助的步骤

在"帮助"菜单中，选择"帮助"或"其他资源"|"开发人员帮助"命令，可以打开帮助窗口，如图 3-53 所示。

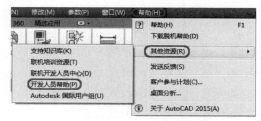
图 3-53　选择"帮助"或"开发人员帮助"命令

注　意

可以在对话框的命令提示或命令中的提示下按【F1】键，显示帮助信息。

### 3.6.2　使用帮助目录的步骤

Step 01 要查看帮助目录的内容，请在需要的名称上单击。

Step 02 要返回上一级内容，请单击"上一步"按钮。

Step 03 要查看某个主题，请使用以下方法之一：

- 在帮助目录中单击某个主题。
- 单击主题中的蓝色标题文字。

### 3.6.3　在帮助中搜索信息的步骤

Step 01 在右上角的搜索栏中输入要查找的单词或词组，然后按【Enter】键或者单击搜索栏右侧的 按钮。

Step 02 选择"高级搜索选项"，可以进行精确搜索。

### 3.6.4　打印帮助主题的步骤

Step 01 显示要打印的主题。

Step 02 在主题窗格中右击，在弹出的快捷菜单中选择"打印"命令。

Step 03 在弹出的"打印"对话框中，单击"打印"按钮。

## 3.7　本章小结

通过本章的学习，读者应该掌握 AutoCAD 2015 绘图环境设置中的"精确绘图辅助工具设置"、"工作空间设置"、"坐标系设置"、"图形观察设置"、"命令执行方式"以及"帮助信息应用"。

## 3.8　问题与思考

1. 在 AutoCAD 2015 中如何进行精确绘图辅助工具的设置？
2. 在 AutoCAD 2015 中如何进行工作空间的设置？
3. 在 AutoCAD 2015 中如何进行坐标系的设置？
4. 在 AutoCAD 2015 中如何进行图形观察的设置？
5. 在 AutoCAD 2015 中包含哪几种命令的执行方式？
6. 在 AutoCAD 2015 中如何使用帮助信息？

# 第 4 章
## 二维图形

在 AutoCAD 2015 中提供了一系列基本的二维绘图命令，可以绘制点、线、圆、圆弧、椭圆和矩形等简单的图元。二维绘图命令是 AutoCAD 2015 的基础部分，也是在实际中应用最多的命令之一。要快速、准确地绘制图形，还要熟练掌握并理解绘图命令的使用方法和技巧。本章将主要介绍 AutoCAD 2015 二维绘图命令的使用方法和技巧。

## 4.1　绘图方法

下面介绍几种常见的绘图方法。

### 4.1.1　使用对象捕捉功能

在绘图时常常需要用光标捕捉图形上的几何点，如中点、交点、最近点、中心和端点等，这将提高用户的绘图效率和精确性。在 AutoCAD 2015 中，可以使用下列任意一种方法设置"对象捕捉"选项。

- 选择菜单栏中的"工具"|"绘图设置"命令。
- 在状态栏中，右击"对象捕捉"功能按钮，在弹出的快捷菜单中选择"设置"命令。
- 在"对象捕捉"工具栏中单击需要捕捉点的按钮。
- 按【F3】键进行切换。

#### 1."草图设置"对话框

在"草图设置"对话框的"对象捕捉"选项卡中可以看到各种对象捕捉模式，如图 4-1 所示。在该选项卡中，AutoCAD 2015 列举了对象捕捉的选项，并且在各个可捕捉对象之前列举了在捕捉对象时将显示的标志。用户在需要对某个对象进行捕捉时，只需选择相应对象和"启用对象捕捉"复选框，再把光标移到要捕捉对象上的特征点附近，即可捕捉到相应的对象特征点。用户还可以通过单击"全部选择"按钮选中全部捕捉模式，或单击"全部清除"按钮取消所有已选中的捕捉模式。

#### 2."对象捕捉"工具栏

AutoCAD 2015 提供了 13 种对象捕捉模式，如图 4-2 所示。开启"对象捕捉"模式后，在绘制对象的过程中，鼠标移动到图形中已经存在的对象的某个点上时，将在此点上显示标记和工具栏提示。表 4-1 列出了对象捕捉模式，以及用于启动它们的对象捕捉工具栏按钮、命令行缩写和功能。

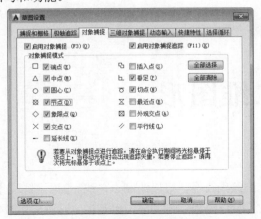

图 4-1 "对象捕捉"选项卡          图 4-2 "对象捕捉"工具栏

表 4-1 对象捕捉模式

| 按　　钮 | 解　　释 | 捕捉到的对象 |
| --- | --- | --- |
| END | 端点 | 对象端点 |
| MID | 中点 | 对象中点 |
| INT | 交点 | 对象交点 |
| APP | 外观交点 | 对象的外观交点 |
| EXT | 延长线 | 对象的延伸路径 |
| CEN | 圆心 | 圆、圆弧及椭圆的中心点 |
| NOD | 节点 | 使用 Point 命令绘制的点对象 |
| QUA | 象限点 | 圆、圆弧或椭圆的最近象限 |
| INS | 插入 | 块、形、文字、属性或属性定义的插入点 |
| PER | 垂足 | 对象上的点、构造垂足（法线）对齐 |
| PAR | 平行 | 对齐路径上的一点与选定对象平行 |
| TAN | 切点 | 圆或圆弧上一点与最后一点连接可以构造对象的切线 |
| NEA | 最近点 | 与选择点最近的对象捕捉点 |

 **提　示**

① 打开并设置对象捕捉模式后，在捕捉时只可捕捉到屏幕上的可见对象，锁定图层上的对象以及视口边界都可被捕捉到，但图形中隐藏的对象、关闭或冻结图层上的对象将无法捕捉到。

② 对象捕捉的功能只有程序在命令行提示输入点时才生效。如果在其他命令提示下使用对象捕捉，程序将不显示对象捕捉信息。

### 3．对象捕捉快捷菜单

当要求指定点时，可以右击打开对象捕捉的快捷菜单，如图 4-3 所示。选择需要的子命令，再把光标移到要捕捉对象的特征点附近，即可捕捉到相应的对象特征点。

**上机操作 1　使用对象捕捉模式绘制七边形**

下面以绘制一个七边形为例来讲解对象捕捉模式的应用，命令执行过程如下。

**Step 01** 选择菜单栏中的"工具"|"绘图设置"命令。

**Step 02** 弹出"草图设置"对话框，在"对象捕捉"选项卡中选择"启用对象捕捉"复选框，并选择"圆心"、"切点"、"中点"、"交点"和"平行线"复选框，然后单击"确定"按钮，关闭对话框。

**Step 03** 首先依次绘制一个矩形和两个圆形。

**Step 04** 使用"直线"（L）命令，依次拾取矩形一条边的中点 A、圆心 C 和圆的切点 D 等。

**Step 05** 封闭线段 AG 即可得到七边形 ABCDEFG，结果如图 4-4 所示。

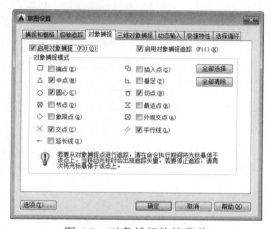

图 4-3　对象捕捉快捷菜单

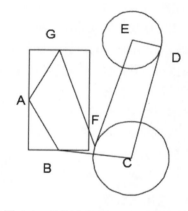

图 4-4　绘制七边形 ABCDEFG 示例

 **注　意**

① 如果打开了多个对象捕捉点，系统将使用最适合选定对象的对象捕捉。如果有两个可能的捕捉点落在选择区域，将自动捕捉离靶框中心最近的符合条件的点。

② 如果打开了几个对象捕捉点，指定点时需要检查哪一个对象捕捉有效。如果在指定位置有多个对象捕捉符合条件，可通过按【Tab】键捕捉所有可能的点。

## 4.1.2　使用正交锁定

正交模式用于约束光标在水平或垂直方向上的移动。如果打开正交模式，用户只能在 0°、90°、180°或者 270°这 4 个方向绘制直线。因此，如果要绘制的图形完全由水平或垂直的直线组成，使用这种模式非常方便。在 AutoCAD 2015 中，可使用下列其中一种方法设置"正交"

选项。

- 在命令行中输入 ORTHO 命令后按【Enter】键。
- 在状态栏上单击"正交模式"按钮。
- 按【F8】键进行切换。

打开正交功能后，输入的第 1 点是任意的，但当移动光标准备指定第 2 点时，引出的橡皮筋线已不再是这两点之间的连线，而是起点到光标十字线的垂直线中较长的那段线，此时单击，橡皮筋线就会变成直线。

 **注　意**

> "正交"模式和"极轴追踪"模式不能同时打开。打开"正交"模式后，将自动关闭"极轴追踪"模式。

### 4.1.3　使用动态输入

动态输入提示框是一个浮动窗口，在执行任意一个绘图命令时出现在光标的附近，方便用户在绘图区域动态输入并显示命令行提示信息。当开启"动态输入"模式时，光标附近将会出现动态输入提示框，动态显示命令行的提示信息。该信息会随着光标的移动而动态更新，此时用户可以在工具栏提示中输入相应的信息执行命令，而不用在命令行中输入。动态输入模式的开启可以暂时取代命令行的使用，每行信息都与命令行中提示的信息同步显示。不执行命令时，绘图区域中则无动态输入框出现，工具栏提示框中显示的是十字光标位置的极坐标。

在 AutoCAD 2015 中，在状态栏上单击"动态输入"按钮，将开启动态输入功能。选择菜单栏中的"工具"|"绘图设置"命令，弹出"草图设置"对话框，在该对话框的"动态输入"选项卡中可以对动态输入进行设置，如图 4-5 所示。

#### 1．启用指针输入

在"草图设置"对话框的"动态输入"选项卡中，选择"启用指针输入"复选框，可以启用指针输入功能。在"指针输入"选项组中单击"设置"按钮，弹出"指针输入设置"对话框，在该对话框中可以设置指针的格式和可见性，如图 4-6 所示。

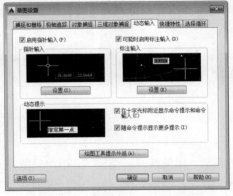

图 4-5　"动态输入"选项卡

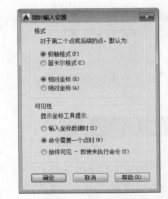

图 4-6　"指针输入设置"对话框

### 2．启用标注输入

在"草图设置"对话框的"动态输入"选项卡中，选择"可能时启用标注输入"复选框，可以启用标注输入功能。在"标注输入"选项组中单击"设置"按钮，弹出"标注输入的设置"对话框，在该对话框中可以设置标注的可见性，如图 4-7 所示。

### 3．显示动态提示

在"草图设置"对话框的"动态输入"选项卡中，选择"动态提示"选项组中的"在十字光标附近显示命令提示和命令输入"复选框，可以在光标附近显示命令提示，如图 4-8 所示。

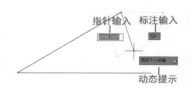

图 4-7　"标注输入的设置"对话框　　　　图 4-8　显示动态提示

### 上机操作 2　使用动态输入模式绘制圆形

下面以绘制一个圆形为例来讲解动态输入模式的应用，命令执行过程如下。

**Step 01** 在状态栏上单击"动态输入"按钮，开启动态输入功能。

**Step 02** 使用"圆"命令，绘图窗口动态输入提示框显示如图 4-9 所示。

**Step 03** 单击绘图窗口的任意地方，动态输入半径 200 后，按【Enter】键即可得到一个圆形，如图 4-10 所示。

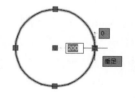

图 4-9　绘制圆形示例　　　　　　　图 4-10　绘制圆形

 提　示

① 动态输入与"命令"窗口之间的区别在于，动态输入可以吸引用户的注意，使其保持在光标附近，让用户更方便快捷地绘制图形，随时看到命令执行的动态提示信息，比"命令"窗口能更直观地显示命令的提示信息。

② 动态输入不会因此而取代"命令"窗口。

# 4.2 绘制线

线的绘制命令主要包括绘制直线、绘制构造线、绘制多线、绘制多段线和绘制样条曲线等。在室内设计中，直线常用于绘制各种轮廓线，多段线常用于绘制需特殊表示的粗线或整体形状，多线常用于绘制墙线，样条曲线常用于绘制配景，构造线多用于绘制辅助线。

## 4.2.1 绘制直线

LINE（直线）命令用于绘制直线，它是最为常见的 AutoCAD 2015 命令，任何二维图形都可以用直线段近似构成。"直线"是各种绘图中最常用、最简单的一类图形对象，只要指定了起点和终点，即可绘制一条直线。在 AutoCAD 中，可以用二维坐标(X,Y)或三维坐标(X,Y,Z)来指定端点，也可以混合使用二维坐标和三维坐标。如果输入二维坐标，AutoCAD 将会用当前的高度作为 Z 轴坐标值，默认值为 0。

在 AutoCAD 2015 中，执行 LINE（L）命令的方法如下：

- 执行菜单栏中的"绘图"|"直线"命令。
- 在"绘图"工具栏中单击"直线"按钮 ╱ 。
- 在命令行中输入 LINE 命令，按并【Enter】键。

直线绘制的技巧如下。

① 激活 LINE 命令后，在"指定下一点或[放弃（U）]:"的提示后，用户可以用光标确定端点的位置，也可以输入端点的坐标值来定位，还可以将光标放在所需的方向上，然后输入距离值来定义下一个端点的位置。如果直接按【Enter】键或空格键，则 AutoCAD 自动把最近完成的图元的最后一点指定为此次绘制线段的起点。若最近绘制的对象为弧，按【Enter】键将以最近绘制的弧的端点继续绘制新的直线段。如下提示：

指定第一点： //直接按【Enter】键或空格键响应，则以弧的末端点来作为直线的起点，如图 4-11 所示

② 若在"指定下一点或[放弃（U）]:"的提示后输入 U，则 AutoCAD 将会删去最后面的一条线段。连续执行 U 命令可以沿绘制直线段次序的相反顺序逐个撤销先前绘制的直线段回到起点。

③ 若在"指定下一点或[放弃（U）]:"的提示

图 4-11 以弧的末端点 A 为起点画直线

后输入 C，则 AutoCAD 将会自动形成封闭的多边形，但用户必须在绘制了两条或两条以上的直线段后才可以选择此选项。

🖐 提 示

直线命令还提供了一种附加功能，可使直线与直线连接，或直线与弧线相切连接。

### 上机操作 3　使用 LINE（L）命令绘制三角形

下面以绘制一个直角三角形为例来讲解 LINE 命令的绘制方法，命令执行过程如下。

**Step 01** 在工具栏中选择"直线"命令，在绘图区中的任意一点（A）单击，打开"正交模式"向左或向右移动鼠标，在动态输入提示框中输入 200（B）。

**Step 02** 在新获得的点（B）位置向下移动鼠标，在动态输入提示框中输入 200（C）。

**Step 03** 输入完成后再将鼠标移动到起始点单击，闭合图形，如图 4-12 所示。

图 4-12　使用直线命令绘制三角形

### 4.2.2　绘制构造线

构造线为两端可以无限延伸的直线，没有起点和终点。在 AutoCAD 2015 中，构造线主要被当作辅助线来使用，单独使用 XLINE（构造线）命令绘制不出任何东西来。执行 XLINE（构造线）命令的常用方法有以下几种：

- 在菜单栏中选择"绘图"|"构造线"命令。
- 在"绘图"工具栏中单击"构造线"按钮 ✐。
- 在命令行中输入 XLINE 命令，并按【Enter】键。

调用该命令后，AutoCAD 2015 命令行将依次出现如下提示：

指定点或 [水平(H)/垂直(V)/角度(A)/二等分(B)/偏移(O)]:

各选项的作用如下。

① 指定点是 XLINE 的默认项，可以使用鼠标直接在绘图区域中单击来指定点 1，也可以通过键盘输入点的坐标。指定通过点，用户移动鼠标在绘图区域中任意单击一点就给出构造线的通过点，可以绘制出一条通过线上点 A 的直线。不断地移动鼠标方向并在绘图区域中单击，就可以绘制出相交于 A 点的多条构造线，如图 4-13 所示。

② 如果要绘制水平的构造线，可在命令行的"方向"提示中输入 H，或在右键快捷菜单中选择"水平"命令，来绘制通过线上点 A 并平行于当前坐标系 X 轴的水平构造线。在该提示下，可以不断地指定水平构造线的位置来绘制多条间距不等的水平构造线，如图 4-14 所示。使用同样的方法，在命令行的"方向"提示中输入 V，可以绘制多条间距不等的垂直构造线。

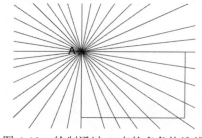

图 4-13　绘制通过 A 点的多条构造线

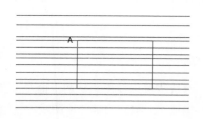

图 4-14　绘制通过 A 点的多条水平构造线

③ 如果要绘制带有指定角度的构造线，可在命令行提示中输入 A，或在右键快捷菜单中选择"角度"命令，来绘制与指定直线成一定角度的构造线。

在命令行中输入 XLINE 命令，按【Enter】键，在命令行中会出现"[水平(H)/垂直(V)/角度(A)/二等分(B)/偏移(O)]:"字样，然后输入 a，按【Enter】键，在动态输入提示框中输入 30，按【Enter】键，再单击 A 点，即可绘制构造线，如图 4-15 所示。

如果要绘制与已知直线成指定角度的构造线，则输入 R，AutoCAD 2015 命令行提示如下。

```
指定点或 [水平(H)/垂直(V)/角度(A)/二等分(B)/偏移(O)]:a↙  //选择角度方式
输入构造线的角度 (0) 或 [参照(R)]: r↙                    //选择第一种方法
选择直线对象:                                          //选中图 4-15 中绘制的直线
输入构造线的角度 <0>:60                                 //输入角度
指定通过点:                          //指定一个通过点 A，完成构造线的创建，如图 4-16 所示
```

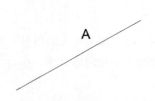

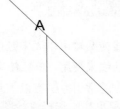

图 4-15　以角度绘制的构造线　　　　　　　　图 4-16　以参照值绘制的构造线

④ 如果要绘制平分角度的构造线，可在命令行提示中输入 B，或在右键快捷菜单中选择"二等分"命令，AutoCAD 2015 命令行提示如下。

```
指定角的顶点:      //鼠标选取 B 点，作为指定角的顶点
指定角的起点:      //鼠标选取 A 点，作为指定角的起点
指定角的终点:      //鼠标选取 C 点，作为指定角的终点并按【Enter】键，如图 4-17 所示
```

⑤ 如果要绘制平行于直线的构造线，可在命令行提示中输入 O，或在右键快捷菜单中选择"偏移"命令，AutoCAD 2015 命令行提示如下。

```
指定点或 [水平(H)/垂直(V)/角度(A)/二等分
(B)/偏移(O)]: o
指定偏移距离或 [通过(T)] <通过>: 10
```

图 4-17　以二等分方式绘制构造线

输入距离后，AutoCAD 2015 命令行提示如下。

```
选择直线对象:       //选择一条直线
指定向哪侧偏移:     //指定偏移的方向
```

给定偏移方向后，绘制出构造线并继续提示选择直线对象，直至空响应退出 XLINE 命令。

### 注　意

① 构造线可以使用"修剪"命令而变成线段或射线。

② 构造线一般作为辅助绘图线，在绘图时可将其置于单独一层，并赋予一种特殊颜色。

**上机操作 4　绘制 3 条间距为 10mm 的平行构造线**

在"绘图"工具栏中单击"构造线"按钮，绘制 3 条间距为 10mm 平行构造线，如图 4-18 所示。命令执行过程如下。

```
命令: Xline ↙
指定点或 [水平(H)/垂直(V)/角度(A)/二等分(B)/偏移(O)]:o    //选择偏移方式
指定偏移距离或 [通过(T)] <通过>: 10                       //选择默认方式并输入距离
选择直线对象:                                            //选择构造线 AB
指定向哪侧偏移:                                          //选择构造线 AB 的右侧
选择直线对象:                                            //选择构造线 AB
指定向哪侧偏移:                                          //选择构造线 AB 的左侧
选择直线对象: ↙                                         //按【Enter】键结束命令
```

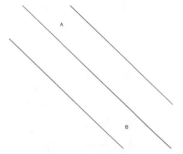

图 4-18　以偏移方式绘制平行构造线

**技　巧**

如果在命令行提示"指定点或 [水平（H）/垂直（V）/角度（A）/二等分（B）/偏移（O）]:"的后面输入 V，则表示绘制垂直的构造线；输入 A，则表示绘制与水平方向呈其他角度的构造线。

### 4.2.3　绘制多线

#### 1．绘制多线

多线是一种由多条平行线组成的组合对象，平行线之间的间距和数目是可以调整的。多线常用于绘制建筑图中的墙体、电子线路图等平行线对象。多线与单线的差别只在于它的显示形式，在执行剪切、拉伸等修改命令时，多线与单线一样。在 AutoCAD 2015 中，执行 MLINE 命令的常用方法有以下几种：

- 在菜单栏中选择"绘图"|"多线"命令。
- 在命令行中输入 MLINE 命令，并按【Enter】键。

调用该命令后，AutoCAD 2015 命令行将依次出现如下提示。

```
当前设置: 对正=顶部(T),比例= 1.00,样式= STANDARD:
                //对正方式为当前对正方式，比例为1，样式为当前样式
指定起点或 [对正(J)/比例(S)/样式(ST)]:
                //输入坐标值或者在绘图区中单击来指定多线的起点或者选择其他选项
指定下一点:     //输入坐标值或者在绘图区中单击指定多线的下一点
```

```
指定下一点或 [放弃(U)]:
                           //输入坐标值或者在绘图区中单击指定多线的下一点或选择"放弃"命令
指定下一点或 [闭合(C)/放弃(U)]:
                        //输入坐标值或者在绘图区中单击指定多线的下一点或指定一个选项
                     指定下一点或 [闭合(C)/放弃(U)]:
                        //输入坐标值或者在绘图区中单击指定多线的下一点或按【Enter】键结束
                     命令
```

决定多线的形式主要有以下 3 个参数。

- 对正：指定多线的对正方式。选择该选项可以控制绘制多线时采用哪种偏移。对正的方式主要有"上"、"无"和"下"，对应顶偏移、零偏移和底偏移。
- 比例：此值决定双线中两条线之间的距离，该比例不会影响线型。
- 样式：指定绘制的多线的样式，默认为标准（Standrad）型。

各选项的作用如下。

（1）样式（ST）

```
指定起点或:[对正(J)/比例(S)/样式(ST)]:st    //选择"样式"选项
输入多线样式名或 [?]:                 //指定系统中已加载的样式名称或者输入
"?"，//将在命令行和文本窗口列出当前图形中已加载的可使用的多线样式
```

开始绘制之前，用户可以创建一个多线的样式。所有多线样式都将保存在当前图形中，也可以将多线样式保存在独立的多线样式库文件中，以便在其他图形文件中加载使用。

设置多线样式有以下两种方式：

- 在菜单栏中选择"格式"|"多线样式"命令。
- 在命令行中输入 MLSTYLE 命令，并按【Enter】键。

设置多线样式的具体操作步骤如下：

**Step 01** 在菜单栏中选择"格式"|"多线样式"命令，弹出"多线样式"对话框，如图 4-19 所示。

"多线样式"对话框中各主要选项的含义如下。

- 置为当前：可以将"样式"列表框中选中的多线样式置为当前样式。
- 新建：可以新建多线样式。
- 修改：可以修改已设置好的多线样式。
- 重命名：可以为当前的多线样式更改名称。
- 删除：可以删除当前多线样式、默认多线样式，以及在当前文件中已经使用的多线样式之外的其他多线样式。
- 加载：可以在弹出的"加载多线样式"对话框中，从多线文件中加载已定义的多线样式。
- 保存：可以将当前的多线样式保存到多线样式文件中。

图 4-19 "多线样式"对话框

**Step 02** 单击"新建"按钮，弹出"创建新的多线样式"对话框，如图 4-20 所示，在该对话框中将新多线样式的名称设置为"门"。

**Step 03** 单击"继续"按钮，弹出"新建多线样式：门"对话框，如图 4-21 所示。

图 4-20　"创建多线样式"对话框　　　　图 4-21　"新建多线样式：门"对话框

"新建多线样式"对话框中各主要选项的含义如下。

● 说明：可以为新创建的多线样式添加说明。
● 直线：用于确定是否在多线的起点和端点处绘制封口线。图 4-22 所示为起点封口端点不封口和起点与端点都封口的对比。

图 4-22　起点封口端点不封口和起点与端点都封口的对比

● 外弧：用于确定是否在多线的起点和端点处，且在位于多线最外侧的两条线同一侧端点之间绘制圆弧，如图 4-23 所示。
● 内弧：用于确定是否在多线的起点和端点处，且在多线内部成偶数的线之间绘制圆弧。如果选择复选框，则绘制圆弧；如果多线由奇数条组成，则位于中心的线不会绘制圆弧，效果如图 4-23 所示。

图 4-23　选择"外弧"两个复选框和选择"内弧"两个复选框的对比示例

● 角度：用于控制多线两端的角度，角度范围为 10°~170°。图 4-24 所示为设置多线左侧角度为 45°、右侧角度为 60°的效果。
● 图元：在该选项组中主要确定多线样式的元素特征，包括元素的数量、偏移量、颜色及线型等。
● 填充：在该选项组中主要设置多线的填充颜色。
● 显示连接：该复选框主要用于确定多线转折处是否显示交叉线。如果选择该复选框，则显示交叉线，反之不显示，效果如图 4-25 所示。

图 4-24　"角度"左侧设为 45°，右侧设为 60°　　图 4-25　选择"显示连接"复选框的效果

**Step 04** 参照上述各项，设置适当参数，然后单击"确定"按钮，返回"多线样式"对话框，单击"置为当前"按钮，确定多线模式，单击"确定"按钮，退出对话框，完成多线样式的设置。

（2）对正（J）

通过对正选项，可以确定如何在指定的点之间绘制多线，可以设置多线的对正方式，即多线上的哪条平行线将随鼠标指针移动。图 4-26 所示为分别设置对正方式为"上"、"无"和"下"绘制墙体，所产生的与轴线的对应关系。命令行提示如下。

```
命令：_Mline↙
当前设置：对正=上，比例= 20.00，样式= STANDARD        //当前多线状态信息
指定起点或 [对正(J)/比例(S)/样式(ST)]:j               //输入 J，然后按【Enter】键，
开始                                                     设置多线的对齐方式
输入对正类型 [上(T)/无(Z)/下(B)] <上>:                //输入对齐类型
```

- 上：在光标下方绘制多线，因此在指定点处将会出现具有最大正偏移值的直线，如图 4-26（A）所示。
- 无：将光标作为原点绘制多线，因此 MLSTYLE 命令中"元素特性"的偏移 0.0 将在指定点处，如图 4-26（B）所示。
- 下：在光标上方绘制多线，因此在指定点处将出现具有最大负偏移值的直线，如图 4-26（C）所示。

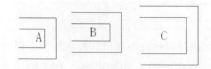

图 4-26　设置多线对正的方式不同画线的结果对比示例

（3）比例（S）

通过设定比例值来控制多线的宽度。线型的比例不受此比例值的影响。

```
输入多线比例 <当前>:                                  //输入比例值，或按【Enter】键
```

比例值以在多线样式定义中建立的宽度为基础。当以比例 2 绘制多线时，其宽度是样式定义的宽度的两倍。当设置的比例值为负时，将翻转偏移线的次序来绘制多线，当从左至右绘制多线时，偏移最大的多线绘制在底部。当设置的比例值为 0 时，绘制的多线变为单条直线。

**2．编辑多线**

编辑多线是为了处理多种类型的多线交叉点，如十字交叉点和 T 形交叉点等。执行编辑多线命令有以下两种方法：

- 在菜单栏中选择"修改"|"对象"|"多线"命令。
- 在命令行中输入 MLEDIT 命令，并按【Enter】键。

使用以上两种方法的任意一种都将弹出"多线编辑工具"对话框，如图 4-27 所示。

"多线编辑工具"对话框中的各个图像按钮形象地说明了该对话框具有的编辑功能，其中提供了 12 种修改工具，可分别用于处理十字交叉的多线（第 1 列）、T 形相交的多线（第 2 列）、处理

图 4-27　"多线编辑工具"对话框

角点结合和顶点（第 3 列），以及处理多线的剪切或接合（第 4 列）。下面将分别进行介绍。

- 十字闭合（Closed Cross）：在两条多线之间创建闭合的十字交叉。
- 十字打开（Open Cross）：在两条多线之间创建开放的十字交叉。AutoCAD 打断第 1 条多线的所有元素，以及第 2 条多线的外部元素。
- 十字合并（Merged Cross）：在两条多线之间创建合并的十字交叉，操作结果与多线的选择次序无关。
- T 形闭合（Close Tee）：在两条多线之间创建闭合的 T 形交叉。AutoCAD 修剪第 1 条多线，或将它延伸到与第 2 条多线的交点处。
- T 形打开（Open Tee）：在两条多线之间创建开放的 T 形交叉。AutoCAD 修剪第 1 条多线，或将它延伸到与第 2 条多线的交点处。
- T 形合并（Merged Tee）：在两条多线之间创建合并的 T 形交叉。AutoCAD 修剪第 1 条多线，或将它延伸到与第 2 条多线的交点处。
- 角点结合（Corner Joint）：在两条多线之间创建角点结合。AutoCAD 修剪第 1 条多线，或将它延伸到与第 2 条多线的交点处。
- 添加顶点（Add Vertex）：向多线上添加一个顶点。
- 删除顶点（Delete Vertex）：从多线上删除一个顶点。
- 单个剪切（Cut Single）：剪切多线上的选定元素。
- 全部剪切（Cut All）：剪切多线上的所有元素，并将其分为两个部分。
- 全部接合（Weld All）：将已被剪切的多线线段重新接合起来。

 注 意

在处理 T 形交叉点时，多线的选择顺序将直接影响交叉点修整后的结果。

### 上机操作 5　应用多线绘制建筑平面图中单独的窗

应用创建多线命令完成建筑平面图中独立的窗的绘制，操作步骤如下。

**Step 01** 在命令行中输入命令 LINE，然后按【Enter】键，在命令行中输入 (100,100) 设为起点按【Enter】键，再输入@300<90 按【Enter】键，得到一条直线。使用同样的方法绘制起点为(1100,100)、长度也为 300 的另一条直线，如图 4-28 所示。

图 4-28　绘制直线

**Step 02** 在命令行中输入 ML，然后按【Enter】键。在命令行提示下进行图 4-29 所示的操作。

**Step 03** 最终绘制出来的窗的图示可以直接复制到墙体线中，如图 4-30 所示。

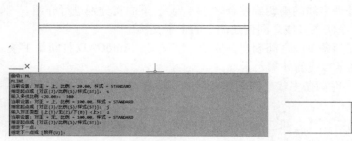

图 4-29　捕捉直线的中点

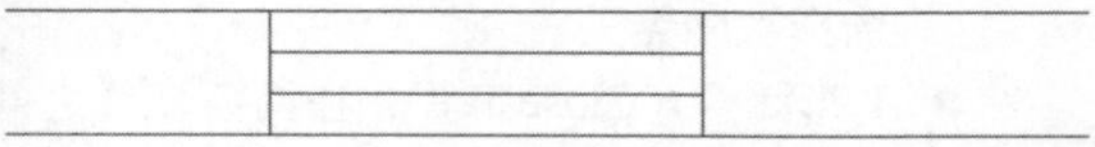

图 4-30　图纸中的窗图示

## 上机操作 6　应用编辑多线命令完成对建筑平面图中墙体的修改

应用编辑多线命令完成户型图中对墙体的修改，操作步骤如下。

**Step 01** 在菜单栏中选择"修改"|"对象"|"多线"命令。

**Step 02** 弹出"多线编辑工具"对话框，选择其中一种工具，如图 4-31 所示。这里选择"十字打开"。

**Step 03** 选择水平的第一条多线。

**Step 04** 选择垂直的多线，按【Enter】键确定，完成对墙体的修改，如图 4-32 所示。

图 4-31　"多线编辑工具"对话框

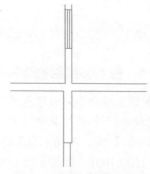

图 4-32　修改后的墙体

其他的多线编辑方式均按照此步骤进行即可。

## 4.2.4　绘制多段线

多段线是由一系列首尾相连可改变宽度的直线和圆弧相互连接组成的对象，它作为一个整体对象而存在。使用多段线命令可以绘制包含多条直线段和曲线段的有宽度线，每一段可以单独设置宽度，每一段的起点和终点也可以具有不同的线宽。在 AutoCAD 2015 中，执行 PLINE 命令的常用方法有以下几种：

- 在菜单栏中选择"绘图"|"多段线"命令。
- 在"绘图"工具栏中单击"多段线"按钮 。
- 在命令行中输入 PLINE 命令，并按【Enter】键。

调用该命令后，AutoCAD 2015 命令行将依次出现如下提示。

指定起点： //提示用户用鼠标指定起点或者输入起点坐标
当前线宽为 0.0000
指定下一个点或 [圆弧(A)/半宽(H)/长度(L)/放弃(U)/宽度(W)]：//用鼠标指定下一点或者输入坐标值，或者选择其他选项画圆弧、设定线宽等

命令提示有"圆弧"、"半宽"、"长度"、"放弃"和"宽度"等选项，各选项的作用如下。

（1）下一点

通过指定点来绘制多段线的下一点。在用户按【Enter】键结束命令前，系统会不断在命令行提示用户指定下一点。绘制完成后，命令行将显示同样的提示：

指定下一点或 [圆弧(A)/闭合(C)/半宽(H)/长度(L)/放弃(U)/宽度(W)]：

（2）圆弧（A）

选择"圆弧"选项将把弧线段添加到多段线中。绘制完下一点后，命令行将显示同样的提示。

指定下一个点或 [圆弧(A)/半宽(H)/长度(L)/放弃(U)/宽度(W)]：a //选择"圆弧"选项
[角度(A)/圆心(CE)/闭合(CL)/方向(D)/半宽(H)/直线(L)/半径(R)/第 2 个点(S)/放弃(U)/宽度(W)]： //指定圆弧端点
或选择其他选项

此时系统提供多个选项，下面分别介绍它们的功能。

- 弧终点：通过指定弧的起点和终点绘制圆弧段。弧线段从多段线上一段的最后一点开始并与多段线相切。在用户按【Enter】键结束命令前，系统会一直提示用户指定弧终点。
- 角度：指定弧线段从起点开始的包含角，输入正数将按逆时针方向创建弧线段，输入负数将按顺时针方向创建弧线段，命令行提示如下。

[角度(A)/圆心(CE)/方向(D)/半宽(H)/直线(L)/半径(R)/第二个点(S)/放弃(U)/宽度(W)]： a //选择"角度"选项
指定包含角： //输入包含角数值
指定圆弧的端点或 [圆心(CE)/半径(R)]： //指定端点或选择其他选项

此时可以用鼠标指定端点或者输入坐标。选择"圆心"选项，可以指定弧线段的圆心，通过圆弧包含角和圆心位置确定圆弧；选择"半径"选项指定弧线段的半径，通过圆弧包含角和半径确定圆弧。在后面圆弧的画法中将会进行详细讲解。

- 圆心（CE）：指定弧线段的圆心，命令行提示如下。

角度(A)/圆心(CE)/闭合(CL)/方向(D)/半宽(H)/线段(L)/半径(R)/第二点(S)/宽度(W)/撤销(U)/<弧终点>： ce //选择"圆心"选项
指定圆弧的圆心： //可以用鼠标指定，也可以输入坐标
指定圆弧的端点或 [角度(A)/长度(L)]： //可以用鼠标指定，也可以输入坐标

各个选项的意义为："弧终点"指定端点并绘制弧线段；"角度"指定弧线段从起点开始的包含角；"长度"指定弧线段的弦长。如果前一线段是圆弧，程序将绘制与前一弧线段相切的新弧线段。命令行继续提示如下。

角度(A)/圆心(CE)/闭合(CL)/方向(D)/半宽(H)/线段(L)/半径(R)/第二点(S)/宽度(W)/撤销(U)/<弧终点>： //指定圆弧端点或选择其他选项

- 闭合（CL）：使一条带弧线段的多段线闭合。

- 方向（D）：指定弧线段的起点方向。
- 半宽（H）：指定从宽多段线线段的中心到其一边的宽度。起点半宽将成为默认的端点半宽。端点半宽在再次修改半宽之前将作为所有后续线段的统一半宽。宽线线段的起点和端点位于宽线的中心。
- 线段（L）：退出 ARC 选项并返回上一级提示。
- 半径（R）：指定弧线段的半径。
- 撤销（U）：删除最近一次添加到多段线上的弧线段。
- 宽度（W）：指定下一弧线段的宽度。起点宽度将成为默认的端点宽度。端点宽度在再次修改宽度之前，将作为所有后续线段的统一宽度。宽线线段的起点和端点位于宽线的中心。

（3）半宽（H）

"半宽"选项可分别指定多段线每一段起点的半宽和端点的半宽值。所谓半宽，是指多段线的中心到其一边的宽度，即宽度的一半。宽线线段的起点和端点位于宽线的中心。

（4）长度（L）

以前一线段相同的角度并按指定长度绘制直线段。如果前一线段为圆弧，则 AutoCAD 将绘制一条直线段与弧线段相切。

（5）放弃（U）

删除最近一次添加到多段线上的直线段。

（6）宽度（W）

"宽度"选项可分别指定多段线每一段起点的宽度和端点的宽度值。改变后的取值将成为后续线段的默认宽度。

在指定多段线的第 2 点之后，还将增加一个 Close（闭合）选项，用于在当前位置到多段线起点之间绘制一条直线段以闭合多段线，并结束多段线命令。

 提　示

多段线提供单个直线所不具备的编辑功能。例如，可以调整多段线的宽度和曲率。创建多段线之后，可以使用 Pedit 命令对其进行编辑，或者使用 Explode 命令将其转换成单独的直线段和弧线段。用户还可以使用 Spline 命令，将样条拟合多段线转换为真正的样条曲线，使用闭合多段线创建多边形，从重叠对象的边界创建多段线。

**上机操作 7　绘制多段变线宽连续圆弧的多段线**

绘制图 4-33 所示的不同线宽弧线，命令行提示如下。

```
命令: Pline↙
指定起点:                          //提示用户指定起点或者输入起点坐标
当前线宽为 0.0000                   //提示当前线宽
指定下一点或圆弧(A)/半宽(H)/长度(L)/放弃(U)/宽度(W)]: a     //选择"圆弧"选项
角度(A)/圆心(CE)/方向(D)/直线(L)/半径(R)/第二点(S)/放弃(U)/宽度(W)]: w
                                   //选择"宽度"选项
指定起点宽度 <0.0000>:              //按【Enter】键，默认起点线宽
指定端点宽度 <0.0000>: 25           //指定圆弧端点线宽为 25
```

角度(A)/圆心(CE)/方向(D)/半宽(H)/直线(L)/半径(R)/第二个点(S)/放弃(U)/宽度(W)]:
　　　　　　　　　　　　　　　　//用鼠标指定圆弧端点或者输入圆弧端点坐标
角度(A)/圆心(CE)/闭合(CL)/方向(D)/半宽(H)/直线(L)/半径(R)/第二个点(S)/放弃(U)/
宽度(W): w　　　　　　　　　　//再次选择"宽度"选项
指定起点宽度 <25.0000>:　　　　//按【Enter】键，默认连续圆弧起点线宽
指定端点宽度 <25.0000>: 55　　　//指定连续圆弧端点线宽为 55
角度(A)/圆心(CE)/闭合(CL)/方向(D)/半宽(H)/直线(L)/半径(R)/第二个点(S)/放弃(U)/
宽度(W):　　　　　　　　　　　//用鼠标指定圆弧端点或者输入圆弧端点坐标
[角度(A)/圆心(CE)/闭合(CL)/方向(D)/半宽(H)/直线(L)/半径(R)/第二个点(S)/放弃
(U)/宽度(W)]: w　　　　　　　　//选择"宽度"选项
指点起点宽度<55.0000>:　　　　　//按【Enter】键，默认连续圆弧起点线宽
指定端点宽度<55.0000>: 115　　　//指定连续圆弧端点线宽为 115
[角度(A)/圆心(CE)/闭合(CL)/方向(D)/半宽(H)/直线(L)/半径(R)/第二个点(S)/放弃
(U)/宽度(W)]:　　　　　　　　　//用鼠标指定圆弧端点或者输入圆弧端点坐标

图 4-33　绘制多段变线宽连续圆弧的多段线

## 4.2.5　绘制样条曲线

本小节将详细介绍绘制样条曲线的方法和操作步骤。

### 1．绘制样条曲线

AutoCAD 2015 可以在指定的允差（Fit Tolerance）范围内把控制点拟合成光滑的 NURBS 曲线。所谓允差（Fit Tolerance），是指样条曲线与指定拟合点之间的接近程度。允差越小，样条曲线与拟合点越接近。允差为 0，样条曲线将通过拟合点。这种类型的曲线适合于标识具有规则变化曲率半径的曲线，例如建筑基地的等高线、区域界限等的样线，如图 4-34 所示。

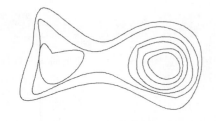

图 4-34　利用样条曲线绘制建筑基地的等高线

样条曲线是由一组输入的拟合点生成的光滑曲线。在 AutoCAD 2015 中，执行 SPLINE 命令的常用方法有以下几种：

- 在菜单栏中选择"绘图"|"样条曲线"命令。
- 在"绘图"工具栏中单击"样条曲线拟合"按钮　。
- 在命令行中输入 SPLINE 命令，并按【Enter】键。

调用该命令后，AutoCAD 2015 命令行将依次出现如下提示。

指定第一个点或[对象(O)]:　　//用十字鼠标指针在绘图区域中任选一点 a，作为样条曲线的第 1 点
指定下一点:　　　　　　　　//用十字鼠标指针在绘图区域中任选一点 b，作为样条曲线的第 2 点

指定下一点或[闭合(C)/拟合公差(F)] <起点切向>: //依次在"指定下一点或[闭合(C)/拟合公差(F)] <起点切向>:"提示下，顺序选取对象轮廓线的各个定位点

当绘制结束时，在"指定下一点或[闭合（C）/拟合公差（F）] <起点切向>:"提示下，输入 C 闭合，完成整个轮廓的绘制。

### 2. 编辑样条曲线

样条曲线编辑命令是一个单对象编辑命令，一次只能编辑一个样条曲线对象。执行该命令并选择需要编辑的样条曲线后，在曲线周围将显示控制点。在 AutoCAD 2015 中，在命令行中输入 SPLINEDIT 命令，并按【Enter】键，即可执行命令。

### 上机操作 8 应用样条曲线命令完成室内立面装饰纹样的绘制

应用创建样条曲线命令完成对室内立面装饰中部分纹样的绘制，操作步骤如下。

**Step 01** 在命令行中输入 SPLINE 命令，如图 4-35 所示，或者单击"样条曲线拟合"按钮。

图 4-35 样条曲线命令行提示

**Step 02** 在输入第 1 点后继续指定第 2 点，如图 4-36 所示。

**Step 03** 根据需要，用户可以继续选取更多的点，直至能够绘制出所需要的图形，如图 4-37 所示。

图 4-36 绘制样条曲线的过程

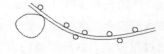

图 4-37 利用样条曲线绘制立面纹样

☂ **注 意**

① 在绘制样条曲线的过程中，如需将该样条曲线闭合得到图形，可以在绘制的样条线上双击，在弹出的快捷菜单中选择"闭合"命令，或者直接输入 C 以得到闭合样条曲线的图形，如图 4-38 所示。

② 当用户需要调整所绘制的样条曲线的形状时，可以将其选中并对它进行编辑，如图 4-39 所示。当样条曲线被用户选中时，在其被绘制的过程中由用户所选取的点将会以蓝色填充框的形式呈现出来，用户可以根据需要通过单击或移动的方式来调整点的位置，最终使样条曲线的形状发生变化。

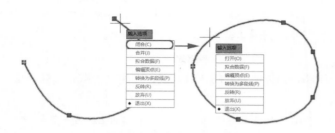

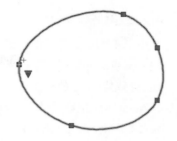

图 4-38　绘制样条曲线闭合前后的对比　　　　　图 4-39　编辑样条曲线的夹点

## 4.3　绘制圆

在 AutoCAD 2015 中，执行 CIRCLE 命令的常用方法有以下几种：

- 在"绘图"工具栏中单击"圆"按钮⊘。
- 在命令行中输入 CIRCLE 命令，并按【Enter】键。
- 在菜单栏中选择"绘图"|"圆"命令，弹出绘制圆的子菜单，如图 4-40 所示。

系统提供了 6 种定义圆的尺寸及位置参数的方法。

调用该命令后，AutoCAD 2015 命令行将依次出现如下提示。

指定圆的圆心或 [三点(3P)/两点(2P)/切点、切点、半径(T)]：
//输入圆心坐标或者用鼠标指定一点作为圆心

图 4-40　绘制圆的子菜单

各选项的作用如下。

（1）圆心、半径（R）；圆心、直径（D）

在绘图区指定一个点作为圆的圆点，再指定另外一个点，其中两点之间的距离就是圆的半径，如图 4-41 所示。

在绘图区指定一点作为圆的圆点，在命令行中根据提示输入 D，并指定另外一个点，其中两点之间的距离就是圆的直径，如图 4-42 所示。

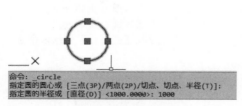

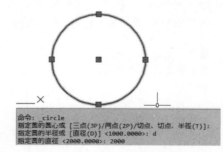

图 4-41　用圆心和指定的半径长度来绘制圆　　　图 4-42　用圆心和指定的直径长度来绘制圆

（2）两点（2p）

通过指定圆直径上的两个点绘制圆，所输入两点的距离为圆的直径，两点中点为圆心，两点重合则定义失败。选择该选项后，AutoCAD 2015 命令行提示如下。

指定圆的圆心或 [三点(3P)/两点(2P)/切点、切点、半径(T)]：_2p 指定圆直径的第一个端点：

指定圆直径的第二个端点： //输入坐标或者用鼠标任意指定一个点 1
//输入坐标或者用鼠标任意指定一个点 2

其中点 1 到点 2 之间的距离就是圆的直径，如图 4-43 所示。

（3）三点（3p）

通过指定圆周上的任意 3 个点来绘制圆，如果所输入的 3 点共线，则定义失败。选择该选项后，AutoCAD 2015 命令行提示如下。

指定圆的圆心或 [三点(3P)/两点(2P)/切点、切点、半径(T)]：_3p 指定圆上的第一个点：
//输入坐标或者用鼠标指定一个点 1
指定圆上的第二个点： //输入坐标或者用鼠标指定一个点 2
指定圆上的第三个点： //输入坐标或者用鼠标指定一个点 3

指定圆周上 3 点画圆，如图 4-44 所示。

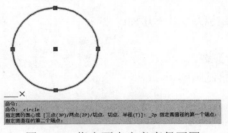
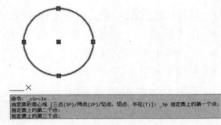

图 4-43　指定两点定义直径画圆　　　　　图 4-44　指定圆周上 3 点画圆

（4）相切、相切、半径（T）

指定两个与所定义圆相切的对象上的点，并要求输入圆的半径，如果所输入的半径数值过小（小于两个实体最小距离的一半），则定义失败，效果如图 4-45 所示，命令行提示如下。

指定对象与圆的第一个切点： //选择一个已经给定的圆
指定对象与圆的第二个切点： //选择已经给定的另一个圆
指定圆的半径 <当前>： //用鼠标在绘图区指定半径长度或输入半径长度值，或按【Enter】键

（5）相切、相切、相切（A）

这种方法只能在菜单栏中选择，在系统提示下顺序选择 3 个与所定义的圆相切的对象，效果如图 4-46 所示，命令行提示如下。

指定圆的圆心或 [三点(3P)/两点(2P)/切点、切点、半径(T)]：_3p 指定圆上的第一个点：_tan 到
//选择圆 A 上的一点
指定圆上的第二个点： //选择圆 B 上的一点
指定圆上的第三个点： //选择圆 C 上的一点
//按【Enter】键结束命令

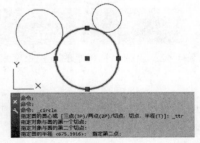
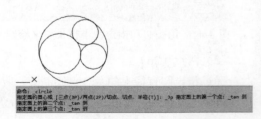

图 4-45　相切、相切、半径（T）画圆　　　　图 4-46　相切、相切、相切（A）画圆

提　示

采用"相切、相切、半径（T）"方式画圆，在指定了两个切点所在的对象和圆的半径值后，可能会有多个符合条件的圆，AutoCAD 将自动绘制以指定的半径，其切点与选定点的距离最近的那个圆。

实际上，在 AutoCAD 中绘制的圆均是由正 $n$ 边形来近似绘制的，$n$ 越大，绘制的圆形越平滑。在菜单栏中选择"工具"|"选项"命令，弹出"选项"对话框，选择"显示"选项卡，在 "显示精度" 选项组的"圆弧和圆的平滑度"文本框中设置参数，该参数设置得越大，绘制的圆弧越平滑，默认为 1000，如图 4-47 所示。

图 4-47　调整圆弧和圆的平滑度

### 上机操作 9　绘制与已有两条直线相切的圆

绘制与已有两条直线相切的圆，效果如图 4-48 所示，命令执行过程如下。

命令：Circle↙
指定圆的圆心或 [三点(3P)/两点(2P)/切点、切点、半径(T)]：t↙　　//选择切点、切点、半径（T）方式画圆
指定对象与圆的第一个切点：　　　　　　　　　　//选择一条已经给定的直线 B
指定对象与圆的第二个切点：　　　　　　　　　　//选择一个已经给定的直线 C
指定圆的半径：3　　　　　　　　　　　　　　　//输入半径长度值为 3，按【Enter】键

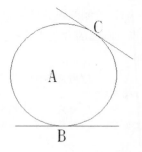

图 4-48　绘制与已有两条直线相切的圆

## 4.4 绘制圆弧

在 AutoCAD 2015 中，执行 ARC 命令的常用方法有以下几种：

- 在"绘图"工具栏中单击"圆弧"按钮 ⌒。
- 在命令行中输入 ARC 命令，并按【Enter】键。
- 在菜单栏中选择"绘图"|"圆弧"命令，弹出绘制圆弧
  的子菜单。系统提供了 11 种定义圆弧的方法。除"三点"
  方法外，其他方法都是从起点到端点逆时针绘制圆弧，
  如图 4-49 所示。

调用该命令后，AutoCAD 2015 命令行将依次出现如下提示。

指定圆弧的起点或 [圆心(C)]：

各选项的作用如下。

（1）三点（P）

通过指定圆弧的起点、弧上一点和圆弧的终点来绘制圆弧。　　　图 4-49　绘制圆弧子菜单
这种方法可以定义顺时针或逆时针的圆弧。如果三点共线，则定义失败。圆弧的方向由点
的输入顺序和位置决定。命令行提示如下。

指定圆弧的起点或 [圆心(C)]：　　　　　　　　　//用鼠标任意指定或者输入坐标来确定弧的起点1(A)
指定圆弧的第二个点或 [圆心(C)/端点(E)]：_c 指定圆弧的圆心：　//用鼠标任意指定或者输
入坐　　　　　　　　　　　　　　　　　　　　　　　　　//标来确定弧的第二点2（B）
指定圆弧的端点或 [角度(A)/弦长(L)]：　　　　　　//用鼠标任意指定或者输入坐标来确定弧的终点3（C）

使用三点法顺时针或逆时针绘制圆弧，如图 4-50 所示。

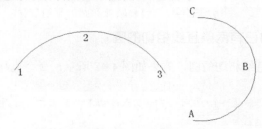

图 4-50　使用三点法顺时针或逆时针绘制圆弧

（2）起点、圆心、端点（S）

通过指定起点，然后指定圆心和端点绘制圆弧。这种方法默认以逆时针方向绘图，以下几
种方法同样如此。"圆心、起点、端点"画弧的方法与此种方法类似，只是先指定圆弧的圆心，
然后指定起点和端点。命令行提示如下。

指定圆弧的起点或 [圆心(C)]：　　　　　　　　　//用鼠标任意指定或者输入坐标来确定弧的起点C
指定圆弧的第二个点或 [圆心(C)/端点(E)]：c　　　　//选择圆心画弧的方式
指定圆弧的圆心：　　　　　　　　　　　　　　//用鼠标任意指定或者输入坐标来确定弧的圆心
指定圆弧的端点或 [角度(A)/弦长(L)]：//用鼠标任意指定或者输入坐标来确定弧的终点

（3）起点、圆心、角度（T）

通过指定起点、圆心，然后指定起点和圆心之间所包含的角度来绘制圆弧，如图 4-51 所
示。包含角度决定了圆弧的端点，若输入的角度值是正数，则以逆时针方向绘制；若输入的角

度值是负数，则以顺时针方向绘制圆弧。"圆心、起点、角度"画弧的方法与此种方法类似，只是先指定圆弧的圆心，然后指定起点和包含角。如果已知两个端点，但不能捕捉到圆心，可以使用"起点、端点、角度"方法。命令行提示如下。

```
指定圆弧的起点或 [圆心(C)]:          //用鼠标任意指定或者输入坐标来确定弧的起点1
指定圆弧的第二个点或 [圆心(C)/端点(E)]: c          //选择圆心画弧的方式
指定圆弧的圆心:          //用鼠标任意指定或者输入坐标来确定弧的圆心2
指定圆弧的端点或 [角度(A)/弦长(L)]: a          //选择弧的包含角画弧的方式
指定包含角:          //用鼠标任意指定或者输入包含角的数值150
```

3 种利用包含角画弧的方法分别如图 4-52 所示。

图 4-51　弧的包含角　　　　图 4-52　3 种利用包含角画弧的方法

（4）起点、圆心、长度（A）

通过指定弧的起点、弧所在的圆心，然后指定起点和圆心之间弦的长度来绘制圆弧。如果弦长为正值，系统将从起点逆时针绘制劣弧；如果弦长为负值，系统将逆时针绘制优弧。"圆心、起点、长度"画弧的方法与此种方法类似，只是先指定圆弧的圆心，然后指定起点和弦长度，如图 4-53 所示。

（5）起点、端点、方向（D）

通过指定弧的起点、端点和弧的方向来绘制圆弧。向起点和端点的上方移动光标将绘制上凸的圆弧，向下方移动光标将绘制下凹的圆弧。类似此种方法的"起点、端点、半径"，也是通过指定起点、端点和半径绘制圆弧。可以通过输入半径长度数值，或者通过顺时针或逆时针移动鼠标并单击确定一段距离来指定半径，如图 4-54 所示。命令行提示如下。

```
指定圆弧的起点或 [圆心(C)]:          //用鼠标任意指定或者输入坐标来确定弧的起点1
指定圆弧的第二个点或 [圆心(C)/端点(E)]: e          //选择弧端点画弧的方式
指定圆弧的端点:          //用鼠标任意指定或者输入坐标来确定弧的终点2
指定圆弧的圆心或 [角度(A)/方向(D)/半径(R)]: d          //选择弧方向画弧的方式
指定圆弧的起点切向:          //选择向起点和端点的上方移动光标确定弧的方向
```

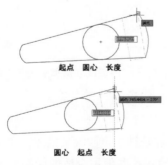

图 4-53　两种利用弦长度来绘制圆弧的方法

图 4-54　利用"起点、端点、半径"和
"起点、端点、方向"方法画弧

（6）继续（O）

如果按空格键或【Enter】键完成第一个提示，则表示所定义圆弧的起点坐标与前一个对象的终点坐标重合，圆弧起点的切线方向就是前一个对象终点的切线方向（光滑连接），系统提示输入圆弧终点位置。这种方法其实是"起点、端点、方向"方法的变形。

**上机操作 10　利用直线、构造线和圆弧命令画浴缸**

利用直线、构造线和圆弧命令画浴缸，具体操作步骤如下。

**Step 01** 在命令行中输入 LINE 命令，并按【Enter】键，绘制直线 AB，命令行提示如下。

```
LINE 指定第一点：500,500            //指定直线第 1 点的绝对坐标
指定下一点或 [放弃(U)]：@500<0      //指定直线第 2 点的相对坐标
指定下一点或 [放弃(U)]：            //按【Enter】键确定，完成直线 AB 的绘制
```

**Step 02** 在"绘图"工具栏中再次单击"直线"按钮，绘制通过绝对坐标分别为(500,800)和(1 000,800)的直线 CD，命令行提示如下。

```
LINE 指定第一点： 500,800              //指定直线第 1 点的绝对坐标
指定下一点或 [放弃(U)]：@500<0         //指定直线第 2 点的相对坐标
指定下一点或 [闭合(C)/放弃(U)]：        //按【Enter】键确定，完成直线 CD 的绘制
```

**Step 03** 在"绘图"工具栏中单击"圆弧"按钮，命令行提示如下。

```
命令：_arc✓
arc 指定圆弧的起点或 [圆心(C)]：1000,500    //输入直线 AB 的 B 端点
指定圆弧的第二个点或 [圆心(C)/端点(E)]：e    //输入 e，选择"起点、端点、角度"方式
指定圆弧的端点：                            //输入直线 CD 的端点 D
指定圆弧的圆心或 [角度(A)/方向(D)/半径(R)]：a     //选择角度方式
指定包含角：180                            //输入半圆圆弧的包含角度数值
```

**Step 04** 在"绘图"工具栏中单击"构造线"按钮，绘制外框矩形 abed，命令行提示如下。

```
命令：xl XLINE 指定点或 [水平(H)/垂直(V)/角度(A)/二等分(B)/偏移(O)]：o
                                          //选择偏移方式

指定偏移距离或 [通过(T)] <通过>：50        //输入偏移距离数值
选择直线对象：                            //选取偏移线段 cd
指定向哪侧偏移：                          //选择向直线 cd 的上方移动光标，确定构造线的方向
```

使用同样的方法绘制构造线 ab 和 ad。构造线 be 是通过"经由点"方式，选择弧的中点 E，然后偏移得到构造线的。最后经过"修剪"命令整理成矩形 abed。具体修剪方法将在第 5 章中进行详细讲解。最终结果如图 4-55 所示。

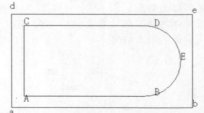

图 4-55　利用直线、构造线和圆弧命令绘制的浴缸

## 4.5　绘制椭圆

在 AutoCAD 2015 中，椭圆的形状主要用中心、长轴和短轴 3 个参数来描述。在实际应用中，用户应根据自己所绘椭圆的条件灵活选择这三者的输入，并使用合适的绘制方式。执行 ELLIPSE（EL）命令的常用方法有以下几种：

- 在"绘图"工具栏中单击"椭圆"按钮 ⊙ ▾。
- 在命令行中输入 ELLIPSE 命令，并按【Enter】键。
- 在菜单栏中选择"绘图"|"椭圆"命令，弹出绘制椭圆的子菜单，如图 4-56 所示。

（1）轴、端点（E）

通过定义两轴绘制椭圆，命令行提示如下。

命令：_ellipse↙
指定椭圆的轴端点或 [圆弧(A)/中心点(C)]：//用鼠标指定椭圆某个轴的一个端点 A 或输入坐标
指定轴的另一个端点：       //用鼠标指定椭圆某个轴的一个端点 B 或输入坐标
指定另一条半轴长度或 [旋转(R)]：//从两个端点的中点处拖动鼠标，并指定一点定义另一轴的半长 C，效果如图 4-57 所示

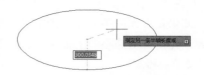

图 4-56　绘制椭圆的子菜单　　　　图 4-57　通过"轴、端点（E）"方式绘制的椭圆

如果在上面的第三步"指定另一条半轴长度或[旋转（R）]"选择"旋转（R）"选项，则表示先定义出椭圆长轴的两个端点，然后确定椭圆绕该主轴的旋转角度，从而确定椭圆的位置及形状。椭圆的形状最终由其绕长轴的旋转角度决定，如图 4-58 所示。若旋转角度为 0°，则将画出一个圆；若角度为 45°，将出现一个从视点看去呈 45°的椭圆。旋转角度的最大值为 89.4°，若大于此角，椭圆看上去将像一条直线。图 4-59 所示为等轴椭圆随旋转角度的不同而发生的变化。

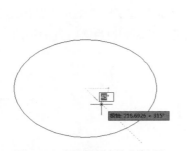

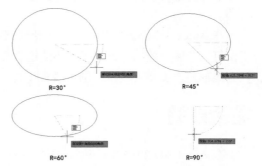

图 4-58　通过旋转绘制椭圆　　　　图 4-59　不同旋转角度的椭圆

（2）圆心（C）

通过定义中心点和两轴端点绘制椭圆。椭圆的中心点确定后，椭圆的位置便随之确定，此

时，只需再为两轴各定义一个端点，便可确定椭圆形状。执行命令过程的命令行提示如下。

```
命令：_ellipse✓
指定椭圆的轴端点或 [圆弧(A)/中心点(C)]：c    //选择椭圆中心点绘制方式
指定椭圆的中心点：                          //用鼠标在绘图区任意指定椭圆的中心点 A 或输入坐标
指定轴的端点：                              //用鼠标在绘图区任意指定椭圆的端点 B 或输入坐标
指定另一条半轴长度或 [旋转(R)]：            //从中心点处拖动鼠标，并指定一点定义另一轴的半长
C，效果如图 4-60 所示
```

图 4-60    通过圆心方式绘制椭圆

如果在上面的第三步"指定另一条半轴长度或[旋转（R）]"中选择"旋转（R）"选项，则表示先定义出椭圆的主轴端点后，用户还可以通过旋转方式指定次轴。命令行提示如下。

```
定轴的端点：
指定另一条半轴长度或 [旋转(R)]：r      //选择绕椭圆主轴旋转的绘制方式
指定绕长轴旋转的角度：                 //用鼠标在绘图区任意指定一点确定角度或输入角度数值
```

☂ 注　意

这里要输入的角度值取值范围是 0°～89.4°。若输入 0°，则绘制圆。输入值越大，椭圆的离心率就越大。

# 4.6　绘制矩形和正多边形

在 AutoCAD 制图中使用矩形命令绘制矩形，实际上是创建了一个矩形形状的闭合多段线。不仅可以绘制一般的二维矩形，还能绘制具有一定宽度、标高和厚度等特性的矩形，并且能够控制矩形角点类型（圆角、倒角或直角）。

　矩形

在 AutoCAD 2015 中，执行 RECTANG 命令的常用方法有以下几种：

● 在菜单栏中选择"绘图"|"矩形"命令。
● 在"绘图"工具栏中单击"矩形"按钮□·。
● 在命令行中输入 RECTANG 命令，并按【Enter】键。

调用该命令后，AutoCAD 2015 命令行将依次出现如下提示。

指定第一个角点或 [倒角(C)/标高(E)/圆角(F)/厚度(T)/宽度(W)]:
指定另一个角点或 [面积(A)/尺寸(D)/旋转(R)]:

如果绘制的不是一般的矩形，在绘制矩形之前需要设置相关的参数。通过命令的选项，可以定义矩形的其他特征。各选项的作用如下。

（1）宽度（W）

指定组成矩形的轮廓线的宽度。若当前并未指定矩形轮廓线的宽度，将显示上一命令行。

指定矩形的线宽 <0.0000>:              //输入宽度数值，指定矩形各边线的宽度

以下几个选项的命令提示类似"宽度（W）"选项。

（2）厚度（T）

指定矩形的三维厚度，具体画法类似宽度。

（3）圆角（F）

指定矩形 4 个直角变为圆角的距离。

（4）标高（E）

指定矩形的标高，即构造平面的 Z 坐标，系统默认值为 0。

（5）倒角（C）

指定矩形的两个倒角边长度。

若在第 2 行中选择"面积（A）"选项，则先指定矩形的面积，再确定长度，或者先指定矩形的面积，然后确定宽度，最终确定矩形；选择"尺寸（D）"选项，则依次指定矩形的长和宽来确定矩形；选择"旋转（R）"选项，则指定矩形的倾斜角度。

## 4.6.2 正多边形

使用正多边形命令可以绘制边数为 3～1 024 的二维正多边形。但是矩形对象的创建不能使用绘制正多边形 POLYGON 命令，而应该使用 RECTANG 命令。在 AutoCAD 2015 中，执行 POLYGON 命令的常用方法有以下几种：

- 在菜单栏中选择"绘图"|"多边形"命令。
- 在"绘图"工具栏中单击"多边形"按钮。
- 在命令行中输入 POLYGON 命令，并按【Enter】键。

调用该命令后，AutoCAD 2015 命令行将依次出现如下提示。

命令: _polygon
输入边的数目 <4>:

绘制正多边形的方法如下。

（1）根据"中心、内接于圆"绘制正多边形

如果已知正多边形的中心，然后指定内接圆的半径，正多边形的所有顶点都在此圆周上。命令行提示如下。

命令: _polygon
polygon 输入边的数目 <4>: 6                //输入多边形的边数 6
指定正多边形的中心点或 [边(E)]://用鼠标在绘图区任意指定正多边形的中心点 1 或者输入坐标
输入选项 [内接于圆(I)|外切于圆(C)] <I>: i //选择内接于圆的方式画正多边形，如图 4-61 所示
指定圆的半径://用鼠标在绘图区任意指定内接圆的半径 2 或者输入半径的数值，如图 4-62 所示

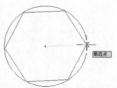

图 4-61　内接于圆的正六边形示意图

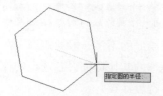

图 4-62　指定圆的半径绘制的正六边形

（2）根据"中心、外切于圆"绘制正多边形

如果已知正多边形的中心，然后指定外切圆的半径来确定正多边形的大小。绘图过程中的命令行提示如下。

```
命令：_polygon
polygon 输入边的数目 <4>: 6                          //输入多边形的边数 6
指定正多边形的中心点或 [边(E)]://用鼠标在绘图区任意指定正多边形的中心点 1 或者输入坐标
输入选项 [内接于圆(I)|外切于圆(C)] <I>: c            //选择外切于圆的方式画正多边形
指定圆的半径://用鼠标在绘图区任意指定外切圆的半径 2 或者输入半径的数值，效果如图 4-63 所示
```

（3）指定边的长度绘制正多边形

通过指定一条边的两个端点和放置边的位置来绘制正多边形。命令行提示如下。

```
polygon 输入边的数目 <6>: 6                    //输入多边形的边数 6
指定正多边形的中心点或 [边(E)]: e              //选择根据边长的方式画正多边形
指定边的第一端点：   //用鼠标在绘图区任意指定边的第一个端点位置或者输入端点的坐标
指定边的第二端点：   //用鼠标在绘图区任意指定边的第 2 个端点位置或者输入端点的坐标，
                    效果如图 4-64 所示
```

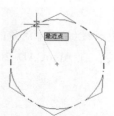

图 4-63　外切于圆的正六边形示意图

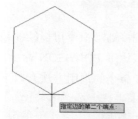

图 4-64　指定边长绘制的正六边形

 提　示

　　① 用定点设备指定半径，决定正多边形的旋转角度和尺寸。指定半径，将以当前捕捉旋转角度绘制正多边形的底边。

　　② 创建多边形是绘制等边三角形、正方形、五边形和六边形等的简单方法。

### 上机操作 11　利用椭圆、矩形、直线和圆等命令绘制一扇门

利用椭圆、矩形、直线和圆等命令绘制一扇门，具体操作步骤如下。

**Step 01** 在命令行中输入 Rectang 命令，按【Enter】键，绘制矩形 ABCD，命令行提示如下。

```
指定第一个角点或 [倒角(C)/标高(E)/圆角(F)/厚度(T)/宽度(W)]: w  //选择"宽度"选项
```

指定矩形的线宽 <0.0000>: 20　　　　　　　//输入指定矩形边线的宽度数值为 20
指定第一个角点或 [倒角(C)/标高(E)/圆角(F)/厚度(T)/宽度(W)]: 400,400　　//指定矩形的第一点 A 的坐标
指定另一个角点或 [面积(A)/尺寸(D)/旋转(R)]: @800,2000　　//指定矩形的另一角点 C 的坐标,完成矩形 ABCD 的绘制

**Step 02** 在命令行中输入 RECTANG,按【Enter】键,命令行提示如下。

指定第一个角点或 [倒角(C)/标高(E)/圆角(F)/厚度(T)/宽度(W)]: w　//选择"宽度"选项
指定矩形的线宽 <20.0000>: 5　　　　　　//输入指定矩形边线的宽度数值为 5
指定第一个角点或 [倒角(C)/标高(E)/圆角(F)/厚度(T)/宽度(W)]: c　//指定矩形的倒角选项
指定矩形的第一个倒角距离 <0.0000>: 30　　　　//指定矩形第一倒角的距离数值为 30
指定矩形的第二个倒角距离 <30.0000>: 60　　　　//指定矩形第二倒角的距离数值为 60
指定第一个角点或 [倒角(C)/标高(E)/圆角(F)/厚度(T)/宽度(W)]: 500,500　//指定矩形的第一点 a 的坐标
指定另一个角点或 [面积(A)/尺寸(D)/旋转(R)]: @600,300　　//指定矩形的另一角点 b 的坐标,完成门的下方矩形的绘制

**Step 03** 在命令行中输入 RECTANG,按【Enter】键,命令行提示如下。

指定第一个角点或 [倒角(C)/标高(E)/圆角(F)/厚度(T)/宽度(W)]: w　//选择"宽度"选项
指定矩形的线宽 <0.0000>: 5　　　　　　　　//输入指定矩形边线的宽度数值为 5
指定第一个角点或 [倒角(C)/标高(E)/圆角(F)/厚度(T)/宽度(W)]: f　//指定矩形的圆角选项
指定矩形的圆角半径 <0.0000>: 30　　　　　　//指定矩形圆角的距离数值为 30
指定第一个角点或 [倒角(C)/标高(E)/圆角(F)/厚度(T)/宽度(W)]: 500,2300　//指定矩形的第一点 d 的坐标
指定另一个角点或 [面积(A)/尺寸(D)/旋转(R)]:1100,1000　　//指定矩形的另一角点 e 的坐标,完成门的上方矩形的绘制

**Step 04** 在命令行中输入 ELLIPSE,按【Enter】键,命令行提示如下。

指定椭圆的轴端点或 [圆弧(A)/中心点(C)]: c　//选择椭圆中心点绘制方式
指定椭圆的中心点: //打开对象捕捉功能,用鼠标在绘图区捕捉到矩形的中心点为椭圆的中心点。
指定轴的端点: @0,550　　　　　　　//输入椭圆轴端点 f 的坐标
指定另一条半轴长度或 [旋转(R)]r　　　//选择旋转方式
指定绕长轴旋转的角度: 65　　　　//输入绕主轴旋转的角度数值
用同样方法绘制中心点为 o、主轴终点为 m 的小椭圆

**Step 05** 在命令行中输入 LINE 命令,按【Enter】键,命令行提示如下。

指定第一点: 　　　　　　//打开对象捕捉功能,用鼠标在绘图
区捕捉到大椭圆主轴的终点 f
指定下一点或 [放弃(U)]: 　//打开对象捕捉功能,用鼠标在绘图
区捕捉到小椭圆主轴的终点 m,完成直线 mf 的绘制

使用同样的方法绘制出其他 3 条直线。

**Step 06** 在命令行中输入 CIRCLE 命令,按【Enter】键,命令行提示如下。

指定圆的圆心或 [三点(3P)/两点(2P)/切点、切点、半径(T)]:
1150,1300 //输入圆心的坐标
指定圆的半径或 [直径(D)] <0.0000>: 20
//输入圆的半径,完成门把手的绘制,结果如图 4-65 所示

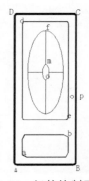

图 4-65　门的绘制示例

## 4.7 图案填充与渐变色

在绘制图形时，常常需要标识某一区域的用途，如表现建筑表面的装饰纹理、渐变颜色及地板的材质等，本节将简单地介绍图案填充与渐变色。

### 4.7.1 图案填充

在 AutoCAD 2015 中，图案填充是指用图案去填充图形中的某个区域，以表达该区域的特征。图案填充的应用非常广泛，例如，在建筑工程图中，图案填充用于表达一个剖切的区域，并且不同的图案填充表达不同的建筑部件或者材料。执行 BHATCH（BH）命令的常用方法有以下几种：

- 在菜单栏中选择"绘图" | "图案填充"命令。
- 在"绘图"工具栏中单击"图案填充"按钮 。
- 在命令行中输入 BHATCH 命令，并按【Enter】键。

调用该命令后，会出现"图案填充创建"选项卡，在"选项"选项组中单击"图案填充设置"按钮，弹出"图案填充和渐变色"对话框，如图 4-66 所示。各个选项组的作用如下。

#### 1. 类型和图案

"类型和图案"选项组用来指定填充图案的类型和图案，各个选项的功能如下。

- 类型：用于确定填充图案的类型。用户可以在该下拉列表框中的"预定义"、"用户定义"和"自定义"选项之间进行选择。其中，"预定义"表示将使用 AutoCAD 提供的图案进行填充；"用户定义"表示临时定义填充图案；"自定义"表示将选用事先定义好的图案进行填充。
- 图案：只有将"类型"设置为"预定义"时，"图案"选项才可用。在其下拉列表框中列出了可用的预定义图案。单击 按钮，弹出"填充图案选项板"对话框，从中可以查看所有预定义图案的预览图像，如图 4-67 所示。

图 4-66 "图案填充和渐变色"对话框

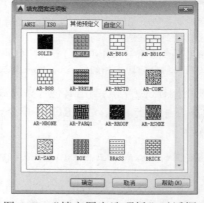

图 4-67 "填充图案选项板"对话框 1

- 样例：显示所选定图案的预览图像。可以单击"样例"图案，弹出"填充图案选项板"对话框。如选择了 Solid 图案，可以在"颜色"下拉列表框中选择颜色，如图 4-68 所示。
- 自定义图案：用于确定用户自定义的填充图案。只有将"类型"设置为"自定义"时，该选项才有效。用户既可以通过该下拉列表框选择自定义的填充图案，也可以单击其右侧的 ... 按钮，从弹出的对话框中进行选择，如图 4-69 所示。

图 4-68　选择颜色

图 4-69　"填充图案选项板"对话框

### 2．角度和比例

利用"角度和比例"选项组，指定选定填充图案的角度和比例。

- 角度：用于确定填充图案的旋转角度。每种图案在定义时的旋转角为 0。用户既可以在"角度"文本框中输入图案填充时要旋转的角度，也可以从该下拉列表框中进行选择。
- 比例：用于确定填充图案时的图案比例，每种图案在定义时的初始比例为 1。用户既可以在"比例"文本框中输入比例值，也可以从该下拉列表框中进行选择。只有将"类型"设置为"预定义"或"自定义"时，此选项才可用。
- 双向：当"类型"为"用户定义"方式填充时，此复选框才可使用，选择该复选框可创建角度为 90° 的交叉线。
- 相对图纸空间：相对于图纸空间单位缩放填充图案，可以用适合于布局的比例显示填充图案。该选项仅能应用于布局。
- 间距：用于确定填充平行线之间的距离。只有将"类型"设置为"用户定义"时，该选项才有效。
- ISO 笔宽：用于设置笔的宽度。只有当填充图案采用 ISO 图案时，该选项才可用。

### 3．图案填充原点

"图案填充原点"选项组用于控制填充图案生成的起始位置。某些图案填充（如砖块图案）需要与图案填充边界上的一点对齐。在默认情况下，所有图案填充原点都对应于当前的 UCS 原点。在该选项组中有两种选择："使用当前原点"和"指定的原点"。图 4-70 所示为两种填充原点的不同效果。

- 使用当前原点：使用存储在 HPORIGINMODE 系统变量中的设置。在默认情况下，原点设置为(0,0)。

- 指定的原点：指定新的图案填充原点。选择此单选按钮后，下面的选项才可用。"单击以设置新原点"按钮用来直接指定新的图案填充原点。"默认为边界范围"复选框用来基于图案填充的矩形范围计算出新原点。可以选择该范围的左下、左上、右下、右上和正中。

图 4-70　指定右下 A 点为原点和使用系统默认的当前原点两种模式填充示例

### 4．边界

填充边界用于确定图案的填充范围，图 4-71 所示为选择不同填充边界的模式。在中文版 AutoCAD 2015 中，提供了两种设置填充边界的方法。

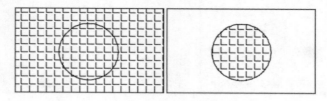

图 4-71　不同填充区域的对比

- 添加:拾取点：需要在填充区域内指定一点，并将该点作为光源，以相同的速度向周围传播，一旦有光线碰到某条边线，光线将停止传播，系统将以这条光线与该线的交点为起点，自动按逆时针方向进行追踪，确定填充边界并高亮显示。拾取内部点时，可以随时在绘图区域中右击以显示包含多个命令的右键快捷菜单，如图 4-72 所示。
- 添加:选择对象：可以在图形绘制完成后选择所要填充的区域进行填充。添加选择的对象可以是直线、圆和多段线等构成的封闭曲线。使用"选择对象"时，系统不会自动检测内部对象，用户必须选择选定边界内的对象，以按照当前的孤岛检测样式填充那些对象。每次在"选择对象"时，系统都会清除上一个选择集。在选取过程中右击，同样会弹出图 4-72 所示的右键快捷菜单。
- 删除边界：可以从边界定义中删除之前添加的图案填充。
- 重新创建边界：根据选定的图案填充或者填充对象创建边界。该按钮只能在编辑边界时使用。
- 查看选择集：用于查看已定义的边界填充。

### 5．选项

"选项"选项组包括注释性、关联、创建独立的图案填充、绘图次序和继承特性 5 个选项。绘图次序下拉列表框如图 4-73 所示。

- 注释性：指定图案填充为注释性。
- 关联：控制图案填充或填充的关联。
- 创建独立的图案填充：控制当指定了几个单独的闭合边界时，是创建单个图案填充对象，还是创建多个图案填充对象。
- 继承特性：使用选定图案填充对象的图案填充或填充特性对指定的边界进行图案填充或填充。

图 4-72　拾取点确定边界时的右键快捷菜单　　　　图 4-73　"绘图次序"下拉列表框

单击该按钮后，命令行提示如下。

命令：_Bhatch

然后在"图案填充创建"选项卡的"选项"组中单击"图案填充设置"按钮，弹出"图案填充和渐变色"对话框，单击"继承特性"按钮。

选择图案填充对象：　　　　　　　　　　　　//选择左边的矩形，如图 4-74 所示
选择对象或 [拾取内部点(K)/删除边界(B)]：　　//选择右边的正方形
选择对象或 [拾取内部点(K)/删除边界(B)]：　　//按【Enter】键，结束选择对象

最后返回对话框，单击"确定"按钮，效果如图 4-75 所示。

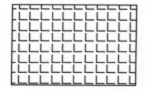

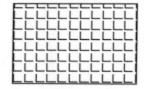

图 4-74　继承特性前的矩形和正方形　　　　　　图 4-75　继承特性后的矩形和正方形

**注　意**

选择图案样式来填充选定的封闭对象或一个封闭区域。

**提　示**

以普通方式填充时，如果填充边界内有文字、属性等特殊对象，且在选择填充边界时也选择了它们，则填充时填充图案在这些对象处会自动断开，就像用一个比它们略大的看不见的框子保护起来一样，使这些对象更加清晰，效果如图 4-76 所示。

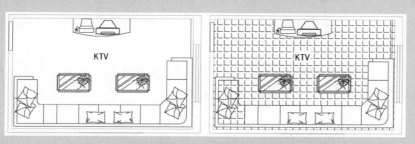

图 4-76　包含文字等特殊对象的图案填充前后对比

### 4.7.2 渐变色

渐变色填充可以在指定的区域中填充单色渐变或者双色渐变的颜色。通过"渐变色"选项卡可以定义要应用的渐变填充的外观，包括两个选项组和一个显示区，如图 4-77 所示。

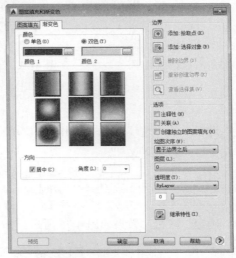

图 4-77 "渐变色"选项卡

该选项卡中各选项的功能如下。

#### 1. 颜色

- "单色"单选按钮：选择该单选按钮，可以使用由一种颜色产生的渐变色来填充图形。用户可通过单击其后的 ... 按钮，在弹出的"选择颜色"对话框中选择所需的渐变色，以及调整渐变色的渐变程度。
- "双色"单选按钮：使用双色填充，即在两种颜色之间平滑过渡的颜色。选择该单选按钮时，HATCH 将分别为颜色 1 和颜色 2 显示带有浏览按钮的颜色样本。

"单色"和"双色"两种曲线型渐变填充效果如图 4-78 所示。

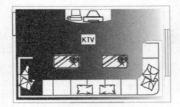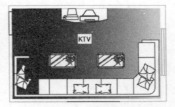

图 4-78 单色——蓝色曲线型渐变填充及双色——蓝色和黄色曲线型渐变填充示例

#### 2. 渐变图案

渐变图案预览窗口显示了当前设置的渐变色效果，从图 4-77 中可以看出，共有 9 种效果。这些图案包括线性扫掠状、球状和抛物面状图案等。

#### 3. 方向

- "居中"复选框：选择该复选框，所创建的渐变色为均匀渐变。如果没有选择此复选框，则渐变填充将朝左上方变化，创建光源在对象左边的图案。

● "角度"下拉列表框：用于设置渐变色的角度。指定渐变填充的角度相对当前 UCS 指定角度。此选项与指定给图案填充的角度互不影响。

两种方向的填充效果分别如图 4-79 所示。

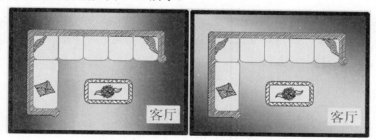

图 4-79　渐变方向居中与 60°角的填充效果对比示例

 注　意

在 AutoCAD 2015 中，尽管可以使用渐变色来填充图形，但该渐变色最多只能由两种颜色创建，并且不能使用位图填充图形。

### 上机操作 12　为饭桌填充材料图案

具体操作步骤如下。

Step 01　在命令行中输入 H 命令，按【Enter】键，弹出"图案填充创建"选项卡，在"选项"选项组中单击"图案填充设置"按钮，弹出"图案填充和渐变色"对话框，命令行提示如下。

拾取内部点或[选择对象(S)/设置(T)]：//在"图案填充和渐变色"对话框中，单击"添加：拾取点"按钮

Step 02　在标号为 1 的椅子图形中，在要填充的每个区域内指定一点并按【Enter】键，此点称为内部点。

Step 03　在"图案填充和渐变色"对话框的"图案填充"选项卡中，将"类型"设置为 ANSI，在"图案"下拉列表框中选择要使用的图案为 ANSI34，设置"角度"为 90，"比例"为 100，"图案填充原点"为"使用当前原点"，单击"确定"按钮，创建图案填充。

Step 04　使用同样的方法，完成 2~4 号椅子的图案填充，但是 2、4 号椅子填充的角度为 0°。另外，采用同样的方法完成桌子的图案填充，效果如图 4-80 所示。

图 4-80　饭桌的图案填充示例

## 4.8　定数等分

AutoCAD 能够将直线、圆弧、圆、多段线和椭圆等划分为若干段相等的线段，或者对一个实体在每段间隔相同的地方放置标记。

注　意

> ① 划分不等于打断。
> ② 要使用块作为标记，该块在当前图形中必须已经被定义。
> ③ 对象被分割成多个相等距离的线段后，该对象仍然为一个整体，仅仅是标明定数等分的位置，以便将它们作为几何参照点。

在 AutoCAD 2015 中，执行 DIVIDE 命令的常用方法有以下几种：

- 在菜单栏中选择"绘图"|"点"|"定数等分"命令。
- 在命令行中输入 DIVIDE 命令，并按【Enter】键。

调用该命令后，AutoCAD 2015 命令行将依次出现如下提示。

选择要定数等分的对象：
输入线段数目或 [块(B)]：

设置点标记

命令：_Divide
选择要定数等分的对象：　　　　　　　//选择一条直线
输入线段数目或 [块(B)]：8　　　　　　//输入 8 意味着将等分对象分为 8 段，如图 4-81 所示

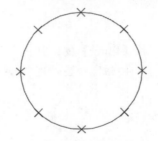

图 4-81　设置点标记把直线分成 8 段

技　巧

> 若以点标记来设置标记，在默认情况下，因为点标记显示为单点，可能会看不到等分后的效果。用户可通过 PDMODE 系统变量改变点标记的样式与大小。也可通过执行 DDPTYPE 命令或选择"格式"|"点样式"命令，弹出"点样式"对话框，从中改变点的样式。其中点标记的大小还可以通过系统变量 PDSIZE 来控制。

## 4.9　定距等分

　　定距等分功能是沿着所选对象的边长或周长，从起点开始按指定长度进行度量，并在每个度量点处设置定距的等分标记（点或图块），从而把对象分成各段。沿着对象的边长或周长，以指定的间隔放置标记，将对象分成各段。该命令会从选取对象处最近的端点开始放置标记。如果所给距离不能把对象等分，则末段的长度即为残留距离。

在 AutoCAD 2015 中，执行 MEASURE 命令的常用方法有以下几种：

- 在菜单栏中选择"绘图"|"点"|"定距等分"命令。
- 在命令行中输入 MEASURE 命令，并按【Enter】键。

调用该命令后，AutoCAD 2015 命令行将依次出现如下提示。

选择要定距等分的对象：
指定线段长度或 [块(B)]：

设置点标记

命令：_Measure　　　　　　　　//执行"定距等
分"命令
选择要定距等分的对象：　　　　//选择椭圆对象
指定线段长度或 [块(B)]：200　//输入等分距离
后按【Enter】键，完成操作，如图 4-82 所示

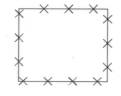

图 4-82　以点标记定距等分椭圆

 提　示

对大多数对象来说，定距等分从最靠近所选对象的点的端点处开始放置标记。
定距等分或定数等分的点标记的起点随对象类型的变化而变化，一般有以下几种可能：

- 对直线或非闭合多段线，从选取对象处最近的端点开始放置点标记或图块。
- 对闭合的多段线，以多段线的起点为点标记的起点。
- 对于圆，起点是以圆心为起点、当前捕捉角度为方向的捕捉路径与圆的交点。例如，如果捕捉角度为 0，那么圆等分从 3 点（时钟）的位置处开始，并沿逆时针方向进行标记。

## 4.10　本章小结

本章主要学习了 AutoCAD 的一些基本二维绘图命令的使用，如"直线"、"多段线"、"圆"、"圆弧"、"矩形"、"椭圆"和"图案填充"等。下面进行简单总结。

- "直线"命令：AutoCAD 中最基本的命令，用于绘制轮廓线。
- "多段线"命令：用于绘制需特殊表示的粗线或整体形状。
- "多线"命令：常用于绘制墙线。
- "样条曲线"命令：常用于绘制配景。
- "圆"命令：用于绘制圆形，有多种绘制方法可供选择。
- "图案填充"命令：用于对建筑物内部进行填充。
- "矩形"命令：用于绘制门和墙线。

AutoCAD 2015 中的绘图命令有很多，功能也很强大，本章介绍了一些基本的二维绘图命令和技巧，希望读者能够多动手进行实际操作，认真体会每一个命令的用法和特点。

## 4.11　问题与思考

1. 可以通过哪几种方法绘制圆和圆弧？
2. 直线和多段线、多线的区别是什么？

3．绘制图 4-83 所示的模型。

4．绘制图 4-84 所示的门。

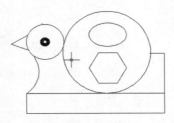

图 4-83　小鸭模型

图 4-84　门

# 第 5 章
# 二维图形的编辑与修改

通过学习第 4 章的知识，已经可以进行基本的二维绘图工作，但是面对复杂的绘图工作，需要更多的技巧和方法来提高绘图效率。AutoCAD 2015 充分考虑了用户的这些情况，针对实际绘图需要设计了一些更加简单易行的方法。

## 5.1　图元的选择方式

图元选择是进行绘图的一项最基本的操作。在室内设计中常会遇到较为复杂的实体，若不使用合理的目标选择方式，将很难达到满意的效果。

在 AutoCAD 2015 中，执行 SELECT 命令的常用方法有以下几种。

（1）在命令行中输入 SELECT 命令，并按【Enter】键

调用该命令后，AutoCAD 2015 命令行将依次出现如下提示。

选择对象：

若要查看 SELECT 命令的所有选项，可在上一命令行中输入"？"。

需要点或窗口 (W)/上一个 (L)/窗交 (C)/框 (BOX)/全部 (ALL)/栏选 (F)/圈围 (WP)/圈交 (CP)/编组 (G)/添加 (A)/删除 (R)/多个 (M)/前一个 (P)/放弃 (U)/自动 (AU)/单个 (SI)/子对象 (SU)/对象 (O)：

部分选项的作用如下。

- 全部（ALL）：选择所有对象，如图 5-1 所示，被锁定的图层和关闭层中的对象除外。
- 添加（A）：切换到"添加"模式，将选取的对象增添到选择集中，如图 5-2 所示。

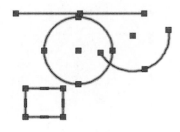

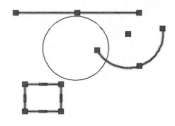

图 5-1　选择全部　　　　　　　　　　图 5-2　选择要添加的对象

- 删除（R）：切换到"删除"模式，将选取的对象从选择集中删除。
- 前一个（P）：选择上次创建的选择集。若在创建选择集后删除了选择集中的对象，前次创建的选择集将不存在。在模型空间中创建的选择集转换到了图纸空间后，前次创建的选择集将被忽略。
- 上一个（L）：选择上一次选择的对象。
- 窗口（W）：通过从左到右指定两个点选择矩形窗口中的所有对象，图 5-3 所示只有小圆和矩形完全包含在窗口中，所以被选中的只有小圆和矩形。

命令行提示如下。

指定第一个角点：                                   //指定一个点 1
指定另一角点：                                     //指定一个点 2

- 窗交（C）：通过从右到左指两个点定义选择区域内的所有对象，如图 5-4 所示。相交显示的方框为虚线或高亮度方框，这与窗口选择框不同。

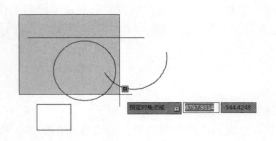

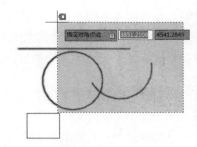

图 5-3　窗口选择                          图 5-4　窗交选择

命令行提示如下。

指定第一个角点：                                   //指定一个点 1
指定另一角点：                                     //指定一个点 2

- 对象（O）：选取窗口外的所有对象。
- 圈围（WP）：选择定义的多边形区域内的所有对象，也就是所说的"圈围"，如图 5-5 所示。定义的多边形可为任意形状，但不能与自身相交或相切。多边形的最后一条边由系统自动绘制，所以该多边形在任何时候都是闭合的。
- 圈交（CP）：选择通过指定点定义的多边形内部或与之相交的所有对象，如图 5-6 所示。定义的多边形可为任意形状，但不能与自身相交或相切。多边形的最后一条边由系统自动绘制，所以该多边形在任何时候都是闭合的。

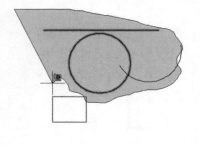

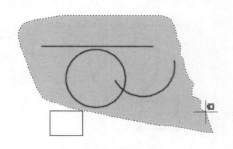

图 5-5　圈围选择                          图 5-6　圈交选择

- 框（BOX）：选择指定方形选择框区
  域内的所有对象。
- 栏选（F）：选取与选择框相交的所有
  对象，如图 5-7 所示。选取的点组成
  的围栏可自交。
- 自动（AU）：切换到自动选择模式，
  用户指向一个对象即可选择该对象。
  若指向对象内部或外部的空白区，将
  形成框选方法定义的选择框的第一个
  角点。

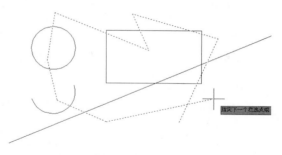

图 5-7   栏选选择

- 多个（M）：选择多个对象并高亮显示
  选取的对象。若两次指定相交对象的交点，在选择"多个"选项后会将此两个相交对
  象也一起选中。
- 单个（SI）：选择"单个"选项后，只能选择一个对象。若要继续选择其他对象，需要
  重新执行 SELECT 命令。

（2）直接使用窗口选取或者右击所要选取的对象，在弹出的快捷菜单中选择要进行的操作

☂ 注 意

　　① 点的指定操作可以使用键盘输入一个绝对坐标值或者相对坐标值来完成，也可以使
用方框光标锁定物体来完成。这是常用的物体选择方式，使用时应注意不要把坐标点定位在
两个或者多个物体的相交处。

　　② 如果选择的对象是填充图形或是有宽度的多段线，注意要点到边线部分，而不是中
间的实体部分，这样才可选取到目标。

# 5.2   删除、移动、旋转与对齐

在 AutoCAD 中，用户经常会使用删除、移动、旋转等操作，通过这些命令可以实现对实
体的编辑，本节将对这些操作进行简单的介绍。

## 5.2.1   删除对象

在创建图形的过程中，难免会出现绘制错误或者需要删除已经创建的某些对象的情况，当
然，也难免会出现把使用的文件删除而需要恢复文件的情况。AutoCAD 2015 中提供了强大的
删除和恢复命令，用户可以非常方便地删除或恢复对象。

### 1．删除对象

在 AutoCAD 2015 中，执行 ERASE（E）命令的常用方法有以下几种：
- 在菜单栏中选择"修改"|"删除"命令。
- 在"修改"工具栏中单击"删除"按钮 。
- 在命令行中输入 ERASE 命令，并按【Enter】键。

调用该命令后，AutoCAD 2015 命令行将依次出现如下提示。

| | |
|---|---|
| 选择对象： | //选中要被删除的对象圆，如图 5-8 所示 |
| 选择对象： | //继续选中要被删除的对象矩形 |
| 选择对象： | //按【Enter】键，结束命令，如图 5-9 所示 |

可选取多个对象进行删除处理，按【Enter】键结束选取。

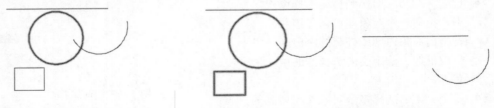

图 5-8　选择对象圆　　　　　　　　　图 5-9　再选中矩形和最后删除的结果

### 2. 恢复对象

当出现误删除时，可以利用 OOPS 命令恢复最后一次用 ERASE 命令删除的对象。

### 上机操作 1　删除对象和恢复对象

删除对象和恢复对象的过程如图 5-10～图 5-12 所示，命令执行过程如下。

| | |
|---|---|
| 命令：Erase ✓ | |
| 选择对象： | //选中要被删除的对象矩形 |
| 选择对象：✓ | //按【Enter】键，结束命令 |
| ✓ | //继续选择删除命令 |
| 选择对象： | //选中要被删除的对象小圆 |
| 选择对象：✓ | //按【Enter】键，结束命令 |
| OOPS✓ | //执行恢复对象命令，恢复最后删除的小圆 |

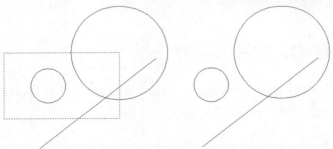

图 5-10　选中要删除的矩形和删除的结果

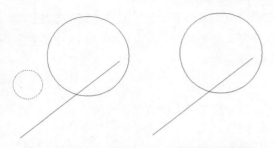

图 5-12　选择恢复对象命令后恢复最后
删除的小圆

图 5-11　选中要删除的小圆和删除的结果

## 5.2.2　移动

移动是指将选取的对象以指定的距离从原来位置移动到新的位置。在 AutoCAD 2015 中，执行 MOVE（M）命令的常用方法有以下几种：

- 在菜单栏中选择"修改"|"移动"命令。
- 在"修改"工具栏中单击"移动"按钮 ⬥。
- 在命令行中输入 MOVE 命令，并按【Enter】键。

调用该命令后，可指定基点或位移来移动对象。

（1）基点

指定移动对象的开始点。移动对象距离和方向的计算会以起点为基准。调用该命令后，AutoCAD 2015 命令行将依次出现如下提示。

```
选择对象：                              //选取要移动的对象，如图 5-13 所示
选择对象：✓                            //按【Enter】键，结束选择对象命令
指定基点或 [位移(D)] <位移>：          //指定基点 1 或者输入第 1 点的坐标
指定第二个点或 <使用第一个点作为位移>： //指定第 2 点或者输入第 2 点的坐标,选定的小圆
移动到由第 1 点和第 2 点之间的方向和距离确定的新位置，如图 5-14 所示
```

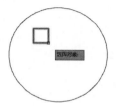

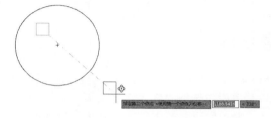

图 5-13　选中要移动的对象正方形　　　图 5-14　指定点 1 和点 2 确定移动的位移

移动后的效果如图 5-15 所示。

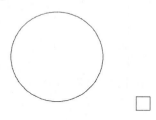

图 5-15　移动的结果

（2）位移（D）

指定移动距离和方向的 $X$、$Y$、$Z$ 值。命令行提示如下。

```
选择对象：                                    //选取要移动的对象
选择对象：✓                                  //按【Enter】键，结束选择对象命令
指定基点或 [位移(D)] <位移>：d               //选择指定位移方式
指定位移 <3.0000, 4.0000, 0.0000>：6，7，8   //指定第 2 点的坐标，系统计算出两点
之间的距离作为对象移动的位移
```

如果在以上命令行提示下按【Enter】键，选择默认的位移方式，指定的点 1 将被系统理解为相对 $X$、$Y$、$Z$ 的位移。例如，如果指定第一基点为(7,4)，并在下一个提示下按【Enter】键，则该对象从它当前的位置开始在 $X$ 方向上移动 7 个单位，在 $Y$ 方向上移动 4 个单位，在 $Z$ 方向上移动 0 个单位。

### 上机操作 2　移动对象

如图 5-16 所示，命令执行过程如下。

```
命令：Move↙
选择对象：                              //选取要移动的对象
选择对象：       ↙                      //按【Enter】键，结束选择对象命令
指定基点或 [位移(D)]/<位移>：           //指定基点
指定第二个点或 <使用第一个点作为位移>： //指定位移点
```

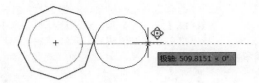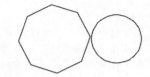

图 5-16　移动圆形示例

## 5.2.3　旋转

在 AutoCAD 2015 中，执行 ROTATE 命令的常用方法有以下几种：

- 在菜单栏中选择"修改"|"旋转"命令。
- 在"修改"工具栏中单击"旋转"按钮◯。
- 在命令行中输入 ROTATE 命令，并按【Enter】键。

调用该命令后，AutoCAD 2015 命令行将依次出现如下提示。

```
选择对象：                              //选择要旋转的对象
```

用户可选择多个对象，直到按【Enter】键结束选择。

```
指定基点：                                       //指定一个基点
指定旋转角度或 [复制(C)/参照(R)]/<当前角度值>：  //鼠标在绘图区指定旋转角度或者输入
角度数值，或选择其他选项
```

各选项的作用如下。

（1）旋转角度

指定对象绕指定的点旋转的角度，如图 5-17 所示。

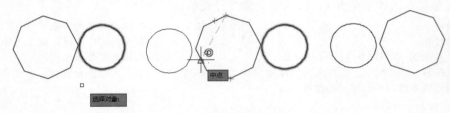

图 5-17　按照一定的角度旋转对象的结果

（2）复制（C）

在旋转对象的同时创建对象的旋转副本，如图 5-18 所示。

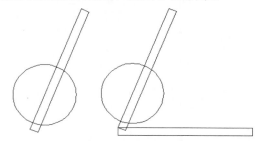

图 5-18　不创建副本旋转的结果和创建副本旋转的结果

（3）参照（R）

将对象从指定的角度旋转到新的绝对角度。

| | |
|---|---|
| 命令：Rotate✓ | //输入"旋转"命令 |
| 选择对象： | //选中要旋转的五边形 |
| 选择对象：✓ | //按【Enter】键，结束选择对象命令 |
| 指定基点： | //指定五边形的中心 A 为基点 |
| 指定旋转角度或 [复制(C)/参照(R)] <30>:c | //选择"复制"选项 |
| 指定旋转角度或 [复制(C)/参照(R)] <30>:r | //选择"参照"选项 |
| 指定参照角 <0>:30 | //输入参照角度数值 |
| 指定新角度或 [点(P)] <30>:90 | //输入新角度数值 |

五边形旋转前后的效果如图 5-19 所示。

- 新角度：通过输入角度值或指定两点来指定新的绝对角度。
- 点：通过指定两点来指定新的绝对角度。

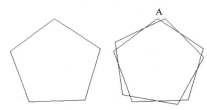

图 5-19　旋转前的五边形和旋转后的五边形效果对比

 技　巧

　　① 在指定旋转角度时，可直接在绘图区域通过指定一个点确定旋转角度，也可直接输入角度值。若输入的角度值为正值，则选取的对象将按逆时针或顺时针旋转，这取决于"图形单位"对话框中"方向控制"的设置。

　　② 旋转平面和零度角方向取决于用户坐标系的方位。

## 5.2.4　对齐

在 AutoCAD 2015 中，执行 ALIGN 命令的常用方法有以下几种：

- 在菜单栏中选择"修改"|"三维操作"|"对齐"命令。
- 在命令行中输入 ALIGN 命令，并按【Enter】键。

调用该命令后，可指定一对点、两对点或三对点，使选定的对象与其对齐。

（1）一对点

选择一对点对齐方式后，AutoCAD 2015 命令行将依次出现如下提示。

选择对象：                           //选择要对齐的对象矩形后，按【Enter】键结束选择
指定第一个源点：                     //选择矩形上的点 1
指定第一个目标点：                   //选择五边形上的点 2
指定第二个源点：                     //按【Enter】键结束选择，如图 5-20 所示

对齐后的效果如图 5-21 所示。

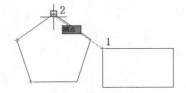
图 5-20　指定的两个点

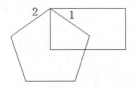
图 5-21　一对点对齐后的效果

用户可同时选择多个要对齐的对象。选择完成后，按【Enter】键即可结束选择。当用户只指定一对源点和目标点时，被选定的对象将从源点移动到目标点。

（2）两对点

选择两对点对齐方式后，AutoCAD 2015 命令行将依次出现如下提示。

选择对象：                              //选择要对齐的对象矩形后，按【Enter】键结束选择
指定第一个源点：                        //选择矩形上的点 1
指定第一个目标点：                      //选择五边形上的点 2
指定第二个源点：                        //选择矩形上的点 3
指定第二个目标点：                      //选择五边形上的点 4，如图 5-22 所示
指定第三个源点或 <继续>：✓              //按【Enter】键结束选择
是否基于对齐点缩放对象？[是(Y)/否(N)] <否(N)>：✓      //按【Enter】键选择不缩放对象

对齐后的效果如图 5-23 所示。

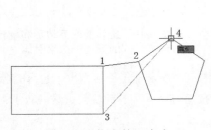
图 5-22　指定的 4 个点

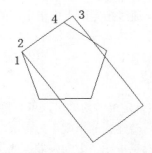
图 5-23　两对点对齐后的结果

（3）三对点

用户选择了三对源点和目标点，可使被选定的对象在三维空间进行移动和旋转，以达到与其他对象对齐的目的。

## 5.3　复制、阵列、偏移和镜像

在 AutoCAD 中还提供了"复制"、"阵列"、"偏移"、"镜像"等命令，通过这些命令可以创建与原对象相同或者相似的图形，用户还可以通过复制和阵列等操作编辑或者创建新的图形元素。

## 5.3.1　复制

在用 AutoCAD 进行建筑绘图时，有时需要绘制多个相同或相似的实体（如门窗、阳台等），最简单的方法是使用图形的复制功能。复制对象命令支持对简单的单一对象（集）的复制，如直线、圆、圆弧、多段线、样条曲线和单行文字等，同时也支持对复杂对象（集）的复制，例如关联填充、块和多行文字等。在复制关联标注对象时，关联标注对象复制后的关联性不变。

在 AutoCAD 2015 中，执行 COPY 命令的常用方法有以下几种：

- 在菜单栏中选择"修改"|"复制"命令。
- 在"修改"工具栏中单击"复制"按钮 %。
- 在命令行中输入 COPY 命令，并按【Enter】键。

调用该命令后，AutoCAD 2015 命令行将依次出现如下提示。

```
选择对象：
指定基点或 [位移(D)/模式(O)] <位移>:
```

（1）单个

当设置复制模式为"单个"时，一次只能创建一个对象副本。命令行提示如下。

```
命令：_copy
选择对象：                                    //选择矩形为复制源对象
选择对象：↙                                   //按【Enter】键，结束选择对象
指定基点或 [位移(D)/模式(O)] <位移>:o            //选择"模式"选项
输入复制模式选项 [单个(S)/多个(M)] <多个>: s      //选择"单个"复制选项
指定基点或 [位移(D)/模式(O)/多个(M)] <位移>:      //指定矩形左侧边上的一点
指定第二个点或 <使用第一个点作为位移>:            //拖动鼠标在绘图区中单击一点
或者                                          //输入第 2 点的坐标数值
```

复制单个矩形后的效果如图 5-24 所示。

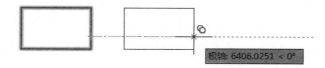

图 5-24　复制单个矩形的结果

（2）多个

在此模式下，可为选取的对象一次性创建多个对象副本。但要注意的是，即使在"多个"模式下，若选取的复制方式为"位移"，系统仍将采用"单个"模式创建对象副本。

```
命令：_copy
选择对象：                                          //选择三角形为复制源对象
选择对象：↙                                         //按【Enter】键，结束选择对象
指定基点或 [位移(D)/模式(O)/多个(M)] <位移>: o        //选择"模式"选项
输入复制模式选项 [单个(S)/多个(M)] <单个>: m          //选择"多个"复制选项
指定基点或 [位移(D)/模式(O)] <位移>:                  //指定B点为基点
指定第二个点或 <使用第一个点作为位移>:                //指定第二个位移点C
指定第二个点或 [退出(E)/放弃(U)] <退出>:              //指定第二个位移点D
指定第二个点或 [退出(E)/放弃(U)] <退出>:              //指定第二个位移点E
指定第二个点或 [退出(E)/放弃(U)] <退出>:              //按【Enter】键，结束复制命令
```

复制多个三角形后的效果如图 5-25 所示。

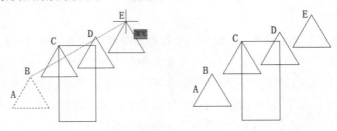

图 5-25    复制多个三角形的结果

 注　意

> 若用户在"指定第二个点"的提示下按【Enter】键，则第一个点被当作相对于 X、Y、Z 的位移。例如，如果指定基点为(30,40)，在下一个提示下按【Enter】键，则该对象从它当前的位置开始在 X 方向上移动 30 个单位，在 Y 方向上移动 40 个单位。通常在这种情况下，第一个点的位置由键盘输入。

### 5.3.2　阵列

使用阵列命令可以一次将所选择的实体复制为多个相同的实体，阵列后的对象并不是一个整体，可对其中的每一个实体进行单独编辑。在 AutoCAD 2015 中，阵列操作分为矩形和环行阵列两种。使用 ARRAY 命令以环形阵列方式复制对象时，可以通过围绕圆心复制选定的对象来创建阵列。以环形阵列方式复制对象时，需要指定阵列所围绕的中心点位置，以及所要复制的数目和旋转角度等。在 AutoCAD 2015 中，执行阵列命令的常用方法有以下几种：

- 在菜单栏中选择"修改"|"阵列"命令。
- 在"修改"工具栏中单击"矩形阵列"按钮 ▦。

#### 1.　矩形阵列（R）

复制选定的对象后，为其指定行数和列数创建阵列。调用该命令后，系统将弹出"阵列创建"选项卡，如图 5-26 所示。

（1）行数和列数

分别指定进行矩形阵列的行数和列数。在选择创建矩形阵列的行数和列数时，若指定一行，则必须指定多列，反之亦然。

（2）级别

其中包括层级数、层级间距，以及层级的总距离。可以直接输入各自的数值。

例如，使用"矩形阵列"方式阵列五边形，具体操作如下。

```
命令: arrayrect
选择对象:                                      //选择五边形对象，按【Enter】键
为项目数指定对角点或[基点(B)/角度(A)/计数(C)]: C //选择"计数"选项
输入行数或 [表达式(E)] <4>: 4                    //将行数设为 4
输入列数或 [表达式(E)] <4>: 4                    //将列数设为 4
指定对角点以间隔项目或 [间距(S)] <间距>: s        //选择"间距"选项
```

指定行之间的距离或 [表达式(E)] <731.4543>:　　　 //按【Enter】键使用默认距离
指定列之间的距离或 [表达式(E)] <769.0966>:　　　 //按【Enter】键使用默认距离
按 Enter 键接受或 [关联(AS)/基点(B)/行(R)/列(C)/层(L)/退出(X)] <退出>:
　　　　　　　　　　　　　 //按【Enter】键，结束阵列命令，效果如图 5-27 所示

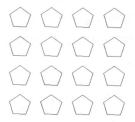

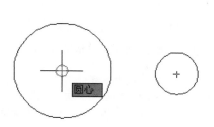

图 5-26　"阵列创建"选项卡　　　　　　　图 5-27　利用矩形阵列绘制卷窗门示例

## 2．环形阵列

通过指定圆心或基准点来创建环形阵列，系统将以指定的圆心或基准点来复制选定的对象。
例如，使用环形阵列命令阵列圆形，具体操作如下。

命令：arraypolar↙
选择对象：　　　　　　　　　　　　　　　　 //选中小圆，按【Enter】键
指定阵列的中心点或 [基点(B)/旋转轴(A)]:　　 //选择大圆的圆心，如图 5-28 所示
示
输入项目数或 [项目间角度(A)/表达式(E)] <4>: 6　　 //输入项目数为 6
指定填充角度(+=逆时针、-=顺时针) 或 [表达式(EX)] <360>: 360　　 //输入填充角度为 360
按 Enter 键接受或 [关联(AS)/基点(B)/项目(I)/项目间角度(A)/填充角度(F)/行(ROW)/
层(L)/旋转项目(ROT)/退出(X)] <退出>:　　 //按【Enter】键，结束阵列命令，效果如图 5-29 所示

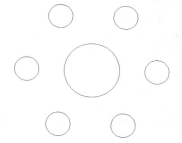

图 5-28　选择阵列中心点　　　　　　　图 5-29　利用环形阵列绘制的圆

阵列角度值若为正值，则以逆时针方向旋转；若为负值，则以顺时针方向旋转。阵列角度
值不允许为 0。选项间角度值可以为 0，但当选项间角度值为 0 时，将看不到阵列的任何效果。

## 3．路径阵列

通过指定路径或基点来创建路径阵列，系统将以指定的路径方向来复制选定的对象。

## 5.3.3　偏移

在 AutoCAD 2015 中，执行 OFFSET 命令的常用方法有以下几种：
● 在菜单栏中选择"修改"|"偏移"命令。
● 在"修改"工具栏中单击"偏移"按钮 ⬧。
● 在命令行中输入 OFFSET 命令，并按【Enter】键。

调用该命令后，AutoCAD 2015 命令行将依次出现如下提示。

指定偏移距离或 [通过(T)/删除(E)/图层(L)] <通过>:

（1）偏移距离

根据指定距离建立与选择对象相似的另一个平行对象。可以平行复制直线、圆、圆弧、样条曲线和多段线。若偏移的对象为封闭体，则偏移后的图形被放大或缩小，原实体不变。命令行提示如下。

```
命令：_Offset
指定偏移距离或 [通过(T)/删除(E)/图层(L)] <2.8030>:200    //输入偏移距离数值
选择要偏移的对象，或[退出(E)/放弃(U)]<退出>:                  //选中直线
指定要偏移的那一侧上的点，或 [退出(E)/多个(M)/放弃(U)] <退出>://指定直线下方的任意
一点
选择要偏移的对象，或[退出(E)/放弃(U)]<退出>:                  //按【Enter】键，结束偏移命令
```

直线偏移后的效果如图 5-30 所示。

图 5-30　指定直线要偏移的一侧和偏移后的效果

可同时创建多个对象的偏移副本。系统在执行完上述命令后将继续反复提示用户选择对象和偏移方向，直到按【Enter】键结束命令。

（2）通过（T）

以通过一个指定点建立与选择对象相似的另一个平行对象。命令行提示如下。

```
指定偏移距离或 [通过(T)/删除(E)/图层(L)] <2.0000>:t //选中通过指定点确定偏移距离
选项
选择要偏移的对象，或[退出(E)/放弃(U)]<退出>:                  //选中直线
指定通过点，或[退出(E)/多个(M)/放弃(U)] <退出>:              //选中直线下方的A点
选择要偏移的对象，或[退出(E)/放弃(U)]<退出>:                  //按【Enter】键，结束偏移命令
```

偏移后的效果如图 5-31 所示。

图 5-31　指定偏移点确定偏移距离的效果

（3）图层（L）

控制偏移副本是创建在当前图层上，还是源对象所在的图层上。命令行提示如下。

```
指定偏移距离或 [通过(T)/删除(E)/图层(L)] <拖拽>:l //选择"图层"选项
输入偏移对象的图层选项[当前(C)/源(S)] <源>:              //选中偏移副本在源对象图层上的
选项
指定偏移距离或 [通过(T)/删除(E)/图层(L)] <拖拽>:    //通过拖动鼠标指定偏移距离选项
```

| | //第一点 |
| --- | --- |
| 指定第二点： | //通过拖动鼠标指定偏移距离选项 |
| | //第二点 |
| 选择要偏移的对象，或[退出(E)/放弃(U)]<退出>： | //选中直线 |
| 定要偏移的那一侧上的点，或 [退出(E)/多个(M)/放弃(U)] <退出>： | //向下拖动鼠标任意指定一点 |
| 选择要偏移的对象，或[退出(E)/放弃(U)]<退出>： | //按【Enter】键，结束偏移命令 |

偏移后的效果如图 5-32 所示。

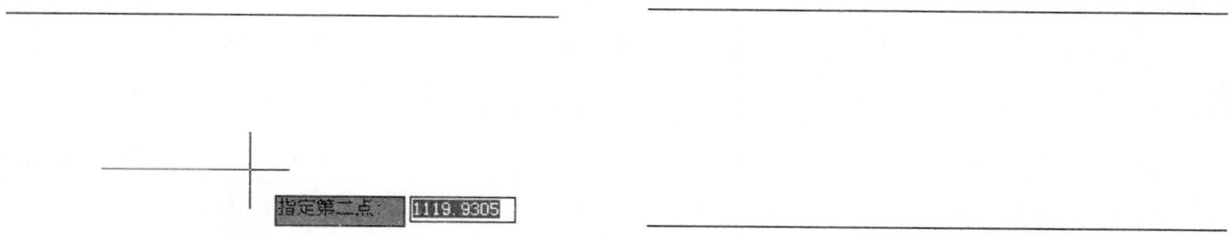

图 5-32　指定偏移副本在当前图层的示例

此外，"删除（E）"选项是指在创建偏移副本后，删除或保留源对象。

**提　示**

① OFFSET 命令每次只能用直接单击的方式一次选择一个实体进行偏移复制。若要多次用同样的距离偏移复制同一对象，可使用阵列命令。

② Offset 命令选择目标只能用点，不能用窗口（W）、相交（C）或全部（ALL）方式。

③ 偏移多段线或样条曲线时，将偏移所有选定控制点。如果把某个定点偏移到样条曲线或多段线的一个锐角内时，则可能出错。

**注　意**

点、图块、属性和文本不能被偏移。

## 上机操作 3　利用偏移命令绘制窗户图例

绘制的窗户图例效果如图 5-33 所示，命令执行过程如下。

**Step 01** 在命令行中输入 Line 命令，绘制长度为 200 的直线按【Enter】键，命令行提示如下。

| 指定第一点： | //用鼠标在绘图区中任意指定一点 |
| --- | --- |
| 指定下一点或 [放弃(U)]：@200<0 | //输入终点坐标，绘出直线 A，使用同样的方法绘出直线 B |

**Step 02** 在命令行中输入 OFFSET 命令，按【Enter】键，命令行提示如下。

| 指定偏移距离或 [通过(T)/ 删除(E)/图层(L)] <2.8030>:30 | //输入偏移距离数值 |
| --- | --- |
| 选择要偏移的对象，或[退出(E)/放弃(U)]<退出>： | //选中直线 A |
| 指定要偏移的那一侧上的点，或 [退出(E)/多个(M)/放弃(U)] <退出>： | //指定直线下方的任意一点 |

选择要偏移的对象，或[退出(E)/放弃(U)]<退出>：　　//按【Enter】键，结束偏移命令

**Step 03** 在命令行中输入 OFFSET 命令，按【Enter】键，命令行提示如下。

指定偏移距离或 [通过(T)/删除(E)/图层(L)] <2.8030>:10　　　//输入偏移距离数值
选择要偏移的对象，或[退出(E)/放弃(U)]<退出>：　　　　　　　//选中直线A
指定要偏移的那一侧上的点，或 [退出(E)/多个(M)/放弃(U)] <退出>://指定直线下方的任意一点
选择要偏移的对象，或[退出(E)/放弃(U)]<退出>：　　　　　　　　//选中最下方的水平直线
指定要偏移的那一侧上的点，或 [退出(E)/多个(M)/放弃(U)] <退出>://指定直线上方的任意一点
选择要偏移的对象，或[退出(E)/放弃(U)]<退出>：　　//按【Enter】键，结束偏移命令

**Step 04** 在命令行中输入 OFFSET 命令，按【Enter】键，命令行提示如下。

指定偏移距离或 [通过(T)/删除(E)/图层(L)] <2.8030>:200　　//输入偏移距离数值
选择要偏移的对象，或[退出(E)/放弃(U)]<退出>：　　　　　　　//选中直线B
指定要偏移的那一侧上的点，或 [退出(E)/多个(M)/放弃(U)] <退出>://指定直线左方的任意一点
选择要偏移的对象，或[退出(E)/放弃(U)]<退出>：　　//按【Enter】键，结束偏移命令

绘图结果如图 5-33 所示。

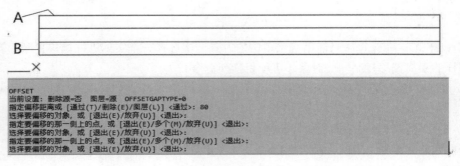

图 5-33　利用偏移命令绘制窗户图例

## 5.3.4 镜像

在建筑设计中，使用镜像命令可以方便地绘制出对称的图形，如墙体、门窗和室内布置等。
在 AutoCAD 2015 中，执行 MIRROR 命令的常用方法有以下几种：

- 在菜单栏中选择"修改"|"镜像"命令。
- 在"修改"工具栏中单击"镜像"按钮 ⚏。
- 在命令行中输入 MIRROR 命令，并按【Enter】键。

调用该命令后，AutoCAD 2015 命令行将依次出现如下提示。

命令: Mirror(MI) ↙
选择对象：　　　　　　　　　　　　　//以窗口形式选中对象
选择对象：　　　　　　　　　　　　　//按【Enter】键，结束选择对象
指定镜像线的第一点：　　　　　　　　//指定镜面线的第1点
指定镜像线的第二点：　　　　　　　　//指定镜面线的第2点
要删除源对象吗？ [是(Y)/否(N)] <否(N)>：　　//选择不删除源对象，结果如图 5-34 所示

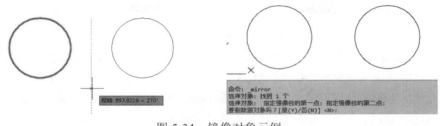

图 5-34　镜像对象示例

 提　示

① 若在镜像的对象中包含文本对象，可在镜像操作时，将系统变量 MIRRTEXT 设置为 0，这样所镜像的对象中文本对象不能被镜像。MIRRTEXT 默认设置为 1，这将导致文本对象与其他对象一样被镜像。

② 在命令行中执行 MIRRTEXT 命令后，系统提示"输入 MIRRTEXT 的新值<1>："，在该提示下输入 0，即可设置文本对象不进行镜像操作。

### 上机操作 4　利用镜像命令复制某卫生间

利用镜像命令复制图 5-35 所示的某卫生间，命令执行过程如下。

**Step 01** 在命令行中输入 MIRRTEXT 命令，按【Enter】键，命令行提示如下。

　　输入 MIRRTEXT 的新值 <0>:0　　　　　　　//设置文本对象不进行镜像操作

**Step 02** 在命令行中输入 MIRROR 命令，按【Enter】键，命令行提示如下。

```
选择对象：                          //用窗口选中左边卫生间的物品
选择对象：                          //按【Enter】键结束选择对象
指定镜像线的第一点：                //打开对象捕捉和正交模式，捕捉 A 点
指定镜像线的第二点：                //在 A 线上任意选一点
要删除源对象吗？［是(Y)/否(N)］<N>： //选中不删除源对象
```

绘图结果如图 5-36 所示。

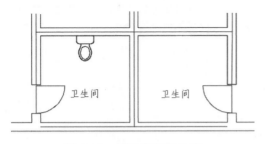

图 5-35　镜像前的卫生间

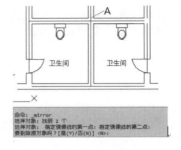

图 5-36　镜像后的卫生间

## 5.4　修改对象的形状和大小

本节主要介绍比例缩放、拉伸、拉长、修剪、延伸和分解命令。

### 5.4.1 比例缩放

使用 SCALE 命令可以改变实体的尺寸大小，可以把整个对象或者对象的一部分沿 X、Y、Z 方向以相同的比例缩放大小。在执行 SCALE 命令的过程中，系统会提示用户指定缩放的基点及缩放比例。若缩放比例因子大于 1，则对象放大；若比例因子介于 0 和 1 之间，则使对象缩小。在 AutoCAD 2015 中，执行 SCALE 命令的常用方法有以下几种：

- 在菜单栏中选择"修改"|"缩放"命令。
- 在"修改"工具栏中单击"缩放"按钮🔲。
- 在命令行中输入 SCALE 命令，并按【Enter】键。

调用该命令后，AutoCAD 2015 命令行将依次出现如下提示。

选择对象：
指定基点：
指定比例因子或 [复制(C)/参照(R)]<1.000>：

基点是指缩放中心点，选取的对象将随着光标移动幅度的大小放大或缩小。

各选项的作用如下。

- 比例因子：以指定的比例值放大或缩小选取的对象。当输入的比例值大于 1 时，则放大对象；若为 0 和 1 之间的小数，则缩小对象。若指定的距离小于原来对象大小时，则缩小对象；若指定的距离大于原对象大小时，则放大对象。
- 复制（C）：在缩放对象时，创建缩放对象的副本。
- 参照（R）：按参照长度和指定的新长度缩放所选对象。

若指定的新长度大于参照长度，则放大选取的对象。

### 上机操作 5　修改对象的大小

本例将缩放图 5-37 所示的图形，命令执行过程如下。

命令：_Scale↙
选择对象：　　　　　　　　　　　　　　　　//选择五边形
选择对象：↙　　　　　　　　　　　　　　　//按【Enter】键，结束选择对象
指定基点：　　　　　　　　　　　　　　　　//以五边形左下角点为基点
指定比例因子或 [复制(C)/参照(R)] <0.2570>:c　//缩放选定的对象，并对其进行复制
指定比例因子或 [复制(C)/参照(R)]: 0.5　　//设置缩放因子

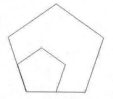

图 5-37　指定参照长度和新长度缩放五边形的结果

### 5.4.2　拉伸

使用拉伸命令，将拉伸选取的图形对象，使其中一部分移动，同时维持与图形其他部分的连接。可拉伸的对象包括与选择窗口相交的圆弧、椭圆弧、直线、多段线线段、二维实体、射

线、宽线和样条曲线。在 AutoCAD 2015 中，执行 STRETCH 命令的常用方法有以下几种：

- 在菜单栏中选择"修改"|"拉伸"命令。
- 在"修改"工具栏中单击"拉伸"按钮。
- 在命令行中输入 STRETCH 命令，并按【Enter】键。

调用该命令后，AutoCAD 2015 命令行将依次出现如下提示。

```
以交叉窗口或交叉多边形选择要拉伸的对象：    //选择要拉伸的对象
选择对象：                              //按【Enter】键，结束选择对象
指定基点或 [位移(D)] <位移>：           //指定拉伸的基点
```

（1）指定基点

```
指定第二个点或 <使用第一个点作为位移>：//用鼠标在绘图区任意指定一点或直接输入点的坐标
```

（2）位移（D）

在选取了拉伸的对象之后，在命令行提示中输入 D 进行向量拉伸。

```
指定位移 <0.0000, 0.0000, 0.0000>：  //输入位移的数值或指定点的坐标
```

在向量模式下，将以用户输入的值作为矢量拉伸实体。

## 5.4.3　拉长

在 AutoCAD 2015 中，执行 LENGTHEN 命令的常用方法有以下几种：

- 在菜单栏中选择"修改"|"拉长"命令。
- 在"修改"工具栏中单击"拉长"按钮。
- 在命令行中输入 LENGTHEN 命令，并按【Enter】键。

调用该命令后，AutoCAD 2015 命令行将依次出现如下提示。

```
选择对象或 [增量(DE)/百分数(P)/全部(T)/动态(DY)]：
```

各选项的作用如下。

- 选择对象：在命令行提示下选取对象，将在命令栏显示选取对象的长度。若选取的对象为圆弧，则显示选取对象的长度和包含角。
- 动态（DY）：开启"动态拖动"模式，通过拖动鼠标选取对象的一个端点来改变其长度，其他端点保持不变。

```
选择对象或 [增量(DE)/百分数(P)/全部(T)/动态(DY)]：dy     //选择"动态"选项
选择要修改的对象或 [放弃(U)]：        //选择要被拉伸的对象
指定新端点：                         //拖动鼠标在绘图区内任意指定一点为拉伸的新端点
```

- 增量（DE）：以指定的长度为增量修改对象的长度，该增量从距离选择点最近的端点处开始测量。

```
输入长度增量或 [角度(A)] <0.0000>：//输入长度增量，或输入 A，或按【Enter】键
```

- 百分比（P）：用对象总长度或总角度的百分比来设置对象的长度或弧包含的角度。

```
输入长度百分数 <100.0000>：        //输入百分比，或按【Enter】键
选择要修改的对象或 [放弃(U)]：     //选取对象
```

- 全部（T）：指定从固定端点开始测量的总长度或总角度的绝对值来设置对象长度或弧包含的角度。

```
指定总长度或 [角度(A)] <1.0000>：  //输入总长度，或输入 A，或按【Enter】键
选择要修改的对象或 [放弃(U)]：     //按【Enter】键，结束命令
```

**上机操作 6　拉长对象**

拉长对象的效果如图 5-38 所示，命令执行过程如下。

```
命令：Lengthen↙
选择对象或 [增量(DE)/百分数(P)/全部(T)/动态(DY)]：p：//选择拉长百分数选项
输入长度百分数 <200.0000>:300                        //输入百分数的数值
选择要修改的对象或 [放弃(U)]：                        //选择上方的水平线
选择要修改的对象或 [放弃(U)]：                        //选择下方的水平线
选择要修改的对象或 [放弃(U)]↙                        //按【Enter】键，结束命令
```

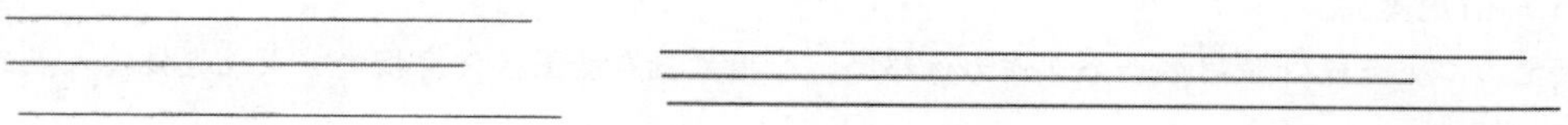

图 5-38　两条水平线拉伸前后的对比示例

### 5.4.4　修剪

可以修剪的对象包括圆弧、圆、椭圆弧、直线、开放的二维和三维多段线、射线，以及样条曲线和构造线。有效的剪切对象包括二维和三维多段线、圆弧、圆、椭圆、布局视口、直线、射线、面域、样条曲线，以及文字和构造线。在 AutoCAD 2015 中，执行 TRIM 命令的常用方法有以下几种：

- 在菜单栏中选择"修改"|"修剪"命令。
- 在"修改"工具栏中单击"修剪"按钮 。
- 在命令行中输入 TRIM 命令，并按【Enter】键。

调用该命令后，AutoCAD 2015 命令行将依次出现如下提示。

```
选择对象或 <全部选择>：        //选择要作为修剪边的对象，或按【Enter】键选取当前图形文件中
所有可做修剪边的对象
选择对象：↙                  //按【Enter】键，结束选择作为修剪边的对象
选择要修剪的对象，或按住 Shift 键选择要延伸的对象，或[栏选(F)/窗交(C)/投影(P)/边
(E)/删除(R)/放弃(U)]：       //选择要修剪的对象或按住【Shift】键选取要延伸的实体，或输
入选项
```

各选项的作用如下。

- 要修剪的对象：指定要修剪的对象。在用户按【Enter】键结束选择前，系统会不断提示指定要修剪的对象，所以用户可指定多个对象进行修剪。在选择对象的同时按下【Shift】键可将对象延伸到最近的边界，而不修剪它。

**注　意**

　①　在选择对象时，若选择点位于对象端点和剪切边之间，TRIM 命令将删除延伸对象超出剪切边的部分。如果选定点位于两个剪切边之间，则删除它们之间的部分，而保留两边以外的部分，使对象一分为二。

　②　若选取的修剪对象为二维宽多段线，系统将按其中心线进行修剪。若多段线是锥形的，修剪边处的宽度在修剪之后将保持不变。宽多段线端点总是矩形的，以某一角度剪切宽

多段线会导致端点部分超出剪切边。修剪样条拟合多段线将删除曲线拟合信息，并将样条拟合线段更改为普通多段线线段。

- 边（E）：修剪对象的假想边界或与其在三维空间相交的对象。

输入隐含边延伸模式 [延伸(E)/不延伸(N)] <延伸>：　　//输入选项，或按【Enter】键

- ◆ 延伸（E）：修剪对象在另一对象的假想边界。
- ◆ 不延伸（N）：只修剪对象与另一对象的三维空间交点。
- 栏选（F）：指定围栏点，将多个对象修剪成单一对象。

指定第一个栏选点：　　　　　　　　　　　　　//指定一个点作为栏选的第 1 点
指定下一个栏选点或 [放弃(U)]：　　　　　　 //指定另一个点作为栏选的下一点

在按【Enter】键结束围栏点的指定前，系统将不断提示用户指定围栏点。

- 窗交（C）：通过指定两个对角点来确定一个矩形窗口，选择该窗口内部或与矩形窗口相交的对象。

指定第一个角点：　　　　　　　　　　　　　//指定一个点为矩形窗口的第 1 角点
指定对角点：　　　　　　　　　　　　　　　//指定另一个点为矩形窗口的对角点

- 投影（P）：指定在修剪对象时使用的投影模式。

输入投影选项 [无(N)/UCS(U)/视图(V)] <UCS>：　　//输入选项，或按【Enter】键

- 删除（R）：在执行修剪命令的过程中，将选定的对象从图形中删除。
- 放弃（U）：撤销使用 TRIM 命令最近对对象进行的修剪操作。

### 上机操作 7　修剪对象

修剪对象的效果如图 5-39 所示，命令执行过程如下。

命令：Trim（TR）✓
选择对象或 <全部选择>：　　　　//选择圆形为修剪边，然后按【Enter】键
选择对象：✓　　　　//按【Enter】键，结束选择作为剪切边的对象，选择要修剪的对象
选择要修剪的对象/或按住 Shift 键选择要延伸的对象，或[栏选(F)/窗交(C)/投影(P)/边(E)/删除(R)/放弃(U)]：　　//选择要修剪的对象
选择要修剪的对象，或按住【Shift】键选择要延伸的对象，或[栏选(F)/窗交(C)/投影(P)/边(E)/删除(R)/放弃(U)]：✓　　//按【Enter】键，结束命令

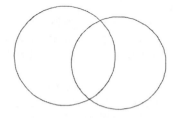 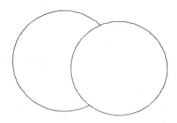

图 5-39　两个对象修剪前后的对比示例

☂ 注　意

在进行建筑制图时，读者应养成修剪图形后删除不必要的辅助线的习惯，从而使图形更加清晰。

### 5.4.5　延伸

延伸命令用于延伸线段、弧、二维多段线或射线，使其与另一对象相切。用户可使用多段线、弧、圆、椭圆、构造线、线、射线、样条曲线或图纸空间的视图作为边界对象。当用户使用二维多段线作为限制对象时，对象会延伸至多段线的中心线。在 AutoCAD 2015 中，执行 EXTEND（EX）命令的常用方法有以下几种：

- 在菜单栏中选择"修改"|"延伸"命令。
- 在"修改"工具栏中单击"延伸"按钮 --/ 。
- 在命令行中输入 EXTEND 命令，并按【Enter】键。

调用该命令后，AutoCAD 2015 命令行将依次出现如下提示。

```
选择对象或 <全部选择>：        //选取边界对象
选择对象：              //按【Enter】键
选择要延伸的对象，或按住 Shift 键选择要修剪的对象，或[栏选(F)/窗交(C)/投影(P)/边
(E)/放弃(U)]：        //选取要延伸的对象，或按住【Shift】键选择要修剪的实体选项，
或输入选项
```

各选项的作用如下。

- 选择对象：选定对象，使其成为对象延伸的边界的边。其中有效的边界对象包括二维多段线、三维多段线、圆弧、块、圆、椭圆、布局视口、直线、射线、面域、样条曲线、文字和构造线。若选定的边界对象为二维多段线，系统自动将对象延伸到多段线的中心线，其宽度可不考虑。
- 要延伸的对象：选择要进行延伸的对象。在进行选择时，用户可根据系统提示选取多个对象进行延伸。同时，还可按住【Shift】键选定对象将其修剪到最近的边界边。若要结束选择，按【Enter】键即可。如果延伸的对象为一个锥状多段线线段，系统将用以前的锥状方向修整宽度延伸到新端点。可能会导致线段端点宽度为负，端点宽度为0。若要延伸的对象为一条样条曲线拟合的多段线，将为多段线的控制框架添加一个新顶点。
- 边（E）：若边界对象的边和要延伸的对象没有实际交点，但又要将指定对象延伸到两个对象的假想交点处，可选择"边缘模式"。

```
命令：_Extend
选择对象或 <全部选择>：                //选择水平直线为边界线
选择对象：                //按【Enter】键，结束边界线选择
选择要延伸的对象，或按住 Shift 键选择要修剪的对象，或[栏选(F)/窗交(C)/投影(P)/边
(E)/放弃(U)]：e                //选中边缘模式
输入隐含边延伸模式 [延伸(E)/不延伸(N)] <不延伸>：e   //选中延伸
选择要延伸的对象，或按住 Shift 键选择要修剪的对象，或[栏选(F)/窗交(C)/投影(P)/边
(E)/放弃(U)]：                //选中最左边的竖直直线
选择要延伸的对象，或按住 Shift 键选择要修剪的对象，或[栏选(F)/窗交(C)/投影(P)/边
(E)/放弃(U)]：                //按【Enter】键，结束选择要延伸的对象
```

使用同样的方法选中右边的竖直直线为不延伸，结果如图 5-40 所示。

- 延伸（E）：以选取对象的实际轨迹延伸至与边界对象选定边的延长线交点处。
- 不延伸（N）：只延伸到与边界对象选定边的实际交点处，若无实际交点，则不延伸。

图 5-40　延伸与不延伸的对比示例

- 栏选（F）：进入"围栏"模式，可以选取围栏点，围栏点为要延伸的对象上的开始点，延伸多个对象到一个对象。系统会不断提示用户继续指定围栏点，直到延伸所有对象为止。要退出围栏模式，按【Enter】键即可。
- 窗交（C）：进入"窗交"模式，通过从右到左指定两个点定义选择区域内的所有对象，延伸所有的对象到边界对象。
- 投影（P）：选择对象延伸时的投影方式。
- 放弃（U）：放弃之前使用 EXTEND 命令对对象的延伸进行处理。

### 上机操作 8　以围栏方式延伸多个对象

以围栏方式延伸多个对象的效果如图 5-41 所示，命令执行过程如下。

```
命令：Extend(EX)✓
选择对象或 <全部选择>：              //选中直线 A 为边界线
选择对象：                          //按【Enter】键，结束边界线对象选择
选择要延伸的对象，或按住 Shift 键选择要修剪的对象，或[栏选(F)/窗交(C)/投影(P)/边
(E)/放弃(U)]：f                    //选中"栏选"选项
指定第一个栏选点：                  //指定围栏的第 1 点 B
指定下一个栏选点或 [放弃(U)]：      //指定围栏的下一点 C
指定下一个栏选点或 [放弃(U)]：      //按【Enter】键结束命令
```

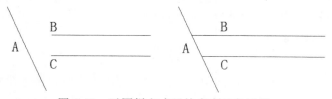

图 5-41　以围栏方式延伸多个对象示例

## 5.4.6　分解

分解命令用于将由多个对象组合而成的合成对象（例如图块、多段线等）分解为独立对象。在 AutoCAD 2015 中，执行 EXPLODE 命令的常用方法有以下几种：
- 在菜单栏中选择"修改"|"分解"命令。
- 在"修改"工具栏中单击"分解"按钮 。
- 在命令行中输入 EXPLODE 命令，并按【Enter】键。

调用该命令后，AutoCAD 2015 命令行将依次出现如下提示。

```
命令：_Explode
选择对象：                          //选中多段线
选择对象：                          //按【Enter】键，结束选择对象
```

分解结果如图 5-42 所示。

图 5-42　多段线分解前后对比

系统可同时分解多个合成对象，并将合成对象中的多个部件全部分解为独立对象。分解后，除了颜色、线型和线宽可能会发生改变外，其他结果将取决于所分解的合成对象的类型。

## 5.5　倒角、圆角和打断

在 AutoCAD 中，用户可以使用"倒角"和"圆角"命令修改对象，使其以平角或者圆角的方式相接，也可以使用"打断"命令在对象上创建间距，本节将对其进行简单的介绍。

### 5.5.1　倒角

使用 CHAMFER 命令可以为直线、多段线和构造线进行倒角。在 AutoCAD 2015 中，执行 CHAMFER 命令的常用方法有以下几种：

- 在菜单栏中选择"修改"|"倒角"命令。
- 在"修改"工具栏中单击"倒角"按钮◢。
- 在命令行中输入 CHAMFER 命令，并按【Enter】键。

调用该命令后，AutoCAD 2015 命令行将依次出现如下提示。

```
("修剪"模式) 当前倒角距离 1 = 0.0000，距离 2 = 0.0000
选择第一条直线或 [放弃(U)/多段线(P)/距离(D)/角度(A)/修剪(T)/方式(E)/多个(M)]:
```

执行倒角命令有以下两种方式。

（1）距离—距离

指定要从交点修剪到对象多远的距离。在设置倒角距离时，第一个距离的默认值为上一次指定的距离，第二个距离的默认设置是第一个距离的设置值。用户也可根据实际情况重新设置两个倒角距离。若为两个倒角距离指定的值均为 0，则选择的两个对象将自动延伸至相交，如图 5-43 所示，但不创建倒角线。

　　　初始对象　　　零倒角距离　　　非零倒角距离

图 5-43　零倒角距离与非零倒角距离

```
命令: _Chamfer
倒角 (距离 1=0.5000, 距离 2=0.5000)
选择第一条直线或 [放弃(U)/多段线(P)/距离(D)/角度(A)/修剪(T)/方式(E)/多个(M)]:d
指定第一个倒角距离 <0.0000>: 100                 //输入第 1 条直线 A 的倒角距离
指定第二个倒角距离 <2.0000>: 200                 //输入第 2 条直线 B 的倒角距离
```

选择第一条直线或 [放弃(U)/多段线(P)/距离(D)/角度(A)/修剪(T)/方式(E)/多个(M)]:
　　　　　　　　　　　　　　　//选中第一个对象直线 A

选择第二条直线,或按住 Shift 键选择要应用角点的直线: 　　//选中第二个对象直线 B

倒角结果如图 5-44 所示。

倒角的第一距离和第二距离可以是相等的，也可以是不同的，结果如图 5-45 所示。

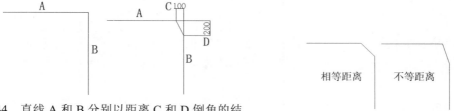

图 5-44　直线 A 和 B 分别以距离 C 和 D 倒角的结果

图 5-45　倒角的两个距离相等和不等的结果对比

（2）距离—角度

指定第 1 条线的长度和第 1 条线与倒角后形成的线段之间的角度值。

倒角 (距离 1=2.0000, 距离 2=1.0000):
选择第一条直线或 [放弃(U)/多段线(P)/距离(D)/角度(A)/修剪(T)/方式(E)/多个(M)]: a
　　　　　　　　　　　　　　　//指定距离—角度方式
指定第一条直线的倒角长度 <0.0000>: 200　　　　//指定第 1 条线的长度
指定第一条直线的倒角角度 <0>: 60　　　　　　　//指定第 1 条线的角度
选择第一条直线或 [放弃(U)/多段线(P)/距离(D)/角度(A)/修剪(T)/方式(E)/多个(M)]:
　　　　　　　　　　　　　　　//选中第 1 条直线 A
选择第二条直线,或按住 Shift 键选择要应用角点的直线: 　　//选中第 2 条直线 B

倒角结果如图 5-46 所示。

- "多段线（P）"选项：为整个二维多段线进行倒角处理。系统将二维多段线的各个顶点全部进行倒角处理，建立的倒角形成多段线的另一新线段。若倒角的距离在多段线中两个线段之间无法施展，则此两条线段将不进行倒角处理，如图 5-47 所示。

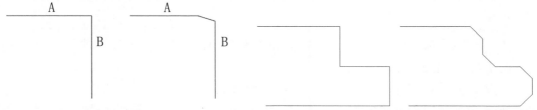

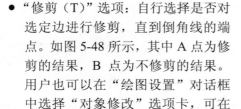

图 5-46　第 1 条直线 1 和第 2 条直线 1 分别以长度和角度倒角的结果

图 5-47　原来的多段线与倒角后的多段线效果对比

- "修剪（T）"选项：自行选择是否对选定边进行修剪，直到倒角线的端点。如图 5-48 所示，其中 A 点为修剪的结果，B 点为不修剪的结果。用户也可以在"绘图设置"对话框中选择"对象修改"选项卡，可在

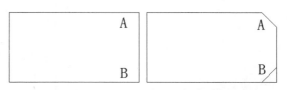

图 5-48　A 点修剪和 B 点不修剪的结果对比

其中选择拐角选项，并设置相应的删掉角和保留角选项。

- "方式（E）"选项：设置是以距离还是以角度方式作为倒角的默认方式。

- "多个（M）"选择：可为多个两条线段的选择集进行倒角处理。系统将不断自动重复提示用户选择"第一个对象"和"第二个对象"，若要结束选择，按【Enter】键即可。但是若用户选择"放弃（U）"选项时，使用倒角命令为多个选择集进行的倒角处理将全部被取消。

 提 示

如果两个倒角的对象在同一图层中，则倒角线也在同一图层中；否则，倒角线将在当前图层上，其倒角线的颜色、线型和线宽都随图层的变化而变化。

### 5.5.2　圆角

圆角命令为两段圆弧、圆、椭圆弧、直线、多段线、射线、样条曲线或构造线，以及三维实体创建以指定半径的圆弧形成的圆角。圆角是指光滑地连接两个对象的圆弧。在 AutoCAD 2015 中，执行 FILLET 命令的常用方法有以下几种：

- 在菜单栏中选择"修改"|"圆角"命令。
- 在"修改"工具栏中单击"圆角"按钮 。
- 在命令行中输入 FILLET 命令，并按【Enter】键。

调用该命令后，AutoCAD 2015 命令行将依次出现如下提示。

当前设置：模式=修剪，半径= 0.0000
选择第一个对象或 [放弃(U)/多段线(P)/半径(R)/修剪(T)/多个(M)]:

半径（R）：对实体执行圆角操作时应先设定圆角弧半径，再进行圆角操作。在此修改圆角弧半径后，此值将成为创建圆角的当前半径值。此设置只对新创建的对象有影响。

当前设置：模式 = 修剪，半径 = 0.0000
选择第一个对象或 [放弃(U)/多段线(P)/半径(R)/修剪(T)/多个(M)]:r //选择设置圆角弧半径
指定圆角半径 <0.0000>:100                           //输入半径数值
选择第一个对象或 [放弃(U)/多段线(P)/半径(R)/修剪(T)/多个(M)]: //选中第 1 条直线
选择第二个对象,或按住 Shift 键选择要应用角点的对象): //选中第 2 条直线

圆角后的效果如图 5-49 所示。

若指定圆角半径的值为 0，则选择的两个对象将自动延伸至相交，但不创建圆角弧。

图 5-49　直线与直线圆角后的效果

 提 示

① 若选定的对象为直线、圆弧或多段线，系统将自动延伸这些直线或圆弧直到它们相交，然后创建圆角。

② 若选取的两个对象不在同一图层，系统将在当前图层创建圆角线。同时，圆角的颜

色、线宽和线型的设置也是在当前图层中进行的。

③ 若选取的对象是包含弧线段的单个多段线，创建圆角后，新多段线的所有特性（例如图层、颜色和线型等）将继承所选的第一条多段线的特性。

④ 若选取的对象是关联填充（其边界通过直线线段定义），创建圆角后，该填充的关联性将不再存在。若该填充的边界以多段线来定义，将保留其关联性。

⑤ 若选取的对象为一条直线和一条圆弧或一个圆，可能会有多个圆角的存在，系统将默认选择端点最靠近选中点来创建圆角。

### 上机操作 9　为多段线创建倒角和圆角

本例将为图 5-50（a）所示的多段线创建倒角和圆角，命令执行过程如下。

**Step 01** 在命令行中输入 _Chamfer，按【Enter】键，命令行提示如下。

```
（"修剪"模式）当前倒角长度 = 2.0000，角度 = 30
选择第一条直线或 [放弃(U)/多段线(P)/距离(D)/角度(A)/修剪(T)/方式(E)/多个(M)]:d
                                        //选择"距离"选项
指定第一个倒角距离 <0.0000>: 1          //输入第 1 个倒角距离
指定第二个倒角距离 <1.0000>: 2          //输入第 2 个倒角距离
选择第一条直线或 [放弃(U)/多段线(P)/距离(D)/角度(A)/修剪(T)/方式(E)/多个(M)]: t
                                        //选择"修剪"选项
输入修剪模式选项 [修剪(T)/不修剪(N)] <修剪>:    //选择系统默认选项
选择第一条直线或 [放弃(U)/多段线(P)/距离(D)/角度(A)/修剪(T)/方式(E)/多个(M)]: m
                                        //选择"多个"选项
选择第一条直线或 [放弃(U)/多段线(P)/距离(D)/角度(A)/修剪(T)/方式(E)/多个(M)]:
                                        //选中直线 EF
选择第二条直线,或按住 Shift 键选择要应用角点的直线:  //选中直线 AF
选择第一条直线或 [放弃(U)/多段线(P)/距离(D)/角度(A)/修剪(T)/方式(E)/多个(M)]:
                                        //选中直线 BA
选择第二条直线,或按住 Shift 键选择要应用角点的直线:  //选中直线 FA
选择第一条直线或 [放弃(U)/多段线(P)/距离(D)/角度(A)/修剪(T)/方式(E)/多个(M)]:
                                        //按【Enter】键,结束倒角命令
```

**Step 02** 在命令行中输入 _Fillet（F），按【Enter】键，命令行提示如下。

```
当前设置：模式=修剪，半径=2.0000
选择第一个对象或 [放弃(U)/多段线(P)/半径(R)/修剪(T)/多个(M)]:r //选择"半径"选项
指定圆角半径 <3.0000>: 2                     //指定圆角半径
选择第一个对象或 [放弃(U)/多段线(P)/半径(R)/修剪(T)/多个(M)]:t //选择"修剪"选项
输入修剪模式选项 [修剪(T)/不修剪(N)] <修剪>:      //选中系统默认选项
选择第一个对象或 [放弃(U)/多段线(P)/半径(R)/修剪(T)/多个(M)]://选中直线 FE
选择第二个对象,或按住 Shift 键选择要应用角点的对象:    //选中直线 ED
选择第一个对象或 [放弃(U)/多段线(P)/半径(R)/修剪(T)/多个(M)]://选中直线 ED
选择第二个对象,或按住 Shift 键选择要应用角点的对象:    //选中直线 CD
选择第一个对象或 [放弃(U)/多段线(P)/半径(R)/修剪(T)/多个(M)]://选中直线 CB
选择第二个对象,或按住 Shift 键选择要应用角点的对象:    //选中直线 AB
选择第一个对象或 [放弃(U)/多段线(P)/半径(R)/修剪(T)/多个(M)]://选中直线 CB
选择第二个对象,或按住 Shift 键选择要应用角点的对象:    //选中直线 CD
选择第一个对象或 [放弃(U)/多段线(P)/半径(R)/修剪(T)/多个(M)]://按【Enter】键,结
束圆角命令
```

倒角和圆角后的效果如图 5-50（b）所示。

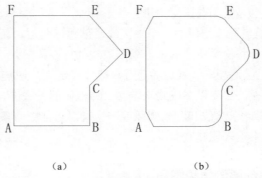

图 5-50　为多段线创建倒角和圆角前后对比示例

在创建圆角时，必须保证多段线的每个线段顶点的距离足以容纳设置的圆角半径，这样才能在每个顶点处插入圆角弧。

### 5.5.3　打断

使用 BREAK 命令可以创建打断的对象包括圆弧、圆、直线、多段线、射线、样条曲线和构造线等。在 AutoCAD 2015 中，执行 BREAK 命令的常用方法有以下几种：

- 在菜单栏中选择"修改"|"打断"命令。
- 在"修改"工具栏中单击"打断"按钮 。
- 在命令行中输入 BREAK 命令，并按【Enter】键。

调用该命令后，AutoCAD 2015 命令行将依次出现如下提示。

```
选择对象：                              //指定要被打断的对象
指定第二个打断点 或 [第一点(F)]：       //指定打断点
```

（1）第一切断点（F）

在选取的对象上指定要切断的起点，然后命令行继续提示如下。

```
选择对象：                              //指定要被打断的圆
指定第二个打断点 或 [第一点(F)]：f      //指定第一打断点选项
指定第一个打断点：                      //在选取的圆上指定点
指定第二个打断点：                      //在选取的圆上指定点
```

圆被打断前后的效果对比如图 5-51 所示。

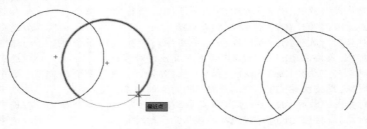

图 5-51　打断圆前后的效果对比

（2）第二切断点（S）

在选取的对象上指定要切断的第 2 点。若用户在命令行中输入打断命令后，第 1 条命令提示中选择了系统默认<第二切断点>，则系统将以选取对象时指定的点为默认的第一切断点。

命令：_Break
选择对象：　　　　　　　　　　　　　//在点1选中要被打断的矩形
指定第二个打断点 或 [第一点(F)]：　　//在选取的矩形上指定点2，则系统将以点1为第一打断点，以2为第二打断点打断矩形，效果如图 5-52 所示

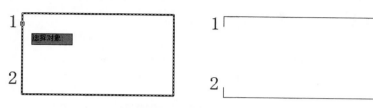

图 5-52　打断矩形前后的效果对比

在执行打断操作时，有一种特殊情况：第二个打断点与第一个打断点均为同一点，即在"指定第二个打断点或[第一点（F）]："提示下直接按【Enter】键。此时，系统将把用户指定的第一个打断点作为第二个打断点，被打断的对象将被无间距分离。也就是指若是一条连续的线段，执行该操作后，将会变成两条线段，而用肉眼并不能识别其是否被断开。

提　示

　　①系统在使用 BREAK 命令打断被选取的对象时，一般是切断两个打断点之间的部分。当其中一个切断点不在选定的对象上时，系统将选择离此点最近的对象上的一点为切断点之一来处理。
　　②若选取的两个切断点在一个位置上，可将对象切开，但不删除某个部分。除了可以指定同一点，还可以在选择第2切断点时，在命令行提示下输入@字符，这样就可以达到同样的效果。但这样的操作不适合圆，要切断圆，必须选择两个不同的切断点。

注　意

　　在切断圆或多边形等封闭区域的对象时，系统默认以逆时针方向切断两个切断点之间的部分。

## 5.6　夹点编辑

　　夹点是指当选取对象时，在对象关键点上显示的小方框。选取对象时，对象会以称为夹点的小方块高亮显示。夹点的位置视所选对象的类型而定。举例来说，夹点会显示在直线的端点与中点、圆的四分点与圆心、弧的端点、中点与圆心，如图 5-53 所示。

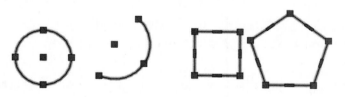

图 5-53　不同对象的夹点位置不同

要使用夹点来编辑，先选取对象以显示夹点，再选择夹点来使用。所选的夹点依所修改对象的类型与所采用的编辑方式而定。举例来说，要移动直线对象，可拖动直线中点处的夹点，如图 5-54 所示。命令行提示如下。

指定拉伸点或 [基点(B)/复制(C)/放弃(U)/退出(X)]：//用鼠标在绘图区中指定拉伸点，按
【Enter】键结束命令

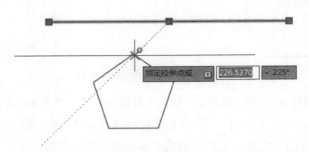

图 5-54 拖动直线中点处的夹点来移动直线

要拉伸直线，可拖动直线端点处的夹点，如图 5-55 所示。在使用夹点时，无须输入命令。命令行提示如下。

指定拉伸点或 [基点(B)/复制(C)/放弃(U)/退出(X)]：//用鼠标在绘图区中指定拉伸点，按
//【Enter】键结束命令

用户可先选中要操作的夹点，此时夹点颜色变为"选中夹点颜色"中设置的颜色，右击，在弹出的快捷菜单中选择一种夹点编辑模式对选中的夹点进行拉伸、移动、旋转、缩放或镜像操作，如图 5-56 所示。用户也可在选中夹点后按【Enter】键或空格键遍历夹点模式，从中选取其中一种夹点编辑模式进行操作。

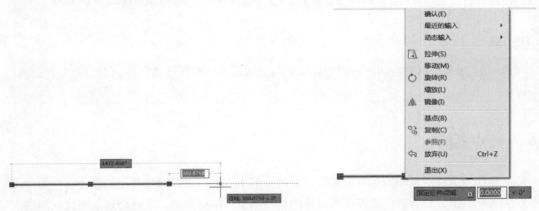

图 5-55 拖动直线端点处的夹点来拉伸直线          图 5-56 右键快捷菜单

用户也可以通过按住【Shift】键选择多个夹点。在选择多个夹点（也称为多个热夹点选择）后，选定夹点间对象的形状将保持原样。用户可以拖动夹点执行拉伸、移动、旋转、缩放或镜像操作。在 AutoCAD 2015 中，夹点拉伸模式为默认的夹点编辑模式。

（1）夹点拉伸模式

夹点拉伸模式移动选定夹点到新位置来拉伸对象，能进行拉伸的夹点将根据指定的对象类型来确定。举例来说，若要拉伸矩形的一角，请选取角落的夹点；要拉伸直线，请选取端点的

夹点。并非所有的对象都可以使用夹点来进行拉伸。用户在选取对象后，在对象上通过单击选择一个夹点，高亮显示选定夹点（即热夹点），如图 5-57 所示。命令行提示如下。

指定拉伸点或 [基点(B)/复制(C)/放弃(U)/退出(X)]:　　　　//用鼠标在绘图区中指定拉伸点，按【Enter】结束命令

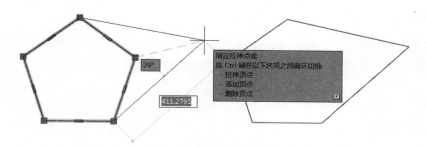

图 5-57　选取矩形，选取夹点，拖动夹点到新位置

如果在指定拉伸点时选取其他选项，命令行提示如下。

指定拉伸点或 [基点(B)/复制(C)/放弃(U)/退出(X)]: c　　　//选择在拉伸矩形的同时，创建矩形
　　　　　　　　　　　　　　　　　　　　　　　　　　　　//的拉伸副本
指定拉伸点或 [基点(B)/复制(C)/放弃(U)/退出(X)]: b　　　//重新选择拉伸基点
指定基点:　　　　　　　　　　　　　　　　　　　　　　　//鼠标移动到点
指定拉伸点或 [基点(B)/复制(C)/放弃(U)/退出(X)]:　　　　//鼠标移动到点，结束命令，结果如
　　　　　　　　　　　　　　　　　　　　　　　　　　　　//图 5-58 所示

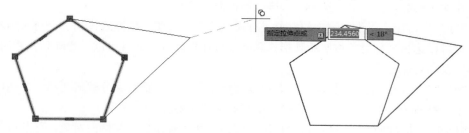

图 5-58　选取矩形，重新选取基点，拖动夹点到新位置

如果在上述操作中选择"放弃（U）"选项，则表示放弃上次拉伸模式的操作；选择"退出（X）"选项，表示退出拉伸模式操作。

（2）夹点移动模式

夹点移动模式、夹点旋转模式和夹点镜像模式的命令行提示类似夹点拉伸模式。

（3）夹点缩放模式

夹点缩放模式通过从基夹点向外拖动并指定点位置来增大对象尺寸，或向内拖动减小尺寸，也可以为相对缩放指定一个缩放比例值。其他选项如同夹点拉伸模式，只是多了一个"参照（R）"选项，命令行将提示用户指定参照长度（如输入 8，实体将以 8 倍比例为基准进行缩放）。接下来，屏幕出现动态菜单和输入框，此时，可直接输入新长度的值（如输入 5，实体将以 5/8 的比例因子进行缩放）。也可以输入或移动定点设置指定比例因子后，对象将按照选择的热夹点（或重新选择的基点）进行缩放（或创建一个缩放后的副本）。命令行提示如下。

```
指定比例因子或 [基点(B)/复制(C)/放弃(U)/参照(R)/退出(X)]: r  //选择"参照"选项
指定参照长度 <1.0000>: 8                                      //指定参照长度为8
指定新长度或 [基点(B)/复制(C)/放弃(U)/参照(R)/退出(X)]: 5✓
                                  //指定新长度为5，实体将以5/8的比例因子进行缩放
```

☂ **注 意**

① 对于移动、旋转、缩放和镜像操作，选择不同对象的多个夹点（热夹点）进行操作，等同于选择这些对象按照最后选择的夹点（基夹点或重新选择的基点）为基点进行同步操作。

② 对于拉伸操作，选择不同对象的多个夹点（热夹点），将根据每个对象被选取的各个夹点的具体拉伸情况单独处理。当选择单行文字位置点、块参照插入点、直线中点、圆心和点对象上的夹点作为热夹点时，将移动对象而不是拉伸对象。

## 5.7　本章小结

本章主要学习了 AutoCAD 的一些图形编辑命令的使用方法，如"缩放"、"移动"、"旋转"、"倒角"、"圆角"、"打断"、"镜像"、"阵列"和"延伸"等。

- "镜像"命令：用于对 AutoCAD 绘制的图形对象执行镜像操作。用户可以选定镜像操作的中心线，同时可以选择是否删除镜像源对象。
- "阵列"命令：用于对选定的对象进行阵列操作，按照指定方式排列多个对象副本。用户可以选择阵列对象按照矩阵形式阵列或者环形阵列，并且可以设置阵列元素的个数，以及相对位置关系。
- "打断"命令：使用"打断"命令可以部分删除对象或把对象分解成两部分，还可以使用"打断于点"命令将对象在一点处断开成两个对象。
- "倒角"和"圆角"命令：可以使用"倒角"和"圆角"命令修改对象，使其以平角或圆角相接。
- "缩放"命令：可以将对象按指定的比例因子相对于基点进行尺寸缩放。
- "延伸"命令：可以延长指定的对象与另一对象相交或外观相交。
- "修剪"命令：可以以某一对象为剪切边修剪其他对象。
- "旋转"命令：可以将对象绕基点旋转指定的角度。
- "移动"命令：可以在指定方向上按指定距离移动对象，虽然对象的位置发生了改变，但方向和大小不改变。

AutoCAD 2015 中的图形修改命令有很多，功能也很强大。本章介绍了一些基本的图形命令和技巧，希望读者能够多动手进行实际操作，认真体会每一个命令的用法和特点。

## 5.8　问题与思考

1. 对象的选择有哪几种方法？
2. "复制"命令和"移动"命令的区别是什么？

3. 若在使用"镜像"命令时，将文字也镜像了，如何操作才能将文字正过来？

4. "拉伸"命令和"延伸"命令的区别是什么？

5. 绘制图 5-59 和图 5-60 所示的图形。

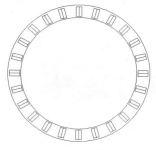

图 5-59　圆环

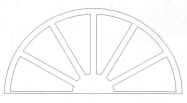

图 5-60　窗户

# 第 6 章
# 图层的管理与设置

图层是 AutoCAD 中一个非常有用的工具，它对于图形文件中各类对象的分类管理和综合控制起着重要作用。图层就像是一个没有厚度的彩色透明薄膜，在不同的图层上绘制不同的实体，将这些透明的薄膜叠加起来，即可得到最终的图形。这样，用户就可以将每一类对象分别放置在各自的图层上，为每一个图层指定一致的线型、颜色和状态等属性。同时，每一个图层都是相对独立的，可以对该层和位于该层的图形进行自由编辑，从而提高绘制复杂图形的效率和准确性。

绘图时要养成创建图层的习惯，并根据需要在相应的图层内制图。创建图层主要包括如下内容：设置图层名称、设置图层颜色、设置图层线型和设置图层线宽等。

## 6.1 图层概述

在 AutoCAD 中，图层按功能在图形中组织信息，以及执行线型、颜色和其他标准。图层相当于图纸绘图中使用的重叠图纸，图层是图形中使用的主要组织工具。

### 6.1.1 认识图层

通过创建图层，可以将类型相似的对象指定给同一个图层，使其相关联，如图 6-1 所示。然后，可以控制以下操作：

- 图层上的对象在任何视口中是可见的还是隐藏的。
- 是否打印对象，以及如何打印对象。
- 为图层上的所有对象指定哪种颜色。
- 为图层上的所有对象指定哪种默认线型和线宽。
- 图层上的对象是否可以修改。
- 对象是否在各个布局视口中显示不同的图层特性。

每个图形都包含一个名为 0 的图层。无法删除或重命名图层 0。0 图层有以下两个用途：

- 确保每个图形至少包括一个图层。
- 提供与块中的控制颜色相关的特殊图层。

图 6-1　图层

 注　意

建议创建几个新图层来组织图形，而不是将整个图形均创建在图层 0 上。

## 6.1.2　合理的图层设置和分类

无论是哪个专业，处于绘图的哪个阶段，图纸上所有的图元都可以按照一定的规律来整理和归类。例如，建筑专业的图纸，就绘制平面图而言，可以分为墙、柱、轴线、标注和家具等。那么，建筑专业的平面图就可以分别定义相对应的图层，以方便管理和绘图。用户在绘制图纸时，应养成不同类型的图元在其相应的图层上绘制的习惯。

图层的设置，应该在合理的前提下尽量精简，但是，如何做是精简，如何做是够用，每个绘图人员的体会都不尽相同。另外，对于不同阶段的图纸，图层的数量也会有区别。一般来说，越复杂的图纸就应该设置越多的图层；反之越少。AutoCAD 的图层集成了颜色、线型、线宽、打印样式及状态，通过不同的图层名称设置不同的样式，以方便在制图过程中对不同样式的引用。它就像 Word 中的样式（Word 的样式集成了字形、段落格式等）一样。

在实际的工程制图中，中心线必须使用点画线，不可见的轮廓使用虚线，轮廓线使用粗实线，标注线使用细实线，这些辅助线不必进行打印。另外，在图形中为区别不同用途的线，一般都采用不同的颜色来区分，这些都必须设置对象的相应属性。如果用户将不同的设置作为图层保存起来，就可以通过更换当前图层以使所绘制的对象产生与当前图层设置相同的样式。由于 AutoCAD 不像 Word 那样可顺序排列，所以图层的设置显得更加重要。在建筑制图中，如果要绘制墙线，就可以更换到墙线层，则所绘制出的对象为白色粗实线；如果绘制中心线，则可转换到轴线层，所绘制出的对象为红色细点画线；当进行尺寸标注时，转换到标注层即可，所标注出来的尺寸为绿色细实线，这样就非常方便，也一目了然。利用图层的 3 种状态（关闭、冻结和锁定）可方便图形的绘制及修改。如在填充阴影线时，用户可关闭或冻结中心线层及虚线层，则填充区域可一次点中；在标注尺寸时，可关闭或隐藏阴影线层，以防止因太多对象而捕捉出错；如果想复制墙线但又不想复制其标注尺寸，则可将标注层关闭，再进行复制，这些都可以大大提高制图效率。在制图时，也可设置一个辅助图层。在制图过程中，辅助图层是可见的，但又不希望它被打印出来，则可以选择其打印状态为不打印。

## 6.1.3　0 图层和 Defpoints 图层

新建的图形都会有一个默认的图层——0 图层。在图纸绘制过程中，AutoCAD 会自动生成 Defpoints 图层。

### 1．0 图层的作用

- 确保每个新建图形至少包括一个图层。
- 辅助图块颜色控制的特殊图层。一般情况下，图块在定义时，应调整其所有图元都处于 0 层。这样在不同的图层中插入图块时，该图块都将显示其插入图层的特性，显示其插入图层的颜色，同时由其插入的图层控制线宽；而当在非 0 图层上定义图块后，不管在哪个图层上插入该图块，该图块都将显示其定义层上的颜色和其他特征。

 **注　意**

　　一般应尽量避免在 0 图层上绘制图形；0 图层除了用于定义图块外，也可以绘制一些临时的辅助线。

### 2．Defpoints 图层

Defpoints 图层一般在 AutoCAD 标注尺寸的过程中自动生成，也可预先由用户自行定义。在 Defpoints 图层中显示的图元不会被打印。因此，一般利用其可见但不被打印的特性来绘制辅助线。

## 6.1.4　图层特性管理器

图层一般是通过图层特性管理器来管理的。图层特性管理器用于显示和管理图形中图层的列表及其特性。在图层特性管理器中，可以添加、删除和重命名图层，修改其特性或添加说明。在中文版 AutoCAD 2015 中，开启图层特性管理器有以下几种方式：

- 在菜单栏中选择"格式"|"图层"命令。
- 在命令行中输入 LAYER 命令，并按【Enter】键确认命令。
- 单击"图层"工具栏中的"图层特性"按钮，如图 6-2 所示。

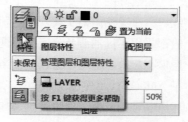

图 6-2　"图层"工具栏

命令执行后，打开"图层特性管理器"选项板，如图 6-3 所示。该选项板用于显示图形中的图层列表及其特性。"图层特性管理器"选项板用于控制在列表中显示哪些图层，还可用于同时对多个图层进行属性修改，如线型、线宽、颜色、冻结和关闭等。

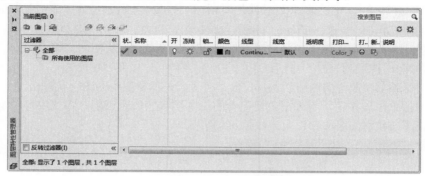

图 6-3 "图层特性管理器"选项板

"图层特性管理器"选项板中包含"新建特性过滤器"、"新建组过滤器"、"新建图层"、"删除图层"和"置为当前"等按钮。各个按钮的功能如下。

- "新建特性过滤器"按钮 ![]：单击该按钮，将弹出"图层过滤器特性"对话框，从中可以基于一个或多个图层特性创建图层过滤器，在后面将会有详细介绍。
- "新建组过滤器"按钮 ![]：单击该按钮，将创建一个图层过滤器，其中包含用户选定并添加到该过滤器的图层，在后面将会有详细介绍。
- "图层状态管理器"按钮 ![]：单击该按钮，将弹出"图层状态管理器"对话框，从中可以将图层的当前特性设置保存到命名图层状态中，以后可以再恢复这些设置，在后面将会有详细介绍。
- "新建图层"按钮 ![]：单击该按钮，将创建一个新图层。在列表框中将显示名为"图层1"的图层。该名称处于选中状态，用户可以直接输入一个新图层名。新图层将继承图层列表中当前选定图层的特性（颜色、开/关状态等）。
- "在所有视口中都被冻结的新图层视口"按钮 ![]：单击该按钮，将创建一个新图层，然后在所有现有布局视口中将其冻结。可以在"模型"选项卡或"布局"选项卡中访问此按钮。
- "删除图层"按钮 ![]：单击该按钮，即可删除选中的图层。只能删除未被参照的图层。参照图层包括 0 图层、Defpoints 图层、包含对象（包括块定义中的对象）的图层、当前图层和依赖外部参照的图层。
- "置为当前"按钮 ![]：单击该按钮，将所选的图层设置为当前图层，用户创建的对象将被放置到当前图层中。
- "刷新"按钮 ![]：通过扫描图形中的所有图元来刷新图层使用信息。
- "设置"按钮 ![]：单击该按钮，将弹出"图层设置"对话框，从中可以设置新图层通知设置、是否将图层过滤器更改应用于"图层"工具栏，以及更改图层特性替代的背景色。

## 6.1.5　图层状态管理器

通过"图层状态管理器"对话框可以保存图层的状态和特性。一旦保存图层的状态和特性，就可以随时调用和恢复，还可以将图层的状态和特性输出到文件中，然后在另一幅图形中使用这些设置。可以通过以下方法打开"图层状态管理器"对话框：

- 在命令行中输入 LAYERSTATE 命令。
- 在菜单栏中选择"格式"|"图层状态管理器"命令。

命令执行后，弹出"图层状态管理器"对话框，如图 6-4 所示，其中显示了图形中已保存的图层状态列表，可以新建、重命名、编辑和删除图层状态。各个选项功能如下。

- 图层状态：保存在图形中的命名图层的状态、保存它们的空间（模型空间、布局或外部参照）、图层列表是否与图形中的图层列表相同，以及说明。
- 不列出外部参照中的图层状态：控制是否显示外部参照中的图层状态。
- 新建：单击该按钮，将弹出"要保存的新图层状态"对话框，在其中可以定义要保存的新图层状态的名称和说明，如图 6-5 所示。

图 6-4 "图层状态管理器"对话框　　　　图 6-5 "要保存的新图层状态"对话框

- 保存：保存选定的命名图层状态。
- 编辑：单击该按钮，将弹出"编辑图层状态"对话框，在其中可以修改选定的图层状态，如图 6-6 所示。单击"将图层添加到图层状态"按钮，将弹出一个图 6-7 所示的对话框，在列表框中显示选定的图层状态中没有包含（出现）的图层，可以将这些图层添加到选定的图层状态中。

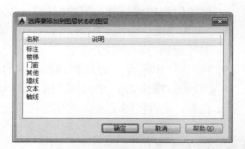

图 6-6 编辑图层状态　　　　图 6-7 "选择要添加到图层状态的图层"对话框

- 重命名：单击该按钮，可以编辑图层状态的名称，如图 6-8 所示。
- 删除：删除选定的图层状态。
- 输入：将先前输出的"图层状态.las"文件加载到当前图形中。
- 输出：将选定的图层状态保存到"图层状态.las"文件中。
- 恢复：将图形中所有图层的状态和特性设置恢复为先前保存的设置，仅恢复使用复选框指定的图层状态和特性设置。

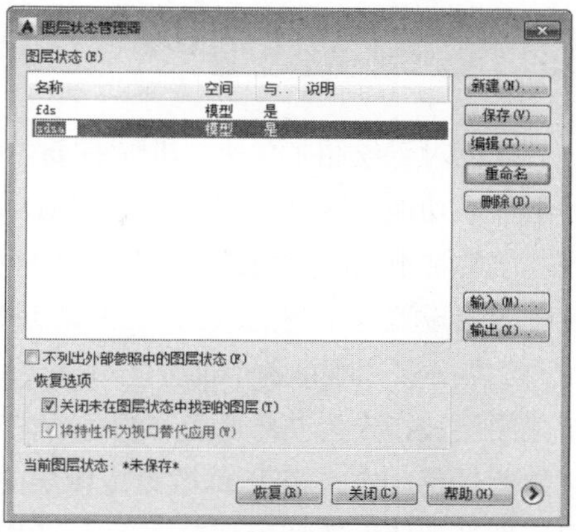

图 6-8 重命名状态

## 6.2 图层的创建和特性的设置

可以为在设计概念上相关的每一组对象（例如墙或标注）创建和命名新图层，并为这些图层指定常用特性。通过将对象组织到图层中，可以分别控制大量对象的可见性和对象特性，并进行快速更改。

### 注　意

在图形中可以创建的图层数，以及在每个图层中可以创建的对象数实际上没有限制。

### 6.2.1 建立、命名和删除图层

要建立一个新的图层，在"图层特性管理器"选项板中单击"新建图层"按钮，图层名（例如，图层 1）将自动添加到图层列表中。在图层名的文本框中输入新图层的名称，注意图层名最多可以包括 255 个字符，可以是字母、数字和特殊字符，如美元符号（$）、连字符（—）和下画线（_）。在其他特殊字符前使用反向引号（`），使字符不被当作通配符。图层名不能包含空格。单击"说明"列并输入文字，可以对该图层进行说明。图层特性管理器按名称的字母顺序排列图层。如果要组织自己的图层方案，请仔细选择图层名。使用共同的前缀命名相关图形部件的图层，可以在需要快速查找那些图层时在图层名过滤器中使用通配符。可以通过从图层特性管理器中删除图层，来从图形中删除不使用的图层。要删除一个图层，在"图层"工具栏中单击"图层特性管理器"按钮，在打开的"图层特性管理器"选项板中选择要删除的图层，单击"删除图层"按钮即可。

### 注　意

已指定对象的图层不能删除，除非那些对象被重新指定给其他图层或者被删除，并且只能删除未被参照的图层。

## 6.2.2 图层颜色设置

颜色对于绘图工作来说非常重要，可以表示不同的组件、功能和区域。在用 AutoCAD 进行建筑制图时，常常将不同的建筑部件设置为不同的图层，而将各个图层设置为不同的颜色，这样在进行复杂的绘图时，可以很容易地将各个部分区分开。在默认情况下，新建图层被指定为 7 号颜色（白色或黑色，由绘图区域的背景色决定）。可以修改设定图层的颜色。在"图层特性管理器"选项板中单击颜色列中的颜色图标，弹出"选择颜色"对话框，该对话框中有 3 个选项卡，分别是"索引颜色"、"真彩色"和"配色系统"，如图 6-9 所示。

图 6-9 "选择颜色"对话框

### 1．索引颜色

在"AutoCAD 颜色索引（ACI）"颜色面板中可以指定颜色。将光标悬停在某个颜色块上，该颜色的编号及其红、绿、蓝值将显示在调色板下面。单击一种颜色以选中它，或在"颜色"文本框中输入该颜色的编号或名称。大的调色板显示编号从 10～249 的颜色。第 2 个调色板显示编号从 1～9 的颜色，这些颜色既有编号，也有名称。第 3 个调色板显示编号从 250～255 的颜色，这些颜色表示灰度级。

### 2．真彩色

选择"真彩色"选项卡，如图 6-10 所示。使用真彩色（24 位颜色）指定颜色设置（使用色调、饱和度和亮度（HSL）颜色模式或红、绿、蓝（RGB）颜色模式）。在使用真彩色功能时，可以使用 1 600 多万种颜色。"真彩色"选项卡中的可用选项取决于指定的颜色模式（HSL 或 RGB）。

（1）HSL 颜色模式

在"颜色模式"下拉列表框中选择 HSL 选项，指定使用 HSL 颜色模式来选择颜色。色调、饱和度和亮度是颜色的特性。通过设置这些特性值，用户可以指定一个很宽的颜色范围，如图 6-10 所示。

- 色调：指定颜色的色调。色调表示可见光谱内光的特定波长。要指定色调，可使用色谱或在"色调"文本框中指定值。调整该值会影响 RGB 值。色调的有效值为 0°～360°。
- 饱和度：指定颜色的饱和度。高饱和度会使颜色较纯，而低饱和度则使颜色褪色。要指定颜色饱和度，可使用色谱或在"饱和度"文本框中指定值。调整该值会影响 RGB 值。饱和度的有效值为 0～100%。
- 亮度：指定颜色的亮度。要指定颜色亮度，可使用颜色滑块或在"亮度"文本框中指定值。亮度的有效值为 0～100%。值为 0%，表示最暗（黑）；值为 100%，表示最亮（白）；而值为 50% 表示颜色的最佳亮度。调整该值也会影响 RGB 值。
- 色谱：指定颜色的色调和纯度。要指定色调，可将十字光标从色谱的一侧移到另一侧。要指定颜色饱和度，可将十字光标从色谱顶部移到底部。

- 颜色滑块：指定颜色的亮度。要指定颜色亮度，可调整颜色滑块或在"亮度"文本框中指定值。

（2）RGB 颜色模式

在"颜色模式"下拉列表框中选择 RGB 选项，指定使用 RGB 颜色模式来选择颜色。颜色可以分解成红、绿、蓝 3 个分量。为每个分量指定的值分别表示红、绿、蓝颜色分量的强度。这些值的组合可以创建一个很宽的颜色范围，效果如图 6-11 所示。

图 6-10　HSL 颜色模式真彩色　　　　图 6-11　RGB 颜色模式真彩色

- 红：指定颜色的红色分量。调整颜色滑块或在"红"文本框中指定 1～255 之间的值。如果调整该值，会在 HSL 颜色模式值中反映出来。
- 绿：指定颜色的绿色分量。调整颜色滑块或在"绿"文本框中指定 1～255 之间的值。如果调整该值，会在 HSL 颜色模式值中反映出来。
- 蓝：指定颜色的蓝色分量。调整颜色滑块或在"蓝"文本框中指定 1～255 之间的值。如果调整该值，会在 HSL 颜色模式值中反映出来。

### 3．配色系统

选择"配色系统"选项卡，如图 6-12 所示，从中使用第三方配色系统（例如 PANTONE）或用户定义的配色系统指定颜色。选择配色系统后，"配色系统"选项卡将显示选定配色系统的名称。

在"配色系统"下拉列表框中指定用于选择颜色的配色系统，包括在"配色系统位置"（在"选项"对话框的"文件"选项卡中指定）中找到的所有配色系统，显示选定配色系统的页，以及每页上的颜色和颜色名称。程序支持每页最多包含 10 种颜色的配色系统。如果配色系统没有

图 6-12　"配色系统"选项卡

分页，程序将按每页 7 种颜色的方式将颜色分页。要查看配色系统页，在颜色滑块上选择一个区域或用上下箭头进行浏览。

### 6.2.3 图层线型的设置

线型是指图形基本元素中线条的组成和显示方式，如虚线、实线等。在 AutoCAD 中，既有简单线型，也有由一些特殊符号组成的复杂线型，以满足不同国家或行业标准的要求。在建筑绘图中，常常用不同的线型来画一些特殊的对象。例如，用虚线绘制不可见棱边线和不可见轮廓线，用点画线绘制建筑的轴线等。

**1. 选择线型**

在"图层特性管理器"选项板中单击"线型"列中的任意图标，弹出"选择线型"对话框，如图 6-13 所示。在"已加载的线型"列表框中显示当前图形中的可用线型，在其中选择一种线型，然后单击"确定"按钮即可。

**2. 加载或重载线型**

在默认情况下，在"选择线型"对话框中的"已加载的线型"列表框中只有 CONTINUOUS 一种线

图 6-13 "选择线型"对话框

型，如果要使用其他线型，必须将其添加到"已加载的线型"列表框中。如果想将图层的线型设为其他形式，可以单击"加载"按钮，弹出"加载或重载线型"对话框，如图 6-14 所示，从中可以将选定的线型加载到图层中，并将它们添加到"已加载的线型"列表框中。单击"文件"按钮，将弹出"选择线型文件"对话框，如图 6-15 所示，从中可以选择其他线型（LIN）的文件。在 AutoCAD 中，acad.lin 文件包含标准线型。在"文件"文本框中显示的是当前 LIN 文件名，可以输入另一个 LIN 文件名或单击"文件"按钮，在弹出的"选择线型文件"对话框中选择其他文件。在"可用线型"列表框中显示的是可以加载的线型。要选择或清除列表框中的全部线型，需右击，并在弹出的快捷菜单中选择"选择全部"或"清除全部"命令。

图 6-14 "加载或重载线型"对话框

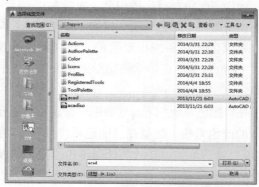

图 6-15 "选择线型文件"对话框

如果要了解哪些线型可用，可以显示在图形中加载的或者存储在 LIN（线型定义）文件中的线型列表。AutoCAD 包括线型定义文件 acad.lin 和 acadiso.lin。选择哪个线型文件取决于使用英制测量系统还是公制测量系统。英制测量系统使用 acad.lin 文件，公制测量系统使用 acadiso.lin 文件。两个线型定义文件都包含若干个复杂线型。

### 3．设置线型比例

在 AutoCAD 中，当用户绘制非连续性线型的图元时，需要控制其线型比例。通过线型管理器可以加载线型和设置当前线型。在菜单栏中选择"格式"|"线型"命令，弹出"线型管理器"对话框，如图 6-16 所示。单击"显示细节"按钮，会在对话框下面出现"详细信息"选项组，其中显示了选中线型的名称、说明和全局比例因子等。在用某些线型进行绘图时，经常遇到如中心线或虚线显示为实线的情况，这是因为线型比例过小造成的。通过全局修改或单个修改每个对象的线型比例因子，可以以不同的比例使用同一个线型。在默认情况下，全局线型和单个线型比例均设置为 1.0。比例越小，每个绘图单位中生成的重复图案就越多。例如，线型比例由 1.0 变为 0.5 时，在同样长度的一条点画线中，将显示重复两次的同一图案。对于太短甚至不能显示一个虚线小段的线段，可以使用更小的线型比例。线型的比例由两个方面来控制。

（1）全局线型比例因子

全局线型比例因子控制整张图中所有的线型整体比例。在命令行中输入 LTSCALE 命令，可以调出全局线型比例因子设置，一般默认为 1。

（2）每个图元基本属性中的"线型比例"

按【Ctrl+1】组合键或在命令行中输入 PROPERTIES 命令，可打开"特性"选项板，如图 6-17 所示。当选中图元时，在"常规"属性栏的"线型比例"文本框中，可通过输入不同的数值，调整单个图元的线型比例。

图 6-16　"线型管理器"对话框

图 6-17　"特性"选项板

在"线型管理器"对话框中显示"全局比例因子"和"当前对象缩放比例"。"全局比例因子"的值控制 LTSCALE 系统变量，该系统变量可以全局修改新建和现有对象的线型比例。"当前对象缩放比例"的值控制 CELTSCALE 系统变量，该系统变量可设置新建对象的线型比例。将 CELTSCALE 的值乘以 LTSCALE 的值可获得已显示的线型比例。在图形中，可以很方便地单独或全局修改线型比例。

## 6.2.4　图层线宽设置

建筑图纸不但要求清晰准确，还需要美观，其中重要的一条因素就是其中的图元线条是否层次分明。设置不同的线宽，是使图纸层次分明的最好方法之一。如果线宽设置得合理，图纸打印出来就可以很方便地根据线的粗细来区分不同类型的图元。使用线宽，可以用粗线和细线清楚地表现出截面的剖切方式、标高的深度、尺寸线和小标记，以及细节上的不同。

线宽设置是指改变线条的宽度。在 AutoCAD 中，使用不同宽度的线条表现对象的大小或类型，可以提高图形的表达能力和可读性。例如，通过为不同图层指定不同的线宽，可以很方便地区分新建的、现有的和被破坏的结构。除非选择了状态栏上的"线宽"按钮，否则不显示线宽。除了 TrueType 字体、光栅图像、点和实体填充（二维实体）以外的所有对象，都可以显示线宽。在平面视图中，宽多段线忽略所有用线宽设置的宽度值。仅当在视图中而不是在"平面"中查看宽多段线时，多段线才显示线宽。在模型空间中，线宽以像素显示，并且在缩放时不发生变化。因此，在模型空间中精确表示对象的宽度时，则不应使用线宽。例如，如果要绘制一个实际宽度为 5mm 的对象，就不能使用线宽而应该用宽度为 5mm 的多段线来表现对象。

具有线宽的对象将以指定的线宽值打印。这些值的标准设置包括"随层"、"随块"和"默认"，它们的单位可以是英寸或毫米，默认单位是毫米。所有图层的初始设置均由 LWDEFAULT 系统变量控制，其值为 0.25mm。线宽值为 0.025mm 或更小时，在模型空间显示为 1 个像素宽，并将以指定打印设备允许的最细宽度打印。在命令行中输入的线宽值将舍入到最接近的预定义值。

要设置图层的线宽，可以在"图层特性管理器"选项板的"线宽"列中单击该图层对应的线宽"默认"，弹出"线宽"对话框，有 20 多种线宽可供选择，如图 6-18 所示。也可以在菜单栏中选择"格式"|"线宽"命令，弹出"线宽设置"对话框，通过调整线宽比例，使图形中的线宽显示得更宽或更窄，如图 6-19 所示。

图 6-18 "线宽"对话框

图 6-19 "线宽设置"对话框

也可以通过以下几种方法来访问"线宽设置"对话框：在命令行中输入 LWEIGHT 命令；在状态栏的"线宽"按钮上右击，在弹出的快捷菜单中选择"设置"命令；或者在"选项"对话框的"用户系统配置"选项卡中单击"线宽设置"按钮。在弹出的"线宽设置"对话框中可以设置当前线宽，设置线宽单位，控制"模型"选项卡上线宽的显示及其显示比例，以及设置图层的默认线宽值等。

## 6.2.5　修改图层设置和图层特性

可以改变图层名和图层的任意特性（包括颜色、线型和线宽），也可将对象从一个图层再指定给另一图层。因为图形中的所有内容都与一个图层关联，所以在规划和创建图形的过程中，可能会需要更改图层中放置的内容，或查看组合图层的方式。用户可以进行如下操作：

- 将对象从一个图层重新指定到其他图层。
- 修改图层名。
- 修改图层的默认颜色、线型或其他特性。

在设置图层时，每个图层都有其各自不同的颜色、线宽和线型等属性定义。在图纸绘制时，一般都应做到尽量保持图元属性和所在图层一致，即该图元的各种属性都为 ByLayer。如果在错误的图层上创建了对象，或者决定修改图层的组织方式，则可以将对象重新指定给不同的图层。除非已明确设置了对象的颜色、线型或其他特性，否则，重新指定给不同图层的对象将采用该图层的特性。这样，将有助于保持图面的清晰，以及绘图的准确和效率的提高。当然，在特定的情况下，也可使得某图元的属性不为 ByLayer，以达到特定的目的。

可以在图层特性管理器和"图层"工具栏的"图层"控件中修改图层特性。单击图标以修改设置。图层名和颜色只能在图层特性管理器中修改，不能在"图层"控件中修改。

可以通过选择"格式" | "图层工具" | "上一个图层"命令，来放弃对图层设置所做的修改，如图 6-20 所示。例如，如果先冻结若干图层并修改图形中的某些几何图形，然后又要解冻冻结的图层，则可以使用单个命令来完成此操作而不会影响几何图形的修改。另外，如果修改了若干图层的颜色和线型之后，又决定使用修改前的特性，可以使用"上一个图层"命令撤销所做的修改并恢复原始的图层设置。

图 6-20　选择"上一个图层"命令放弃对图层设置的修改

使用"上一个图层"命令，可以放弃使用"图层"控件或图层特性管理器最近所做的修改。用户对图层设置所做的每个修改都将被追踪，并且可以使用"上一个图层"命令放弃操作。在不需要图层特性追踪功能时，例如在运行大型脚本时，可以使用 LAYERPMODE 命令暂停该功能。关闭"上一个图层"追踪后，系统性能将在一定程度上有所提高。

但是，"上一个图层"命令无法放弃以下修改。

- 重命名的图层：如果重命名某个图层，然后修改其特性，则选择"上一个图层"命令，将恢复除原始图层名以外的所有原始特性。
- 删除的图层：如果删除或清理某个图层，则使用"上一个图层"命令，无法恢复该图层。
- 添加的图层：如果将新图层添加到图形中，则使用"上一个图层"命令，不能删除该图层。

可以通过在"选项"对话框中的"用户系统配置"选项卡中选择"合并图层特性更改"复选框，来对图层特性管理器中的更改进行分组。在"放弃"列表框中，图形创建和删除将被作为独特项目进行追踪。

# 6.3 图层过滤

在 AutoCAD 中，当同一个图形中有大量的图层时，用户可以根据图层的特征或特性对图层进行分组，将具有某种共同特点的图层过滤出来。过滤的途径分为：通过状态过滤、用层名过滤，以及用颜色和线型过滤。图层特性管理器中设置了过滤的功能，包括使用"新建特性过滤器"和"新建组过滤器"两种方法。

在命令行中输入 LAYER 命令，按【Enter】键，就可以打开"图层特性管理器"选项板。"图层特性管理器"选项板包括两个窗格，左侧为树状图，右侧为列表图。树状图显示所有定义的图层组和过滤器。列表图显示当前组或者过滤器中的所有图层及其特性和说明。

在"图层特性管理器"选项板中单击"新建特性过滤器"按钮，弹出"图层过滤器特性"对话框，从中可以根据一个或多个图层特性（比如颜色、线型等）创建图层过滤器。单击"新建组过滤器"按钮，将创建一个图层组过滤器，在组过滤器中包含选定并添加到该组的图层。

## 6.3.1 图层特性过滤器的应用

### 1．根据选定的条件过滤图层

在"图层特性管理器"选项板的"过滤器"树状列表框中选择一个图层过滤器后，列表图中将显示符合过滤条件的图层。单击"新建特性过滤器"按钮，弹出"图层过滤器特性"对话框，如图 6-21 所示。在"过滤器名称"文本框中输入图层特性过滤器的名称。在"过滤器定义"列表框中可以使用一个或多个图层特性定义过滤器，例如，可以将过滤器定义为显示所有的红色或蓝色且正在使用的图层。要包含多种颜色、线型或线宽，则在下一行复制该过滤器，然后选择一种不同的设置。

图层特性过滤器在"图层过滤器特性"对话框中定义。在该对话框中可以选择要包含在过滤器定义中的以下任何特性：

- 图层名、颜色、线型、线宽和打印样式。
- 图层是否正被使用。
- 打开还是关闭图层。
- 在当前视口或所有视口中冻结图层还是解冻图层。
- 锁定图层还是解锁图层。
- 是否设置打印图层。

### 2．使用通配符按名称过滤图层

例如，如果只希望显示以字符 w 开头的图层，可以输入 **w***，请参见"通配符"以获得完整列表，如图 6-22 所示。图层特性过滤器中的图层可能会因图层特性的改变而改变。例如，如果定义了一个名为 Site 的图层特性过滤器，该图层特性过滤器包括名称中包含字符 Site 并且线型为"连续"的所有图层；随后又修改了其中某些图层中的线型，则具有新线型的图层将不再属于图层特性过滤器 Site，并且在应用此过滤器时，这些图层将不再显示出来。图层特性过滤器可以嵌套在其他特性过滤器或组过滤器下。

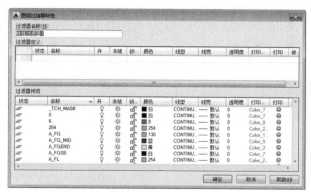

图 6-21 “图层过滤器特性”对话框

| 字符 | 定义 |
|---|---|
| #（磅符号） | 匹配任意数字字符 |
| @（位于） | 匹配任意字母字符 |
| .（句点） | 匹配任意非字母数字字符 |
| *（星号） | 匹配任意字符串，可以在搜索字符串的任意位置使用 |
| ?（问号） | 匹配任意单个字符，例如，?BC 匹配 ABC、3BC 等等 |
| ~（波浪号） | 匹配不包含自身的任意字符串，例如，~*AB* 匹配所有不包含 AB 的字符串 |
| [ ] | 匹配括号中包含的任意一个字符，例如，[AB]C 匹配 AC 和 BC |
| [~] | 匹配括号中未包含的任意字符，例如，[AB]C 匹配 XC 而不匹配 AC |
| [-] | 指定单个字符的范围，例如，[A-G]C 匹配 AC、BC 等，直到 GC，但不匹配 HC |
| `（单引号） | 逐字读取其后的字符；例如，`~AB 匹配 ~AB |

图 6-22 “通配符”列表

## 上机操作 1　创建图层特性过滤器

在图 6-21 所示的“图层过滤器特性”对话框中，建立特性过滤器，名称为“过滤器 1”，使显示出来的名称中含有 w*，并且是未被锁定的图层。具体操作步骤如下。

**Step 01** 单击“名称”列，在其中输入 w*，“*”为通配符，表示可以为任意字或词，如图 6-23 所示，过滤器预览中显示的图层全部是名称中含有 w 的图层。

**Step 02** 单击“冻结”列，弹出下拉列表，如图 6-24 所示。在其中选择未冻结的图标，即黄色的未显示冻结的圆，这样设定未冻结的图层才被显示出来。

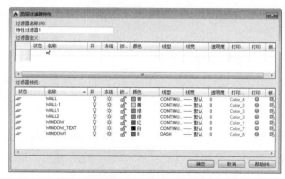

图 6-23　设定过滤器的名称特性

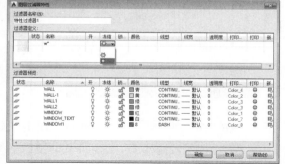

图 6-24　设定过滤器的冻结特性

**Step 03** 单击“锁定”列，弹出下拉列表，如图 6-25 所示。在其中选择未锁定的图标，即蓝色的打开的小锁，这样，设定打开的图层才被显示出来。

**Step 04** 单击“线宽”列，弹出“线宽”对话框，如图 6-26 所示。在其中选择“0.60mm”的线宽，这样设定线宽为 0.6 的图层才被显示出来，如图 6-27 所示。

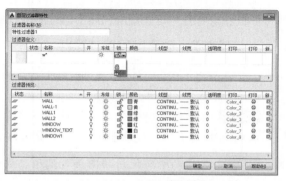

图 6-25　设定过滤器的锁定特性

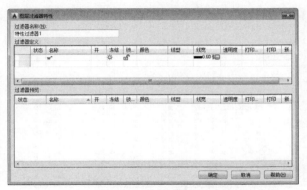

图 6-26 "线宽"对话框 | 图 6-27 设定过滤器的线宽特性

**Step 05** 修改过滤器的名称为"墙线过滤器",单击"确定"按钮关闭对话框。选择"过滤器"树状列表中的"墙线过滤器",在图层列表中将显示出满足过滤特性的图层,如图 6-28 所示。

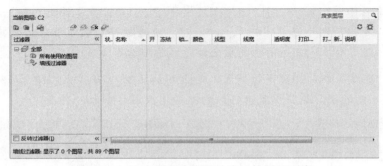

图 6-28 经过墙线过滤器过滤后的图层列表

## 6.3.2 图层组过滤器的应用

在"图层特性管理器"选项板中单击"新建组过滤器"按钮,在"过滤器"树状列表中会显示一个"组过滤器 1",也可单击以更改名称。选择"全部"或者"所有使用的图层"、"墙线过滤器"选项,在图层列表中选中相应的图层并拖动到"组过滤器 1"上,就完成了组过滤器的设置。图层组过滤器只包括那些明确指定到该过滤器中的图层。即使修改了指定到该过滤器中的图层特性,这些图层仍属于该过滤器。图层组过滤器只能嵌套到其他图层组过滤器下。

### 上机操作 2 创建图层组过滤器

建立组过滤器,名为"组过滤器 1",并使其含有"所有使用的图层"中的 DASH、COLUMN 和 HATCH 3 个图层。具体操作步骤如下:

**Step 01** 在"图层特性管理器"选项板中单击"新建组过滤器"按钮,在"过滤器"树状列表中显示"组过滤器 1",不必更改其名称,如图 6-29 所示。

**Step 02** 选择"所有使用的图层"选项,显示图形文件中所有的图层,如图 6-29 所示。将 DASH、COLUMN 和 HATCH 3 个图层拖动到"组过滤器 1"上,完成后列表中显示出过滤后的图层,如图 6-30 所示。

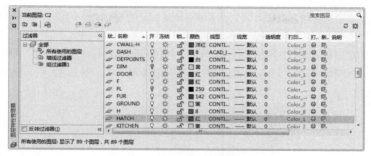

图 6-29　新建组过滤器

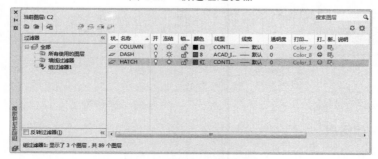

图 6-30　设置组过滤器

提　示

利用"图层过滤器特性"对话框，可以通过设定一些特性，对图层进行过滤。而"组过滤器"是通过加入一些图层来完成过滤器的设置，其内部包含的图层由用户自行指定。

### 6.3.3　反转图层过滤器

在 AutoCAD 中，还可以反转图层过滤器。例如，如果图形中所有的场地规划信息均包括在名称中包含字符 Site 的多个图层中，则可以先创建一个以名称（*Site*）过滤图层的过滤器定义，然后在"图层特性管理器"选项板中选择"反向过滤器"复选框，这样，该过滤器就包括了除场地规划信息以外的所有信息。

## 6.4　图层控制

在 AutoCAD 中，用户可以对图层进行有效管理，如可以使用图层控制对象的可见性，还可以使用图层将特性指定给对象，可以冻结图层以防止对象被修改，也可以锁定图层以防止意外选定和修改该图层上的对象。

### 6.4.1　控制图层状态

要控制图层的状态，有以下两种方法。
● 图层控制：单击"图层"工具栏中的"图层控制"下拉按钮▼，在弹出的下拉列表框中单击任意一个图层前面的图标，可以改变图层的状态。图 6-31 所示为单击 DASH 图层前面的"开/关图层"图标 ♀，将其关闭。

- 图层特性管理器：在"图层特性管理器"选项板中选择一个或多个图层，然后单击其中任意一个图层前面的图标，即可改变所选图层状态。图 6-32 所示为冻结"天花板剖面"图层。

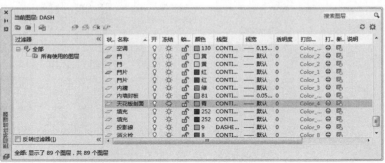

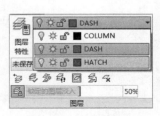

图 6-31　关闭图层　　　　　　　　　　　　　图 6-32　冻结图层

### 1. 打开/关闭图层

通过单击"开/关"列中的"灯泡"图标可以打开/关闭图层。打开的图层上的小灯泡为金黄色，关闭的图层上的小灯泡为蓝色。关闭图层可以使该图层上的图形呈不可见状态。如果在处理特定图层或图层集的细节时需要无遮挡的视图，或者不需要打印某些图形信息（例如构造线等），可以选择将该图层关闭。关闭的图层，其上的图形对象不可见，也不会打印输出。但在三维图形编辑时，使用 HIDE 命令时它们仍然会遮盖其他对象。在切换图层的开/关状态时，不会重新生成图形。

（1）图层关闭

关闭选定对象所在的图层，命令执行方式有以下两种：

- 选择"格式"|"图层工具"|"图层关闭"命令。
- 在命令行中输入 LAYOFF，并按【Enter】键确认命令。

常用此命令来关闭某图层，以减少该图层对观察、绘制和修改图形的干扰。

（2）打开所有图层

打开图层中的所有图层，命令执行方式有以下两种：

- 选择"格式"|"图层工具"|"打开所有图层"命令。
- 在命令行中输入 LAYON，并按【Enter】键确认命令。

在绘制图形时，经常要关闭某些图层。在绘制过程中，可以利用此命令来打开所有图层，以便观察。

（3）图层隔离

图层隔离是指在绘图窗口中仅保留选择的图层，命令执行方式有以下两种：

- 选择"格式"|"图层工具"|"图层隔离"命令。
- 在命令行中输入 LAYISO，并按【Enter】键确认命令。

在绘图窗口中仅保留选择的某图层，不但有利于单独对该图层中的图元进行操作，也有助于观察该图层中的图元。

（4）将图层隔离到当前视口 ▢

将对象的图层隔离到当前视口，命令执行方式有以下两种：

- 选择"格式"|"图层工具"|"将图层隔离到当前视口"命令。
- 在命令行中输入 LAYVPI，并按【Enter】键确认命令。

（5）取消图层隔离 ▨

打开使用"上一个图层"隔离命令关闭的图层，命令执行方式有以下两种。

- 选择"格式"|"图层工具"|"取消图层隔离"命令。
- 在命令行中输入 LAYUNISO，并按【Enter】键确认命令。

### 2．冻结/解冻图层

冻结图层上的对象将不能被编辑和修改，图形对象不可见，也不会被打印输出，并且不会遮盖其他图层的对象。解冻一个或多个图层将导致重新生成图形，因而冻结和解冻图层比打开和关闭图层需要更多的时间。

（1）图层冻结 ▨

冻结选定的图层，命令执行方式有以下两种：

- 选择"格式"|"图层工具"|"图层冻结"命令。
- 在命令行中输入 LAYFRZ，并按【Enter】键确认命令。

（2）解冻所有图层 ▨

解冻所有图层，命令执行方式有以下两种：

- 选择"格式"|"图层工具"|"解冻所有图层"命令。
- 在命令行中输入 LAYTHW，并按【Enter】键确认命令。

### 3．锁定/解锁图层

通过单击"锁定"列中的锁定图标，可以对一个图层进行锁定或解锁。锁定的图层显示为一个蓝色闭合的锁，解锁的图层显示为一个黄色打开的锁。锁定某个图层时，该图层上的所有对象均不可修改，直到解锁该图层。通过锁定图层，可以减小对象被意外修改的可能性，但是仍然可以将对象捕捉等操作应用于锁定图层上的对象，并且可以执行不会修改对象的其他操作。例如，可以使锁定图层作为当前图层，并为其添加对象；也可以使用查询命令（例如 LIST），使用对象捕捉指定锁定图层中对象上的点，以及更改锁定图层上对象的绘制次序等。

（1）图层锁定 ▨

锁定选定的图层，命令执行方式有以下两种：

- 选择"格式"|"图层工具"|"图层锁定"命令。
- 在命令行中输入 LAYLCK，并按【Enter】键确认命令。

（2）图层解锁 ▨

解锁选定的图层，命令执行方式有以下两种：

- 选择"格式"|"图层工具"|"图层解锁"命令。
- 在命令行中输入 LAYULK，并按【Enter】键确认命令。

### 4．可打印性

单击"打印"列中的打印机图标，可以控制该图层是否在打印时被打印输出，不可打印的图层显示为一个带红色圆圈的打印机，如图 6-33 所示。

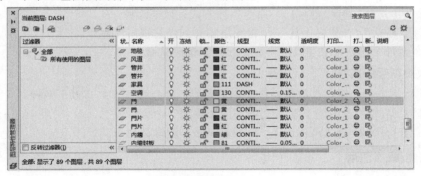

图 6-33　打印控制

## 6.4.2　设置当前图层

设定图层的状态即设定其是否为当前图层。在绘图过程中绘图区域会显示多个图层，当前图层是指绘图时所在的图层。如果想在 WALL 图层上制图，那么就要首先把 WALL 图层设为当前图层。方法为：在"图层特性管理器"选项板的"状态"列中的相应图层的图标上双击，就会将相应的图层设为当前图层。当前图层的状态显示为一个"对钩"。如图 6-34 所示，将 CL-H 图层设置为当前图层。

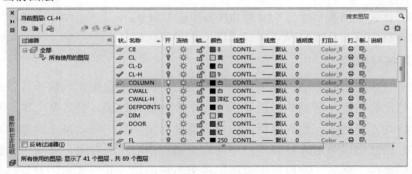

图 6-34　设置当前图层

与当前图层有关的图层控制命令有以下几个。

（1）将对象的图层置为当前

可以使选定图层成为当前图层，命令执行方式有以下两种：

- 选择"格式"|"图层工具"|"将对象的图层置为当前"命令。
- 在命令行中输入 LAYMCUR，并按【Enter】键确认命令。

常使用该命令来调整当前层为某选择的图元所在层，以方便接下来在该图层内绘制和修改图形。

（2）上一个图层

放弃对图层设置所做的上一个或一组修改，命令执行方式有以下两种：

- 选择"格式"|"图层工具"|"上一个图层"命令。
- 在命令行中输入 LAYERP，并按【Enter】键确认命令。

（3）更改为当前图层

将选定对象移动到当前图层，命令执行方式有以下两种：

- 选择"格式"|"图层工具"|"更改为当前图层"命令。
- 在命令行中输入 LAYCUR，并按【Enter】键确认命令。

### 上机操作 3　将"塑钢门窗"从 TEXT 图层移到当前图层 WALL

在不改变当前图层 WALL 的情况下，将图 6-35 所示的对象文字"塑钢门窗"移动到当前图层 WALL 中。

`Step 01` 选择"格式"|"图层工具"|"更改为当前图层"命令。

`Step 02` 选择要移动到当前图层的对象，按【Enter】键，效果如图 6-36 所示。

图 6-35　WINDOW_TEXT 图层　　　　　　　图 6-36　WALL 图层

### 6.4.3　转换图层

使用"图层转换器"对话框可以修改图形的图层，使其与用户设置的图层标准相匹配，将图层转换为所建立的图形标准。

使用"图层转换器"对话框可以将某个图形中的图层转换为已定义的标准。例如，如果从一家不遵循贵公司图层约定的公司接收到一个图形，可以将该图形的图层名称和特性转换为贵公司的标准。可以将当前图形中使用的图层映射到其他图层，然后使用这些映射转换当前图层。如果图形包含同名的图层，图层转换器可以自动修改当前图层的特性，使其与其他图层中的特性相匹配。可以将图层转换映射保存在文件中，以便日后在其他图形中使用。

启用"图形转换器"对话框执行图层转换，如图 6-37 所示。命令执行方式有以下两种：

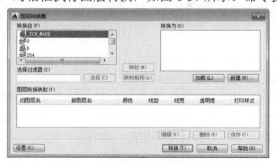

图 6-37　"图层转换器"对话框

- 选择"工具"|"CAD 标准"|"图层转换器"命令。

- 在命令行中输入 LAYTRANS，并按【Enter】键确认命令。

将图形的图层转换为标准图层设置的操作步骤如下。

**Step 01** 选择"工具"｜"CAD 标准"｜"图层转换器"命令。

**Step 02** 在弹出的"图层转换器"对话框中，执行以下操作之一：

- 单击"加载"按钮，从图形、图形样板或图形标准文件中加载图层。在弹出的"选择图形文件"对话框中选择所需的文件，然后单击"打开"按钮，如图 6-38 所示。

图 6-38 "选择图形文件"对话框

- 单击"新建"按钮，定义新的图层。在弹出的"新图层"对话框中，输入新图层的名称，选择其特性，然后单击"确定"按钮，如图 6-39 所示。可以根据需要的次数重复执行步骤 2。如果加载了其他文件，其中包含与"转换为"列表框中所显示的图层同名的图层，则保留该列表框中第一个加载的图层特性，忽略重复的图层特性。

**Step 03** 将当前图形中的图层映射到要转换的图层，使用以下方法来映射图层：

- 要从一个列表向另一个列表映射所有同名的图层，单击"映射相同"按钮，如图 6-40 所示。

图 6-39 "新图层"对话框

图 6-40 执行"映射相同"的结果

- 要映射"转换自"列表框中单独的图层，请选择一个或多个图层。在"转换为"列表框中选择要使用其特性的图层，然后单击"映射"按钮，定义映射。可以为每个或每组待转换的图层重复使用此方法。要删除映射，在"图层转换映射"列表框中选择映射，然后单击"删除"按钮。要删除所有映射，在"图层转换映射"列表框中右击，然后在弹出的快捷菜单中选择"全部删除"命令。

**Step 04** （可选）可以在图层转换器中执行以下操作：

- 要修改"图层转换映射"列表框中映射图层的特性，选择要修改其特性的映射，然后单击"编辑"按钮，在弹出的"编辑图层"对话框中，可以修改映射图层的线型、颜

　　色、线宽或打印样式，然后单击"确定"按钮。

- 要自定义图层转换的步骤，单击"设置"按钮，在弹出的"设置"对话框中，选择所需的复选框，然后单击"确定"按钮，如图 6-41 所示。
- 要将图层映射保存到文件中，单击"保存"按钮，在弹出的"保存图层映射"对话框中输入文件名，然后单击"确定"按钮，如图 6-42 所示。

图 6-41　"设置"对话框

图 6-42　"保存图层映射"对话框

**Step 05** 单击"转换"按钮，执行指定的图层转换。

## 6.4.4　输出和输入图层状态

　　用户可以从其他图形中输入图层设置，并输出图层状态。

　　用户可以输入保存在图形文件（DWG、DWS 和 DWT）中的图层状态，还可以从图层状态（LAS）文件中输入图层状态。从图形文件输入图层状态时，用户可以从"图层状态管理器"对话框（见图 6-43）中选择要输入的多个图层状态。输出图层状态时，图层状态将创建为 LAS 文件。

　　如果图层状态从图形中输入且包含在当前图形中无法加载或不可用的图层特性（例如线型或打印样式），则该特性将自动从源图形中输入。

　　如果图层状态从 LAS 文件中输入并且包含图形中不存在的线型或打印样式特性，将显示一条信息，通知用户无法恢复特性。

图 6-43　"图层状态管理器"对话框

　　从 LAS 文件或其他图形中输入与当前图形中的图层状态相同的图层状态时，可以选择覆盖现有图层状态或不将其输入。图层状态可以输入到程序的早期版本。

 **注　意**

　　当图层状态包含多个无法从 LAS 文件中恢复的特性时，显示的信息仅指示遇到的第一个无法恢复的特性。

对于无法输入使用 LMAN Express Tool 创建的图层状态，信息显示没有要输入的图层状态，用户可以通过图层状态管理器访问图形中的 LMAN 图层状态。第一次在包含 LMAN 图层状态的图形中打开图层状态管理器时，LMAN 图层状态将自动转换为 AutoCAD 图层状态，对话框将显示已转换的图层状态的数量，如图 6-44 所示。

当前图形不包含任何命名图层状态时，将保留 LMAN 图层状态名，如图 6-45 所示。如果当前图形包含图层状态，则 LMAN 图层状态名显示在原始图层状态名后，并带有前缀 LMAN。

图 6-44 "转换为图层状态"对话框

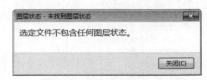
图 6-45 图层状态统计卡

## 6.4.5 其他图层控制命令

### 1. 图层合并

图层合并 是指将选定的图层合并到目标图层，命令执行方式有以下两种：
- 选择"格式"|"图层工具"|"图层合并"命令。
- 在命令行中输入 LAYMRG，并按【Enter】键确认命令。

### 2. 图层删除

图层删除 是指删除选定的图层和图层上的所有对象，然后从图形中清理图层，命令执行方式有以下两种：
- 选择"格式"|"图层工具"|"图层删除"命令。
- 在命令行中输入 LAYDEL，并按【Enter】键确认命令。

通过图层转换器，可以清理（全部删除）图形中未参照的图层。例如，如果图形中包括不需要的图层，则可能需要删除这些图层。减少图层数，可以使剩余图层的管理更为方便。

### 3. 图层漫游

图层漫游 是指动态显示图形文件中的图层，命令执行方式有以下两种：
- 选择"格式"|"图层工具"|"图层漫游"命令。
- 在命令行中输入 LAYWALK，并按【Enter】键确认命令。

图层漫游用于动态显示在图层列表中选择的图层上的对象。执行命令后将弹出"图层漫游"对话框，在对话框的标题中显示图形中的图层数，如图 6-46 所示。当退出、保存图层状态和清理未参照图层时，可以更改当前图层状态。

可以在图纸空间视口中使用"图层漫游"对话框，

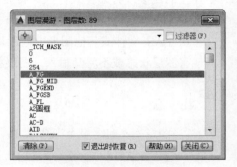
图 6-46 "图层漫游"对话框

以选择要在图层表和当前视口中打开并解冻的图层，或将在当前视口中冻结任何未在图层列表中选定的图层，还可以更改一个视口的显示，而不改变另一视口的显示。

"图层漫游"对话框中各选项的作用如下。

（1）过滤器

打开和关闭活动过滤器。选择该复选框时，在列表框将仅显示那些与活动过滤器匹配的图层。取消选择该复选框时，将显示完整的图层列表（仅当存在活动过滤器时，该复选框才可用）。若要打开活动的过滤器，请在"过滤器"文本框中输入通配符并按【Enter】键，或选择已保存的过滤器。

（2）图层列表

如果过滤器处于活动状态，则将显示该过滤器中定义的图层列表；如果无过滤器处于活动状态，则将显示图形中的图层列表。双击图层以将其设置为"总显示"（将在图层左侧显示星号）。在图层列表中右击以显示更多选项。

在图层列表中，可以进行如下操作：
- 单击图层名以显示图层的内容。
- 双击图层名以打开或关闭"总显示"选项。
- 按【Ctrl】键并单击图层以选择多个图层。
- 按【Shift】键并单击图层以连续选择图层。
- 按【Ctrl】或【Shift】键并双击图层列表以打开或关闭"总显示"选项。
- 在图层列表中单击并拖动以选择多个图层。

有关图层列表中的更多选项，请在图层列表中右击，访问"图层列表"右键快捷菜单。

"图层列表"右键快捷菜单中各命令的作用如下。
- 保持选择：打开选定图层的"总显示"选项，在所占用的每个图层的左侧将显示星号（*）。
- 释放选择：关闭选定图层的"总显示"选项。
- 选择未参照的图层：选择所有未参照的图层。单击"清除"按钮，以删除未使用的图层。
- 检验：显示图形中的图层数、选定的图层数和选定图层上的对象数。
- 复制为过滤器：在"过滤器"文本框中显示选定图层的名称。可用于创建通配符。
- 保存当前过滤器：保存当前过滤器，以便重复使用时，可在"过滤器"下拉列表框中找到该过滤器。

（3）清除

当未参照选定的图层时，将其从图形中清除。有关可清除图层的列表，请在图层列表中的任意处右击，然后在弹出的快捷菜单中选择"选择未参照的图层"命令。图层列表中将亮显未参照的图层，可以清理这些图层。

（4）退出时恢复

若选择该复选框，在退出该对话框时，将图层恢复为先前的状态。如果取消选择该复选框，则将保存所做的任何更改。

## 6.5　图层的相关特性实例

本节将通过实例设置一些常用图层及图层的相关特性，学习图层及特性的设置方法和操作技巧，以方便用户对复杂图形进行组织和规划。

**上机操作 4　建筑图形文件的图层设置**

具体操作步骤如下。

`Step 01` 创建一个新文档。

`Step 02` 选择"格式"|"图层"命令，弹出"图层特性管理器"选项板，如图 6-47 所示。

图 6-47　"图层特性管理器"选项板

`Step 03` 单击"新建图层"按钮，新建图层将以临时名称"图层 1"显示在图层列表框中。在反白显示的"图层 1"位置上输入"轴线"作为新图层的名称，创建一个名为"轴线"的新图层，如图 6-48 所示。

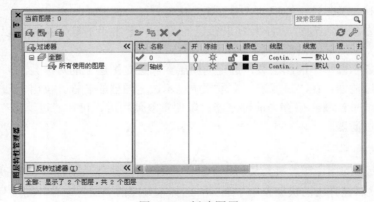

图 6-48　新建图层

`Step 04` 重复执行步骤 3，分别创建"墙线"、"门窗"、"楼梯"、"标注"、"文本"和"其他"等 10 个基本建筑图形文件常用的图层，如图 6-49 所示。

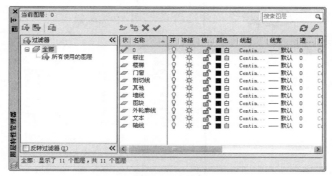

图 6-49 设置图层

提 示

用户可以通过连续按【Enter】键，创建多个图层。在创建新图层时，所创建的新图层将继承先前图层的一切特性（如线型、颜色和宽度等）。

Step 05 选择"轴线"图层，在颜色图标上单击，弹出"选择颜色"对话框，如图 6-50 所示，为所选图层设置颜色值，也可以直接在"AutoCAD 颜色索引"颜色面板中选择相应的颜色作为轴线层的对象颜色。

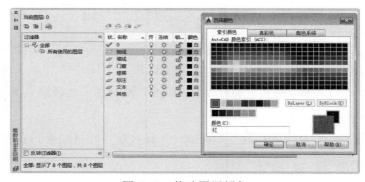

图 6-50 修改图层颜色

Step 06 单击"确定"按钮，返回"图层特性管理器"选项板，可以看到"轴线"图层的颜色被设置成"红色"，如图 6-51 所示。

图 6-51 设置结果

**Step 07** 参照步骤 5～步骤 6 的操作，分别为其他图层设置相应的颜色，如图 6-52 所示。

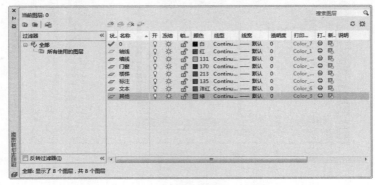

图 6-52　设置图层颜色特性

**Step 08** 设置线型特性。选择"轴线"图层，在图 6-53 所示的 Continuous 位置上单击，此时系统将弹出"选择线型"对话框。

图 6-53　指定位置

**Step 09** 单击"加载"按钮，弹出"加载或重载线型"对话框，选择图 6-54 所示的 ACAD_ISO04W100 线型。

**Step 10** 单击"确定"按钮，将此线型加载到"选择线型"对话框中，如图 6-55 所示。

图 6-54　选择线型

图 6-55　加载线型

**Step 11** 选择刚加载的线型，单击"确定"按钮，将加载的线型赋予当前被选择的"轴线"图层，如图 6-56 所示。

**Step 12** 选择"墙线"图层，选择线宽后的"默认"位置并在上面单击，弹出"线宽"对话框，选择"0.60mm"作为墙线层线宽，如图 6-57 所示。

图 6-56　图层线型设置

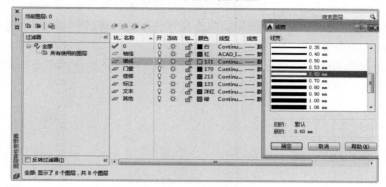

图 6-57　选择线宽

**Step 13** 单击"确定"按钮，返回"图层特性管理器"选项板，可以看到"墙线"图层的线宽被设置为 0.6mm，如图 6-58 所示。

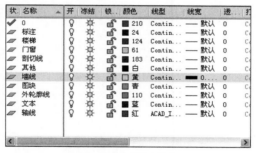

图 6-58　设置线宽

**Step 14** 在"图层特性管理器"选项板中单击"置为当前"按钮，完成图层的基本设置。

**Step 15** 选择"文件"|"另存为"命令，将当前文件另存为"实例 6-4.dwg"。

## 6.6　本章小结

　　本章主要讲解了图层的新建、命名和删除等基本操作，图层颜色、线型和线宽等参数的设置方法和操作技巧，以及图层过滤器的使用和图层的有效控制。图层是 AutoCAD 中非常重要的一个功能，通过将图形的各个部分放在不同的图层上，用户可以方便有效地绘制和修改图形，使绘图过程更加有条理，结构更加清晰。

　　通过实例，学习建筑专业的图纸图层设置，就平面图而言，可以分为柱、墙、轴线、尺寸标注、一般标注、门窗看线和家具等。也就是说，建筑专业的平面图，就按照柱、墙、轴线、尺寸标注、一般标注、门窗看线和家具等来定义图层，在绘图的时候把相应的图元放到相应的图层中去。进行各方面的设置是非常必要的，只有各项设置合理了，才能为接下来的绘图工作打下良好的基础，才有可能使接下来的绘图工作清晰、准确、高效。

## 6.7　问题与思考

1．图层的应用可以给绘图工作带来哪些方便？如何优化管理图层，使绘图操作方便、高效？

2．创建一系列图层，修改各个图层的状态和特性，然后新建一个图形特性过滤器，在其中进行设置，使一些特定的图层能够被过滤出来。

3．保存一个图层状态，然后修改该图层状态，再将图层的某些特性恢复为先前保存的图层状态。

# 第 7 章
## 文字、表格的创建与编辑

只有图形而没有标注和说明的工程图纸很容易出现解读偏差，所以文字标注是一张完整的工程图纸中不可或缺的一部分，它为用户的设计提供了许多相关信息，比如标题栏的建立、技术要求的说明和注释等。它可以对图形中不便于表达的内容加以说明，使图形的含义更加清晰，从而使设计、修改和施工人员对图形的要求一目了然。

本章将对建筑装饰制图中常见的各类文字样式、单行多行文字、表格功能，以及引线注释的使用方法进行讲解。

## 7.1 文字样式设置

装饰设计的文字说明比一般的施工图要多很多，这样便于更清楚地表达图面不能表达的材质等信息。

### 7.1.1 创建文字样式

在 AutoCAD 中，所有的文字都有与其相关联的文字样式。在创建文字注释和尺寸标注时，AutoCAD 通常使用当前的文字样式，也可以根据具体要求重新设置文字样式或创建新的样式。文字样式包括"字体"、"字形"、"高度"、"宽度因子"、"倾斜角度"、"反向"、"颠倒"和"垂直"等参数。

在 AutoCAD 2015 中，创建文字样式有以下几种方式：
- 选择"格式"|"文字样式"命令。
- 单击"注释"工具栏中的"文字样式"按钮 。

通过以上方式，可以打开"文字样式"对话框，如图 7-1 所示。利用该对话框可以创建或修改文字样式，并设置文字的当前样式。

图 7-1 "文字样式"对话框

## 7.1.2 设置样式名

文字样式决定了文字的外观形式，不同的文字样式，其文字对象的外观形式是不同的，而"文字样式"命令就是用于设置和控制文字对象外观效果的工具。"文字样式"对话框中包括文字样式的名称、创建新的文字样式、为已有的文字样式重命名，以及删除文字样式等选项，各选项的含义如下。

- "样式"列表框：列出当前可以使用的文字样式，默认文字样式为 Standard。
- "置为当前"按钮：单击该按钮，可以将选择的文字样式设置为当前的文字样式。
- "新建"按钮：单击该按钮，弹出"新建文字样式"对话框，如图 7-2 所示。在"样式名"文本框中输入新建文字样式名称后，单击"确定"按钮，可以创建新的文字样式。新建文字样式将显示在"样式"列表框中。

图 7-2 "新建文字样式"对话框

- "删除"按钮：单击该按钮，可以删除某个已有的文字样式，但无法删除已经使用的文字样式和默认的 Standard 样式。

## 7.1.3 设置字体

"文字样式"对话框的"字体"选项组用于设置文字样式使用的字体属性。其中，"字体名"下拉列表框用于选择字体；"字体样式"下拉列表框用于选择字体格式。常用的 SHX 字体有以下几个。

- txt：标准的 AutoCAD 文字字体。这种字体可以通过很少的矢量来描述，它是一种简单的字体，因此绘制起来速度很快。txt 字体文件为 txt.shx。
- monotxt：等宽的 txt 字体。在这种字体中，除了分配给每个字符的空间大小相同（等宽）以外，其他所有的特征都与 txt 字体相同。因此，这种字体尤其适合于书写明细表或在表格中需要垂直书写文字的场合。
- romans：这种字体是由许多短线段绘制的 roman 字体的简体（单笔画绘制，没有衬线）。该字体可以产生比 txt 字体看上去更为单薄的字符。

- romand：这种字体与 romans 字体相似，但它是使用双笔画定义的。该字体能产生更粗、颜色更深的字符，特别适用于在高分辨率的打印机（如激光打印机）上使用。
- romanc：这种字体是 roman 字体的繁体（双笔画，有衬线）。
- romant：这种字体是与 romanc 字体类似的三笔画的 roman 字体（三笔画，有衬线）。
- italicc：这种字体是 italic 字体的繁体（双笔画，有衬线）。
- italict：这种字体是三笔画的 italic 字体（三笔画，有衬线）。
- scripts：这种字体是 script 字体的简体（单笔画）。
- scriptc：这种字体是 script 字体的繁体（双笔画）。
- greeks：这种字体是 greek 字体的简体（单笔画，无衬线）。
- greekc：这种字体是 greek 字体的繁体（双笔画，有衬线）。
- gothice：哥特式英文字体。
- gothicg：哥特式德文字体。
- gothici：哥特式意大利文字体。
- syastro：天体学符号字体。
- symap：地图学符号字体。
- symath：数学符号字体。
- symeteo：气象学符号字体。
- symusic：音乐符号字体。

常用的大字体有 hztxt 单笔画小仿宋体、hzfs 单笔画大仿宋体和 china 双笔画宋体。

补充：字体（Style）设置高级知识。

在 AutoCAD 软件中，可以利用的字库有两类。一类存放在 AutoCAD 目录下的 Fonts 中，字库的扩展名为.shx，这一类是 AutoCAD 的专有字库，英语字母和汉字分属于不同的字库；另一类存放在 WINNT 或 WINXP 等（看系统采用哪种操作系统）目录下的 Fonts 中，字库的扩展名为.ttf，这一类是 Windows 系统的通用字库，除了 AutoCAD 以外，其他如 Word、Excel 等软件也都采用这个字库。其中，汉字字库已包含了英文字母。

在 AutoCAD 中定义字体时，两种字库都可以采用，但它们分别有各自的特点，要区别使用。第一类扩展名为.shx 的字库的最大特点就在于占用系统资源少。因此，在一般情况下，推荐使用这类字库。许多制图单位都提供了 sceic.shx、sceie.shx 和 sceist01.shx 字库，其中 sceic.shx 是汉字字库，sceie.shx 是英文字库，sceist01.shx 是带有常见结构专业符号的英文字库。笔者建议，在设计图纸时，除特殊情况外，全都采用这 3 个字库文件，这样，图纸才能统一化、格式化。

扩展名为.ttf 的字库在两种情况下可以使用：一是图纸文件要与其他单位交流，这样，采用宋体、黑体等字库，可以保证其他单位在打开该文件时不会发生任何问题；第二种情况就是在做方案、封面等情况时，因为这一类的字库文件非常多，各种样式都有，而且比较好看，因此，在需要美观效果的字样时，就可以采用这一类字库。

✎ **技　巧**

在转换 AutoCAD 图纸的过程中，经常出现字体不匹配、乱码等问题，现将部分问题的解决方法进行分享。

① AutoCAD 的低版本文件，如 R13（及 R13 以下）的 DWG 文件，用 R14（及 R14 以上）版本打开时，即使正确地选择了汉字字形文件，还是会出现汉字乱码，原因是 R14（及 R14 以上）与 R13（及 R13 以下）采用的代码页不同。解决办法为：可到 Autodesk 公司主页下载代码页转换工具 wnewcp 进行转换，如原图为简体中文，选择转换为 GB2312 或 ANSI936 均可。

② 在一个块里写字，如在标题栏里写字，一些内容太长而造成文字出界时，在 AutoCAD 2000 以前的版本中无法调整块里面的文字属性（即无法调整块中块），只能采用炸开的办法再调整文字属性。解决办法为：升级到 AutoCAD 2015，在它的块里面可以更改下一层块的属性。

③ 当数字与文字混合输入时，高度不一，通常来说，数字比文字的高度大一点。解决办法为：通常，用 style 指令指定数字用 GBENOR 字体（AutoCAD 自带，字高比其他字体矮），文字用 HZTXT 字体（如没有 HZTXT 字体，可根据感觉另选字体代替）。

④ 打开其他公司的 AutoCAD 图纸时，提示无图纸中的某字体，但用其他字体替代后，出现乱码。解决办法为：新建一个文档，将该 AutoCAD 图纸作为一个块插入，则乱码将会消失（但字体会与原图有出入，若需 100%准确，则需要对方通过匹配的字体）。

⑤ 用中文版的 Pro/E 的 Pro/Drawing 绘制好的工程图，当把它转换成 DWG 后再用 AutoCAD 打开后，无论在 AutoCAD 中如何设中文字体，把它炸开（因文字由 PROE 转换成 DWG 时全成图块了），都无法正常显示 Pro/E 中的中文字体。解决办法为：转换时先不要直接转换成 DWG 格式，先转换成 DXF 格式（这样在 AutoCAD 中文字就不会成为一个图块），再用 AutoCAD 打开这个 DXF 文件，这时 AutoCAD 文件字体风格是纯英文字符，用 style 指令来改变字体风格，采用 BIG FONT，选一种较为合适的中文字体，然后应用，就会发现，Pro/E 中标的中文字全恢复过来了。经试验，syfs.shx 字体与 Pro/E 的字体相差无几。

⑥ 图纸为实心字，打印时出现空心字体。解决办法为：将 AutoCAD 参数 TEXTFILL 的参数值由 0 改为 1。

**问：**用 AutoCAD 及天正建筑打开一张图纸，每次都提示未找到字体，要找一种字体替代，有什么好的解决办法吗？

**答：**每次都用 hztxt.shx 字体代替就行，因为下载的图纸有很多不是用天正画的，而是别的绘图软件，所以难免会有些字体找不到。同样，如果在用 AutoCAD 时有些字体需要替换的话，建议用 chinset.shx 字体代替。以上两种字体替换出来的全是中文。

## 7.1.4 设置字体大小

"大小"选项组用于设置文字样式使用的字高属性。"注释性"复选框用于设置文字是否为注释对象，"高度"文本框用于设置文字的高度。如果将文字的高度设为 0，在使用 TEXT 命令标注文字时，命令行将显示"指定高度："提示，要求指定文字的高度。如果在"高度"文本框中输入了文字高度，AutoCAD 将按此高度标注文字，而不再提示指定高度。

注　意

在字体种类够用的情况下，遵循越少越好的原则。

这一点，也适用于 AutoCAD 中所有的设置。不管是什么类型的设置，越多就会造成 CAD 文件越大，在运行软件时也可能会给运算速度带来影响。更关键的是，设置越多，越容易在图元的归类上发生错误。

比如，在使用 AutoCAD 时，除了默认的 Standard 字体外，可以只定义两种字体。一种是常规定义，字体宽度为 0.75，一般所有的汉字和英文都采用这种字体。另一种字体定义采用与第一种同样的字库，但是字体宽度为 0.5，这种字体可以作为在尺寸标注时的专用字体。因为在大多数施工图中，有很多细小的尺寸挤在一起，这时候采用较窄的字体标注，就会减少很多相互重叠的情况发生。

## 7.1.5　设置文字效果

在"文字样式"对话框中，使用"效果"选项组中的选项可以设置文字的颠倒、反向和垂直等显示效果。

- 颠倒：使字体上下翻转。
- 反向：使字体左右翻转。
- 垂直：使字体以竖向排版。
- 宽度因子：可以设置文字字符的高度和宽度之比。当"宽度因子"为 1 时，将按系统定义的高宽比书写文字；当"宽度因子"小于 1 时，字符会变窄；当"宽度因子"大于 1 时，字符则变宽。
- 倾斜角度：可以设置文字的倾斜角度。角度为 0 时不倾斜；角度为正值时向右倾斜；角度为负值时向左倾斜。

文字能否被竖向排版主要取决于此文字样式对应的字体文件性质，只有在该字体文件支持双向时，该文字样式才能具有垂直的方向，并且可以创建多列垂直的文字。

# 7.2　单行文字的创建和编辑

在 AutoCAD 中，对于不需要多种字体或多行的简单输入项一般使用单行文字，单行文字对于标签非常方便。

## 7.2.1　单行文字的创建

创建单行文字有以下几种方式：

- 在"命令行"中输入 DTEXT 命令。
- 选择"绘图"|"文字"|"单行文字"命令。
- 在"注释"工具栏中单击"单行文字"按钮 A。

通过以上方式可以创建单行文字对象，此时命令行提示如下：

指定文字的起点或[对正(J)/样式(S)]:

// 指定文字的起点：在默认情况下，通过指定单行文字行基线的起点位置创建文字。如果当前文字样式的高度设置为0，系统将显示"指定高度:"提示信息，要求指定文字高度，否则不显示该提示信息，而使用"文字样式"对话框来设置文字的高度

然后系统显示"指定文字的旋转角度<0>:"提示信息，要求指定文字的旋转角度。文字旋转角度是指文字行排列方向与水平线的夹角，默认角度为 0°。输入文字旋转角度，或按【Enter】键使用默认角度0°，最后输入文字即可

指定文字的起点或[对正(J)/样式(S)]:J

输入对正选项[左(L)/对齐(A)/调整(F)/中心(C)/中间(M)/右(R)/左上(TL)/中上(TC)/右上(TR)/左中(ML)/正中(MC)/右中(MR)/左下(BL)/中下(BC)/右下(BR)]<左上(TL)>:

// 设置文字的排列方式

部分选项的作用如下。

- 对齐（A）：通过指定基线端点来指定文字的高度和方向。选择该选项后，系统将提示用户确定文字串的起点和终点，字符大小根据高度比例调整。
- 调整（F）：指定文字按照由两点定义的方向和一个高度值布满一个区域。选择该选项后，系统将提示用户确定文字串的起点和终点。
- 中心（C）：从基线的水平中心对齐文字，此基线是由用户给出的点指出的。输入选项后，在随后"指定文字的旋转角度"时，系统指定的旋转角度是指基线以中点为圆心旋转的角度，它决定了文字基线的方向，可通过指定点来决定该角度。
- 中间（M）：文字在基线的水平中点和指定高度的垂直中点上对齐。中间对齐的文字不保持在基线上。
- 右（R）：在由用户给出的点指定的基线上右对正文字。
- 左上（TL）：在指定为文字顶点的点上左对正文字。
- 正中（MC）：在文字的中央水平和垂直居中对正文字。

在实际绘图中，往往需要标注一些特殊的字符。例如，在文字上方或下方添加画线、标注度（°）、±和 φ 等符号。这些特殊字符不能从键盘上直接输入，因此 AutoCAD 提供了相应的控制符，以实现这些标注要求。

AutoCAD 的控制符由两个百分号（%%）及在后面紧接的一个字符构成，常用的控制符如表 7-1 所示。

表 7-1　特殊字符的输入方法

| 控　制　符 | 功　　能 |
| --- | --- |
| %%nnn | Nnn（输入字符） |
| %%o | 打开或关闭文字上画线 |
| %%u | 打开或关闭文字下画线 |
| %%d | 标注度（°）符号 |
| %%p | 标注正负公差（±）符号 |
| %%c | 标注直径（φ）符号 |
| %%% | 标注百分比（%）符号 |

在 AutoCAD 的控制符中，%%o 和%%u 分别是上画线与下画线的开关。第一次出现此符号时，可打开上画线或下画线；第二次出现该符号时，则会关闭上画线或下画线。

在"输入文字:"提示下,输入控制符时,这些控制符也临时显示在屏幕上。当结束文本创建命令时,这些控制符将从屏幕上消失,转换成相应的特殊符号。

## 7.2.2 单行文字的编辑

编辑单行文字主要是修改文字内容和特性,可以分别使用 DDEDIT 和 PROPERTIES 命令来编辑。当只需要修改文字内容时,使用 DDEDIT 命令。当需要修改内容、文字样式、位置、方向、大小、对正和其他特征时,使用 PROPERTIES 命令,则可打开"特性"选项板,如图 7-3 所示。用户可在"文字"属性栏中选择相应的选项来修改文字特性。

图 7-3 "特性"选项板

## 7.3 多行文字的创建和编辑

"多行文字"又称为段落文字,是一种更易于管理的文字对象。多行文字由任意数目的文字行或段落组成,可以布满指定的宽度,还可以在竖直方向上无限延伸。但不管书写多少行,多行文字都被认为是一个对象。

### 7.3.1 多行文字的创建

创建多行文字有以下几种方式:
- 在命令行中输入 MTEXT 命令。
- 选择"绘图"|"文字"|"多行文字"命令。
- 在"文字"工具栏中单击"多行文字"按钮 **A**。

然后在绘图窗口中指定一个用来放置多行文字的矩形区域,将打开"创建多行文字的文字输入窗口"和"文字编辑器"选项卡。在"创建多行文字的文字输入窗口"中进行多行文字的输入,如图 7-4 所示。在"格式"工具栏中设置多行文字的样式、字体及大小属性,如图 7-5 所示。

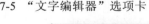

图 7-4 创建多行文字的文字输入窗口

图 7-5 "文字编辑器"选项卡

如果要创建堆叠文字(一种垂直对齐的文字或分数),可分别输入分子和分母,并使用/、#或^分隔,然后按【Enter】键,将打开"自动堆叠特性"对话框,可以设置是否需要输入如 x/y、x#y 或 x^y 的表达时自动堆叠,还能进行堆叠方法的设置等,如图 7-6 所示。

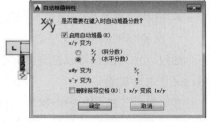

图 7-6 "自动堆叠特性"对话框

在"文字编辑器"选项卡中，AutoCAD 提供了更多的功能选项，部分选项的作用如下。

- "字段"按钮：单击该按钮，可弹出"字段"对话框，从中可以选择要插入到文字中的字段。关闭该对话框后，字段的当前值将显示在文字中。
- "符号"按钮@：单击该按钮，将弹出子菜单，如图 7-7 所示。该子菜单列出了常用符号及其控制代码。选择"其他"命令，将弹出"字符映射表"窗口，该窗口中包含了系统中每种可用字体的整个字符集，如图 7-8 所示。

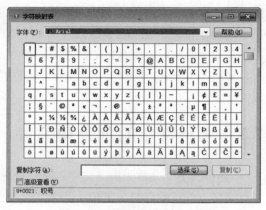

图 7-7 "符号"子菜单　　　　　　　图 7-8 "字符映射表"窗口

- "段落"：单击"段落"选项组右下角的按钮，将弹出"段落"对话框，如图 7-9 所示，可以对制表位、左缩进、右缩进、段落对齐、段落间距和段落行距进行设置。

图 7-9 "段落"对话框

## 7.3.2 多行文字的编辑

编辑多行文字有以下几种方式：

- 双击输入的多行文字。
- 选择"修改"|"对象"|"文字"|"编辑"命令，选择所要编辑的多行文字。

通过以上方法都可以打开"文字编辑器"选项卡，即可对多行文字进行编辑。

在"特性"选项板中，也可以设置多行文字样式、对齐方式、宽度和旋转角度等参数，如图 7-10 所示。

图 7-10 "特性"选项板

解决 **AutoCAD** 字体不能显示的几种方法。

问：为什么不能显示汉字？或输入的汉字变成了问号？

答：原因可能如下：

① 对应的字形没有使用汉字字体，如 hztxt.shx 等。

② 当前系统中没有汉字字体文件，应将所用到的字体文件复制到 AutoCAD 的字体目录中（一般为...\FONTS\）。

③ 对于某些符号，如希腊字母等，同样必须使用对应的字体文件，否则会显示成"？"号。

解决方法如下：

① 复制要替换的字库为将被替换的字库名，例如，打开一幅图，提示找不到 jd 字库，现在想用 hztxt.shx 替换它，那么可以把 hztxt.shx 复制一份，命名为 jd.shx，就可以解决了。不过这种办法的缺点显而易见，即太占用磁盘空间。最好采用下面的办法。

② 创建 FMP 文件。

**Step 01** 选择"开始"|"所有程序"|Autodesk|AutoCAD 2015-简体中文（Simplified chinese）|AutoCAD2015-简体中文（Simplified chinese）命令，打开 AutoCAD。

**Step 02** 选择"工具"|"选项"命令。

**Step 03** 弹出"选项"对话框，选择"文件"选项卡。

**Step 04** 在"文件"选项卡中，单击"文本编辑器、词典和字体文件名"选项左侧的加号（＋）。

**Step 05** 单击"字体映射文件"选项左侧的加号（＋）。

**Step 06** 在"字体映射文件"选项下，单击路径名查看字体映射文件的位置。

**Step 07** 在字体映射文件的位置目录下创建 acad.fmp 文件，如果原来有此文件直接打开，这是一个 ASCII 文件，输入 jd;hztxt，如果还有别的字体要替换，可以另起一行，如 jh; hztxt，存盘退出。以后如果打开的图形包含 jd 和 jh 等计算机里没有的字库，就再也不会不停地提示找字库替换了。

下面是工作中常需要添加的字体，希望读者能顺利读取各种 CAD 字体。

hztxtb;hztxt.shx、hztxto;hztxt.shx、hzdx;hztxt.shx、hztxt1;hztxt.shx、hzfso;hztxt.shx、hzxy;hztxt.shx、fs64f;hztxt.shx、hzfs;hztxt.shx、st64f;hztxt.shx、kttch;hztxt.shx、khtch;hztxt.shx、hzxk;hztxt.shx、st64s;hztxt.shx、ctxt;hztxt.shx、hzpmk;hztxt.shx、china;hztxt.shx、hztx;hztxt.shx、fs;hztxt.shx、ht64s;hztxt.shx、kt64f;hztxt.shx、eesltype;hztxt.shx、hzfs0;hztxt.shx。

③ 打开 DWG 文件，看包含哪些自己计算机里没有的 SHX。往往没有的字形文件是大字体文件，而一般用 hzd.shx 代替。所以将 hzd.shx 另存为 bigfont.shx，遇到找不到字体文件时，在对话框中，bigfont.shx 位于首位备选位置上，直接按【Enter】键即可。

# 7.4　表格和表格样式创建

在 AutoCAD 中，表格的使用非常广泛，在表格中可以写入文本和块，并且可以编辑表格的格式。

### 7.4.1 创建表格样式

表格的外观由表格样式控制，用户可以使用默认的表格样式 Standrad，也可以创建自己的表格样式。创建表格样式有以下几种方式：

- 在命令行中输入 TABLESTYLE 命令。
- 选择"格式"|"表格样式"命令。

使用以上任意一种方法都可以打开"表格样式"对话框，如图 7-11 所示。在该对话框中可以新建表格、将表格置为当前和修改表格。

在"表格样式"对话框中单击"新建"按钮，将弹出"创建新的表格样式"对话框，如图 7-12 所示，在该对话框中可以创建新的表格样式 Table。在"基础样式"下拉列表框中可以选择一种表格样式作为新表格样式的默认设置。

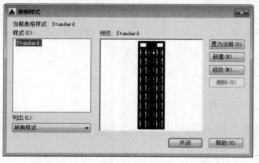

图 7-11 "表格样式"对话框

图 7-12 "创建新的表格样式"对话框

单击"继续"按钮，可弹出"新建表格样式：Table"对话框，如图 7-13 所示，主要选项的作用如下。

- 选择起始表格：起始表格就是要创建的新表格格式的参照对象，如同 Word 编辑工具里的格式刷一样，找到一个表格，刷动一下，就把表格的格式都继承过来了。
- 单元样式：是指表格的每一类单元格的样式。这里 AutoCAD 提供了 3 种基本的样式：标题、表头和数据，这 3 种样式可以分别编辑其颜色字体等，但是不能删除。还可以根据需要新建某些单元格样式，比如可以新建一个副标题单元格，可以把字体颜色区别于主标题。
- 创建行/列时合并单元：在"单元样式"下拉列表框中选择"标题"选项时才用到，可以创建一个合并过的单元格作为标题格。

图 7-13 "新建表格样式：Table"对话框

## 7.4.2 插入表格

在"注释"工具栏中单击"表格"按钮，将弹出"插入表格"对话框，这里重点介绍"插入表格"对话框的使用方法，它主要指定插入表格的方式，具体包含以下 3 种。

### 1．从空表格开始

创建可以手动填充数据的空表格，一般不复杂的表格内容都是手工填写的。

### 2．自数据链接

选择"自数据链接"单选按钮，从外部 Excel 电子表格中的数据创建表格，在其下拉列表框中选择"启动数据链接管理器"选项，将弹出"选择数据链接"对话框，如图 7-14 所示，选择"创建新的 Excel 数据链接"选项，弹出图 7-15 所示的对话框，输入新链接名"链接 1"。

图 7-14 "选择数据链接"对话框　　　　图 7-15 "输入数据链接名称"对话框

单击"确定"按钮，弹出图 7-16 所示的对话框，单击"浏览文件"后面的按钮，弹出图 7-17 所示的对话框，选择 Excel 数据表就行了。

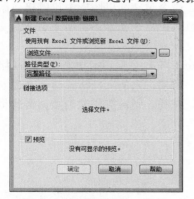

图 7-16 "新建 Excel 数据链接：链接 1"对话框　　图 7-17 选择 Excel 数据表

在选择链接好一个 Excel 数据表后，单击"打开"按钮，"链接选项"选项组的变化如图 7-18 所示，单击对话框右下角的按钮，会显示出隐藏的选项，如图 7-19 所示。

"新建 Excel 数据链接：链接 1"对话框的主要使用方法概括如下。

- 链接整个工作表：将 Excel 文件中指定的整个工作表链接至图形中的表格。
- 链接至命名范围：将已包含在 Excel 文件中的命名单元范围链接至图形中的表格。单击下三角按钮将显示已链接电子表格中的可用命名范围。

图 7-18 "新建 Excel 数据链接:
链接 1"对话框

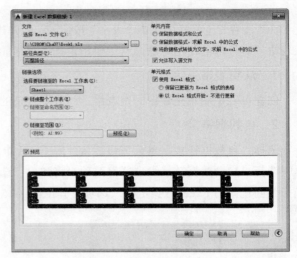

图 7-19 显示隐藏的选项

Excel 文件必须已经对某个选定单元格区域做了命名,该选项才可用。这是 Excel 的新功能,否则,此选项是灰色的不可选择状态。

- 链接至范围:指定要链接至图形中表格的 Excel 文件中的单元范围。在文本框中输入要链接至图形的单元范围,有效范围包括矩形区域(例如,A1:D10)、整列(例如,A:A)和多组列(例如,A:D)。
- 保留数据格式和公式:由于 Excel 表中的数据包括各种浮点类型的数据,并且包含计算公式,所以在导入时常常需要询问是否保留这些数据格式。如果求解公式,就是导入进来后不保留这些公式,只留计算后的数据,一般采用把数据转换为文本。
- 允许写入源文件:就是使用 DATALINKUPDATE 命令时,如果图形中已链接数据有更改,源文件也做同步更改。否则 DATALINKUPDATE 命令就是不可逆向更新源文件的命令。
- 使用 Excel 格式:就是链接进来的表格格式是 Excel 格式,"保留已更新为 Excel 格式的表格"就是在使用 DATALINKUPDATE 命令时,链接进来的文件格式与源文件同步。如果选择"以 Excel 格式开始,不进行更新"单选按钮,则链接进来的数据格式将以先前设置的链接格式为准不再变动。

### 技 巧

插入表格有以下 3 种常见的办法:

第一种是外部在 AutoCAD 环境下用手工画线方法绘制表格,然后在表格中填写文字。这种方法不但效率低下,而且很难精确地控制文字的书写位置,文字排版也很成问题。

第二种是上面讲的使用对象链接与嵌入,可以插入 Word 或 Excel 表格。这种方法虽然便于大数据量的创建和更新,但是也有缺点:一方面修改起来不是很方便,一点小小的修改就得进入 Word 或 Excel,修改完成后,又得退回到 AutoCAD;另一方面,一些特殊符号,如一级钢筋符号、二级钢筋符号等,在 Word 或 Excel 中很难输入。那么有没有两全其美的方法呢？

在实践中，笔者常采用第三种方法：先在 Excel 中制作完成表格，复制到剪贴板，然后在 AutoCAD 环境下选择"编辑"|"选择性粘贴"命令，选择作为 OLE 对象插入 AutoCAD 中，确定以后，表格即转换成 AutoCAD 实体，用 Explode 炸开，即可以编辑其中的线条及文字，非常方便。这种方法对于一次成形的表格来说比较方便，但不适合大数据量计算和更新的做法。

### 3. 自图形中的对象数据

启动"数据提取"向导。可以从图形中的对象提取特性信息，包括块及其属性，以及图形特性（例如图形名和概要信息）。提取的数据可以与 Excel 电子表格中的信息进行链接，也可以输出到表格或外部文件中。这个功能主要用于生成一些经济数据表格。

### 上机操作 1　为建筑施工图添加标题栏

下面以一个施工图中的标题栏实例来说明图表的用法，这个实例采用创建空表格的方法来实现。具体操作步骤如下：

**Step 01** 将"标题栏"层设置为当前层，选择"格式"|"表格样式"命令，弹出"表格样式"对话框。单击"新建"按钮，在弹出的"创建新的表格样式"对话框中创建新表格样式 Table，如图 7-20 所示。

**Step 02** 单击"继续"按钮，弹出"新建表格样式：Table"对话框，在"单元样式"下拉列表框中选择"数据"选项，选择"常规"选项卡，在"对齐"下拉列表框中选择"正中"选项；选择"边框"选项卡，单击"外边框"按钮 □，并在"线宽"下拉列表框中选择 0.30mm，如图 7-21 所示。

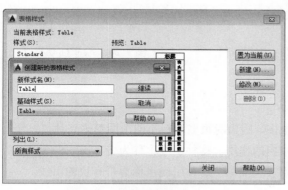
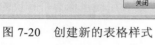

图 7-20　创建新的表格样式

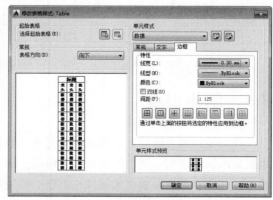

图 7-21　设置"数据"及"边框"

**Step 03** 单击"确定"按钮，返回"表格样式"对话框，在"样式"列表框中选中创建的新样式，单击"置为当前"按钮，如图 7-22 所示。设置完成后，关闭对话框。

**Step 04** 在"注释"工具栏中单击"表格"按钮 ▦，弹出"插入表格"对话框，在"插入方式"选项组中选择"指定插入点"单选按钮；在"列和行设置"选项组中设置"列数"为 6，"数据行数"为 3，"列宽"为 25，"行高"为 1，如图 7-23 所示。

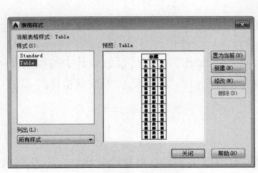 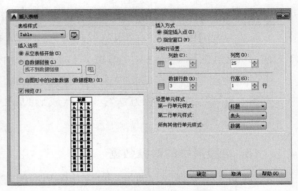

图 7-22　置为当前样式　　　　　　　　　图 7-23　"插入表格"对话框

**Step 05** 单击"确定"按钮，将在绘图文档中插入一个 5 行 6 列的表格，如图 7-24 所示。如果第一行没有表格，则选中第一行并右击，在弹出的菜单中选择"取消合并"命令。

**Step 06** 拖动鼠标选中表格中的前 2 行和前 3 列表格单元并右击，在弹出的快捷菜单中选择"合并"|"全部"命令，选中的表格单元将合并成一个表格单元。使用同样的方法合并其他单元格，效果如图 7-25 所示。

**Step 07** 选中绘制的表格，将其拖放到图框右下角，如图 7-26 所示，再标上相应的文字，完成标题栏的绘制。

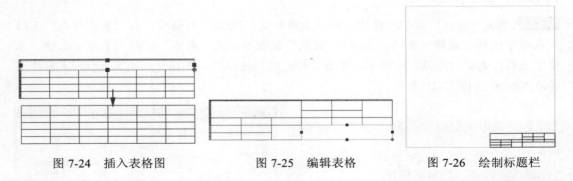

图 7-24　插入表格图　　　　　图 7-25　编辑表格　　　　　图 7-26　绘制标题栏

## 7.5　创建引线

　　建筑装饰施工图的一个特点就是文本注释很多，因为对很多材料不能用图形来表达，只能添加文本加以说明，而引线就是起到链接文本指向的作用，这种引线也称为带有文本的引线。此外，还有许多需要放大的部件也需要引线指引放大部位，这种引线也称为带有块的引线。

7.5.1　引线的创建

　　引线对象是一条线或样条曲线，其一端带有箭头，另一端带有多行文字对象或块。在某些情况下，由一条短水平线（又称为基线）将文字或块和特征控制框连接到引线上，如图 7-27 所示。

图 7-27　引线结构图

在 AutoCAD 2015 中，着重给出了多重引线的创建和编辑功能，下面首先介绍一下普通引线的创建方法，常用以下几种方式：

- 在命令行中输入 MLEADER 命令。
- 选择"标注" | "多重引线"命令。

### 上机操作 2　使用 MLEADER 命令绘制引线

具体操作步骤如下。

**Step 01** 在命令行中输入 MLEADER 命令，按【Enter】键，命令行提示如下。

指定引线箭头的位置或[引线基线优先（L）/内容优先（C）/选项（O）]<选项>：

选项的内容解释如下：

- 默认的是首先确定引线箭头的位置，然后确定基线位置，最后输入文字。
- "引线基线优先（L）"是先确定引线基线的位置，其次确定箭头的位置，最后输入文字。
- "内容优先（C）"是先确定引线基线的位置，其次输入文字，最后确定箭头的位置。
- "选项（O）"中内容较多，主要用来设定引线的类型。

**Step 02** 输入 O，按【Enter】键，命令行提示如下。

输入选项[引线类型(L)/引线基线(A)/内容类型(C)/最大节点数(M)/第一个角度(F)/第二个角度(S)/退出选项(X)] <退出选项>：

部分选项的内容解释如下：

- 输入 L 可指定引线。
- 输入 T 可指定引线类型。
- 输入 S 可指定直线引线。

**Step 03** 在图形中，单击引线头的起点。

**Step 04** 单击引线的端点。

**Step 05** 输入多行文字内容。

**Step 06** 在"文字编辑器"选项卡中单击"关闭文字编辑器"按钮即可。

## 7.5.2　引线的编辑

多重引线是具有多个选项的引线对象，对于多重引线，先放置引线对象的头部、尾部或内容均可。可以创建与标注、表格和文字中的样式类似的多重引线样式，还可以把这些样式转换为工具并将其添加到工具选项板中，以便于快速访问。可以通过选择"工具" | "工具栏" | "AutoCAD" | "多重引线"命令，来打开"多重引线"工具栏，如图 7-28 所示。

图 7-28　"多重引线"工具栏

### 上机操作 3　编辑多重引线

具体操作步骤如下。

**Step 01** 打开 7.5.dwg 素材文件，如图 7-29 所示。

**Step 02** 单击"注释"选项卡"引线"组中的右下角按钮，弹出图 7-30 所示的"多重引线样式管理器"对话框。

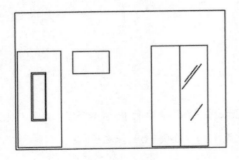

图 7-29 装饰 DWG 文件

图 7-30 "多重引线样式管理器"对话框

**Step 03** 单击"新建"按钮,弹出"创建新多重引线样式"对话框,设置新样式名,如图 7-31 所示。

**Step 04** 单击"继续"按钮,在弹出的"修改多重引线样式:装饰多重引线"对话框中设置引线样式,如图 7-32 所示。

图 7-31 "创建新多重引线样式"对话框

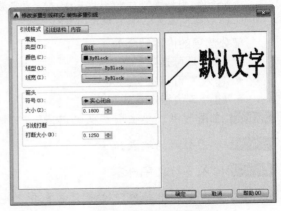

图 7-32 引线设置

在"引线格式"选项卡中,设置"颜色"为"黑色",在"箭头"选项组中设置"符号"为"实心闭合","大小"为 100,在"引线打断"选项组中设置"打断大小"为 75;在"引线结构"选项卡中,设置"设置基线距离"为 200;在"内容"选项卡中设置"文字高度"为 100。然后单击"确定"按钮,返回"多重引线样式管理器"对话框,选择刚刚创建的"装饰多重引线"样式,然后单击"置为当前"按钮,将该样式置为当前应用的样式,然后单击"关闭"按钮,关闭该对话框。

**Step 05** 在"引线"组中单击"多重引线"按钮 /°,选择箭头引线优先绘制多重引线,结果如图 7-33 所示。命令行提示如下。

```
命令: _mleader
指定引线箭头的位置或 [引线基线优先(L)/内容优先(C)/选项(O)] <选项>:
指定引线基线的位置:
```

**Step 06** 在"多重引线"工具栏中单击"多重引线对齐"按钮,将引线对齐。按提示选择要对齐的 3 条引线,然后按【Enter】键确定,再选择要对齐到的多重引线,按【Enter】

键，结果如图 7-34 所示。命令行提示如下。

```
命令: _mleaderalign
选择多重引线: 找到 1 个
选择多重引线: 找到 1 个, 总计 2 个
选择多重引线: 找到 1 个, 总计 3 个
选择多重引线:
当前模式: 使用当前间距
选择要对齐到的多重引线或 [选项(O)]:
指定方向:
```

**注　意**

　　要绘制多重引线，先确定引线头部箭头位置、尾部基线部分或内容均可，以上绘制就是采取这种方法绘制的。

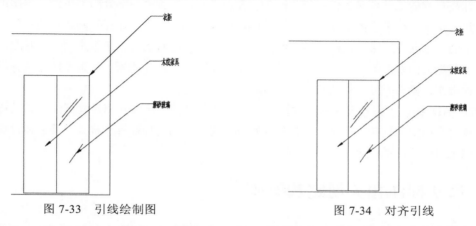

图 7-33　引线绘制图　　　　　　　　　　图 7-34　对齐引线

此外，引线的添加、删除、合并和编辑都可以按照命令行提示的步骤进行，这里不再赘述。

## 7.6　本章小结

　　本章主要讲解了建筑装饰图中常见的文字编排知识，如文字样式的设置与编辑、文字引线的设置，以及表格的创建与数据输入方法等，其中重点是文字样式的设置，难点是如何解决不同版本的 DWG 文件相互打开时出现的字体混乱情况，还有 Excel 表格数据的自动更新问题，也需要读者在实践中体会。

　　本章的文字设置等方法都是绘图工作中常用的基本技能，要多加练习，加深理解，只有这样才能逐步总结出一套适合自己的行之有效的方法。

## 7.7　问题与思考

　　打开几个 DWG 文件，更换不同的字体，看看显示效果。如果不能显示，试着使用学习到的步骤解决。

# 第 8 章
# 尺寸标注的设置及创建

不标注尺寸的设计图是无法指导生产的。在施工时，建筑物各部分的大小完全由图纸上所标注的尺寸决定。如果说图形绘制得不够精确，但尺寸标注正确，还能正确指导施工的话，那么，图中的尺寸漏注、错注、标注得不清楚或不合理，则绝对会给施工带来困难，甚至造成人力和财力的极大浪费。为了保证标注尺寸的完整、正确、合理和清晰，在国家颁布的各行业制图统一标准中，都对尺寸标注进行了严格规定。

AutoCAD 提供了完整灵活的尺寸标注功能。本章将首先详细介绍尺寸标注的有关概念和术语，然后介绍如何创建符合国家规定的建筑标注样式、如何控制标注样式，最后通过典型的建筑实例来讲解标注的应用技巧。

## 8.1　尺寸标注相关规定及组成

随着建筑业的快速发展，国家在 2003 年制定了新的建筑标准 GB/T 4458.4—2003 来代替以前的 GB/T 4458.4-84，新标准对建筑制图中的尺寸标注方法进行了更为详细的规定。用户在绘图过程中必须严格遵守，并要标注所需要标注的全部尺寸，保证不遗漏、不重复，确保标注尺寸的统一性，达到行业或项目标准。

### 8.1.1　尺寸标注的规定

在 AutoCAD 2015 中，对绘制的图形进行尺寸标注时应遵循以下规则：
- 物体的真实大小应以图样上所标注的尺寸数值为依据，与图形的大小及绘图的准确度无关。也就是说，要严格按照比例绘制图形。
- 图样中的尺寸以毫米为单位时，不需要标注计量单位的代号或名称。如采用其他单位，则必须注明相应计量单位的代号或名称，如度、厘米和米等。
- 图样中所标注的尺寸为该图样所标识的物体的最后完工尺寸，否则应另加说明。
- 建筑物部件的尺寸一般只标注一次，并标注在最能清晰反映该部件结构特征的视图上。
- 尺寸的配置要合理，功能尺寸应该直接标注；统一要素的尺寸应尽可能集中标注；尽量避免在不可见的轮廓线上标注尺寸；数字之间不允许任何图线穿过，必要时可以将图线断开。

## 8.1.2    尺寸标注的组成

在工程绘图中，一个完整的尺寸标注应由标注文字、尺寸线、尺寸界线、尺寸线的端点符号及起点等组成，如图 8-1 所示。各项的含义如下。

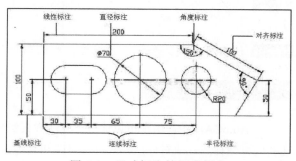

图 8-1    尺寸标注的组成部分

- 标注文字：表明图形的实际测量值。可以使用由 AutoCAD 自动计算出来的测量值，提供自定义的文字或完全不用文字。
- 标注线：表明标注的范围。尺寸线是一条带有双箭头的线段，指出起点和端点，标注文字沿尺寸线放置。如果空间不足，则将尺寸线或文字移到测量区域的外部。
- 箭头（即尺寸线的端点符号）：箭头显示在尺寸线的末端，用于指出测量的开始和结束位置。
- 辅助线（延伸线）：从被标注的对象延伸到尺寸线。尺寸界线一般垂直于尺寸线，但也可以将尺寸界线倾斜。
- 导出线：对于一些弧形或者需要引线说明的标注，需要绘制导出线。

# 8.2    尺寸标注设置

在进行尺寸标注之前，首先要进行尺寸标注样式（Dimension Style）的设置。标注样式用于控制标注的格式和外观，AutoCAD 中的标注均与一定的标注样式相关联。

通过标注样式，用户可进行如下定义：

- 尺寸线、尺寸界线、箭头、圆心标记的格式和位置。
- 标注文字的外观、位置和行为。
- AutoCAD 放置文字和尺寸线的管理规则。
- 全局标注比例。
- 主单位、换算单位、角度标注单位的格式和精度。
- 公差值的格式和精度。

在 AutoCAD 中新建图形文件时，系统将根据样板文件来创建一个默认的标注样式。如使用 acad.dwt 样板时默认样式为 Standard，使用 acadiso.dwg 样板时默认样式为 ISO-25。此外，DIN 和 JIS 系列图形样板分别提供了德国和日本工业标准样式。

## 8.2.1    创建尺寸标注的步骤

在 AutoCAD 中对图形进行尺寸标注的基本步骤如下：

Step 01 选择 "格式" | "图层" 命令，在打开的 "图层特性管理器" 选项板中创建一个独立的图层，用于尺寸标注。

Step 02 选择"格式"|"文字样式"命令，在弹出的"文字样式"对话框中创建一种文字样式，用于尺寸标注。

Step 03 选择"格式"|"标注样式"命令，在弹出的"标注样式管理器"对话框中设置标注样式。

Step 04 使用对象捕捉和标注等功能，对图形中的元素进行标注。

## 8.2.2 创建标注样式

在 AutoCAD 中，用户可以通过"标注样式管理器（Dimension Style Manger）"对话框来创建新的标注样式，或对标注样式进行修改和管理。现在通过"标注样式管理器"对话框来详细介绍标注样式的组成元素及其作用。

启动标注样式管理器的方式如下：

- 选择"格式"|"标注样式"命令。
- 在命令行中输入 dimstyle 命令。

执行该命令后，弹出"标注样式管理器"对话框，如图 8-2 所示。

该对话框显示了当前的标注样式，以及在"样式"列表框中被选中项目的预览图和说明。单击"新建"按钮，在弹出的"创建新标注样式"对话框中即可创建新标注样式，如图 8-3 所示。

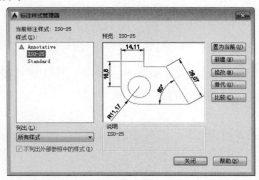

图 8-2 "标注样式管理器"对话框

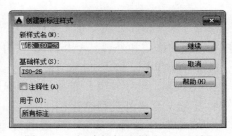

图 8-3 "创建新标注样式"对话框

设置了新式样的名称、基础样式和适用范围后，单击该对话框中的"继续"按钮，将弹出"新建标注样式"对话框，可以创建标注中的直线、符号和箭头、文字，以及换算单位等内容，如图 8-4 所示。

图 8-4 "新建标注样式"对话框

### 8.2.3　设置尺寸线

在"新建标注样式"对话框中，使用"线"选项卡可以设置尺寸线、尺寸界线的格式和位置，如图 8-4 所示。

**1．尺寸线**

在"尺寸线"选项组中，可以设置尺寸线的颜色、线宽、超出标记和基线间距等属性。

**2．尺寸界线**

在"尺寸界线"选项组中，可以设置尺寸界线的颜色、线宽、超出尺寸线、起点偏移量和隐藏控制等属性。

### 8.2.4　设置符号和箭头格式

在"新建标注样式"对话框中，使用"符号和箭头"选项卡可以设置箭头、圆心标记、弧长符号和半径折弯标注的格式与位置，如图 8-5 所示。

图 8-5　"符号和箭头"选项卡

**1．箭头**

在"箭头"选项组中，可以设置尺寸线和引线箭头的类型及尺寸大小等。通常情况下，尺寸线的两个箭头应一致。

为了适用于不同类型的图形标注需要，AutoCAD 设置了 20 多种箭头样式。可以从对应的下拉列表框中选择箭头，并在"箭头大小"文本框中设置其大小。也可以使用自定义箭头，此时可在下拉列表框中选择"用户箭头"选项，将弹出"选择自定义箭头块"对话框。在"从图形块中选择"下拉列表框中选择当前图形中已有的块名，然后单击"确定"按钮，AutoCAD 将以该块作为尺寸线的箭头样式，此时块的插入基点与尺寸线的端点重合。

提 示

> 箭头用来指定标注线的范围。箭头的长度依据图的比例而定，一般来说，在小图中箭头的长度为 3.12mm，在大图中箭头的长度为 4.8mm。箭头太大或太小都容易产生阅读障碍，给人不舒服的感觉。

**2．圆心标记**

在"圆心标记"选项组中，可以设置圆或圆弧的圆心标记类型，包括"标记"、"直线"和"无"3 种类型。其中选择"标记"单选按钮，可以对圆或圆弧绘制圆心标记；选择"直线"单选按钮，可以对圆或圆弧绘制中心线；选择"无"单选按钮，则没有任何标记。当选择"标记"或"直线"单选按钮时，可以在其后的文本框中设置圆心标记的大小。

**3．弧长符号**

在"弧长符号"选项组中，可以设置弧长符号显示的位置，包括"标注文字的前缀"、"标注文字的上方"和"无"3 种方式。

**4．半径折弯标注**

在"半径折弯标注"选项组的"折弯角度"文本框中，可以设置标注圆弧半径时标注线的折弯角度大小。

**5．线性折弯标注**

在"线性折弯标注"选项组中可以控制线性折弯标注的显示。

## 8.2.5　设置文字

在"新建标注样式"对话框中，可以使用"文字"选项卡设置标注文字的外观、位置和对齐方式，如图 8-6 所示。

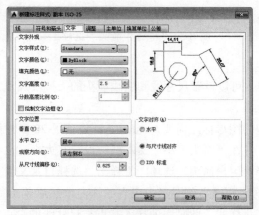

图 8-6　"文字"选项卡

**1．文字外观**

在"文字外观"选项组中，可以设置文字的样式、颜色、高度和分数高度比例，以及控制是否绘制文字边框等。部分选项的功能说明如下。

- "文字样式"下拉列表框：设置文字的所用样式，单击右侧的 按钮，弹出"文字样式"对话框，可以在该对话框中创建和修改文字样式，如图 8-7 所示。
- "文字颜色"下拉列表框：用于设置标注文字的颜色，单击右侧的下拉按钮，在打开的下拉列表框中可以选择颜色，选择"选择颜色"选项可以弹出"选择颜色"对话框，如图 8-8 所示。

图 8-7　"文字样式"对话框　　　　图 8-8　"选择颜色"对话框

- "填充颜色"下拉列表框：设置标注文字的背景颜色。
- "分数高度比例"文本框：设置标注文字中的分数相对于其他标注文字的比例，AutoCAD 将该比例值与标注文字高度的乘积作为分数的高度。
- "绘制文字边框"复选框：设置是否为标注文字加边框。

### 2．文字位置

在"文字位置"选项组中，可以设置文字的垂直、水平位置，以及从尺寸线的偏移量。

### 3．文字对齐

在"文字对齐"选项组中，可以设置标注文字是保持水平，还是与尺寸线对齐。

## 8.2.6　设置调整格式

在"新建标注样式"对话框中，可以使用"调整"选项卡设置标注文字、尺寸线和尺寸箭头的位置，如图 8-9 所示。

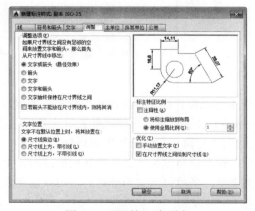

图 8-9　"调整"选项卡

### 1. 调整选项

在"调整选项"选项组中，可以确定当尺寸界线之间没有足够的空间放置标注文字和箭头时，应从尺寸界线之间移出对象。

### 2. 文字位置

在"文字位置"选项组中，可以设置当文字不在默认位置时的位置。

### 3. 标注特征比例

在"标注特征比例"选项组中，可以设置标注尺寸的特征比例，以便通过设置全局比例来增加或减少各标注的大小。

### 4. 优化

在"优化"选项组中，可以对标注文本和尺寸线进行细微调整，该选项组包括以下两个复选框。

- "手动放置文字"复选框：选择该复选框，则忽略标注文字的水平设置，在标注时可将标注文字放置在指定的位置。
- "在尺寸界线之间绘制尺寸线"复选框：选择该复选框，当尺寸箭头放置在尺寸界线之外时，也可在尺寸界线之内绘制出尺寸线。

## 8.2.7　设置主单位格式

在"新建标注样式"对话框中，可以使用"主单位"选项卡设置主单位的格式、精度等属性，如图 8-10 所示。

图 8-10　"主单位"选项卡

### 1. 线性标注

在"线性标注"选项组中可以设置线性标注的单位格式与精度，主要选项的功能如下。

- "单位格式"下拉列表框：设置除角度标注之外的其余各标注类型的尺寸单位，包括"科学"、"小数"、"工程"、"建筑"和"分数"等选项。
- "精度"下拉列表框：设置除角度标注之外的其他标注的尺寸精度。
- "分数格式"下拉列表框：当单位格式为分数时，可以设置分数的格式，包括"水平"、"对角"和"非堆叠"3 种方式。

- "小数分隔符"下拉列表框：当单位格式为小数时，可以设置小数的分隔符，包括"逗点"、"句点"和"空格"3 种方式。
- "舍入"文本框：用于设置除角度标注之外的尺寸测量值的舍入值。
- "前缀"和"后缀"文本框：设置标注文字的前缀和后缀，在相应的文本框中输入字符即可。
- "测量单位比例"选项组：在"比例因子"文本框中可以设置测量尺寸的缩放比例，AutoCAD 的实际标注值为测量值与该比例的乘积。选择"仅应用到布局标注"复选框，可以设置该比例关系仅适用于布局。

### 2．角度标注

在"角度标注"选项组中，可以使用"单位格式"下拉列表框设置标注角度时的单位，使用"精度"下拉列表框设置标注角度的尺寸精度，使用"消零"选项组设置是否消除角度尺寸的"前导"和"后续"零。

### 3．消零

"消零"选项组用来设置前导和后续零是否输出。

- 前导：不输出所有十进制标注中的前导零。例如，0.5000 变成.5000。
- 后续：不输出所有十进制标注的后续零。例如，12.5000 变成 12.5，30.0000 变成 30。
- 0 英尺：当距离小于 1 英尺时，不输出英尺-英寸型标注中的英尺部分。例如，0'-6 1/2"变成 6 1/2"。
- 0 英寸：当距离是整数英尺时，不输出英尺-英寸型标注中的英寸部分。例如，1'-0"变为 1'。

## 8.2.8 设置换算单位格式

在"新建标注样式"对话框中，可以使用"换算单位"选项卡设置换算单位的格式，如图 8-11 所示。通过换算标注单位，可以转换使用不同测量单位制的标注，通常是显示英制标注的等效公制标注，或公制标注的等效英制标注。换算单位格式的具体内容如下。

- "单位格式"下拉列表框：设置标注类型的当前单位格式（角度除外）。
- "精度"下拉列表框：设置标注的小数位数。
- "换算单位倍数"数值框：指定一个乘数，作为主单位和换算单位之间的换算因子使用。例如，要将英寸转换为毫米，就可以输入 25.4。
- "舍入精度"数值框：设置标注测量值的四舍五入规则（角度除外）。舍入为除"角度"之外的所有标注类型设置标注测量值的舍入规则。如果输入 0.25，则所有标注距离都以 0.25 为单位进行舍入。类似地，如果输入 1.0，AutoCAD 将所有标注距离舍入为最接近的整数。
- "前缀"文本框：设置文字前缀，可以输入文字或用控制代码显示特殊符号。如果指定了公差，AutoCAD 也会给公差添加前缀。例如，输入控制代码%%c 显示直径符号。当输入前缀时，将覆盖在直径（D）和半径（R）等标注中使用的任何默认前缀。
- "后缀"文本框：为标注文字指示后缀。可以输入文字或用控制代码显示特殊符号（请参见控制码和特殊字符），输入的后缀将替代所有默认后缀。

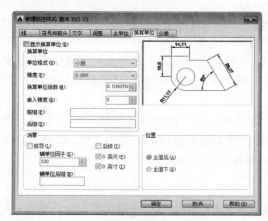

图 8-11 "换算单位"选项卡

## 8.2.9 设置公差格式

公差是用来确定基本尺寸的变动范围的。

在"新建标注样式"对话框中，可以使用"公差"选项卡设置是否标注公差，以及以哪种方式进行标注，如图 8-12 所示。

图 8-12 "公差"选项卡

- "方式"下拉列表框：选择以哪种方式进行标注，包括以下几种方式。

  ◆ 无：无公差。

  ◆ 对称：添加公差的加/减表达式，把同一个变量值应用到标注测量值，将在标注后显示"±"号。在"上偏差"文本框中输入公差值。

  ◆ 极限偏差：添加公差的加/减表达式，把不同的变量值应用到标注测量值，正号（+）位于在"上偏差"文本框中输入的公差值前面，负号（-）位于在"下偏差"文本框中输入的公差值前面。

  ◆ 极限尺寸：创建有上下限的标注，显示一个最大值和一个最小值，最大值等于标注值加上在"上偏差"文本框中输入的值，最小值等于标注值减去在"下偏差"文本框中输入的值。

  ◆ 基本尺寸：创建基本尺寸，AutoCAD 将在整个标注范围四周绘制一个框。

- "精度"下拉列表框：设置小数位数。
- "上偏差"数值框：显示和设置最大公差值或上偏差值。当在"方式"下拉列表框中选择"对称"选项时，AutoCAD 把该值作为公差。
- "下偏差"数值框：显示和设置最小公差值或下偏差值。
- "高度比例"下拉列表框：显示和设置公差文字的当前高度。
- "垂直位置"下拉列表框：控制对称公差和极限公差的文字对齐方式。

**上机操作 1  一种常用的标注定义的设置（1:100 比例出图）**

具体操作步骤如下。

`Step 01` 设置直线和箭头：所有颜色和线宽的选择均为 ByLayer，箭头大小为 150，其他几个数据一般在 100~200。如果在设置时已经确定了 1:100 比例，则箭头大小为 150/100=1.5。

`Step 02` 设置文字：文字样式要选择前面提到的宽度定义为 0.5 的字体，颜色仍旧是 ByLayer，文字高度为 350，文字位置垂直为上方，水平为置中，从尺寸线偏移为 60，文字与尺寸线对齐。

标注定义里面的选项多了一点，不过需要注意的地方并不多。一般情况下会定义一种设置，对于某些特殊情况，可以单独修改其属性，其他的用格式刷来设置即可。

# 8.3  尺寸标注方法

为了更好地理解尺寸标注的特性，首先介绍尺寸标注的类型，主要包括长度型尺寸标注、角度型尺寸标注、高度型尺寸标注和一些文字型标注，这里以最常见的长度型尺寸标注为重点进行介绍。

AutoCAD 2015 提供了十多种长度型尺寸标注工具以标注图形对象，可以大致分为直线型尺寸标注、曲线型尺寸标注和角度标注，使用它们可以进行角度、直径、半径、线性、对齐、连续、圆心及基线等标注，如图 8-13 所示。

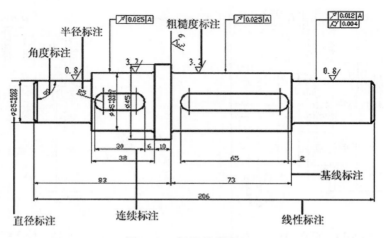

图 8-13  标注的类型

### 8.3.1 线性标注

线性标注用于标注图形中两点间的长度，可以是端点、交点、圆弧弧线端点或能够识别的任意两个点。

用户可以通过以下方式执行"线性标注"命令：

- 在命令行中输入 DIMLINEAR 命令。
- 选择"标注"|"线性"命令。
- 单击"注释"工具栏中的"线性"按钮 🗔。

用户在屏幕上指定 3 个点，前两点作为"线性标注"的起始点，第三点为标注位置，可以创建用于标注用户坐标系 *XY* 平面中的两个点之间的距离测量值，并通过指定点或选择一个对象来实现。

### 8.3.2 对齐标注

对齐标注是线性标注尺寸的一种特殊形式。在对直线段进行标注时，如果该直线的倾斜角度未知，那么使用线性标注方法将无法得到准确的测量结果，这时可以使用对齐标注。

用户可以通过以下方式执行"对齐标注"命令：

- 在命令行中输入 DIMALIGNED 命令。
- 选择"标注"|"对齐"命令。
- 单击"注释"工具栏中的"对齐"按钮 ⬊。

命令行的提示如下。

```
命令：DIMALIGNED
指定第一个尺寸界线原点或 <选择对象>：        //捕捉图 8-14 所示的端点
指定第二条尺寸界线原点：                    //捕捉另一个端点
指定尺寸线位置或[多行文字(M)/文字(T)/角度(A)]：
//向下移动光标，系统自动测量出两点之间的距离，在合适的距离处单击确认，标注结果如图 8-15 所示
```

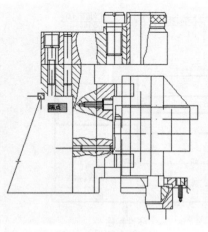

图 8-14　捕捉端点

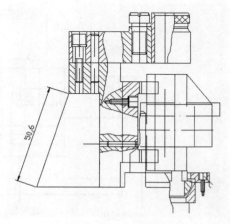

图 8-15　标注结果

**技　巧**

> 对齐标注用于标注对象或两点之间的距离，所标注出的对齐尺寸始终与对象平行。执行对齐标注命令还可以输入简写 DIMALI。

### 8.3.3　弧长标注

弧长标注专门用来标注圆弧线段部分的弧长。用户可以通过以下方式执行"弧长标注"命令：
- 在命令行中输入 DIMARC 命令。
- 选择"标注"|"弧长"命令。
- 单击"标注"工具栏中的"弧长"按钮

具体操作如下：

假设已经使用"多段线"命令绘制了一个由两段弧和一段直线组成的多段线，如图 8-16 所示，也已经新建了一个标注样式（也可以使用默认的标注样式），然后使用下面的命令进行标注操作。

图 8-16　要标注的图形

```
命令: _dimarc                    //弧长标注命令
选择弧线段或多段线弧线段：        //选择图 8-17 所示的线段
标注文字 = 8045
指定弧长标注位置或 [多行文字(M)/文字(T)/角度(A)/部分(P)/]:
                    //在圆弧外拾取一点，指定尺寸标注的位置，标注结果如图 8-18 所示
```

图 8-17　选择要标注的弧

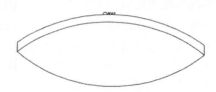

图 8-18　弧长标注结果

 **技　巧**

> 弧长标注用于标注弧线对象，所标注位置可以在弧线内侧，也可以在弧线外侧。

### 8.3.4　半径标注

半径标注专门用来标注圆或圆弧半径的长度。用户可以通过以下方式执行"半径标注"命令：
- 在命令行中输入 DIMRADIUS 命令。
- 选择"标注"|"半径"命令。
- 单击"注释"工具栏中的"半径"按钮。

具体操作如下：

假设已经使用"多段线"命令绘制了一个由两段弧和一段直线组成的多段线，如图 8-16

所示，也已经新建了一个标注样式（也可以使用默认的标注样式），然后使用下面的命令进行标注操作。

```
命令：_dimradius                //半径标注命令
选择圆弧或圆：                    //选择图 8-17 所示的线段
标注文字 = 6002
指定尺寸线位置或 [多行文字(M)/文字(T)/角度(A)]：
//在圆弧外拾取一点，指定尺寸标注的位置，标注结果如图 8-19 所示
```

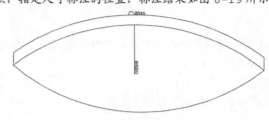

图 8-19　半径标注结果

　技　巧

半径标注用于标注圆或圆弧对象，所标注位置可以在圆弧内侧，也可以在圆弧外侧。执行半径命令还可以输入简写 DIMRAD。

### 8.3.5　连续标注

连续标注主要用于大范围的尺寸标注，比如构造线标注。它可以创建一系列端对端放置的标注，每个连续标注都从前一个标注的第二个尺寸界线处开始。

用户可以通过以下方式执行"连续标注"命令：

● 在命令行中输入 DIMCONTINUE 命令。

● 选择"标注"|"连续"命令。

具体操作方法如下，首先打开一个要标注的图形。

在进行连续标注之前，必须先创建（或选择）一个线性、坐标或角度标注作为基准标注，以确定连续标注所需要的前一尺寸标注的尺寸界线，创建结果如图 8-20 所示。然后执行 DIMCONTINUE 命令，此时命令行提示如下。

```
命令：_dimcontinue
指定第二条延伸线原点或 [放弃（U）/选择（S）] <选择>：   //选择下一个要标注的节点
标注文字 = 500
指定第二条延伸线原点或 [放弃(U)/选择(S)] <选择>：      //选择下一个要标注的节点
标注文字 =1500
指定第二条延伸线原点或 [放弃(U)/选择(S)] <选择>：      //选择下一个要标注的节点
...
```

在"指定第二条延伸线原点或 [放弃（U）/选择（S）] <选择>:"提示下，当确定了下一个尺寸的第二条尺寸界线原点后，AutoCAD 将按连续标注方式标注出尺寸，即把上一个或所选标注的第二条尺寸界线作为新尺寸标注的第一条尺寸界线标注尺寸。

当标注完成后，按【Enter】键即可结束该命令，结果如图 8-21 所示。

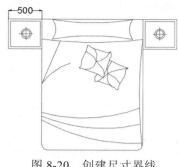

图 8-20　创建尺寸界线

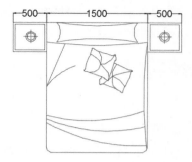

图 8-21　连续标注结果

 提　示

在 AutoCAD 绘图中，一般双人床的长、宽、高的尺寸分别为 2 000mm、1 500mm、610mm，单人床的长、宽、高分别为 1 980 mm、990 mm、610 mm，床头柜的长、宽、高为 500 mm、400 mm、460 mm。

## 8.3.6　基线标注

与连续标注一样，在进行基线标注之前也必须先创建（或选择）一个线性、坐标或角度标注作为基准标注，然后执行 DIMBASELINE 命令，此时命令行提示如下。

指定第二条尺寸界线原点或[放弃(U)/选择(S)]<选择>:

在该提示下，可以直接确定下一个尺寸的第二条尺寸界线的起始点，AutoCAD 将按基线标注方式标注出尺寸，直到按【Enter】键结束命令为止。

用户可以通过以下方式执行“基线标注”命令：

● 在命令行中输入 DIMBASELINE 命令。

● 选择“标注”|“基线”命令。

命令具体操作过程如下。

```
命令: _dimbaseline
指定第二条延伸线原点或 [放弃(U)/选择(S)] <选择>:  //选择下一个要标注的节点
标注文字 = 500
指定第二条延伸线原点或 [放弃(U)/选择(S)] <选择>:  //选择下一个要标注的节点
标注文字 = 2500
指定第二条延伸线原点或 [放弃(U)/选择(S)] <选择>:  //选择下一个要标注的节点
...
```

当标注完成后，按【Enter】键即可结束该命令，结果如图 8-22 所示。

“基线标注”和“连续标注”实质上是一系列相互对齐的线性标注。在第一次执行标注命令时，不能使用“基线标注”和“连续标注”，因为此两项标注需要与现有的标注对齐。

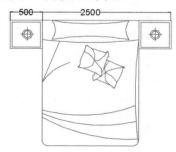

图 8-22　基线标注结果

这里注意观察"连续标注"的标注结果是标注了就近两点之间的距离，而"基线标注"是标注了从基线到捕捉点的距离。

### 8.3.7 快速标注

快速标注适用于图形线条比较简单的线性长度标注，AutoCAD 可以一次记录这些需要标注的线条位置，然后批处理生成标注。

用户可以通过以下方式执行"快速标注"命令。
- 在命令行中输入 QDIM 命令。
- 选择"标注"|"快速标注"命令。

执行"快速标注"命令，并选择需要标注尺寸的各图形对象，如图 8-23 所示，命令行提示如下。

```
命令：_qdim
选择要标注的几何图形：找到 1 个
选择要标注的几何图形：找到 1 个，总计 2 个
指定尺寸线位置或 [连续(C)/并列(S)/基线(B)/坐标(O)/半径(R)/直径(D)/基准点(P)/编辑(E)/设置(T)] <连续>：
```

然后按【Enter】键确认，即使用快速标注下默认的连续标注方式完成标注，如图 8-24 所示。由此可见，使用该命令可以进行"连续（C）"、"并列（S）"、"基线（B）"、"坐标（O）"、"半径（R）"和"直径（D）"等一系列标注。

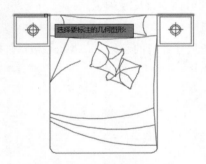

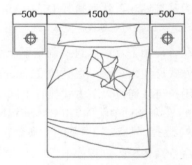

图 8-23　选择要标注的对象　　　　　　图 8-24　快速标注结果

### 8.3.8 角度标注

角度标注用于图形中角度的标注，用户可以通过以下方式执行"角度标注"命令：
- 在命令行中输入 DIMANGULAR 命令。
- 选择"标注"|"角度"命令。
- 单击"注释"工具栏中的"角度"按钮△。

下面对一个机械手柄进行角度标注，如图 8-25 所示，命令行提示如下。

```
命令：_dimangular
选择圆弧、圆、直线或 <指定顶点>：              //选择要标注角的一条边
选择第二条直线：                            //选择要标注角的另一条边
指定标注弧线位置或 [多行文字(M)/文字(T)/角度(A)/象限点(Q)]：
```

//此时系统自动测量出两条轴线间的夹角，在适当的位置拾取一点，指定标注位置，可以标注内角
或外角

标注文字 = 135

执行结果如图 8-26 所示。

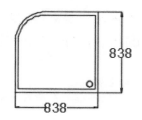

图 8-25 角度标注的对象

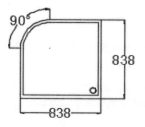

图 8-26 角度标注结果

 提 示

角度标注还可以标注圆弧的角度。

## 8.4 标注尺寸的编辑

在 AutoCAD 2015 中，可以对已标注对象的文字、位置及样式等内容进行修改，而不必删除所标注的尺寸对象再重新进行标注。通过这种方法，可以大大提高绘图效率。

### 1. 编辑标注

用户可以通过以下方式执行"编辑标注"命令：
- 在命令行中输入 DIMEDIT 命令。
- 选择"标注"|"对齐文字"|"默认"命令。

通过以上方式，即可编辑已有标注的标注文字内容和放置位置，原始标注如图 8-27 所示，此时命令行提示如下。

输入标注编辑类型[默认(H)/新建(N)/旋转(R)/倾斜(O)]<默认>：

- 默认（H）：选择该选项并选择尺寸对象，可以按默认位置和方向放置尺寸文字。

 提 示

如果文字已经过旋转等调整，要想恢复默认可以使用此选项；如果文字样式没有经过改动，那么操作此命令将没有命令动作。

- 新建（N）：选择该选项，可以修改尺寸文字，此时系统将会显示"文字编辑器"选项卡和文字输入窗口。修改或输入尺寸文字后，选择需要修改的尺寸对象即可。

命令：dimedit                    //输入命令并按【Enter】键
输入标注编辑类型 [默认(H)/新建(N)/旋转(R)/倾斜(O)] <默认>：n//输入 N 并按【Enter】键
//此时打开"文字编辑器"选项卡，输入文字并单击"关闭文字编辑器"按钮
选择对象：找到 1 个            //选择要更改的标注并按【Enter】键，结果如图 8-28 所示

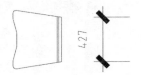

图 8-27　原始标注

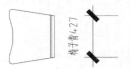

图 8-28　"新建"修改标注

- 旋转（R）：选择该选项，可以将尺寸文字旋转一定的角度，同样是先设置角度值，然后选择尺寸对象。

```
命令：DIMEDIT                    //输入命令并按【Enter】键
输入标注编辑类型 [默认(H)/新建(N)/旋转(R)/倾斜(O)] <默认>：r//输入 r 并按【Enter】
键
指定标注文字的角度：45          //输入文字旋转角度并按【Enter】键
选择对象：找到 1 个             //选择要更改的标注并按【Enter】键，结果如图 8-29 所示
```

- 倾斜（O）：选择该选项，可以使非角度标注的尺寸界线倾斜一定角度。这时需要先选择尺寸对象，然后设置倾斜角度值。

```
命令：DIMEDIT                    //输入命令并按【Enter】键
输入标注编辑类型 [默认(H)/新建(N)/旋转(R)/倾斜(O)] <默认>：o//输入 O 并按【Enter】
键
选择对象：找到 1 个             //选择要更改的标注并按【Enter】键
输入倾斜角度 (按 ENTER 表示无)：30
//输入标注线倾斜角度并按【Enter】键，结果如图 8-30 所示
```

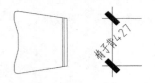

图 8-29　"旋转"修改标注

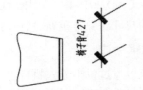

图 8-30　"倾斜"修改标注

## 2. 编辑标注文字的位置

选择"标注"|"对齐文字"命令，使用弹出的子菜单中的命令都可以修改尺寸的文字位置。选择需要修改的尺寸对象后，命令行提示如下。

```
指定标注文字的新位置或[左(L)/右(R)/中心(C)/默认(H)/角度(A)]：
```

在默认情况下，可以通过拖动光标来确定尺寸文字的新位置，也可以输入相应的选项指定标注文字的新位置。

"右对齐"修改标注文字命令如下。

```
命令：_dimtedit                 //输入命令并按【Enter】键
选择标注：                      //选择要更改的标注
为标注文字指定新位置或 [左对齐(L)/右对齐(R)/居中(C)/默认(H)/角度(A)]：r
                               //输入 r 并按【Enter】键，结果如图 8-31 所示
```

"左对齐"修改标注文字命令如下。

```
命令：_dimtedit                 //输入命令并按【Enter】键
选择标注：                      //选择要更改的标注
为标注文字指定新位置或 [左对齐(L)/右对齐(R)/居中(C)/默认(H)/角度(A)]：l
                               //输入 l 并按【Enter】键，结果如图 8-32 所示
```

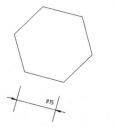

图 8-31　"右对齐"修改标注文字

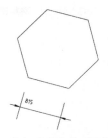

图 8-32　"左对齐"修改标注文字

### 3．替代标注

用户可以通过以下方式执行"替代标注"命令：

- 在命令行中输入 DIMOVERRIDE 命令。
- 选择"标注"|"替代"命令。

通过以上方式，可以临时修改尺寸标注的系统变量设置，并按该设置修改尺寸标注。该操作只对指定的尺寸对象进行修改，并且修改后不影响原系统的变量设置。执行该命令时，命令行提示如下。

输入要替代的标注变量名或[清除替代(C)]：

在默认情况下，输入要修改的系统变量名，并为该变量指定一个新值。然后选择需要修改的对象，这时指定的尺寸对象将按新的变量设置进行相应的更改。如果在命令行提示下输入 C，并选择需要修改的对象，这时可以取消用户已做的修改，并将尺寸对象恢复成在当前系统变量设置下的标注形式。

这里需要注意常用的标注变量名称，这些都是系统变量，详细情况请参见帮助文档。如果记住了这些常见变量，将会很快修改标注的特征。

- 设置尺寸线的颜色：DIMCLRD。
- 设置尺寸线的线型：DIMLTYPE。
- 设置尺寸线的线宽：DIMLWD。

### 4．更新标注

用户可以通过以下方式执行"更新标注"命令：

- 选择"标注"|"更新"命令。
- 单击"标注"工具栏中的"标注更新"按钮。

通过以上方式，都可以更新标注，使其采用当前的标注样式，此时命令行提示如下。

输入标注样式选项[保存(S)/恢复(R)/状态(ST)/变量(V)/应用(A)/?]<恢复>：

### 5．尺寸关联

尺寸关联是指所标注尺寸与被标注对象有关联关系。如果标注的尺寸值是按自动测量值标注，且尺寸标注是按尺寸关联模式标注的，那么改变被标注对象的大小后，相应的标注尺寸也将发生改变，即尺寸界线和尺寸线的位置都将改变到相应的新位置，尺寸值也改变成新测量值。反之，改变尺寸界线起始点的位置，尺寸值也会发生相应的变化。

### 上机操作 2 两种常用的修改标注方法

在平时的操作过程中，如果采取以上修改命令可能会比较慢，依据平时的经验，还常采用以下两种方式修改标注。

（1）修改属性框

选中一个标注样式，然后双击，就会打开"文字编辑器"选项卡，可以根据需要在该选项卡中对标注进行修改，修改完成后单击"关闭文字编辑器"按钮即可。这种方法很方便，对于个别需要修改的标注可以采取这种办法。

（2）使用格式刷

格式刷命令是 MATCHPROP，在菜单栏中选择"修改"|"特性匹配"命令，可以快速地把源对象的基本特性和特殊特性复制到目标对象上。在使用修改属性框的方法修改好一个标注后，就可以连续使用格式刷快速修改其他的标注了。

## 8.5 本章小结

本章首先介绍了建筑标注尺寸的基本概念，然后介绍了标注的组成结构，重点介绍了标注样式的设置方法，以及几种常见的标注方法和编辑标注的方法，这些都是最基本的操作。结合本章的实例，读者可以结合实际项目或者自己找一些练习上机操作这些步骤直至熟练。

在本章的最后还介绍了两种很实用的编辑方法，这些方法对实战很有帮助，希望读者能够掌握，以提高工作效率。

## 8.6 问题与思考

为办公桌平面图标注尺寸，如图 8-33 所示。

本实例通过为办公桌平面图标注尺寸，主要使用半径、直径和线性命令，进行综合练习和巩固。

操作提示：

Step 01 首先打开随书光盘中的文件。

Step 02 使用"标注样式"命令，修改当前的尺寸样式。

Step 03 使用"半径"命令，标注当前图形的半径尺寸。

Step 04 使用"直径"命令，标注当前图形的直径尺寸。

Step 05 使用"线性"命令，配合捕捉功能，标注平面图的直线型尺寸。

Step 06 最后使用"保存"命令，将图形保存为"实例 X"。

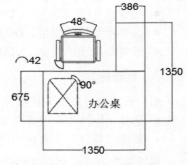

图 8-33 标注办公桌

# 第 9 章
# 图块、设计中心和外部参照

如果图形中有大量相同或相似的内容，或者所绘制的图形将来可能会被重复使用，则可以把要重复绘制的图形创建成块（也称为图块），在需要时直接把它们插入到图形中，从而提高绘图效率。可以根据需要创建不同的块类型，如注释块、带属性或注释属性的块，以及动态块等。

用户也可以把已有的图形文件以参照的形式插入到当前图形中（即外部参照），或是通过 AutoCAD 设计中心浏览、查找、预览、使用和管理 AutoCAD 图形、块、外部参照等不同的资源文件。

## 9.1　图块的应用

块是一个或多个图形对象的集合，常用于绘制复杂、零碎和重复的图形。

在室内设计中，经常会遇到需要绘制大量相同或相似的图形，如桌子、床等。AutoCAD 提供了图块功能，按需要的比例和转角插入，即可将该图块插入到图形中的任意位置。运用 AutoCAD 的图块功能，不仅可以提高制图的效率，而且可以缩小文件的大小，节约计算机的资源空间。

### 9.1.1　定义图块

图块是一个或多个对象的集合，是一个整体，即单一的对象。图块可以由绘制在几个图层上的若干个对象组成，图块中保存图层的信息。创建一个新的图块有以下几种方式：

- 在命令行中输入 BLOCK 命令或 BMAKE 命令。
- 在菜单栏中选择"绘图"|"块"| "创建"命令。
- 单击"块定义"工具栏中的"创建块"按钮 。

通过以上方式，可以弹出"块定义"对话框，如图 9-1 所示。

图 9-1　"块定义"对话框

- 名称：输入块的名称。块的创建不是目的，目的在于块的引用。块的名称为日后提取该块提供了搜索依据。块的名称可以长达 255 个字符。
- 基点：设置块的插入基点位置，为日后将块插入到图形中提供参照点。此点可任意指定，但为了日后使块的插入一步到位，减少"移动"等工作，建议将此基点定义为与组成块的对象集具有特定意义的点，比如端点、中点等。
- 对象：设置组成块的对象。其中，单击"选择对象"按钮 ✦，可切换到绘图窗口选择组成块的各对象；单击"快速选择"按钮 ⯐，可以在弹出的"快速选择"对话框中设置所选择对象的过滤条件；选择"保留"单选按钮，创建块后仍在绘图窗口上保留组成块的各对象；选择"转换为块"单选按钮，创建块后将组成块的各对象保留，并把它们转换成块；选择"删除"单选按钮，创建块后删除绘图窗口组成块的源对象。
- 方式：设置组成块的对象的显示方式。选择"按统一比例缩放"复选框，设置对象是否按统一的比例进行缩放；选择"允许分解"复选框，设置对象是否允许被分解。
- 设置：设置块的基本属性。
- 说明：用来输入当前块的说明部分。

在"块定义"对话框中设置完毕后，单击"确定"按钮，即可完成创建块的操作。

## 上机操作 1　创建电视机块

首先绘制好一个图 9-2 所示的电视机，它由矩形框、直线、圆弧和填充组成。然后利用块创建命令创建为块。

然后输入如下命令 block：✓ //按【Enter】键，弹出图 9-1 所示的对话框，在"对象"选项组中单击"选择对象"按钮，切换到绘图窗口，然后框选电视机，如图 9-3 所示

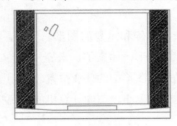

图 9-2　电视机原图

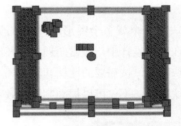

图 9-3　选择电视机后的效果

选择对象：指定对角点：找到 61 个✓ //按【Enter】键，这时会弹出图 9-4 所示的"块定义"对话框，在"基点"选项组中单击"拾取点"按钮
指定插入基点：　　　　　　　 //然后单击电视机的一角作为插入基点，会弹出图 9-5 所示的对话框，
　　　　　　　　　　　　　　 //最后单击"确定"按钮，完成块定义

图 9-4　选择"电视机"对象后的效果

图 9-5　选择基点后的效果

## 9.1.2　存储块

在命令行中输入 WBLOCK 命令，将弹出"写块"对话框，如图 9-6 所示。

在"写块"对话框中设置完毕后，单击"确定"按钮，即可完成存储块的操作。

如果用户将当前窗口中的所有图形对象创建为图块，则可以选择"整个图形"单选按钮，系统将以坐标原点为基点，将所有对象集成一个图块。

BLOCK 和 WBLOCK 命令的区别如下：

- BLOCK 是创建内部块，该命令创建的块能在当前图形中使用。
- WBLOCK 是创建外部块，该命令创建的块既可以在当前图形中使用，也可以被其他的图形调用。

图 9-6　"写块"对话框

如果一个块已经用 BLOCK 命令存储为内部块，那么再使用 WBLOCK 命令，在默认情况下，系统将会继续使用内部块的名称作为外部图块的名称，并将内部块转换为外部块。

## 9.1.3　插入块

图块的重复使用是通过插入图块的方式来实现的。所谓插入图块，就是指将已经定义的图块插入到当前的图形文件中。在绘制图形的过程中，不仅可以在当前文件中反复插入在当前图形中创建的图块，还可以将另一个文件的图形以插入图块的形式插入到当前图形中。插入图块有以下几种方式：

- 在命令行中输入 INSERT 命令。
- 选择"插入"|"块"命令。

通过以上方式，可以弹出"插入"对话框，如图 9-7 所示。

- 名称：用于选择块或图形的名称。
- 插入点：用于设置块的插入点位置。可直接在 X、Y、Z 文本框中输入点坐标，也可以通过选择"在屏幕上指定"复选框，在屏幕上指定插入点位置。

图 9-7　"插入"对话框

- 比例：用于设置块的插入比例。可直接在 X、Y、Z 文本框中输入块在 3 个方向的比例，也可以通过选择"在屏幕上指定"复选框，在屏幕上指定。此外，该选项组中的"统一比例"复选框用于确定所插入块在 $X$、$Y$、$Z$ 3 个方向的插入比例是否相同。选择该复选框，表示比例将相同，用户只需在 X 文本框中输入比例值即可。
- 旋转：用于设置块插入时的旋转角度。可直接在"角度"文本框中输入角度值，也可以选择"在屏幕上指定"复选框，在屏幕上指定旋转角度。

- 分解：选择该复选框，可以将插入的块分解成组成块的各基本对象。

在"插入"对话框中设置完毕后，单击"确定"按钮，即可完成插入块的操作。

## 9.1.4 编辑与管理块属性

属性是将数据附着到块上的标签或标记，是块的组成部分，以增强图块的通用性。属性中可能包含的数据包括建筑构件的编号、注释等。插入带有变量属性的块时，会提示用户输入要与块一同存储的数据。

### 1．创建与附着图块属性

要创建属性，首先创建描述属性特征的属性定义，然后将属性附着到目标块上，即可将信息也附着到块上。定义属性有以下几种方式：

- 在命令行中输入 ATTDEF 命令。
- 选择"绘图"|"块"|"定义属性"命令。

通过以上方式，可以弹出"属性定义"对话框，如图 9-8 所示。

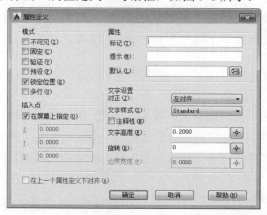

图 9-8 "属性定义"对话框

在该对话框中包含"模式"、"属性"、"插入点"和"文字设置"4 个选项组。

- 模式：用于设置属性模式。其中，"不可见"复选框用于控制是否显示属性，"固定"复选框用于控制属性值是否为固定，"验证"复选框用于控制是否校验输入的属性值，"预设"复选框用于控制是否使用预设属性值。
- 属性：用于定义块的属性。其中，"标记"文本框用于输入属性的标记，"提示"文本框用于输入插入块时系统显示的提示信息，"默认"文本框用于输入属性的默认值。
- 插入点：在屏幕上指定点或者直接在文本框中输入 $X$、$Y$、$Z$ 的坐标值。
- 文字设置：用于设置属性文字的格式，包括对正、文字样式、文字高度和旋转等选项。

在"属性定义"对话框中设置完毕后，单击"确定"按钮，即可完成一次属性定义的操作。

**2．在图形中插入带属性定义的块**

在创建带有附加属性的块时，需要同时选择块属性作为块的成员对象。带有属性的块创建完成后，就可以使用"插入"对话框，在文档中插入该块。具体见"上机操作 2"部分。

**3．编辑块属性**

所谓块的属性，实际上是指为块附着数据或文字等具有变量性质的信息，将它们与几何图形捆绑在一起组成一个块。

要修改属性定义，可通过以下几种方式：

- 在命令行中输入 BATTMAN 命令。
- 选择"修改"|"对象"|"属性"|"块属性管理器"命令。

通过以上方式，可以弹出"块属性管理器"对话框，如图 9-9 所示。

图 9-9　"块属性管理器"对话框

在"块属性管理器"对话框中，单击"编辑"按钮，将弹出"编辑属性"对话框，可以重新设置属性定义的构成、文字特性和图形特征等，如图 9-10 所示。

在"块属性管理器"对话框中，单击"设置"按钮，将弹出"块属性设置"对话框，可以设置在"块属性管理器"对话框中能够显示的内容，如图 9-11 所示。

图 9-10　"编辑属性"对话框

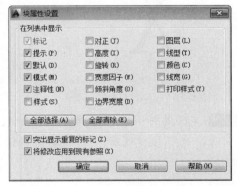

图 9-11　"块属性设置"对话框

## 上机操作 2　轴线编号属性块的创建与应用

本实例主要通过绘制施工图的轴线编号属性块，来说明属性块的应用方法。具体操作步骤如下。

**Step 01** 首先绘制一个直径为 100 的圆，并对其进行放大，如图 9-12 所示。

**Step 02** 选择"绘图"|"块"|"定义属性"命令，弹出"属性定义"对话框，如图 9-13 所示。

图 9-12　绘制编号圆圈

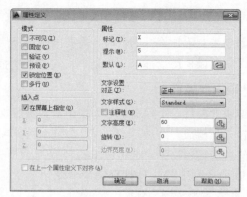

图 9-13　"属性定义"对话框

在"标记"文本框中输入一个属性标记值 X，在"提示"文本框中输入"输入轴线编号"，在"默认"文本框中输入一个默认值 A。

在"文字设置"选项组中调整"文字高度"为 60，设置"对正"为"正中"，然后单击"确定"按钮，这时图框消失，出现 X 跟随光标，在圆心位置单击，就会出现图 9-14 所示的轴线编号，这样就完成了块属性的定义。

**Step 03** 定义块。选择"绘图" | "块" | "创建"命令，将弹出图 9-15 所示的对话框，将属性与轴线圈一起创建为图块，设置块名为"轴号"，基点为圆心。

图 9-14　定义块属性

图 9-15　"块定义"对话框

**Step 04** 定义为外部块。在命令行中输入 WBLOCK 命令，弹出图 9-16 所示的对话框，在"源"选项组中选择"块"单选按钮，块名为"轴号"，最后单击"确定"按钮，完成转换。

**Step 05** 写块。在命令行中输入 INSERT 命令，弹出图 9-17 所示的对话框，输入要插入的块名称"轴号"，然后插入到合适的位置，插入结果如图 9-18 所示。命令行提示如下。

```
命令：INSERT
指定插入点或 [基点(B)/比例(S)/X/Y/Z/旋转(R)]：    //在绘图区拾取一点作为插入点
输入属性值
输入轴线编号 <A>：                              //按【Enter】键，采取默认值
```

图 9-16  转换为外部块        图 9-17  "插入"对话框

`Step 06` 重复 INSERT 命令，只是改变轴线编号值，那么将输入图 9-19 所示的编号，命令行提行如下。

```
命令：INSERT
指定插入点或 [基点(B)/比例(S)/X/Y/Z/旋转(R)]：    // 在绘图区拾取一点作为插入点
输入属性值
输入轴线编号 <A>：b                          // 输入 B，按【Enter】键
```

图 9-18  轴号 A        图 9-19  轴号 B

## 9.1.5  动态块的编辑与管理

动态块具有灵活性和智能性。用户在操作时可以轻松地更改图形中的动态块参照。可以通过自定义夹点或自定义特性来操作动态块参照中的几何图形。这使得用户可以根据需要在位调整块，而不用搜索另一个块以插入或重定义现有的块。

例如，如果在图形中插入一个门块参照，则在编辑图形时可能需要更改门的大小。如果该块是动态的，并且定义为可调整大小，那么只需拖动自定义夹点或在"特性"选项板中指定不同的大小，就可以修改门的大小。用户可能还需要修改门的打开角度。该门块还可能会包含对齐夹点，使用对齐夹点可以轻松地将门块参照与图形中的其他几何图形对齐。

动态块的编辑主要是通过"块编辑器"来完成的，通过如下办法可以打开块编辑器：

- 在定义块时，在"块定义"对话框中选择"在块编辑器中打开"复选框，单击"确定"按钮，就会打开图 9-20 所示的"块编辑器"。
- 使用 BEDIT 命令，打开图 9-21 所示的"编辑块定义"对话框。

 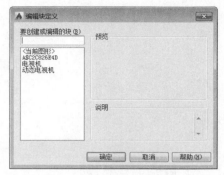

图 9-20　块编辑器　　　　图 9-21　"编辑块定义"对话框

通过在"块编辑器"中将参数和动作添加到块，可以将动态行为添加到新的或现有的块定义。在图 9-22 中，块编辑器内显示了一个书桌块，该块包含一个标有"距离 1"的线性参数，其显示方式与标注类似。

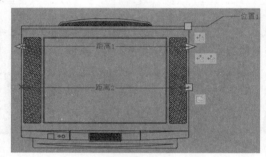

图 9-22　电视机块

要使块成为动态块，至少需要添加一个参数，然后添加一个动作，并将该动作与参数相关联。添加到块定义中的参数和动作类型定义了块参照在图形中的作用方式。

## 上机操作 3　动态窗户块的使用

在绘制窗户时，常用的方法有两种：一种是先在墙体轮廓线上对门窗进行定位，留出门窗洞口，然后将形式相近的门窗制作成图块，在预留的洞口处插入图块来快速完成绘制；另一种就是通过块编辑方法来实现，它是将门窗制作成比墙体厚度略大的图块，然后以图块为边线修剪墙体得到门窗洞，再修改图块为合适的尺寸和形式，完成门窗的绘制。下面进行动态窗户块的介绍。

例如，在一个办公建筑平面图中，有多个宽度分别为 900mm、1200mm、1500mm 和 1800mm 的窗户，如果运用 AutoCAD 2015 提供的动态图块功能，将窗户定义为动态块，添加线性参数和拉伸动作，让其具有改变大小的功能，在绘图时就可以避免重复设置块，将会使绘图效率大大提高。

具体操作步骤如下：

Step 01　窗户图例绘制。将窗户的轮廓绘制成长为 2 000mm、宽为 400mm 的矩形，利用"绘图"工具栏中的"直线"工具将窗宽 400mm 分成 150mm、100mm 和 150mm 段，效果如

228

图 9-23 所示。

图 9-23　绘制窗户图例

**Step 02** 创建 "窗户" 图块。创建 "窗户" 图块的操作步骤同前。

**Step 03** 设置动态块的参数。在 "块定义" 对话框中设定完内容后，选择 "在块编辑器中打开" 复选框，单击 "确定" 按钮，自动打开块编辑器。在打开的块编辑器中选择 "参数"选项卡，选择 "线性" 选项，给 "窗户" 图块添加线性参数，效果如图 9-24 所示。

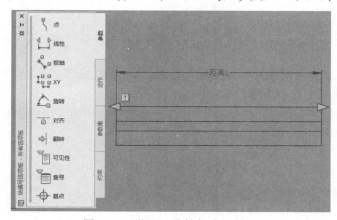

图 9-24　设置 "线性标注" 效果

**Step 04** 设置动态块的动作。选择 "动作" 选项卡中的 "拉伸" 选项，如图 9-25 所示，继续按照命令提示，完成对 "窗户" 图块的动作添加。

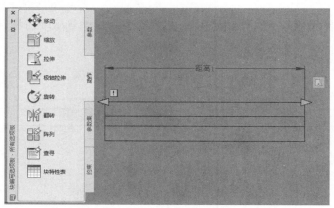

图 9-25　设置 "拉伸动作" 效果

设置参数和动作的命令行提示如下。

```
命令: _BParameter 线性          //设置参数命令
指定起点或 [名称(N)/标签(L)/链(C)/说明(D)/基点(B)/选项板(P)/值集(V)]:
                //单击左上端点
```

```
指定端点:                          //单击右上端点
指定标签位置:
命令: _BActionTool 拉伸            //设置参数命令
选择参数:                          //单击刚才设置的线性距离参数
指定要与动作关联的参数点或输入 [起点(T)/第二点(S)] <起点>:
                                   //向右拉伸就输入右侧拉伸的起点
指定拉伸框架的第一个角点或 [圈交(CP)]:
指定对角点:   //选择窗户上要拉伸的部分, 分以下几种情况:
                                   //1.完全处于框内部的对象将被移动
                                   //2.与框相交的对象将被拉伸
                                   //3.位于框内或与框相交, 但不包含在选择集中的对象将不被
                                   拉伸或移动
                                   //4.位于框外且包含在选择集中的对象将移动

指定要拉伸的对象
选择对象: 找到 1 个                 //选择边框
选择对象: 找到 1 个, 总计 2 个      //选择框内第 1 根线
选择对象: 找到 1 个, 总计 3 个      //选择框内第 2 根线
选择对象:
指定动作位置或 [乘数(M)/偏移(O)]://注意块定义中的动作位置不会影响块参照的外观或功能
```

在选择线时, 要选择中间的长线和最右侧的线段。

**Step 05** 插入定义好的 "窗户" 动态图块。
在命令行中输入 INSERT 命令, 弹出 "插入" 对话框, 在 "名称" 下拉列表框中选择要插入的块名 "窗户", 然后在 "插入点"、"比例" 和 "旋转" 选项组中输入相应的数值来控制插入块的大小和方向, 单击 "确定" 按钮, 返回绘图区, 如图 9-26 所示。利用对象捕捉和对象追踪方式准确得到插入点, 完成图块的插入。

图 9-26 "插入" 对话框

**Step 06** 添加了拉伸功能的窗户动态块, 其夹点显示、拉伸与压缩图块得到需要的尺寸大小如图 9-27 所示, 尺寸可以在动态文本框中输入。

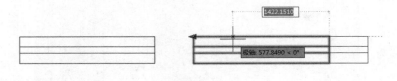

图 9-27 动态 "窗户" 块的拉伸效果

## 9.2 AutoCAD 设计中心

AutoCAD 设计中心是 AutoCAD 中一个非常有用的工具。它有着类似于 Windows 资源管理器的界面, 可管理图块、外部参照、光栅图像, 以及来自其他源文件或应用程序的内容, 将位

于本地计算机、局域网或因特网上的图块、图层、外部参照和用户自定义的图形内容复制并粘贴到当前绘图区中。同时，如果在绘图区中打开多个文档，在多文档之间也可以通过简单的拖放操作来实现图形的复制和粘贴。粘贴内容除了包含图形本身外，还包含图层定义、线型和字体等内容。这样，资源就可以得到再利用和共享，提高了图形管理和图形设计的效率。

## 9.2.1　AutoCAD 设计中心的功能

在 AutoCAD 2015 中，使用 AutoCAD 设计中心可以完成以下工作：
- 浏览用户计算机、网络驱动器和 Web 页上的图形内容（如图形或符号库等）。
- 在定义表中查看图形文件中命名对象（如块、图层等）的定义，然后将定义插入、附着、复制和粘贴到当前图形中。
- 更新（重定义）块定义。
- 创建指向常用图形、文件夹和 Internet 网址的快捷方式。
- 向图形中添加内容（如外部参照、块和填充等）。
- 在新窗口中打开图形文件。
- 将图形、块和填充拖动到工具选项板上以便于访问。

## 9.2.2　使用 AutoCAD 设计中心

使用 AutoCAD 设计中心，可以方便地在当前图形中插入块，引用光栅图像及外部参照，在图形之间复制块，复制图层、线型、文字样式、标注样式，以及用户定义的内容等。在 AutoCAD 中，设计中心是一个与绘图窗口相对独立的窗口，因此在使用时应先启动 AutoCAD 设计中心。启动设计中心可以通过以下几种方式：
- 按【Ctrl+2】组合键。
- 在命令行中输入 ADCENTER 或 ADC 命令。
- 在菜单栏中选择"工具"|"选项板"|"设计中心"命令。

通过以上方式，可以打开"设计中心"选项板，如图 9-28 所示。

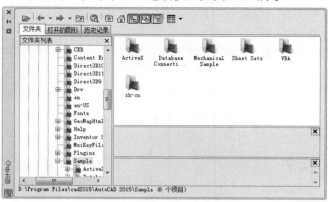

图 9-28　"设计中心"选项板

AutoCAD 设计中心主要由上部的工具栏按钮和各种视图构成，其含义和功能如下。
- "文件夹"选项卡：显示设计中心的资源，可以将设计中心的内容设置为本地计算机的桌面，或是本地计算机的资源信息，也可以是网上邻居的信息。

- "打开的图形"选项卡：显示当前打开的图形列表。单击某个图形文件，然后单击列表中的一个定义表，可以将图形文件的内容加载到内容区中。
- "历史记录"选项卡：显示设计中心中以前打开的文件列表。双击列表中的某个图形文件，可以在"文件夹"选项卡的树状视图中定位此图形文件，并将其内容加载到内容区中。
- "树状图切换"按钮 ： 可以显示或隐藏树状视图。
- "收藏夹"按钮 ： 在内容区中显示"收藏夹"文件夹的内容。"收藏夹"文件夹包含经常访问项目的快捷方式。
- "预览"按钮 ： 该按钮控制显示和不显示预览视图。
- "说明"按钮 ： 该按钮控制显示和不显示说明视图。
- "视图"按钮 ： 指定控制板中内容的显示方式。
- "搜索"按钮 ： 单击该按钮后，可以在弹出的"搜索"对话框中查找图形、块和非图形对象。

## 9.2.3 在设计中心查找内容

使用 AutoCAD 设计中心的查找功能，可以通过"搜索"对话框快速查找如图形、块、图层和尺寸样式等图形内容或设置。单击"搜索"按钮 ，弹出"搜索"对话框，如图 9-29 所示。

### 1. 查找文件

在"搜索"下拉列表框中选择"图形"选项，在"于"下拉列表框中选择查找的位置，即可查找图形文件。用户可以使用"修改日期"和"高级"选项卡来设置文件名、修改日期和高级查找条件。

设置查找条件后，单击"立即搜索"按钮开始搜索，搜索结果将显示在对话框下部的列表框中。

### 2. 查找其他信息

在"搜索"下拉列表框中选择"块"等其他选项，在"于"下拉列表框中选择搜索路径，在"搜索名称"文本框中输入要查找的名称，然后单击"立即搜索"按钮开始搜索，可以搜索相应的图形信息，如图 9-30 所示。

图 9-29 "搜索"对话框

图 9-30 搜索块信息

## 9.2.4　通过设计中心添加内容

可以在"设计中心"选项板左侧对显示的内容进行操作。单击内容区中的项目可以按层次顺序显示详细信息。例如，选择图形图像将显示若干图标，包括代表块的图标。双击"块"图标将显示图形中每个块的图像，如图 9-31 所示。

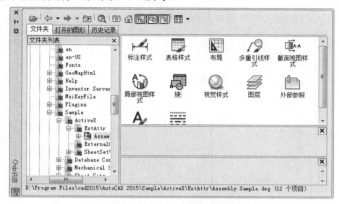

图 9-31　对显示的内容进行操作

### 1.　向图形中添加内容

可以使用以下方法在内容区中向当前图形添加内容：

- 将某个项目拖动到某个图形的图形区中，将按照默认设置（如果有）将其插入。
- 在内容区中的某个项目上右击，将弹出快捷菜单，选择相应的命令即可。
- 双击块将弹出"插入"对话框，双击图案填充将弹出"边界图案填充"对话框。

可以预览图形内容（如内容区中的图形、外部参照或块等），还可以显示文字说明，如图 9-32 所示。

图 9-32　访问图中的图块

### 2.　通过设计中心更新块定义

与外部参照不同，当更改块定义的源文件时，包含此块的图形的块定义并不会自动更新。通过设计中心，可以决定是否更新当前图形中的块定义。块定义的源文件可以是图形文件或符号库图形文件中的嵌套块。在内容区中的块或图形文件上右击，然后在弹出的快捷菜单中选择"仅重定义"或"插入并重定义"命令，可以更新选定的块。

### 上机操作 4　通过设计中心更新块定义

具体操作步骤如下。

**Step 01** 在命令行中输入 ADCENTER 命令，按【Enter】键，打开"设计中心"选项板，选择"文件夹"选项卡，展开 AutoCAD 2015-Simplified Chinese 文件夹下的 Sample 文件夹，显示图 9-33 所示的文件内容。

图 9-33　打开 Sample 文件夹

**Step 02** 在左侧展开 VBA 文件，然后选择 Tower.dwg 文件，会显示图 9-34 所示的详细文件内容。

图 9-34　打开 Tower.dwg 文件

**Step 03** 在右侧的内容区中找到"块"文件并双击，会显示图 9-35 所示的具体块。

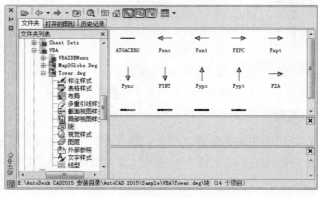

图 9-35　打开"块"文件

**Step 04** 选择一个块并右击，选择"插入块"命令。然后
继续右击已经插入的块，弹出图 9-36 所示的快捷菜单。

**Step 05** 此时选择"仅重定义"命令，既可对块进行重新
定义，也可以进行其他的操作，如块编辑、插入等。

图 9-36　快捷菜单

### 3．通过设计中心打开图形

在设计中心中，可以通过以下方式在内容区中打开图形：使用快捷菜单、拖动图形的同时
按住【Ctrl】键，或将图形图标拖至绘图区域的图形区外的任意位置。图形名被添加到设计中
心历史记录表中，以便在将来的任务中快速访问。

### 上机操作 5　将设计中心中的项目添加到工具选项板中

具体操作步骤如下。

**Step 01** 在菜单栏中选择"工具"|"选项板"|"设计中心"命令，打开"设计中心"选
项板。

**Step 02** 在设计中心树状视图或内容区域中，在文件夹、图形文件或块上右击，弹出图 9-37
所示的快捷菜单。

**Step 03** 选择"创建工具选项板"命令，将创建一个新的工具选项板，包含所选文件夹或
图形中的所有块和图案填充，如图 9-38 所示。

图 9-37　右键快捷菜单

图 9-38　添加效果

## 9.3　外部参照图形

外部参照是一种图形关联的实用方式，下面首先讲解它和块的区别与联系，来加深对外部
参照的理解。

## 9.3.1　外部参照与外部块

一个 DWG 图形文件可以当作块插入到另一个图形文件中，如果把图形作为块插入时，块定义和所有相关联的几何图形都将存储在当前图形数据库中，并且修改原图形后，块不会随之更新。

与这种方式相比，外部参照（External Reference，Xref）提供了另一种更为灵活的图形引用方法。使用外部参照可以将多个图形链接到当前图形中，并且作为外部参照的图形会随着原图形的修改而更新。此外，外部参照不会明显地增加当前图形的文件大小，从而可以节省磁盘空间，也利于保持系统的性能。

外部参照图形的使用具有以下特点。

### 1．独立操作性

当一个图形文件被作为外部参照插入到当前图形中时，外部参照中每个图形的数据仍然分别保存在各自的源图形文件中，当前图形中所保存的只是外部参照的名称和路径。无论一个外部参照文件多么复杂，AutoCAD 都会把它作为一个单一对象来处理，而不允许进行分解。用户可对外部参照进行比例缩放、移动、复制、镜像或旋转等操作，还可以控制外部参照的显示状态，但这些操作都不会影响到源图形文件。

### 2．自动更新性

AutoCAD 允许在绘制当前图形的同时，显示多达 32 000 个图形参照，并且可以对外部参照进行嵌套，嵌套的层次可以为任意多层。当打开或打印附着有外部参照的图形文件时，AutoCAD 自动对每一个外部参照图形文件进行重载，从而确保每个外部参照图形文件反映的都是它们的最新状态。

## 9.3.2　外部参照的定义

用户可以使用以下方法附着外部参照：
- 在菜单栏中选择"插入"|"DWG 参照"命令。
- 在命令行中输入 xattach 命令。
- 使用设计中心将外部参照附着到图形中。使用设计中心可以进行简单附着、预览图形参照及其描述，以及通过拖动快速放置。
- 通过从设计中心拖动外部参照，或通过右键快捷菜单中的"附着为外部参照"命令来附着外部参照。

如果外部参照包含任何可变的块属性，它们将被忽略。

在当前图形中不能直接引用外部参照中的命名对象，但可以控制外部参照图层的可见性、颜色和线型。

**上机操作 6　附着并管理外部参照——"窗户"**

具体操作步骤如下。

**Step 01** 附着外部参照的过程与插入外部块的过程类似，其命令调用方式为：在命令行中输入 XATTACH 命令，调用该命令后，系统将弹出"选择参照文件"对话框，如图 9-39 所示。

**Step 02** 选择外部参照文件，单击"打开"按钮，弹出"附着外部参照"对话框，如图 9-40 所示。

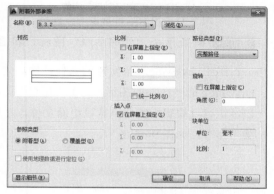

图 9-39　"选择参照文件"对话框　　　　图 9-40　"附着外部参照"对话框

该对话框中的"插入点"、"比例"和"旋转"等选项组与"插入"对话框中相同，其他选项组的作用如下。

- 路径类型：设置是否保存外部参照的完整路径。如果选择了"完整路径"选项，则外部参照的路径将保存到图形数据库中，否则将只保存外部参照的名称而不保存其路径。

**技　巧**

用于定位外部参照的已保存路径可以是完整路径，也可以是相对（部分指定）路径，或者没有路径。

- 参照类型：指定外部参照是"附着型"还是"覆盖型"，其含义如下。
  - ◆ 附着型：在图形中附着附着型的外部参照时，如果其中嵌套有其他外部参照，则将嵌套的外部参照也包含在内。
  - ◆ 覆盖型：在图形中附着覆盖型外部参照时，任何嵌套在其中的覆盖型外部参照都将被忽略，而且其本身也不能显示。

**注　意**

使用附着"外部参照"对话框时，建议打开自动隐藏功能或"锚定"选项板。随后在指定外部参照的插入点时，此对话框将自动隐藏。

**Step 03** 最后单击"确定"按钮，参照图形将像图块一样被插入的图形中。外部参照附着到图形时，应用程序窗口的右下角（状态栏）将显示一个外部参照图标，如图 9-41 所示。

如果未找到一个或多个外部参照或需要重载任何外部参照，"管理外部参照"图标中将出现一个感叹号，如图 9-42 所示。

图 9-41　附着"外部参照"图标

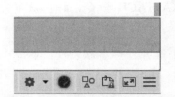

图 9-42　未找到外部参照时的图标

**Step 04** 如果单击"外部参照"图标，将显示"外部参照"选项板，如图 9-43 所示。

图中 Drawing2 是新建的文件，然后使用上面 3 个步骤把原来定义的"窗户"块附着为 Drawing2 的一个参照图形。由于"窗户"块进行过块编辑操作，所以，外部参照管理器提示它已经进行过编辑，需要重载以更新文件，这时右击"窗户"块，在弹出的快捷菜单中选择"重载"命令，如图 9-44 所示。

图 9-43　"外部参照"选项板

图 9-44　选择"重载"命令

如果选择"附着"命令，表示附着"窗户"块的一个副本参照；如果选择"拆离"命令，表示分离参照；如果选择"卸载"命令，就会取消显示。

### 注　意

"卸载"与"拆离"不同，"卸载"并不删除外部参照的定义，而仅仅取消外部参照的图形显示（包括其所有副本）。

**Step 05** 在外部参照列表中选择一个或多个参照并右击，在弹出的快捷菜单中选择"绑定"命令，如图 9-45 所示，可以将指定的外部参照断开与源图形文件的链接，并转换为块对象，成为当前图形的永久组成部分。选择该命令后将弹出"绑定外部参照/DGN 参考底图"对话框，如图 9-46 所示。

在该对话框中有两个选项，作用如下。

- 绑定：将外部参照中的对象转换为块参照。命名对象定义将添加到带有$n$前缀的当前图形。
- 插入：也将外部参照中的对象转换为块参照。命名对象定义将合并到当前图形中，但不添加前缀。

🌂 **注　意**

外部参照定义中除了包含图形对象以外，还包括图形的命名对象，如块、标注样式、图层、线型和文字样式等。为了区别外部参照与当前图形中的命令对象，AutoCAD 将外部参照的名称作为其命名对象的前缀，并用符号"|"来分隔。

**Step 06** 单击"确定"按钮，这时"窗户"块从列表框中消失，因为它已经不是一个参照文件，而是作为一个块参照了，如图 9-47 所示。

图 9-45　选择"绑定"命令　　　图 9-46　"绑定外部参照/ DGN 参考底图"对话框　　　图 9-47　"窗户"块消失了

## 9.3.3　常见问题解析

问：我在图中使用了外部参照，为什么有几个参照文件总是提醒要重新加载。到参照编辑器中重载了好几回，并存盘，可是重新打开后还是提醒要重新加载，路径也保存了。这是怎么回事？

答：如何避免反复提醒重载文件呢？对于参照文件，只需按照我们的意愿自己手动去重载文件。也就是说，不需要系统提示哪些参照文件被修改，需要重载。只要定时手动重载参照文件，即可获得最新的图形。实现方法如下：

由 XREFNOTIFY 系统变量来控制，作用是控制更新或缺少外部参照通知。

类型：整数；保存位置：注册表；初始值：2。

变量值解释如下。

- 0：禁用外部参照通知。
- 1：启用外部参照通知。通过在应用程序窗口的右下角（状态栏的通知区域）显示外部参照图标，通知用户外部参照已附着至当前图形。打开图形时，将显示带有黄色警告符号（!）的外部参照图标，以警告用户缺少外部参照。
- 2：启用外部参照通知和气泡式信息。如上面的变量值 1 所示显示外部参照。当外部参照被修改时，还在相同的区域显示气泡式信息。检查修改的外部参照的时间间隔（分钟数）由 XNOTIFYTIME 系统注册表变量控制。

# 9.4 本章小结

本章首先介绍了图块的应用方法，学会使用块，将极大地提高设计者的绘图效率，这是需要读者掌握的必要技能。在 AutoCAD 2015 中，块具有强大的块编辑器，这样便于使用者自己定义一些动态块，进一步提高工作效率。在本章中，编者给出几个实例进行了重点介绍，希望对读者有所帮助。

AutoCAD 设计中心是 AutoCAD 中一个非常有用的工具，它集成了许多常用的块和参照图形，而且具备了自定义和版本回溯功能，比早期的版本功能更丰富。

最后，还介绍了另一种常用的技巧，即与块作用非常相似的外部参照，在使用时很多读者常常将它与块混淆，编者就针对这些问题，以翔实的实例来介绍它和块的区别，并点评常见问题和使用技巧。

# 9.5 问题与思考

绘制图 9-48 所示的某居室的平面图方案，并绘制动态门窗块，然后插入并调用。

步骤指导如下：

**Step 01** 绘制图 9-48 所示的户型。

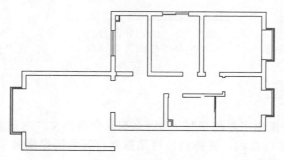

图 9-48　某户型图

**Step 02** 绘制图 9-49 所示的门，并定义为块。

**Step 03** 使用块编辑命令，把门块定义为长度可以动态编辑的块。

**Step 04** 使用"插入块"命令插入各个宽度的门块中。

**Step 05** 绘制图 9-50 所示的沙发，并定义为外部块。

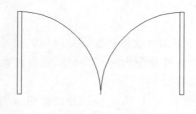

图 9-49　"门"块

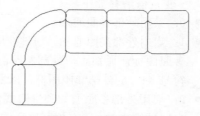

图 9-50　"沙发"块

Step 06　使用外部参照定义，把它附加到客厅位置，作为一个外部参照图形。

Step 07　打开外部参照编辑器。

Step 08　修改门块的属性，练习使用重载等命令。

# 第 10 章
# 文件布局、打印与输出

在 AutoCAD 2015 中绘制完图形后，用户可以通过打印机进行图形输出，也可以创建 Web 格式的文件（DWF），以及发布 AutoCAD 图形文件到 Web 页中，并输送到站点上以供其他用户通过 Internet 访问，还可以创建成文件以供其他应用程序使用。通过图纸集管理器，能够以图纸图形集的形式，或者以单个电子多页 DWF 或 DWFx 文件的形式轻松发布整个图纸集。本章将主要介绍 AutoCAD 2015 的打印与输出功能。

## 10.1 模型空间和布局空间

在进行图纸输出以前，首先必须确定所需的图形图纸已经绘制完成，在图纸的图幅限定下确定图纸输出的比例，并且进行布局排版，最后打印出图。在进行图纸输出以前，必须掌握模型空间和布局空间的概念。

### 10.1.1 模型空间

在 AutoCAD 2015 中，有两种截然不同的环境（或空间），从中可以创建图形中的对象。使用模型空间可以创建和编辑模型，使用布局空间可以构造图纸和定义视图。

通常，由几何对象组成的模型是在称为"模型空间"的三维空间中创建的，特定视图的最终布局和此模型的注释是在称为"图纸空间"的二维空间中创建的。人们在模型空间中绘制并编辑模型，而且 AutoCAD 在开始运行时就会自动默认为模型空间。

可以在绘图区域底部附近的两个或多个选项卡上访问这些空间："模型"选项卡及一个或多个"布局"选项卡。

激活"模型"选项卡的方法如下：
- 选择"模型"选项卡。
- 在任何"布局"选项卡上右击，在弹出的快捷菜单中选择"激活模型选项卡"命令。

**提　示**

如果"模型"选项卡和"布局"选项卡都处于隐藏状态，则单击位于应用程序窗口底部状态栏上的"模型"按钮。

## 10.1.2　布局空间

布局空间是为图纸打印输出而"量身定做"的，在布局空间中，可以轻松地完成图形的打印与发布。在使用布局空间时，所有不同比例的图形都可以按 1:1 比例出图，而且图纸空间的视窗由用户自己定义，可以使用任意尺寸和形状。相对于模型空间，布局空间环境在打印出图方面更方便，也更准确。在布局空间中，不需要对标题栏图块及文本等进行缩放操作，可以节省许多时间。

布局空间作为模拟图纸的平面空间，可以理解为覆盖在模型空间上的一层不透明的纸。需要从布局空间中查看模型空间的内容时，必须进行开"视口"操作，也就是"开窗"。布局空间是一个二维空间，在模型空间中完成的图形是不可再编辑的。布局空间是图纸布局环境，可以在这里指定图纸大小、添加标题栏、显示模型的多个视图，以及创建图形标注和注释等。

## 10.1.3　模型空间与布局空间的切换

在 AutoCAD 2015 中，可以进行模型空间和布局空间的相互切换，也可以创建和管理打印布局。

图 10-1 所示为某小区家具平面布置图在模型空间中的状态，图 10-2 所示为该小区家具平面布置图在布局空间中的状态。

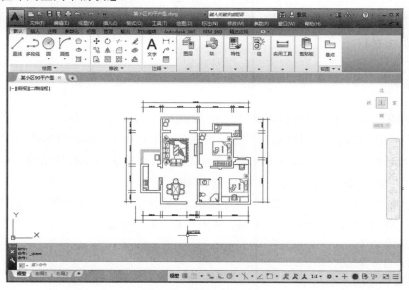

图 10-1　模型空间显示

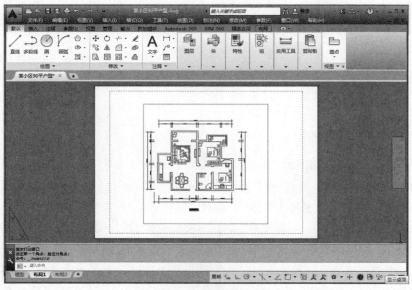

图 10-2　布局空间显示

 **提　示**

也可以在状态栏中单击"模型"或者"布局"按钮进行空间切换。

## 10.2　布局与布局管理

布局是从 AutoCAD 2000 开始在图纸空间中增加的新选项，通过它可以为一幅图设置多个不同的布局。布局作为一种空间环境，它模拟图纸页面，在图纸的可打印区域显示图形视图，进行直观的打印设置。

### 10.2.1　布局

每个布局都代表一张单独的打印输出图纸，创建新布局后，就可以在布局中创建浮动视口。视口中的各个视图可以使用不同的打印比例，并能够控制视口中图层的可见性。在默认情况下，新图形最开始有两个"布局"选项卡，即"布局 1"和"布局 2"。如果使用图形样板或打开现有图形，图形中的"布局"选项卡可能以不同名称命名。

可以使用"创建布局"向导创建新布局。要执行该命令，可以在命令行中输入LAYOUTWIZARD，向导会提示有关布局设置的信息，其中包括：

- 新布局的名称。
- 与布局相关联的打印机。
- 布局要使用的图纸尺寸。
- 图形在图纸上的方向。
- 标题栏。

- 视口设置信息。
- 布局中视口配置的位置。

可以从布局视口访问模型空间，以编辑对象、冻结和解冻图层，以及调整视图等。创建视口对象后，可以从布局视口访问模型空间，以执行以下任务：

- 在布局视口内部的模型空间中创建和修改对象。
- 在布局视口内部平移视图并更改图层的可见性。

当有多个视口时，如果要创建或修改对象，请使用状态栏上的"最大化视口"按钮最大化布局视口。最大化的布局视口将扩展布满整个绘图区域，将保留该视口的圆心和布局可见性设置，并显示周围的对象。

在模型空间中可以进行平移和缩放操作，但是恢复视口返回图纸空间后，也将恢复布局视口中对象的位置和比例。

 提　示

> 可以在图形中创建多个布局，每个布局都可以包含不同的打印设置和图纸尺寸。但是为了避免在转换和发布图形时出现混淆，通常建议每个图形只创建一个布局。

## 10.2.2　布局管理

AutoCAD 中的布局命令可实现布局的创建、删除、复制、保存和重命名等各种操作。创建布局以后，可以继续在模型空间中进行绘制并编辑图形。在 AutoCAD 2015 中，可以采用以下两种方法管理布局：

- 在"布局"选项卡上右击，弹出快捷菜单，如图 10-3 所示，可以管理布局。
- 在命令行中输入 LAYOUT 命令，并按【Enter】键。

图 10-3　管理布局的快捷菜单

# 10.3　页面设置管理

页面设置也就是通常所说的布局设置，这些设置包括打印设备、图纸尺寸、缩放比例、打印区域和旋转角度选项。通过这些设置，控制最终的打印输出效果。

## 10.3.1　打开页面设置管理器

"页面设置管理器"对话框如图 10-4 所示，可以将命名的页面设置应用到图纸空间布局。可以在该对话框中新建页面设置，并且可以对已有的页面进行删除、修改等操作。

打开"页面设置管理器"对话框的方法有以下两种：

- 在命令行中输入 PAGESETUP 命令。
- 选择"文件"|"页面设置管理器"命令。

## 10.3.2　页面设置管理器的设置

在"页面设置管理器"对话框中单击"新建"按钮，系统会弹出"新建页面设置"对话框，在"新建页面设置"对话框中输入自定义的页面设置名称，单击"确定"按钮，系统弹出"页面设置-布局"对话框，如图 10-5 所示。

图 10-4　"页面设置管理器"对话框　　　　图 10-5　"页面设置-布局"对话框

通过在对话框中进行设置，可以定义和修改布局的所有设置并将其保存，与图形打印的有关设置操作都在此对话框中完成。

## 10.3.3　设置打印参数

在"页面设置-布局"对话框中，可以对打印输出的参数进行详细设置，包括打印设备、图纸尺寸、打印方向、打印区域和打印比例等参数，下面将详细阐述。

- 打印机设置：可以在"打印机/绘图仪"选项组的"名称"下拉列表框中选择需要的打印机，如图 10-6 所示。

图 10-6　选择打印机

- 设置图纸尺寸：在"图纸尺寸"下拉列表框中列出了该打印设备支持的图纸尺寸，如图 10-7 所示。

图 10-7　设置图纸尺寸

- 设置打印区域：在"打印范围"下拉列表框中可以设置打印的范围，其中包括"布局"、"窗口"、"范围"和"显示"4 个选项，如图 10-8 所示。

图 10-8　设置打印范围

- 设置图纸方向：在"图形方向"选项组中可以设置图形的方向，包括纵向、横向和上下颠倒打印，如图 10-9 所示。

图 10-9　设置图纸方向

- 设置打印偏移：在"打印偏移"选项组中可以设置打印偏移量，打印偏移为图形区域相对于打印原点的 $X$ 和 $Y$ 轴方向的偏移量，如图 10-10 所示。

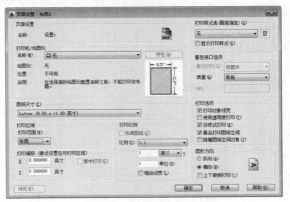

图 10-10　设置打印偏移量

- 设置打印比例：在"打印比例"选项组中可以设置打印比例，系统默认的是"布满图纸"，可以在取消选择"布满图纸"复选框后，在"比例"下拉列表框中选择需要的比例，也可以自定义比例，如图 10-11 所示。

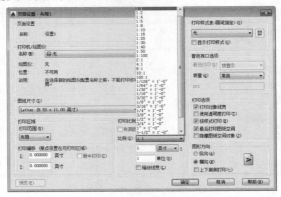

图 10-11　设置打印比例

- 设置打印选项：在"打印样式表"选项组中可以设置打印的样式，主要是选择线宽，这是非常重要的功能，如图 10-12 所示。在选择打印样式表以后，可以单击右侧的"编辑"按钮，弹出"打印样式表编辑器"对话框，进行线宽编辑等操作，如图 10-13 所示。

图 10-12　设置打印样式表

图 10-13　打印样式表编辑器

● 着色窗口选项：一般按照系统默认设置即可。

在完成打印参数设置后，可以单击"预览"按钮，预览输出的结果。

## 10.4　视口

在 AutoCAD 2015 中，用户可以创建多个视口，以便显示不同的视图。视口是指显示用户模型的不同视图区域，可以将整个绘图区域划分成多个部分，每个部分作为一个单独的视口。各个视口可以独立地进行缩放和平移，但是各个视口能够同步地进行图形的绘制，对一个视口中图形的修改可以在别的视口中体现出来。通过单击不同的视口区域，可以在不同的视口之间进行切换。

### 10.4.1　视口的创建

在 AutoCAD 2015 中，视口可以分成两种类型：平铺视口和浮动视口。在绘图时，为了方便编辑，常常需要将图形的局部进行放大，以显示细节。当需要观察图形的整体效果时，仅使用单一的绘图视口已无法满足需要了。此时可使用 AutoCAD 的平铺视口功能，在模型空间中将绘图窗口划分为若干视口。而在布局空间中创建视口时，可以确定视口的大小，并且可以将其定位于布局空间的任意位置，因此，布局空间的视口通常称为浮动视口。

#### 1．创建平铺视口

选择"视图"|"视口"|"新建视口"命令，弹出"视口"对话框。如图 10-14 所示，使用"新建视口"选项卡可以显示标准视口配置列表和创建并设置新平铺视口。如图 10-15 所示，选择了 4 个视口的模式。

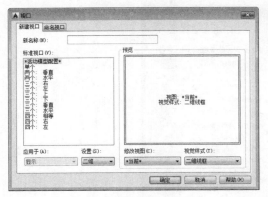

图 10-14 "视口"对话框

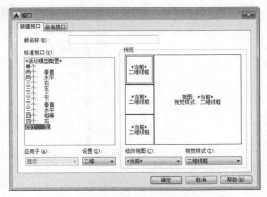

图 10-15 新建视口

### 2．创建浮动视口

在布局空间中，用户可调用"视口"对话框来创建一个或多个矩形浮动视口，如同在模型空间中创建平铺视口一样。

### 3．创建非标准浮动视口

在 AutoCAD 中，还可以创建非标准浮动视口，如图 10-16 所示。创建非标准浮动视口的方法有以下两种：

- 选择"视图"|"视口"|"多边形视口"命令。
- 单击"视口"工具栏中的"多边形视口"按钮🔲。

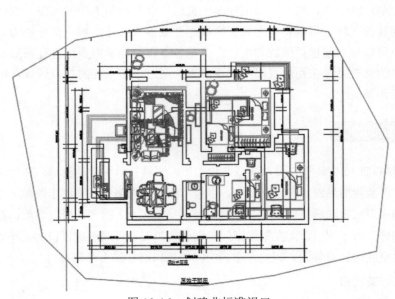

图 10-16 创建非标准视口

### 🖱️ 提 示

在创建非标准视口时，一定要先切换到布局空间，该命令才能够使用。

## 10.4.2　浮动视口的显示控制

在设置布局时，可以将视口视为模型空间中的视图对象，对它进行移动和调整大小。浮动视口可以相互重叠或者分离。因为浮动视口是 AutoCAD 对象，所以在图纸空间中排放布局时不能编辑模型，要编辑模型必须切换到模型空间。将布局中的视口设为当前后，就可以在浮动视口中处理模型空间对象。在模型空间中的所有修改都将反映到所有图纸空间视口中。

在浮动视口中，还可以在每个视口中选择性地冻结图层。冻结图层后，就可以查看每个浮动视口中的不同几何对象。通过在视口中平移和缩放，还可以指定显示不同的视图。

- 删除、新建和调整浮动视口：在布局空间中，选择浮动视口边界，然后按【Delete】键即可删除浮动视口。删除浮动视口后，选择"视图"｜"视口"｜"新建视口"命令，可以创建新的浮动视口，此时需要指定创建浮动视口的数量和区域，如图 10-17 所示。

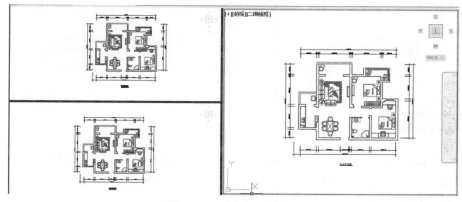

图 10-17　创建 3 个视口

- 在浮动视口中旋转视图。
- 在浮动视口中，执行 MVSETUP 命令后，根据命令提示可以旋转整个视图。
- 最大化与还原视图：在命令行中输入 VPMAX 命令或者 VPMIN 命令，并且选择要处理的视图即可。或者双击浮动视口的边界也可，如图 10-18 所示。

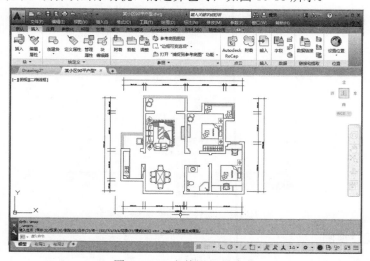

图 10-18　当前视口最大化

- 设置视口的缩放比例：单击当前的浮动视口，在状态栏的“注释比例”列表框中选择需要的比例，如图 10-19 所示。

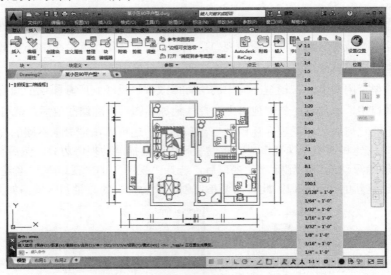

图 10-19　设置视口的缩放比例

### 10.4.3　编辑视口

可以在 AutoCAD 中对视口进行编辑，如剪裁视口、独立控制浮动视口的可见性，以及对齐两个浮动视口中的视图和锁定视口等。

**1. 剪裁视口**

可以在命令行中输入 VPCLIP 命令并按【Enter】键，或者先选择视口再右击，在弹出的快捷菜单中选择“视口剪裁”命令，如图 10-20 所示。

图 10-20　选择“剪裁视口”命令

**2. 锁定视口视图**

在图纸空间选择视口并右击，在弹出的快捷菜单中选择“显示锁定”命令，在弹出的子菜单中选择"是"或者"否"命令，可以锁定或者解锁浮动视口。视口锁定的是视图的显示参数，并不影响视口本身的编辑。

### 3．对齐两个浮动视口中的视图

可以在命令行中输入 MOVE 命令并按【Enter】键，选择要移动的对象，移动到视图对齐。也可以在命令行中输入 MVSETUP 命令并按【Enter】键，选择相应的视图并且对齐。

## 10.5　绘图仪和打印样式的设置

绘图仪的设置和打印样式的设置是 AutoCAD 绘图中的重要功能，只有进行正确的设置，最终才能打印出显示正确的图纸。一般情况下，设计图的输出需要专业的图纸输出设备，在专业人员的操作下完成，设计人员只需告诉他们自己的要求即可。在设计的过程中，打印图纸的目的是对设计的过程加以校核。一般的办公室采用的是喷墨或激光打印机，输出的图幅比较小，A4 或 A3 的居多。

### 10.5.1　绘图仪的创建与设置

常用的使用绘图仪管理器的方法有以下两种：

- 在命令行中输入 PLOTTERMANAGER，并按【Enter】键。
- 选择"文件"|"绘图仪管理器"命令。

使用任意一种方法，将会弹出 Plotters 窗口，如图 10-21 所示，使用该窗口可以创建或修改绘图仪配置。

图 10-21　Plotters 窗口

创建绘图仪配置的操作如下：

**Step 01** 双击"添加绘图仪向导"图标，弹出"添加绘图仪-简介"对话框，如图 10-22 所示。

**Step 02** 单击"下一步"按钮，弹出"添加绘图仪-开始"对话框，选择需要配置的绘图仪，如图 10-23 所示。

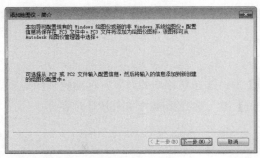
图 10-22 "添加绘图仪-简介"对话框

图 10-23 "添加绘图仪-开始"对话框

**Step 03** 选择"我的电脑"单选按钮,单击"下一步"按钮,弹出"添加绘图仪-绘图仪型号"对话框,选择需要配置的绘图仪,如图 10-24 所示。或者选择"系统打印机"单选按钮,再单击"下一步"按钮,可以直接使用 Windows 自带的当前系统打印机进行打印,如图 10-25 所示。

图 10-24 "添加绘图仪-绘图仪型号"对话框

图 10-25 使用系统打印机

## 10.5.2 打印样式的设置

打印样式(Plot Style)是一种对象特性,用于修改打印图形的外观,包括对象的颜色、线型和线宽等,也可指定端点、连接和填充样式,以及抖动、灰度、笔指定和淡显等输出效果。

打印样式可分为"颜色相关(Color Dependent)"和"命名(Named)"两种模式。颜色相关打印样式以对象的颜色为基础,共有 255 种颜色相关打印样式。在颜色相关打印样式模式下,通过调整与对象颜色对应的打印样式,可以控制所有具有同种颜色的对象的打印方式。

命名打印样式可以独立于对象的颜色使用,可以给对象指定任意一种打印样式,而不管对象的颜色是什么。

常用的打印样式的设置与修改是在打印样式表编辑器中进行的。使用打印样式表编辑器管理打印样式表的方法有以下两种:

- 在命令行中输入 STYLESMANAGER 命令,并按【Enter】键。
- 选择"文件"|"打印样式表管理器"命令。

采用上面的操作将会弹出 Plot Styles 窗口,如图 10-26 所示,可以在该窗口中管理打印样式表。

在 Plot Styles 窗口中双击"添加打印样式表向导"图标,就可以创建打印列表。一般情况下，工程制图中都采用 CAD 预设的打印样式表，并根据自己的实际需要进行修改。下面以对预设的 acad.ctb 打印样式表的修改为例，进行详细讲解。

**Step 01** 在 Plot Styles 窗口中双击 acad.ctb 图标，弹出"打印样式表编辑器-acad.ctb"对话框，如图 10-27 所示。再选择"表格视图"选项卡，如图 10-28 所示。

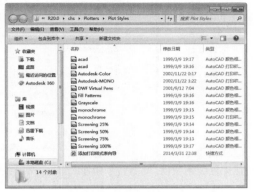

图 10-26　Plot Styles 窗口　　　　图 10-27　"打印样式表编辑器-acad.ctb"对话框

**Step 02** 在绘图时，绘制的线条都是彩色的，而工程图出图的时候一般都是黑白图，需要将所有的线都打印成黑色。在"打印样式"列表框中将所有颜色都选上，在"颜色"下拉列表框中选择黑色，如图 10-29 所示，这样所有的线打印出来都是黑色的。如果选择"使用对象颜色"选项，就会打印出彩色图。

图 10-28　"表格视图"选项卡　　　　图 10-29　设置线条输出颜色

 **提　示**

"抖动"选项可以提高打印精度；"灰度"选项可以打印出灰度图，一般不需要；"笔号"相关的选项都选择"自动"即可；"淡显"选项可以使某个对应线条的打印深度降低。

**Step 03** 在绘图时，绘制的线条除了 PLINE 线以外，都是没有宽度的，需要在打印时指定线条宽度。先将所有线条都设置成最细的线条，如图 10-30 所示。再将需要加粗的线条单独设置线宽，以黄色线为例，先选中黄色线，再选择线宽为"0.300 0 毫米"，如图 10-31

所示。如果在下拉列表框中没有需要的宽度，可以单击"编辑线宽"按钮，在弹出的对话框中自行输入线宽，如图 10-32 所示。

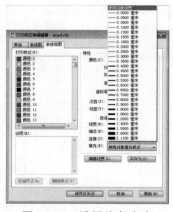

图 10-30　设置线条宽度　　　图 10-31　设置黄色线条宽度　　　图 10-32　自定义线条宽度

 提　示

　　一般情况下，在激光打印机的线条设置中，细线都是 0.1 线宽，而在大型绘图仪上同样的线条宽度就要设置成 0.18。

## 10.5.3　打印样式表的设置

　　设置好打印样式表以后，需要为绘图环境指定一个默认的打印样式表，具体操作方法如下：

**Step 01** 选择"工具"|"选项"命令，在弹出的对话框中选择"打印和发布"选项卡，如图 10-33 所示。

**Step 02** 单击"打印样式表设置"按钮，弹出"打印样式表设置"对话框，如图 10-34 所示，在该对话框中可以设置默认打印样式表的类型，最后单击"确定"按钮即可。

图 10-33　"打印和发布"选项卡　　　　　图 10-34　设置默认打印样式表

## 10.6　图纸集管理

图纸集是几个图形文件中图纸的有序集合，图纸是从图形文件中选定的布局。图纸集管理器是一个协助用户将多个图形文件组织为一个图纸集的工具。通过图纸集管理器，能够以图纸图形集的形式，或者以单个电子多页 DWF 或 DWFx 文件的形式轻松发布整个图纸集。

对于大多数设计组来说，图形集是主要的提交对象。创建要分发以供检查的图形集可能是项复杂而又费时的工作。通过"发布"对话框，可以轻松地合并图形集合，而且只需单击一下鼠标即可创建图纸图形集或电子图形集。

当使用图纸集管理器时，就在新图形中创建了布局；当删除、添加或者重新编号图纸时，可以方便地更新清单。

### 10.6.1　图纸集管理器简介

图纸集的打开方式为：选择"工具"|"选项板"|"图纸集管理器"命令，即可打开"图纸集管理器"选项板，如图 10-35 所示。

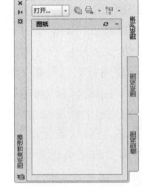

图 10-35　"图纸集管理器"选项板

在"图纸集管理器"选项板中，可以使用以下选项卡和控件。

- "图纸集"控件：列出了用于创建新图纸集、打开现有图纸集或在打开的图纸集之间切换的菜单选项。
- "图纸列表"选项卡：显示了图纸集中所有图纸的有序列表。图纸集中的每张图纸都是在图形文件中指定的布局。
- "图纸视图"选项卡：显示了图纸集中所有图纸视图的有序列表。仅列出了用 AutoCAD 2005 和更高版本创建的图纸视图。
- "模型视图"选项卡：列出了一些图形的路径和文件夹名称，这些图形包含要在图纸集中使用的模型空间视图。
  - 单击文件夹可列出其中的图形文件。
  - 单击图形文件可列出在当前图纸中可用于放置的命名模型空间视图。
  - 双击视图可打开包含该视图的图形。
  - 在视图上右击或拖动视图可将其放入当前图纸。
- 按钮：为当前选定选项卡的常用操作提供方便的访问途径。
- 树状图：显示选项卡的内容。

可以在树状图中执行以下操作：

- 右击，以访问当前选定项目的相关操作的右键快捷菜单。
- 双击项目以打开它们。可用这种简便方法从"图纸列表"选项卡或"模型视图"选项卡中打开图形文件。也可以双击树状图中的项目，以展开或收拢该项目。
- 选择一个或多个项目，以进行打开、发布或传递等操作。

- 单击单个项目，显示选定图纸、视图或图形文件的说明信息或缩略图预览。
- 在树状图中拖动项目可进行重排序。

 提 示

要有效地使用图纸集管理器，可在树状图的项目上右击，以访问相关的右键快捷菜单。要在绘图区域中访问进行图纸集操作所需的快捷菜单，必须在"选项"对话框的"用户系统配置"选项卡中选择"绘图区域中使用快捷菜单"复选框。

## 10.6.2 创建图纸集

可以使用"创建图纸集"向导来创建图纸集。在向导中，既可以基于现有图形从头开始创建图纸集，也可以使用图纸集样例作为样板进行创建。指定的图形文件的布局将输入到图纸集中，用于定义图纸集的关联和信息存储在图纸集数据（DST）文件中。在使用"创建图纸集"向导创建新的图纸集时，将创建新的文件夹作为图纸集的默认存储位置。这个新文件夹名为 AutoCAD Sheet Sets，位于"我的文档"文件夹中。可以修改图纸集文件的默认位置，但是建议将 DST 文件和项目文件存储在一起。

"创建图纸集"向导包含一系列页面，这些页面可以一步步地引导用户完成创建新图纸集的过程。可以选择从现有图形创建新的图纸集，或者使用现有的图纸集作为样板，并基于该图纸集创建自己的新图纸集。具体操作方法如下：

Step 01 在"图纸集管理器"选项板中，在"打开"下拉列表框中选择"新建图纸集"选项，弹出"创建图纸集-开始"对话框，如图 10-36 所示。

Step 02 选择"样例图纸集"单选按钮，然后单击"下一步"按钮，样例图纸集的新图纸集将继承默认设置，选择"选择一个图纸集作为样例"单选按钮，如图 10-37 所示。

图 10-36 "创建图纸集-开始"对话框

图 10-37 样例图纸集的新图纸集

Step 03 完成设置以后，单击"下一步"按钮，然后进行详细设置，如图 10-38 和图 10-39 所示。

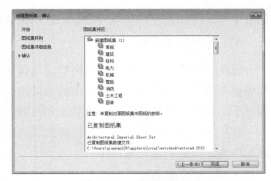

图 10-38　详细设置 1　　　　　　　图 10-39　详细设置 2

**Step 04** 完成设置以后，单击"完成"按钮，如图 10-40 所示。

### 1. 从图纸集样例创建图纸集

在"创建图纸集"向导中，选择从图纸集样例创建图纸集时，该样例将提供新图纸集的组织结构和默认设置。用户还可以指定根据图纸集的子集存储路径创建文件夹。

使用此选项创建空图纸集后，可以单独地输入布局或创建图纸。

### 2. 从现有图形文件创建图纸集

图 10-40　完成新建图纸集

在"创建图纸集"向导中，选择从现有图形文件创建图纸集时，需指定一个或多个包含图形文件的文件夹。使用此选项，可以指定让图纸集的子集组织复制图形文件的文件夹结构。这些图形的布局可自动输入到图纸集中。

通过单击每个附加文件夹的"浏览"按钮，可以轻松地添加更多包含图形的文件夹。

### 3. 备份和恢复图纸集数据文件

存储在图纸集数据文件中的数据代表了大量的工作，所以应像创建图形文件的备份一样认真创建 DST 文件的备份。

在发生 DST 文件损坏或主要用户错误等事件时，可以恢复早期保存的图纸集数据文件。每次打开图纸集数据文件时，都会将当前图纸集数据文件复制到备份文件（DS$）中。此备份文件与当前图纸集数据文件具有相同的文件名，且位于相同的文件夹中。

要恢复早期版本的图纸集数据文件，首先请确保网络中没有其他用户正在使用该图纸集。然后，建议复制现有 DST 文件并用其他文件名保存。最后，重命名该备份文件，将文件扩展名从 DS$修改为 DST。

## 10.6.3　整理图纸集

通过创建子集和类别的层次结构可以整理图纸集，可以将图纸整理到称为子集的集合中，可以将视图整理到称为类别的集合中，对于较大的图纸集，有必要在树状图中整理图纸和视图。

在"图纸列表"选项卡中，可以将图纸整理为集合，这些集合被称为子集。在"图纸视图"

选项卡中，可以将视图整理为集合，这些集合被称为类别。

### 1．使用图纸子集

图纸子集通常与某个主题（例如建筑设计或机械设计）相关联。例如，在建筑设计中，可能使用名为"建筑"的子集；而在机械设计中，可能使用名为"标准紧固件"的子集。在某些情况下，创建与查看状态或完成状态相关联的子集可能会很有用处。

使用者可以根据需要将子集嵌套到其他子集中。创建或输入图纸或子集后，可以通过在树状图中拖动对它们进行重排序。

### 2．使用视图类别

视图类别通常与功能相关联。例如，在建筑设计中，可能使用名为"立视图"的视图类别；而在机械设计中，可能使用名为"分解"的视图类别。使用者可以按类别或所在的图纸来显示视图，也可以根据需要将类别嵌套到其他类别中。要将视图移动到其他类别中，可以在树状图中拖动它们或者使用"设置类别"快捷菜单。

### 10.6.4　创建和修改图纸

图纸集管理器中有多个用于创建图纸和添加视图的选项，这些选项可通过快捷菜单或选项卡之一进行访问。应始终在打开的图纸集中修改图纸。

以下是常用图纸操作的说明，通过在树状图中的项目上右击，显示出相关的右键快捷菜单，可以访问相应命令。

### 1．将布局作为图纸输入

创建图纸集后，可以从现有图形中输入一个或多个布局。通过选择以前未使用的"布局"选项卡来激活布局，从而初始化该布局。初始化之前，布局中不包含任何打印设置。初始化完成后，可对布局进行绘制、发布，以及将布局作为图纸添加到图纸集中（在保存图形后）。这是由若干图形的布局快速创建多个图纸的方法。在当前图形中，可以将"布局"选项卡拖动到"图纸集管理器"选项板的"图纸列表"选项卡的"图纸"区域中。

### 2．创建新图纸

除了输入现有布局之外，还可以创建新图纸。在此图纸中放置视图时，与视图关联的图形文件将作为外部参照附着到图纸图形上。将使用 AutoCAD 2004 格式或 AutoCAD 2007 格式创建图纸图形文件，具体取决于"选项"对话框的"打开和保存"选项卡中指定的格式。

### 3．修改图纸

在"图纸列表"选项卡中双击某一张图纸，以从图纸集中打开图形。使用【Shift】键或【Ctrl】键可选择多张图纸。要查看图纸，可以使用快捷菜单以只读方式打开图形。

**注　意**

如果要修改某张图纸，就应该先在"图纸集管理器"选项板中打开相应的图纸集，这样可确保所有与图纸关联的数据均被更新。

#### 4．重命名并重新编号图纸

创建图纸后，可以更改图纸标题和图纸编号，也可以指定与图纸关联的其他图形文件。

注意：如果更改布局名称，则图纸集中相应的图纸标题也将更新，反之亦然。

#### 5．从图纸集中删除图纸

从图纸集中删除图纸将断开该图纸与图纸集的关联，但并不会删除图形文件或布局。

#### 6．重新关联图纸

如果将某个图纸移动到了另一个文件夹中，应使用"图纸特性"对话框更正路径，将该图纸重新关联到图纸集。对于任何已重新定位的图纸图形，将在"图纸特性"对话框中显示"需要的布局"和"找到的布局"的路径。要重新关联图纸，请在"需要的布局"中单击路径，然后单击以定位到图纸的新位置。

注意：通过观察"图纸列表"选项卡底部的"详细信息"，可以快速确认图纸是否位于预设的文件夹中。如果选定的图纸不在预设的位置，则"详细信息"中将同时显示"预设的位置"和"找到的位置"的路径信息。

#### 7．向图纸添加视图

在"模型视图"选项卡中，通过向当前图纸中放入命名模型空间视图或整个图形，即可轻松地向图纸中添加视图。

 **注　意**

> 创建命名模型空间视图后，必须保存图形，以便将该视图添加到"模型视图"选项卡。单击"模型视图"选项卡上的"刷新"按钮可更新"图纸集管理器"选项板树状图。

#### 8．向视图添加标签块

使用图纸集管理器，可以在放置视图和局部视图的同时自动添加标签。标签中包含与参照视图相关联的数据。

#### 9．向视图添加标注块

标注块是术语，指参照其他图纸的符号。标注块有许多行业特有的名称，例如参照标签、关键细节、细节标记和建筑截面关键信息等。标注块中包含与所参照的图纸和视图相关联的数据。

 **注　意**

> 如果要在图纸上放置带有字段或视图的标注块，请确保当前图层已解锁。

#### 10．创建标题图纸和内容表格

通常，将图纸集中的第一张图纸作为标题图纸，其中包括图纸集说明和一个列出了图纸集中所有图纸的表。可以在打开的图纸中创建此表格，该表格称为图纸列表表格。该表格中自动包含图纸集中的所有图纸。只有在打开图纸时，才能使用图纸集层快捷菜单创建图纸列表表格。

创建图纸一览表之后，还可以编辑、更新或删除该表中的单元内容。

图纸集、子集和图纸用来包含各种信息，此信息称为特性，包括标题、说明、文件路径和用户定义的自定义特性。

### 1. 不同层次（所有者）的不同特性

图纸集、子集和图纸代表不同的组织层次，其中每个层次都包含不同类型的特性。在创建图纸集、子集或图纸时指定这些特性的值。此外，可以定义图纸和图纸集的自定义特性。通常每张图纸的自定义特性值都是该图纸特有的。例如，图纸的自定义特性可能包括设计者的名字。通常，每个图纸集的自定义特性值都是项目特有的，例如，图纸集的自定义特性可能会包括合同号，但不能创建子集的自定义特性。

### 2. 查看和编辑特性

通过在图纸集、子集或图纸的名称上右击，可以在"图纸列表"选项卡中查看和编辑特性。在弹出的快捷菜单中选择"特性"命令，在弹出的对话框中的特性和值取决于所选内容。通过单击某一个值，可以编辑特性值。

## 10.7　打印发布

在 AutoCAD 2015 中绘制完图形后，用户可以通过打印机进行图形输出，也可以创建 Web 格式的文件（DWF），以及发布 AutoCAD 图形文件到 Web 页中，输送到站点上以供其他用户通过 Internet 访问。

创建完图形之后，通常要打印到图纸上，也可以生成一份电子图纸，以便从因特网上进行访问。打印的图形可以包含图形的单一视图，或者更为复杂的视图排列。根据不同的需要，可以打印一个或多个视口，或设置选项以决定打印的内容和图像在图纸上的布置。对于输出，在设计工作中常用到两种方式：一种是输出为光栅图像，以便在 Photoshop 等图像处理软件中应用；另一种是输出为工程图纸。要完成这些操作，需要熟悉模型空间、布局（图纸空间）、页面设置、打印样式设置、添加绘图仪和打印输出等功能。

使用电子打印的方法有以下两种：
- 选择"文件"|"打印"命令。
- 在命令行中输入 PLOT 命令，并按【Enter】键。

执行上述命令后，会弹出"打印-模型"对话框，使用该对话框可以进行打印设置，具体步骤如下：

Step 01 选择"文件"|"打印"命令，弹出"打印-模型"对话框，并选择所需的打印机，如图 10-41 所示。

Step 02 单击"添加"按钮，在弹出的对话框中输入页面设置名称，本例中采用默认名称，如图 10-42 所示。

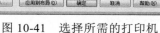
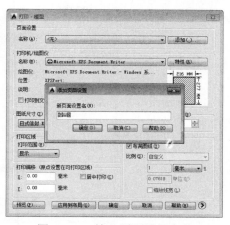

图 10-41　选择所需的打印机　　　　　　　图 10-42　输入页面设置名称

**Step 03** 单击"确定"按钮，返回上级对话框，根据需要选择图纸图幅的大小，本例中采用 A4 幅面，如图 10-43 所示。

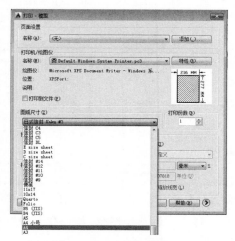

图 10-43　选择图纸图幅

**Step 04** 单击"确定"按钮，即可打印输出。

 注　意

　　打印的文件格式有 PLT 和 DWF 两种，DWF 为电子打印，PLT 为打印文件，PLT 的文件可以脱离绘图环境单独打印。

　　在 AutoCAD 2015 中，打印输出时可以将 DWG 的图形文件输出为.jpg、.bmp、.tif 和.tga 等格式的光栅图像，以便在其他图像软件中进行处理，还可以根据需要设置图像大小。具体操作步骤如下。

### 1．添加绘图仪

**Step 01** 如果系统中为用户提供了所需图像格式的绘图仪，就可以直接选用。若系统中没有所需图像格式的绘图仪，就需要利用"添加绘图仪向导"进行添加。选择"文件"|"绘

图仪管理器"命令,弹出 Plotters 窗口,如图 10-44 所示。

图 10-44　Plotters 窗口

**Step 02** 双击"添加绘图仪向导"图标,弹出"添加绘图仪-简介"对话框,如图 10-45 所示。单击"下一步"按钮,弹出"添加绘图仪-开始"对话框,如图 10-46 所示,选择"我的电脑"单选按钮。

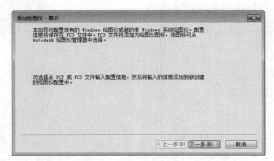

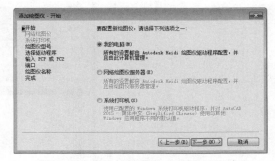

图 10-45　"添加绘图仪-简介"对话框　　　图 10-46　"添加绘图仪-开始"对话框

**Step 03** 单击"下一步"按钮,弹出"添加绘图仪-绘图仪型号"对话框,如图 10-47 所示。在"生产商"列表框中选择"光栅文件格式"选项,在"型号"列表框中选择 TIFF Version 6(不压缩)选项。单击"下一步"按钮,弹出"添加绘图仪-输入 PCP 或 PC2"对话框,如图 10-48 所示。

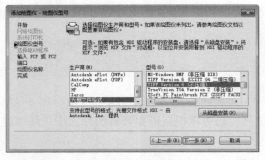
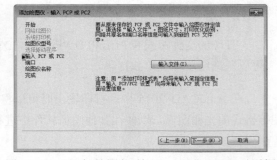

图 10-47　"添加绘图仪-绘图仪型号"对话框　　　图 10-48　"添加绘图仪-输入 PCP 或 PC2"对话框

**Step 04** 单击"下一步"按钮,弹出"添加绘图仪-端口"对话框,如图 10-49 所示。单击"下一步"按钮,弹出"添加绘图仪-绘图仪名称"对话框,如图 10-50 所示。

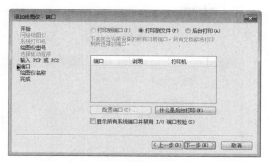

图 10-49　"添加绘图仪-端口"对话框　　　　图 10-50　"添加绘图仪-绘图仪名称"对话框

**Step 05** 单击"下一步"按钮，弹出"添加绘图仪-完成"对话框，如图 10-51 所示。单击
"完成"按钮，即可完成绘图仪的添加操作。

### 2. 设置图像尺寸

**Step 01** 选择"文件"|"打印"命令，弹出"打印-模型"对话框，在"打印机/绘图仪"
选项组中选择 TIFF Version 6（不压缩）选项，然后在"图纸尺寸"选项组中选择合适的图
纸尺寸。如果选项中所提供的尺寸不能满足要求，可以单击"绘图仪"右侧的"特性"按
钮，弹出"绘图仪配置编辑器"对话框，如图 10-52 所示。

图 10-51　"添加绘图仪-完成"对话框　　　　图 10-52　"绘图仪配置编辑器"对话框

**Step 02** 选择"自定义图纸尺寸"选项，然后单击"添加"按钮，弹出"自定义图纸尺寸-
开始"对话框，如图 10-53 所示。选择"创建新图纸"单选按钮，单击"下一步"按钮，
弹出"自定义图纸尺寸-介质边界"对话框，如图 10-54 所示，设置图纸的宽度、高度等。

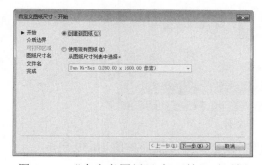
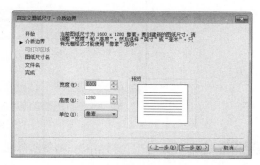

图 10-53　"自定义图纸尺寸-开始"对话框　　　图 10-54　"自定义图纸尺寸-介质边界"对话框

**Step 03** 单击"下一步"按钮，弹出"自定义图纸尺寸-图纸尺寸名"对话框，如图 10-55 所示。单击"下一步"按钮，弹出"自定义图纸尺寸-文件名"对话框，如图10-56所示。

图 10-55 "自定义图纸尺寸-图纸尺寸名"对话框

图 10-56 "自定义图纸尺寸-文件名"对话框

**Step 04** 单击"下一步"按钮，弹出"自定义图纸尺寸-完成"对话框，如图 10-57 所示。单击"完成"按钮，即可完成新图纸尺寸的创建。

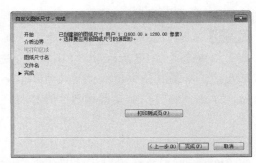

图 10-57 "自定义图纸尺寸-完成"对话框

## 10.8 打印立面图实例

下面以打印一个大厅立面图为例，讲解打印图纸的具体操作过程。

**Step 01** 选择"文件"|"打开"命令，打开附书光盘中的"售楼处方案.dwg"文件，如图 10-58 所示。

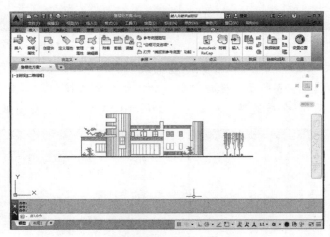

图 10-58 打开文件

**Step 02** 选择"文件"|"打印"命令，弹出"打印-模型"对话框，如图 10-59 所示。

**Step 03** 单击"添加"按钮，在弹出的对话框中设置页面名称，如图 10-60 所示。

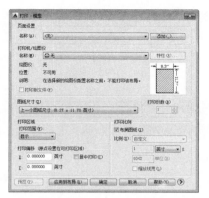

图 10-59 "打印-模型"对话框

图 10-60 设置页面名称

**Step 04** 在"打印机/绘图仪"选项组中选择一种合适的打印机,如图 10-61 所示。

**Step 05** 在"图纸尺寸"下拉列表框中选择一种合适的尺寸,本例选择的是 A4 大小,如图 10-62 所示。

图 10-61 选择打印机

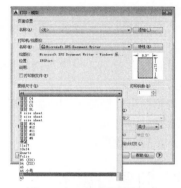

图 10-62 选择图纸尺寸

**Step 06** 在"打印范围"下拉列表框中选择"显示"选项。

**Step 07** 在"打印偏移"选项组中选择"居中打印"复选框,如图 10-63 所示。

**Step 08** 单击"预览"按钮,弹出预览窗口,可以在这个窗口中放大或者缩小图纸,如图 10-64 所示。

图 10-63 选择打印偏移

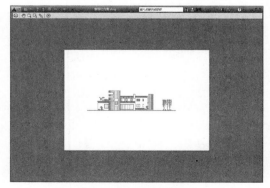

图 10-64 预览窗口

在预览窗口中右击，在弹出的快捷菜单中选择"退出"命令，退出预览窗口。最后单击"确定"按钮，完成图纸的打印。

☂ 注 意

在本例设置中不包含打印样式的设置，系统采用的是已经设定过的 acad.ctb 的打印样式，具体的线宽设置和其他设置都是在其中进行的，具体步骤可以参考本书 10.5 节的内容。

## 10.9 本章小结

本章以图纸的管理与输出为出发点，详细介绍了 AutoCAD 2015 的图纸空间和布局、打印的设置流程，以及图纸集的管理、AutoCAD 文件的打印和发布等知识。通过简单明了的讲解，以及详细的操作，使读者能够掌握 AutoCAD 2015 的图纸管理与输出操作。

打印图形时用户一般需要进行以下设置：
- 选择打印设备，包括 Windows 系统打印机或 AutoCAD 内部打印机。
- 指定图幅大小、图纸单位及图形放置方向。
- 设定打印比例。
- 设置打印范围，用户可指定图形界限、所有图形对象、某一矩形区域及显示窗口等作为输出区域。
- 调整图形在图纸上的位置，通过修改打印原点，可使图像沿 $X$、$Y$ 轴移动。
- 选择打印样式。
- 预览打印效果。

## 10.10 问题与思考

1. 打印图形时，一般应设置哪些打印参数？如何设置？
2. 当设置完打印参数后，应如何保存对这些参数的设置，以便以后再次使用？
3. 从模型空间出图时，怎样将不同绘图比例的图纸放在一起打印？
4. 有哪两种类型的打印样式？它们的作用分别是什么？
5. 从图纸空间打印图形的主要过程是什么？

# 第 11 章
# 绘制室内常用家具平面图

本章主要介绍室内常用家具平面图的绘制，且家具平面图绘制完成后，可以创建成块，方便以后在绘制平面布置图的时候调用。

## 11.1 绘制沙发组平面

沙发一般应用于客厅或办公室招待室中，几乎是家居必不可少的组成部分。下面将介绍平面布置图中沙发组平面的绘制方法，只要运用"矩形"、"圆角"、"修剪"、"圆弧"、"直线"、"复制"等命令。

### 11.1.1 绘制三人沙发

**Step 01** 在菜单栏中选择"绘图"|"直线"工具，在绘图区中绘制一个 1 880mm × 150mm 的矩形，如图 11-1 所示。

**Step 02** 选择"圆角"命令，将圆角半径设置为 50，对绘制的线段进行圆角处理，效果如图 11-2 所示。

图 11-1　绘制矩形　　　　　　　　　　　　　　　图 11-2　设置圆角

**Step 03** 再使用"直线"工具，以刚刚绘制的图形的最短线的中点为基点，绘制一条长 30mm 的直线，使用同样方法绘制另一边，如图 11-3 所示。

**Step 04** 再以得到直线的另一端的端点为基点，向下绘制一条长 700mm 的直线，使用同样方法绘制另一条，如图 11-4 所示。

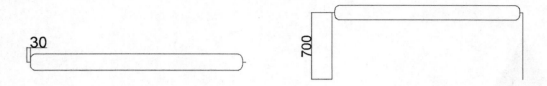

图 11-3　绘制 30mm 直线　　　　　　　　　图 11-4　绘制 700mm 直线

**Step 05** 使用 "偏移" 工具，将绘制的两条线向内侧偏移 120mm，再以之前绘制矩形的下侧边为基线向下偏移 50mm，再以偏移出的直线为基线向下偏移 600mm，效果如图 11-5 所示。

**Step 06** 使用 "圆角" 和 "修剪" 工具，对图形进行修改，修改完成后效果如图 11-6 所示。

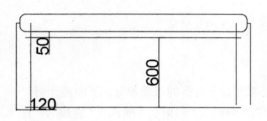

图 11-5　偏移直线　　　　　　　　　　　图 11-6　修饰直线

**Step 07** 使用 "直线" 工具，绘制直线，将绘制的图形进行封闭，并使用偏移工具偏移直线，然后使用修剪工具将多余的线条进行修剪，效果如图 11-7 所示。

**Step 08** 使用直线工具，绘制几条直线，作为三人沙发的修饰，效果如图 11-8 所示。

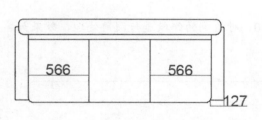

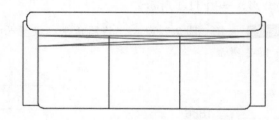

图 11-7　封闭图形　　　　　　　　　　　图 11-8　绘制修饰线

## 11.1.2　绘制台灯桌

**Step 01** 使用矩形工具在绘图区绘制一个 760mm×760mm 的正方形，并使用移动工具将其移动到适当位置，效果如图 11-9 所示。

**Step 02** 使用偏移工具将正方形向内侧分别偏移 80mm、110mm，效果如图 11-10 所示。

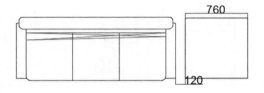
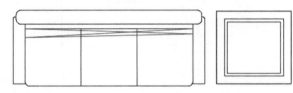

图 11-9　绘制正方形并移动　　　　　　　图 11-10　偏移正方形

**Step 03** 使用直线工具绘制两条相互垂直的直线，再使用"圆心，半径"命令，绘制一个半径为 180mm 的正圆，并对直线进行拉伸，如图 11-11 所示。

**Step 04** 使用"偏移"工具，以圆为基础向圆内偏移 80mm，会得到一个同心圆，再使用修剪工具将之前绘制的直线进行修剪，其效果如图 11-12 所示。

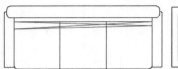

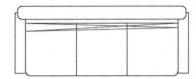

图 11-11　绘制辅助线和圆　　　　　　　图 11-12　偏移圆和修剪直线

**Step 05** 将刚刚绘制的正方形选中，使用"复制"命令，将其复制在三人沙发的另一边，如图 11-13 所示。

**Step 06** 根据之前绘制的三人沙发方法，绘制单人沙发和双人沙发，绘制完成后效果如图 11-14 所示。

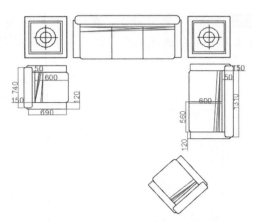

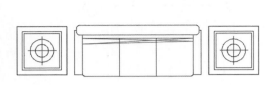

图 11-13　复制图形　　　　　　　图 11-14　绘制单人和双人沙发

### 11.1.3　绘制茶几和地毯

**Step 01** 选择"矩形"工具，在绘图区绘制一个 670mm×670mm 的正方形，如图 11-15 所示。

**Step 02** 选择"修改"|"偏移"工具，将正方形分别向外偏移 40mm、65mm，使用"分解"

工具将偏移出的图形分解，效果如图 11-16 所示。

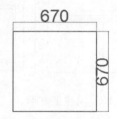

图 11-15　绘制正方形

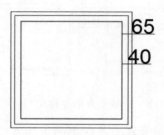

图 11-16　偏移正方形并分解

**Step 03** 使用"直线"工具在刚刚绘制的两个矩形之间绘制直线，且直线长度都为 25mm，其位置如图 11-17 所示。使用修剪命令，将多余的线段删除，效果如图 11-18 所示。

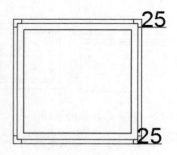

图 11-17　绘制直线

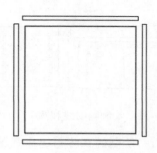

图 11-18　修剪直线

**Step 04** 使用圆角工具，将圆角半径设置为 10mm，对图中新出现的矩形进行修饰，效果如图 11-19 所示。

**Step 05** 选择"直线"命令，在绘图区中绘制直线长度分别为 5mm、103mm、63mm，使用修剪工具将多余的线删除，效果如图 11-20 所示。

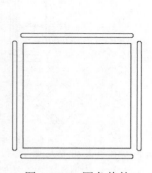

图 11-19　圆角修饰

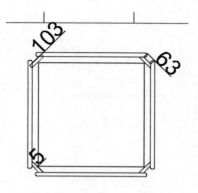

图 11-20　绘制直线并修剪

**Step 06** 在菜单栏中选择"插入"|"块"命令，在弹出的"插入"对话框中单击"浏览"按钮，在弹出的对话框中选择随书附带光盘中的 CDROM\素材\第 11 章\装饰花.dwg 文件，将其放置在适当位置，效果如图 11-21 所示。

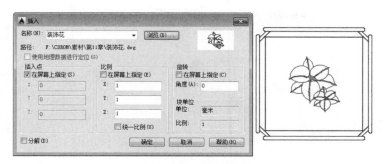

图 11-21　插入图形

**Step 07** 在菜单栏中选择"绘图" | "图案填充"命令，将图案填充图案设置为 AR-RROOF，将填充比例设置为 10，将角度设置为 45°，填充后效果如图 11-22 所示。

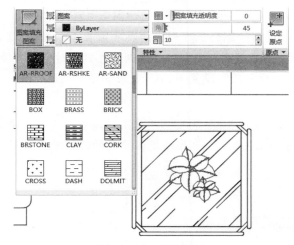

图 11-22　填充图案

**Step 08** 选择矩形工具，在绘图区中绘制一个 2 640mm × 2 640mm 的正方形，其效果如图 11-23 所示。使用偏移工具将正方形分别向外偏移 50mm、200mm，效果如图 11-24 所示。

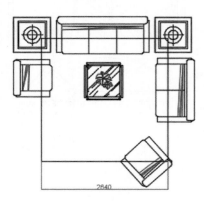

图 11-23　绘制正方形

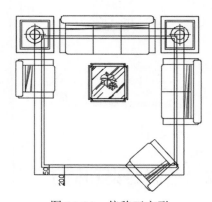

图 11-24　偏移正方形

**Step 09** 在菜单栏中选择"修改" | "修剪工具"命令，将视图中正方形多余的位置进行修剪，并修改其图层颜色，完成后效果如图 11-25 所示。

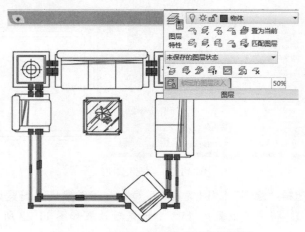

图 11-25　修剪正方形并修改图层颜色

**Step 10** 使用直线工具在刚刚绘制的正方形上绘制一条长 100mm 的直线，在菜单栏中选择"修改"｜"阵列"｜"路径阵列"命令，以绘制的直线为对象，以绘制的正方形为路径，进行阵列，并将"介于，项间距"设置为 50，效果如图 11-26 所示，并使用同样的方法绘制另一边。

**Step 11** 在菜单栏中选择"绘图"｜"圆弧"｜"起点，端点，方向"命令，在适当的位置绘制 4 条圆弧，效果如图 11-27 所示，至此沙发组平面的绘制就完成了。

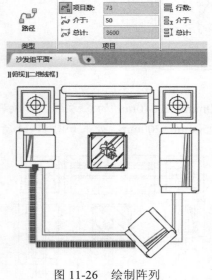

图 11-26　绘制阵列

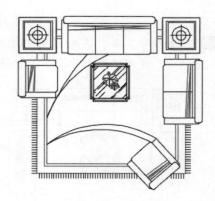

图 11-27　绘制圆弧

## 11.2　绘制餐桌和椅子

　　餐桌椅是家居中餐厅的主要家具组成部分，在平面布置图中是必不可少的。下面介绍餐桌和椅子的主要绘制方法，主要使用了"矩形"、"偏移"、"圆弧"、"图案填充"等命令。

## 11.2.1　绘制餐桌

**Step 01** 在菜单栏中选择"绘图"|"矩形"（RECTANG）命令，在绘图区中绘制一个 750mm×1 340mm 的矩形，效果如图 11-28 所示。

**Step 02** 在菜单栏中选择"修改"|"偏移"（OFFSET）命令，将矩形分别向内侧偏移 20mm 和 320mm，偏移完成后效果如图 11-29 所示。

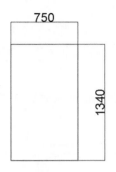

图 11-28　绘制矩形

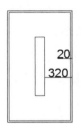

图 11-29　偏移矩形

**Step 03** 选择"直线"（LINE）命令在绘图区绘制直线，直线的两个端点分别为最外侧矩形和最内侧矩形的顶点，效果如图 11-30 所示。

**Step 04** 在菜单栏中选择"绘图"|"图案填充"（HATCH）命令，将图案填充图案设置为 ANSI31，将填充比例设置为 20，为内侧的矩形填充图案，如图 11-31 所示。

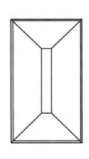

图 11-30　绘制直线

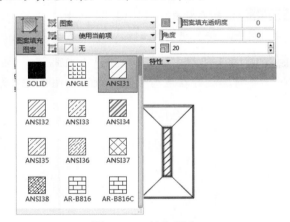

图 11-31　填充图案

## 11.2.2　绘制椅子

**Step 01** 在菜单栏中选择"绘图"|"矩形"命令，在绘图区中绘制一个 360mm×400mm 的矩形，如图 11-32 所示。

**Step 02** 使用"偏移"命令，将绘制的矩形向外偏移 15mm，再使用分解工具将两个矩形分解成线，如图 11-33 所示。

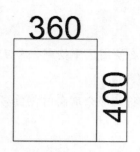

图 11-32　绘制矩形

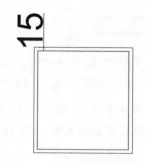

图 11-33　偏移矩形并分解

**Step 03** 使用 "圆角" （FILLET） 工具，将矩形进行圆角处理，其圆角半径设置为 50mm，效果如图 11-34 所示。

**Step 04** 使用 "直线" 工具，在绘图区中绘制一个 290mm × 25mm 的矩形，并将其放置在适当位置，如图 11-35 所示。

图 11-34　绘制圆角

图 11-35　绘制矩形

**Step 05** 使用 "圆角" （FILLET） 工具，将矩形进行圆角处理，其圆角半径设置为 10mm，绘制完成后将其进行复制粘贴，效果如图 11-36 所示。

**Step 06** 在菜单栏中选择 "绘图" | "圆弧" | "起点，端点，方向" 命令，在视图中绘制圆弧，并将其放置在适当位置，效果如图 11-37 所示。

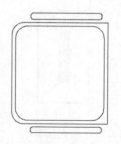

图 11-36　设置圆角并复制

图 11-37　绘制圆弧

**Step 07** 再次使用 "圆弧" 命令，以之前偏移出的矩形的右侧边的两个顶点为圆弧的起点和端点，绘制圆弧，效果如图 11-38 所示。

**Step 08** 使用偏移工具，将上一步绘制的圆弧向右侧偏移 30mm，使用直线工具将两条直线连接进行封闭，效果如图 11-39 所示。

图 11-38　绘制圆弧

图 11-39　偏移圆弧并绘制直线

**Step 09** 在菜单栏中选择"修改"|"圆角"命令，将绘制的图形进行圆角修饰，其圆角半径为 15mm，完成后效果如图 11-40 所示。

**Step 10** 椅子绘制完成后，将其移动到适当位置，并对绘制的椅子进行复制，然后将复制的椅子进行旋转移动，放置在适当位置，效果如图 11-41 所示。

图 11-40　圆角处理

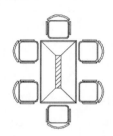

图 11-41　完成后效果

## 11.3　绘制床和床头柜

在 AutoCAD 室内设计中，床与床头柜已经成了必不可少的一部分，本节将介绍如何绘制床与床头柜。

### 11.3.1　绘制床

**Step 01** 在菜单栏中选择"绘图"|"矩形"工具，在绘图区中绘制一个 1 650mm×2 200mm 的矩形，效果如图 11-42 所示。

**Step 02** 选择绘制的矩形，使用"分解"（EXPLODE）工具将其分解成直线，使用"偏移"（OFFSET）工具将绘制的矩形最上侧线向下偏移 65mm，效果如图 11-43 所示。

图 11-42　绘制矩形

图 11-43　分解矩形并偏移直线

**Step 03** 在菜单栏中选择"绘图"|"矩形"命令，在绘图区中绘制一个 30mm × 30mm 的正方形，效果如图 11-44 所示。

**Step 04** 在菜单栏中选择"修改"|"阵列"|"路径阵列"（ARRAYPATH）命令，以绘制的小正方形为对象，直线为路径，进行阵列操作，效果如图 11-45 所示，使用移动工具将阵列移动到适当位置。

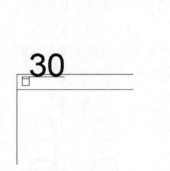

图 11-44 绘制正方形

图 11-45 阵列小正方形

**Step 05** 使用"偏移"工具将矩形的上侧边向下偏移 440mm。在菜单栏中选择"绘图"|"圆弧"|"起点、端点、方向"命令，以偏移出的直线的两个端点为圆弧的起点和端点，在视图中绘制一条圆弧，效果如图 11-46 所示。

**Step 06** 再以偏移出的直线为基线向下偏移 240mm，将偏移出的直线的两端都向中间缩进 180mm。在菜单栏中选择"绘图"|"圆弧"|"起点，端点，方向"命令，以偏移出的直线的两个端点为圆弧的起点和端点，在视图中绘制一条圆弧，效果如图 11-47 所示。

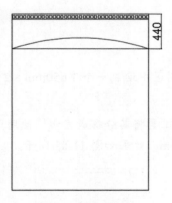

图 11-46 绘制圆弧

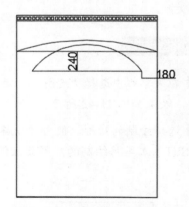

图 11-47 继续绘制圆弧

**Step 07** 将偏移出的两条直线删除。使用"圆弧"工具，以绘制的两条圆弧相邻的点为圆弧的起点和端点，绘制两条圆弧，效果如图 11-48 所示。

**Step 08** 使用"偏移"工具，将矩形最下侧的边向上偏移 190mm，使用修剪工具将矩形进行修剪，效果如图 11-49 所示。

图 11-48　绘制两条圆弧

图 11-49　偏移并修剪直线

**Step 09** 将原矩形的最下侧线向中心缩进 240mm，使用直线工具在绘图区中绘制斜线，效果如图 11-50 所示。

**Step 10** 将多余的线段删除。在菜单栏中选择"绘图"|"圆弧"命令，在绘图区中绘制 4 条圆弧，效果如图 11-51 所示。

图 11-50　绘制斜线

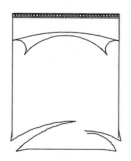

图 11-51　绘制圆弧

**Step 11** 绘制完圆弧后再次使用"圆弧"|"起点，端点，方向"命令，在视图中绘制圆弧，其效果如图 11-52 所示。

**Step 12** 再使用"圆弧"|"起点，端点，方向"命令，在绘制的矩形中绘制圆弧，效果如图 11-53 所示。

图 11-52　再次绘制圆弧

图 11-53　继续绘制圆弧

## 11.3.2 绘制床头柜

**Step 01** 使用"直线"工具在绘图区中绘制一个 495mm×495mm 的正方形，并将其放置在适当位置，如图 11-54 所示。

**Step 02** 在菜单栏中选择"修改"|"偏移"命令，将直线向正方形内部偏移 25mm，效果如图 11-55 所示。

图 11-54　绘制正方形

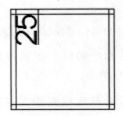

图 11-55　偏移直线

**Step 03** 在菜单栏中选择"修改"|"圆角"（FILLET）命令，将偏移出的直线进行圆角处理，其圆角半径设置为 0，效果如图 11-56 所示。

**Step 04** 在菜单栏中选择"绘图"|"圆"命令，在绘制的正方形正中心绘制一个半径为 90mm 的圆，如图 11-57 所示。

图 11-56　圆角修饰

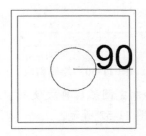

图 11-57　绘制圆

**Step 05** 在菜单栏中选择"修改"|"偏移"命令，将绘制的圆向内部偏移 10mm，得到一个同心圆，如图 11-58 所示。

**Step 06** 在菜单栏中选择"绘图"|"直线"命令，绘制两条相互垂直且经过两个圆圆心的直线，效果如图 11-59 所示。

图 11-58　偏移圆

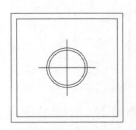

图 11-59　绘制直线

Step 07 选择绘制的床头柜，在菜单栏中选择"修改"|"复制"命令，将其复制到床的另一边，效果如图 11-60 所示。

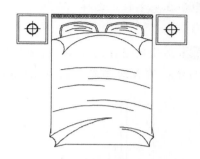

图 11-60　绘制完成后的效果

## 11.4　绘制钢琴

Step 01 在菜单栏中选择"绘图"|"矩形"命令，在绘图区中绘制一个 280mm×1 575mm 的矩形。在菜单栏中选择"修改"|"分解"命令，将绘制的矩形分解，效果如图 11-61 所示。

Step 02 在菜单栏中选择"修改"|"偏移"命令，选择绘制矩形的右侧边向内部偏移 50mm，效果如图 11-62 所示。

图 11-61　绘制矩形

图 11-62　偏移直线

Step 03 使用"矩形"工具，在绘图区绘制一个 305mm×1 525mm 的矩形，并将其移动到适当位置，且新绘制的矩形与原绘制的矩形对角均相差 25mm，效果如图 11-63 所示。

Step 04 在菜单栏中选择"修改"|"分解"命令，将绘制的矩形分解，分解完成后使用偏移工具将矩形的上侧边和下侧边向中间偏移 305mm，将右侧边向左偏移 205mm，将左侧边向右偏移 50mm，效果如图 11-64 所示。

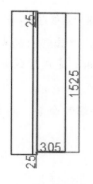

图 11-63　绘制矩形

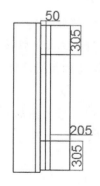

图 11-64　偏移直线

**Step 05** 在菜单栏中选择"修改"|"修剪"命令,将偏移出的直线进行修剪,效果如图 11-65 所示。

**Step 06** 再使用同样的方法,将矩形的上侧边和下侧边向中间偏移 59mm,右侧边向左侧偏移 25mm,左侧边向右侧偏移 150mm,效果如图 11-66 所示。

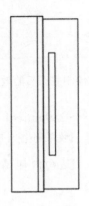

图 11-65　修剪直线

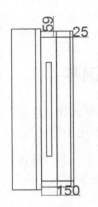

图 11-66　偏移直线

**Step 07** 使用"修剪"命令,将偏移出的线进行修剪,效果如图 11-67 所示。

**Step 08** 选择偏移出的矩形的下侧边,使用偏移工具将其向上偏移 44mm,效果如图 11-68 所示。

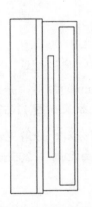

图 11-67　修剪直线

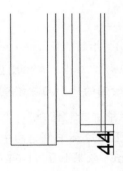

图 11-68　偏移直线

**Step 09** 在菜单栏行中选择"修改"|"阵列"|"路径阵列"命令,以偏移出的直线为对象,以矩形的边为路径进行阵列操作,并将"介于,项间距"设置为 44,完成后效果如图 11-69 所示。

**Step 10** 选择"阵列"后的图形,在菜单栏中选择"修改"|"分解"命令,将其分解,效果如图 11-70 所示。

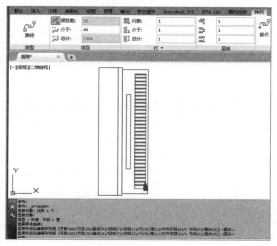

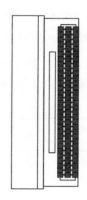

图 11-69　绘制阵列　　　　　　　　　　　　　　　图 11-70　分解阵列

**Step 11** 在菜单栏中选择"绘图"|"多段线"命令，在分解后得到的方格中绘制多段线，效果如图 11-71 所示。

**Step 12** 双击绘制的多段线，在弹出的下拉列表中选择宽度，将其宽度设置为 35，效果如图 11-72 所示。

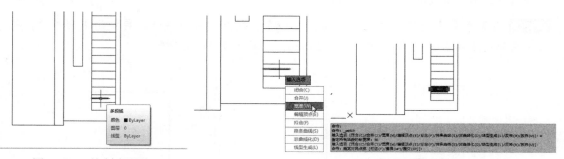

图 11-71　绘制多段线　　　　　　　　　　　　　图 11-72　设置线宽

**Step 13** 使用同样的方法分别在第 4、5 格，第 7 格，第 9、10 格，第 12 格，第 14、15、16 格，第 18 格，第 20、21 格，第 23 格，第 25、26、27 格，第 29 格，第 31 格上绘制多段线，效果如图 11-73 所示。

**Step 14** 使用矩形工具在绘图区绘制一个 460mm × 920mm 的矩形，效果如图 11-74 所示。

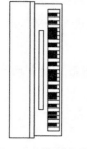

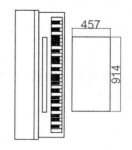

图 11-73　绘制多段线　　　　　　　　　　　　　图 11-74　绘制矩形

# 11.5　绘制浴缸

**Step 01** 在菜单栏中选择"绘图"|"矩形"命令，在绘图区中绘制一个 1 530mm×750mm 的矩形，效果如图 11-75 所示。

**Step 02** 在菜单栏中选择"绘图"|"直线"命令，以矩形最短边的中点为直线的端点绘制直线，效果如图 11-76 所示。

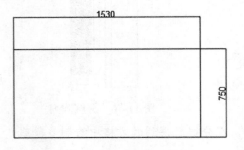

图 11-75　绘制矩形

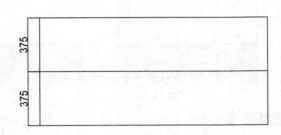

图 11-76　绘制直线

**Step 03** 使用偏移工具，将绘制的直线向上分别偏移 50mm、42mm、25mm，向下分别偏移 50mm、42mm、25mm，效果如图 11-77 所示。

**Step 04** 在菜单栏中选择"修改"|"分解"命令，将矩形分解成线，再使用偏移命令，将矩形左侧的线向右分别偏移 20mm、225mm，效果如图 11-78 所示。

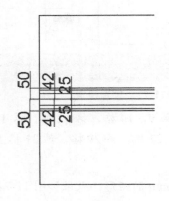

图 11-77　偏移直线

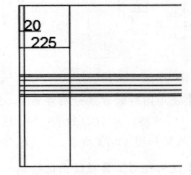

图 11-78　分解矩形并偏移直线

**Step 05** 在菜单栏中选择"修改"|"修剪"命令，将偏移的直线进行修剪，效果如图 11-79 所示。

**Step 06** 在菜单栏中选择"绘图"|"直线"命令，在绘制出的图形上绘制两条斜线，其位置如图 11-80 所示。

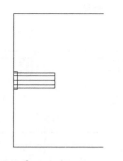

图 11-79　修剪直线

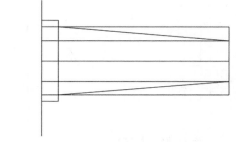

图 11-80　绘制斜线

**Step 07**　绘制完成后，将多余的线段删除，并使用修剪工具将多余的线段进行修剪，效果如图 11-81 所示。

**Step 08**　在菜单栏中选择"绘图"|"圆弧"|"起点，端点，方向"命令，在绘制的图形的最末端绘制 3 条圆弧，效果如图 11-82 所示。

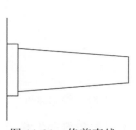

图 11-81　修剪直线

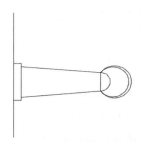

图 11-82　绘制圆弧

**Step 09**　在菜单栏中选择"绘图"|"矩形"命令，在绘图区中绘制一个 20mm×20mm 的正方形，绘制一个 30mm×35mm 的矩形，并将其连接在一起，如图 11-83 所示。

**Step 10**　选择移动工具，将绘制的矩形移动到刚刚绘制的图形最宽边相差 40mm，如图 11-84 所示。

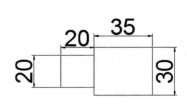

图 11-83　绘制正方形和矩形并连接

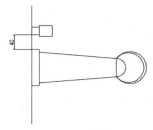

图 11-84　移动矩形

**Step 11**　选择复制命令，将其进行复制，并将其移动到图形的下方，如图 11-85 所示。

**Step 12**　在菜单栏中选择"修改"|"偏移"命令，将矩形的上侧边向下偏移 55mm，左侧边向右偏移 109mm，下侧边向上偏移 95mm，右侧边向左偏移 251mm，效果如图 11-86 所示。

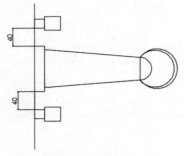

图 11-85　复制矩形

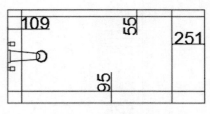

图 11-86　偏移直线

**Step 13** 在菜单栏中选择"修改"|"圆角"命令，将偏移出的直线进行圆角处理，其圆角半径设置为 0，如图 11-87 所示。

**Step 14** 在菜单栏中选择"绘图"|"圆弧"命令，在绘图区中绘制一条圆弧，如图 11-88 所示。

图 11-87　圆角修饰

图 11-88　绘制圆弧

**Step 15** 在菜单栏中选择"修改"|"偏移"命令，将绘制的图形向内部偏移 50mm。使用"圆角"命令，将绘制的图形进行圆角处理，其半径设置为 0，并使用"修剪"工具将多余的直线删除，效果如图 11-89 所示。

**Step 16** 使用"偏移"工具，将矩形的下侧边向上偏移 30mm，并使用直线命令将其封闭，然后使用修剪工具将多余的线段删除，效果如图 11-90 所示。

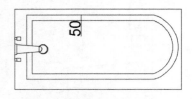

图 11-89　偏移圆弧并修剪

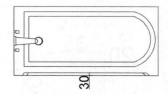

图 11-90　偏移直线并封闭空间

# 11.6　绘制洗衣机

**Step 01** 在菜单栏中选择"绘图"|"矩形"命令，在绘图区中绘制一个 690mm × 710mm 的矩形，效果如图 11-91 所示。

**Step 02** 选择绘制的矩形，在菜单栏中选择"修改"|"分解"命令，将矩形分解。在菜单栏中选择"修改"|"偏移"命令，将矩形上侧边向下分别偏移 36mm、66mm、145mm，如图 11-92 所示。

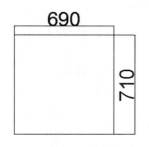

图 11-91　绘制矩形

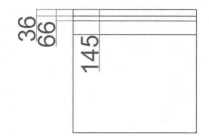

图 11-92　偏移上侧边

**Step 03** 使用同样的方法将左侧边分别向右偏移 38mm、43mm、126mm，效果如图 11-93 所示。

**Step 04** 在菜单栏中选择"修改"|"修剪"命令，将偏移出的直线进行修剪，效果如图 11-94 所示。

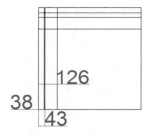

图 11-93　偏移左侧边

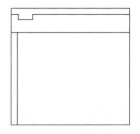

图 11-94　修剪直线

**Step 05** 在菜单栏中选择"修改"|"偏移"命令，将矩形的下侧边向上偏移 55mm，右侧边向左偏移 38mm，效果如图 11-95 所示。

**Step 06** 在菜单栏中选择"修改"|"圆角"命令，将绘制的矩形的下侧两个角和偏移出的两个角进行圆角处理，圆角半径设置为 100mm，并使用修剪工具将多余的线段删除，效果如图 11-96 所示。

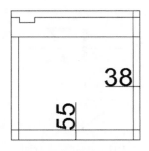

图 11-95　偏移直线

图 11-96　圆角修饰

**Step 07** 绘制完成后，使用直线命令以偏移出的矩形的对角绘制直线，效果如图 11-97 所示。

**Step 08** 在菜单栏中选择"绘图"|"圆"|"圆心，半径"命令，以绘制对角线的中点为圆心绘制一个半径为 32mm 的圆，效果如图 11-98 所示。

图 11-97　绘制直线

图 11-98　绘制圆

**Step 09** 在菜单栏中选择"绘图"|"椭圆"|"圆心"命令，在绘图区中绘制一个长半径为83mm、短半径为38mm的椭圆，效果如图11-99所示。

**Step 10** 将椭圆移动到适当位置，使用矩形工具，在椭圆中绘制一个17mm×65mm的矩形，效果如图11-100所示。

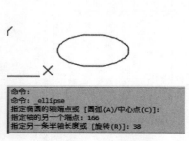

图 11-99　绘制椭圆

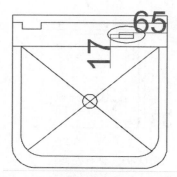

图 11-100　绘制矩形

**Step 11** 在菜单栏中选择"绘图"|"圆弧"|"起点，端点，方向"命令，在图形中绘制两条圆弧，效果如图11-101所示。

**Step 12** 使用"圆"命令，在绘图区绘制一个半径为17mm的圆，并复制粘贴出两个等大的圆，效果如图11-102所示。

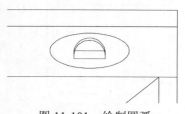

图 11-101　绘制圆弧

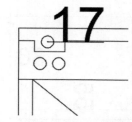

图 11-102　绘制并复制圆

**Step 13** 在菜单栏中选择"绘图"|"矩形"命令，在绘图区中绘制一个30mm×13mm的矩形，效果如图11-103所示。

**Step 14** 选择绘制的矩形，使用复制粘贴再复制出5个矩形，完成后效果如图11-104所示。

图 11-103　绘制矩形

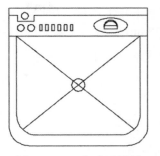

图 11-104　完成后效果

# 11.7　绘制淋浴房

Step 01 在菜单栏中选择 "绘图" | "矩形" 命令，在绘图区中绘制一个 960mm×960mm 的正方形，效果如图 11-105 所示。

Step 02 在菜单栏中选择 "修改" | "分解" 命令，将正方形分解。再在菜单栏中选择 "修改" | "圆角" 命令，将正方形进行圆角处理，其圆角半径为 100mm，效果如图 11-106 所示。

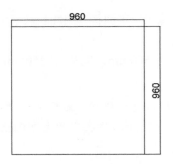

图 11-105　绘制正方形

图 11-106　圆角处理

Step 03 再次使用 "圆角" 命令，对正方形进行处理，其圆角半径设置为 500mm，效果如图 11-107 所示。

Step 04 在菜单栏中选择 "修改" | "偏移" 命令，将图形向内部偏移 50mm，并使用修剪命令将多余的部分进行修剪，效果如图 11-108 所示。

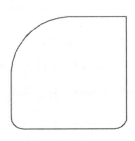

图 11-107　圆角处理

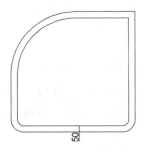

图 11-108　偏移图形

**Step 05** 在菜单栏中选择"绘图"|"圆"命令，以右下角圆弧的圆心为圆的圆心，绘制一个半径为 28mm 的圆，效果如图 11-109 所示。

**Step 06** 在菜单栏中选择"绘图"|"直线"命令，在图形中绘制斜线，效果如图 11-110 所示。

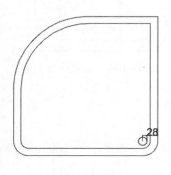

图 11-109　绘制圆

图 11-110　绘制直线

# 11.8　绘制洗脸盆

洗脸盆主要应用于室内卫生间或厨房，几乎是室内必备家具。下面将介绍洗脸盆平面图的绘制方法，其中主要使用"矩形"、"偏移"和"镜像"命令。

**Step 01** 使用"矩形"（RECTANG）命令，绘制一个长度为 500mm、宽度为 350mm 的矩形，如图 11-111 所示。

**Step 02** 选中矩形，使用"分解"（EXPLODE）命令，将矩形进行分解。然后使用"偏移"（OFFSET）命令，将左侧、右侧和顶部的直线向内偏移 60mm，将底部的直线向上偏移 50mm，如图 11-112 所示。

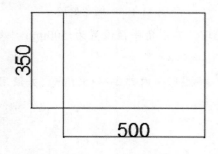

图 11-111　绘制矩形

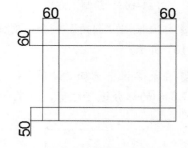

图 11-112　偏移直线

**Step 03** 使用"修剪"（TRIM）命令，将多余的线段进行修剪，效果如图 11-113 所示。

**Step 04** 使用"偏移"（OFFSET）命令，将左侧线段向右偏移 250mm，将顶部线段向下偏移 30mm，将得到的线段作为辅助线，如图 11-114 所示。

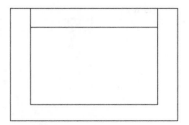
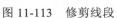

图 11-113　修剪线段

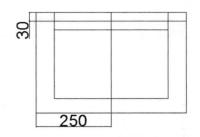

图 11-114　偏移线段

**Step 05** 使用"矩形"（RECTANG）命令，以辅助线的交点为起点，绘制一个长度为 30mm、宽度为 100mm 的矩形，如图 11-115 所示。

**Step 06** 选中矩形右下角的顶点，将其移动至底边的中点位置处，得到梯形图形，如图 11-116 所示。

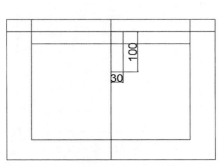

图 11-115　绘制矩形

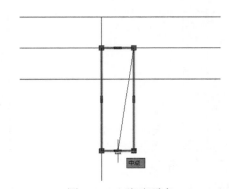

图 11-116　移动顶点

**Step 07** 使用"镜像"（MIRROR）命令，以垂直辅助线为镜像轴，镜像梯形图形，效果如图 11-117 所示。

**Step 08** 使用"圆"（CIRCLE）命令，绘制一个半径为 20mm 的圆，如图 11-118 所示。

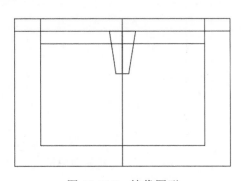

图 11-117　镜像图形

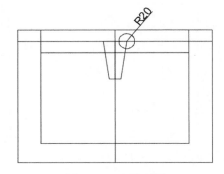

图 11-118　绘制圆

**Step 09** 使用"移动"（MOVE）命令，将圆向右侧移动 20mm，如图 11-119 所示。

**Step 10** 使用"镜像"（MIRROR）命令，以垂直辅助线为镜像轴，镜像圆，效果如图 11-120 所示。

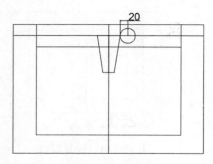

图 11-119　移动圆的位置

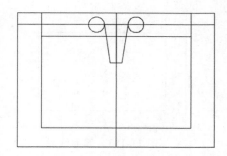

图 11-120　镜像圆

Step 11　将辅助线删除，然后使用"修剪"（TRIM）命令，将多余的线段进行修剪，效果如图 11-121 所示。

Step 12　使用"直线"（LINE）命令，绘制两条交叉线段，如图 11-122 所示。

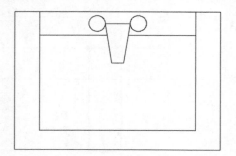

图 11-121　去除多余的线段

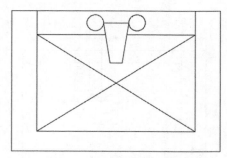

图 11-122　绘制交叉线段

Step 13　使用"圆"（CIRCLE）命令，以交叉点为圆心，绘制一个半径为 30mm 的圆，如图 11-123 所示。

Step 14　然后使用"修剪"（TRIM）命令，将多余的线段进行修剪，洗脸盆完成后的效果如图 11-124 所示。

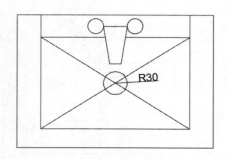

图 11-123　绘制圆

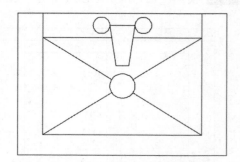

图 11-124　洗脸盆效果

## 11.9　绘制坐便器

坐便器主要应用于室内卫生间，下面将介绍坐便器平面图的绘制方法，其中主要使用"椭圆"、"偏移"和"修剪"命令。

**Step 01** 首先使用 "直线"（LINE）命令，绘制两条长度为 1 000mm，并相互垂直平分的辅助线，如图 11-125 所示。

**Step 02** 使用 "椭圆"（ELLIPSE）命令，指定辅助线的交叉点为中心点，绘制长半轴为 300mm、短半轴为 200mm 的椭圆，如图 11-126 所示。

图 11-125　绘制辅助线　　　　　　　　　图 11-126　绘制椭圆

**Step 03** 使用 "偏移"（OFFSET）命令，将椭圆向内偏移 50mm，如图 11-127 所示。

**Step 04** 使用 "矩形"（RECTANG）命令，在空白位置绘制一个长度为 200mm、宽度为 500mm 的矩形，然后将其移动到图 11-128 所示位置。

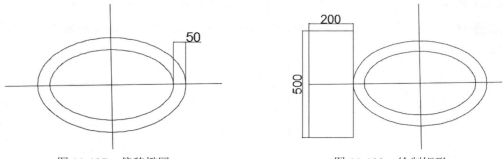

图 11-127　偏移椭圆　　　　　　　　　图 11-128　绘制矩形

**Step 05** 选中绘制的矩形，使用 "分解"（EXPLODE）命令，将矩形进行分解。然后使用 "偏移"（OFFSET）命令，将矩形右侧的线段向右偏移 75mm，如图 11-129 所示。

**Step 06** 然后使用 "修剪"（TRIM）命令，将多余的线段进行修剪，并将多余的线段删除，如图 11-130 所示。

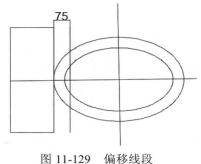
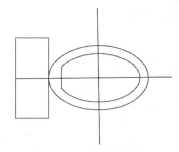

图 11-129　偏移线段　　　　　　　　　图 11-130　去除线段

**Step 07** 使用"圆弧"（ARC）命令，绘制两个圆弧，如图 11-131 所示。

**Step 08** 使用"修剪"（TRIM）命令，将多余的线段进行修剪，并将多余的辅助线线段删除。坐便器完成后的效果如图 11-132 所示。

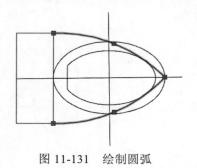

图 11-131　绘制圆弧

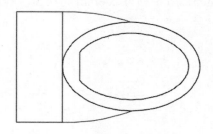

图 11-132　完成后的效果

## 11.10　绘制便池

便池主要应用于室内公共卫生间。下面将介绍便池平面图的绘制方法，其中主要使用"直线"和"圆角"命令。

**Step 01** 使用"直线"（LINE）命令，配合"正交限制光标"绘制图 11-133 所示的线段。

**Step 02** 使用"圆角"（FILLET）命令，将"半径"设置为 30mm，将多个边角设置为圆角，如图 11-134 所示。

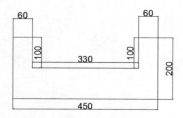

图 11-133　绘制线段

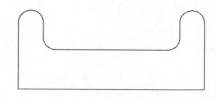

图 11-134　设置圆角

**Step 03** 使用"直线"（LINE）命令，捕捉中点为起点，向上绘制一条长度为 150mm 的线段，如图 11-135 所示。

**Step 04** 继续使用"直线"（LINE）命令，将"正交限制光标"关闭，绘制两条线段，如图 11-136 所示。

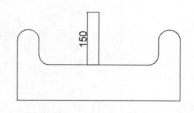

图 11-135　绘制线段

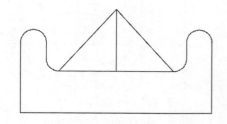

图 11-136　绘制两条线段

提　示

在绘制直线时，将"对象捕捉"打开，通过捕捉端点来绘制直线。

**Step 05** 使用"圆角"（FILLET）命令，将"半径"设置为 30mm，将边角设置为圆角，如图 11-137 所示。

**Step 06** 然后使用"圆"（CIRCLE）命令，以底边的中心为圆点，绘制一个半径为 20mm 的圆，如图 11-138 所示。

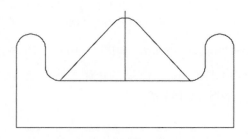

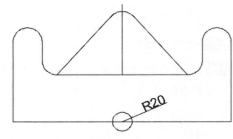

图 11-137　设置圆角　　　　　　　　　　图 11-138　绘制圆

**Step 07** 使用"移动"（MOVE）命令，将圆向上移动 40mm，如图 11-139 所示。

**Step 08** 将多余的线段删除，便池完成后的效果如图 11-140 所示。

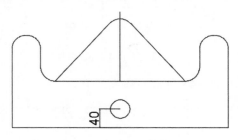

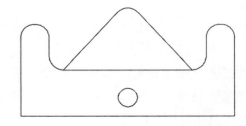

图 11-139　移动圆的位置　　　　　　　　图 11-140　完成后的效果

## 11.11　绘制煤气灶

煤气灶主要应用于室内厨房。下面将介绍煤气灶平面图的绘制方法，其中主要使用"矩形"、"圆"、"偏移"和"镜像"命令。

**Step 01** 首先绘制辅助线段，使用"直线"（LINE）命令，配合"正交限制光标"绘制两条垂直平分的线段，然后使用"偏移"（OFFSET）命令，将垂直线段分别向左和向右偏移 160mm，如图 11-141 所示。

**Step 02** 使用"矩形"（RECTANG）命令，绘制一个长度为 650mm、宽度为 320mm 的矩形，然后将其移动至图 11-142 所示位置。

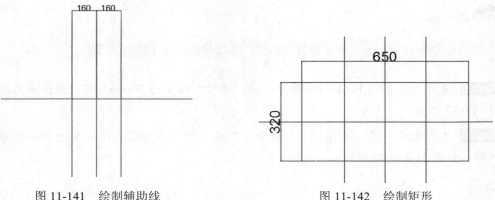

图 11-141　绘制辅助线　　　　　　　　　　　　　图 11-142　绘制矩形

**Step 03** 使用 "偏移"（OFFSET）命令，将矩形向内偏移 30mm，如图 11-143 所示。

**Step 04** 选中最外边的矩形，使用 "分解"（EXPLODE）命令将矩形分解，然后使用 "偏移"（OFFSET）命令，将底边向下偏移 70mm，如图 11-144 所示。

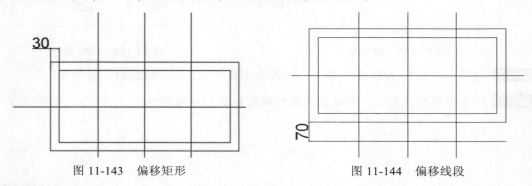

图 11-143　偏移矩形　　　　　　　　　　　　　图 11-144　偏移线段

**Step 05** 使用 "直线"（LINE）命令，绘制两条图 11-145 所示的线段。

**Step 06** 使用 "多边形"（POLYGON）命令，绘制一个内切于圆，半径为 75mm 的六边形，如图 11-146 所示。

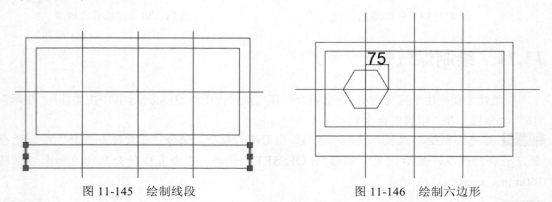

图 11-145　绘制线段　　　　　　　　　　　　　图 11-146　绘制六边形

**Step 07** 使用 "偏移"（OFFSET）命令，将六边形向内偏移 10mm，如图 11-147 所示。

**Step 08** 使用 "圆"（CIRCLE）命令，绘制一个半径为 25mm 的圆，如图 11-148 所示。

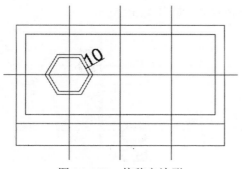

图 11-147　偏移六边形

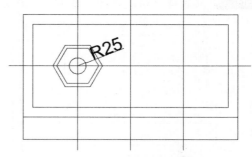

图 11-148　绘制圆

**Step 09** 使用"偏移"（OFFSET）命令，将圆向内偏移 5mm，如图 11-149 所示。

**Step 10** 将横线辅助线删除，使用"直线"（LINE）命令，绘制 3 条线段，如图 11-150 所示。

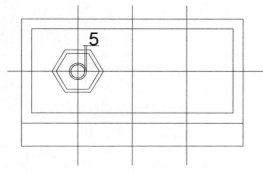

图 11-149　偏移圆

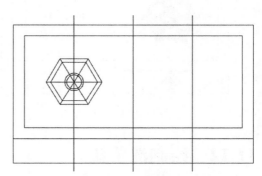

图 11-150　绘制辅助线

**Step 11** 使用"修剪"（TRIM）命令，将多余的线段进行修剪，如图 11-151 所示。

**Step 12** 使用"圆"（CIRCLE）命令，绘制一个半径为 20mm 的圆，如图 11-152 所示。

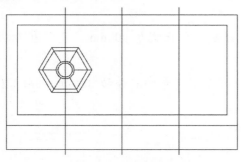

图 11-151　修剪线段

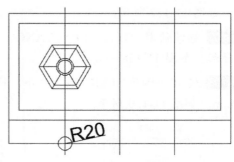

图 11-152　绘制圆

**Step 13** 使用"移动"命令，将圆向上移动 35mm，如图 11-153 所示。

**Step 14** 使用"矩形"（RECTANG）命令，绘制一个长度为 5mm、宽度为 50mm 的矩形，然后将其移动至图 11-154 所示位置。

**Step 15** 使用"镜像"（MIRROR）命令，以中间垂直辅助线为镜像轴，镜像图 11-155 所示的图形。

Step 16 最后将辅助线删除，绘制煤气灶完成后的效果如图 11-156 所示。

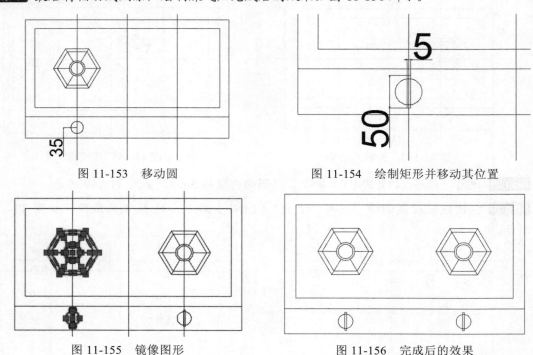

图 11-153　移动圆　　　　　　　　图 11-154　绘制矩形并移动其位置

图 11-155　镜像图形　　　　　　　图 11-156　完成后的效果

## 11.12　绘制洗菜盆

　　洗菜盆主要应用于室内厨房。下面将介绍洗菜盆平面图的绘制方法，其中主要使用"矩形"、"偏移"、"圆角"和"倒角"命令。

Step 01 使用"矩形"（RECTANG）命令，绘制一个长度为 560mm、宽度为 840mm 的矩形，如图 11-157 所示。

Step 02 继续使用"矩形"（RECTANG）命令，绘制一个长度为 400mm、宽度为 480mm 的矩形，如图 11-158 所示。

Step 03 使用"移动"（MOVE）命令，将上一步绘制的矩形向右移动 100mm，向下移动 38mm，如图 11-159 所示。

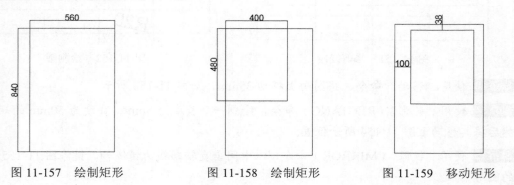

图 11-157　绘制矩形　　　　　图 11-158　绘制矩形　　　　　图 11-159　移动矩形

**Step 04** 使用"矩形"（RECTANG）命令，绘制一个长度为 400mm、宽度为 230mm 的矩形，如图 11-160 所示。

**Step 05** 使用"移动"（MOVE）命令，将上一步绘制的矩形向右移动 100mm，向上移动 38mm，如图 11-161 所示。

**Step 06** 使用"圆角"（FILLET）命令，将"半径"设置为 20mm，将 3 个矩形的边角设置为圆角，如图 11-162 所示。

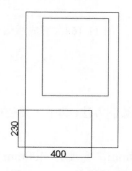

图 11-160　绘制矩形

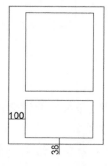

图 11-161　移动矩形

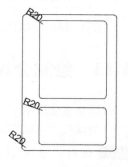

图 11-162　设置圆角

**Step 07** 使用"圆"（CIRCLE）命令，绘制两个半径为 30mm 的圆，如图 11-163 所示。

**Step 08** 使用"矩形"（RECTANG）命令，在空白处绘制一个长度为 170mm、宽度为 70mm 的矩形，如图 11-164 所示。

**Step 09** 使用"倒角"（CHAMFER）命令，将第一个倒角距离设置为 20mm，第二个倒角距离设置为 170mm，选择右侧的边为第一个倒角边，上侧边和下侧边为第二个倒角边，倒角后的效果如图 11-165 所示。

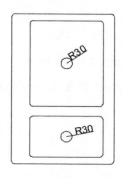

图 11-163　绘制圆

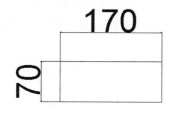

图 11-164　绘制矩形

图 11-165　设置倒角

**Step 10** 使用"移动"（MOVE）命令，将图形移动至图 11-166 所示位置。

**Step 11** 使用"旋转"（ROTATE）命令，将图形以左侧边的中点为基点，旋转 30°，如图 11-167 所示。

**Step 12** 使用"修剪"（TRIM）命令，将多余的线段进行修剪。然后使用"圆"（CIRCLE）命令，绘制两个半径为 25mm 的圆。绘制洗菜盆完成后的效果如图 11-168 所示。

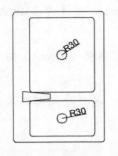

图 11-166　移动图形

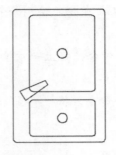

图 11-167　旋转图形

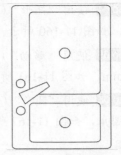

图 11-168　完成后的效果

## 11.13　绘制会议桌

　　会议桌主要应用于室内办公场所。下面将介绍会议桌平面图的绘制方法，其中主要使用"矩形"、"偏移"、"修剪"和"镜像"命令。

**Step 01** 使用"矩形"（RECTANG）命令，绘制一个长度为 500mm、宽度为 400mm 的矩形，如图 11-169 所示。

**Step 02** 使用"圆"（CIRCLE）命令，绘制一个外切于矩形的圆，如图 11-170 所示。

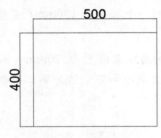

图 11-169　绘制矩形

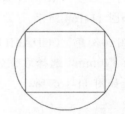

图 11-170　绘制圆

**Step 03** 使用"修剪"（TRIM）命令，将多余的线段进行修剪，如图 11-171 所示。

**Step 04** 使用"直线"（LINE）命令，捕捉中点绘制两条长度为 50mm 的直线，如图 11-172 所示。

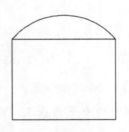

图 11-171　修剪多余线段

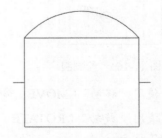

图 11-172　绘制线段

**Step 05** 使用"偏移"（OFFSET）命令，将圆弧向上偏移 50mm，如图 11-173 所示。

**Step 06** 使用"直线"（LINE）命令，将端点进行连接，绘制图 11-174 所示的直线。

图 11-173　偏移圆弧

图 11-174　绘制直线

**Step 07** 使用 "修剪"（TRIM）命令，将多余的线段进行修剪，如图 11-175 所示。

**Step 08** 使用 "矩形"（RECTANG）命令，绘制一个长度为 3 700mm、宽度为 1 200mm 的矩形，如图 11-176 所示。

图 11-175　修剪多余线段

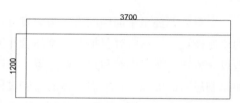

图 11-176　绘制矩形

**Step 09** 使用 "偏移"（OFFSET）命令，将矩形向内偏移 100mm，如图 11-177 所示。

**Step 10** 使用 "复制"（COPY）、"镜像"（MIRROR）和 "旋转"（ROTATE）命令，将绘制好的椅子添加到办公桌旁，绘制会议桌完成后的效果如图 11-178 所示。

图 11-177　偏移矩形

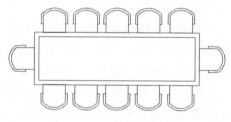

图 11-178　完成后的效果

## 11.14　本章小结

本章详细讲解了家庭中常用家具平面图的绘制，如三人沙发、桌椅和床等。通过本章节的学习，可以对家居常用平面图绘制有一定的了解。

本章主要通过常用家具的绘制实例，使读者对常用家具的绘制有了一定的了解，为以后绘制室内平面图打好了基础。

## 11.15　问题与思考

尝试根据自己家中的家具，利用 AutoCAD 软件进行绘制，可参考以上章节所讲内容。

# 第 12 章
## 绘制室内平面图

本章以办公室平面图的设计为出发点，将详细讲述办公空间的室内装饰设计理念和装饰图的绘制技巧，具体内容包括办公空间设计流程、室内家具布局、地面装饰材料的表达、天花造型设计方法、文字说明和尺寸标注等。希望读者通过本章的学习，在了解室内设计的表达内容和绘制思路的前提下，掌握具体的绘制过程和操作技巧，快速、方便地绘制符合制图标准和施工要求的室内设计图，同时也为后面章节的学习打下坚实的基础。

## 12.1　室内设计平面图绘制概述

现代室内设计也称室内环境设计，它是建筑设计的组成部分，目的是创造一个优美、舒适的办公或生活环境。

以办公室室内设计为例。办公室是一个企业职员的工作场所，美好的环境有利于个人的创造性和工作的高效率，同时好的环境还可以营造一个好的团队氛围。试想一下，如果在一个没有个人空间，到处是脏、乱、差的环境中工作，心情会是怎样的。

另一方面，办公室也是一个企业的对外形象，比如在客户来访时，或者新员工面试时，企业的形象就尤为重要。所以，必须做好相应的办公室装饰设计，在满足空间的功能性前提下，赋予办公室艺术的气息，使商业、艺术与文化有机结合，给空间赋予活力。

室内设计的主要内容包括：建筑平面设计和空间划分，围护结构内表面的处理，自然光和照明的运用，以及室内家具、灯具及陈设的造型和布置，此外还有一些配景和标识符号等。

### 12.1.1　室内平面设计的内容

室内设计是一门实用艺术，也是一门综合性的科学，包括建筑学、环境学、美学、光学、色彩学，甚至心理学等方面的知识，比起传统意义上的室内装饰，内容更丰富，新的元素也会不断融入进来。

**1. 室内设计的依据**

- 人体尺度及人们在室内停留、活动、交往、通行时的空间范围。人体的尺度，即人体在室内完成各种动作时的活动范围，是确定室内诸如门扇的高度、宽度，踏步的高度、宽度，窗台阳台的高度，家具的尺寸及其相间距离，以及楼梯平台、室内净高等的最小高度的基本依据。

- 家具、灯具、设备和陈设等的尺寸，以及使用并安置它们时所需的空间范围。除其固有尺寸外，还应考虑其使用功能距离，如摇椅、餐桌椅和健身器等。比如书桌一般为1.2～1.5m 长，宽度为 0.6m 左右，高度为 0.7m。
- 室内空间的结构构成、构件尺寸和设施管线等的尺寸和条件制约。室内空间的结构体系、柱网的开间间距、楼面的板厚梁高、风管的断面尺寸，以及水电管线的走向和铺设要求等，都是组织室内空间时必须考虑的。
- 符合设计环境要求，可供选用的装饰材料和可行施工工艺。由设计到施工有一定的过程，在设计时一定要与施工工艺联系起来，要考虑所设计造型的可行性、材料的适宜人群及其维修性等，如图 12-1 所示。

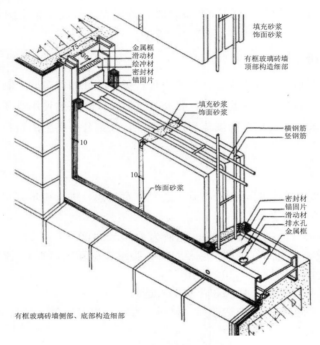

图 12-1　室内设计细部构造示例

- 业主已确定的投资限额和建设标准，以及设计任务要求的工程施工期限等。这些具体而又明确的经济和时间概念，是一切现代工程设计的重要前提。

## 2．室内设计的内容

室内设计的目的在于为人们的工作、生活提供一个舒适的室内环境，其内容大概包括以下几个方面：

- 室内空间的组织与安排。包括室内平面功能的分析、布置和调整，原有不合理部分的改建和再创造。
- 室内各界面的设计。包括地面、墙面和顶棚等的使用分析，形态、色彩、材料以及相关构造的设计。
- 室内物理环境设计。包括按室内的使用要求进行声、光、电的设计和改造，创造良好的室内采光、照明、音质，以及温、湿度环境。要与室内空间和各界面的设计相协调。

- 室内装饰设计。即在前期装修的基础上，通过家具、灯具、织物、绿化和陈设等的选用、设计和布置，进行室内氛围的再创造，升华最终的设计效果。

伴随社会生活的发展和科技进步，室内设计的内容也会有新的发展，从事室内设计工作的人员应不断探索，抓住影响室内设计的主要因素，并与相关专业人员积极配合，从而创造出优质的室内环境。

### 12.1.2 室内平面设计的流程

对于室内设计的图面作业程序，基本上是按照正常设计思维的过程来设置的。一个完整的室内设计通常分为 4 个阶段，即设计准备阶段、方案设计阶段、施工图设计阶段和设计实施阶段。

#### 1．设计准备阶段

设计准备阶段主要是接受业主委托，明确设计任务，签订相关合同，制订相关的设计进度计划，考虑各工种之间的配合。在此阶段，要充分掌握设计任务的使用性质、功能特点、造价限制、业主的个性需求，以及相关的规范和定额标准，收集分析必要的资料和信息，从而制订相关的设计进度和收费标准。

#### 2．方案设计阶段

方案设计阶段主要是在前期准备的基础上进行立意构思，进行初步方案设计，主要包括以下几个方面：

- 室内平面布置图（包括家具布置），比例为 1:50、1:100。
- 室内平顶图或室内平面仰视图（包括灯具、喷淋设施和风口等），比例为 1:50、1:100。
- 室内立面展开图，比例为 1:20、1:50。
- 室内透视图（整体布局、质感和色彩的表达）。
- 室内设计材料的实景图（构造详图、材料、设备，以及家具、灯具详图或实物照片）。
- 设计说明和造价概算。

#### 3．施工图设计阶段

初步设计方案确定后，即进入施工图设计阶段，使方案图的内容得以深化、便于施工，主要包括以下几个方面：

- 室内平面布置图（包括家具布置），比例为 1:50、1:100。
- 室内平顶图或室内平面仰视图（包括灯具、喷淋设施和风口等），比例为 1:50、1:100。
- 室内立面展开图，比例为 1:20、1:50。
- 构造节点详图。
- 细部大样图。
- 设备管线图。
- 施工说明。
- 造价概算。

#### 4．设计实施阶段

设计实施阶段即室内装修施工阶段，需要设计人员与施工单位进行有效沟通，明确设计意图和相关技术要求，必要时可根据现场情况进行图纸变更，但必须有设计单位同意且出具设计变更书。施工结束后进行施工质量验收。

## 12.1.3　室内空间划分

办公空间具有不同于普通住宅的特点，它是由办公、会议和走廊 3 个区域来构成内部空间使用功能的，同时办公空间的最大特点是公共化，这个空间要照顾到多个员工的审美需要和功能要求。目前办公空间设计理念最为强调的要素有以下 3 个：

① 团队空间。把办公空间分为多个团队（3～6 人）区域，团队可以自行安排将它和别的团队区别开来的公共空间用于开会、存放资料等，按照成员间的交流与工作需要安排个人空间。

② 公共空间。目前有一些办公空间，公共部分较小，从电梯一上来就进入大堂，进入办公室缺乏一个转换的过程。一个良好的设计必须要有一种空间的过渡，不能只有过道走廊，必须要有一个从公共空间过渡到私属空间的过程。当然有些客户会觉得这样比较浪费，其实这完全是另一个概念。比如可以把电梯门口部分设计为会客厅或者洽谈室，同样是实现公共空间和私属空间的一个分隔，形成不同的节奏。作为公共空间，不仅要有正式的会议室等公共空间，还要有非正式的公共空间，如舒适的茶水间、刻意空出的角落等。非正式的公共空间可以让员工自然地互相碰面，其不经意间聊出来的点子常常超出一本正经的会议，同时也使员工间的交流得以加强。另外，办公空间要赋予员工自主权，使其可以自由地装扮其个人空间。

③ 除此之外，写字楼的空间设计还必须注意平面空间的实用效率，而这也正是很多使用者非常关心的问题。在装修过程中，尽量对空间采取灵活的分割，对柱的位置及柱外空间要有明确的使用目的。

## 12.1.4　办公室室内空间的设计概念

#### 1．办公室平面布置

在办公室设计中，各机构或各项功能区都有自身应注意的特点，所以一般根据功能特点与要求来划分空间。根据办公机构设置与人员配备的情况来合理划分和布置办公室空间是室内设计的首要任务。

（1）注意设计导向

采用办公整体的共享空间与兼顾个人空间和小集体组合的设计方法，是现代办公室设计的趋势，在平面布局中应注意设计导向的合理性。

设计导向是指人在其空间的流向。这种导向应追求"顺"而不乱。所谓"顺"是指导向明确，人流动向空间充足，当然也涉及布局的合理。为此，在设计中应模拟每个座位中人的流向，让其在变化之中寻到规整。

（2）根据功能特点与要求来划分空间

在办公室设计中，各机构或各项功能区都有自身应注意的特点。例如，财务室应有防盗的特点；会议室应有不受干扰的特点；经理室应有保密的特点；会客室应具有便于交谈、休息的特点。应根据其特点来划分空间，因此在设计中可以考虑让财务室、会议室与经理室的空间靠墙来划分；让洽谈室靠近大厅与会客区；将普通职工办公区规划于整体空间中央等。这些都是在平面布置图中应该引起注意的。

根据以上划分原则，办公建筑各类房间按其功能性质分，一般有以下几种：

- 办公用房。办公建筑室内空间的平面布局形式取决于办公楼本身的使用特点、管理体制和结构形式等。办公室的类型有：小单间办公室、大空间办公室、单元型办公室、公寓型办公室和景观办公室等，此外绘图室、主管室或经理室也可属于具有专业或专用性质的办公用房。
- 公共用房。为办公楼内外人际交往或内部人员聚会、展示等用房，如会客室、接待室、各类会议室、阅览展示厅和多功能厅等。
- 服务用房。为办公楼提供资料、信息的收集、编制、交流和储存等用房，如资料室、档案室、文印室、计算机室和晒图室等。
- 附属设施用房。为办公楼工作人员提供生活及环境设施服务的用房，如开水间、卫生间、电话交换机房、变配电间、机房、锅炉房和员工餐厅等。

**2．办公家具的布置**

（1）办公家具布置

现在许多家具公司设计了矮隔断式的家具，它可将数件办公桌以隔断方式相连，形成一个小组，可在布局中将这些小组以直排或斜排的方式巧妙组合，使其设计在变化中达到合理的要求。另外，办公柜的布置应尽量依靠"墙体效益"，即让柜尽可能靠墙，这样可节省空间，同时也可使办公室更加规整、美观。

家具产品本身是为人使用的，所以家具设计中的尺度、造型、色彩及其布置方式都必须符合人体生理、心理尺度及人体各部分的活动规律，以便达到安全、实用、方便、舒适、美观的目的。人体工程学在家具布置中的应用，就是特别强调家具在使用过程中对人体的生理及心理的影响，并对此进行科学的家具布置。

（2）办公室隔断布置

要重视个人环境，提高个人工作的注意力，就应尽可能让个人空间不受干扰。根据办公的特点，应做到人在端坐时，可轻易地环顾四周，伏案时则不受外部视线的干扰而集中精力工作。这个隔断高度大约在 1 080mm，在一个小集体中的桌与桌相隔的高度可设置为 890mm，而办公区域性划分的高隔断则设置为 1 490mm，这是 VOICE 壁板的 3 种尺寸。这些尺寸值得人们在设计中参考、借鉴。

（3）办公台的理想方位

室内摆设办公台最理想的方案是：写字台之后是踏踏实实的墙，左边是窗，透过窗是一幅美丽的自然风景，这就形成了一个景色优美、采光良好、通风适宜的工作环境。在这样的环境里工作，绝对才思敏捷，工作热情大，效率高。门开在写字台前方右角上，也不易受门外噪声的干扰和他人的窥视。如果写字间的门开在左上角，办公台也可以相应地调整一下位置，效果一样好。

### 3．办公室天花

在办公室的设计中，一般追求一种明亮感和秩序感。为达到此目的，办公室天花的设计有以下几点要求：

- 在天花中布光要求照度高，多数情况使用日光灯，局部配合使用筒灯。在设计中往往使用散点式、光带式和光栅式来布置灯光。
- 在天花中考虑好通风与恒温。
- 设计天花时考虑其应便于维修。
- 天花造型不宜复杂，除经理室、会议室和接待室之外，多数情况采用平吊。
- 办公室天花材料有多种，多数采用轻钢龙骨石膏板或埃特板、铝龙骨矿棉板和轻钢龙骨铝扣板等，这些材料具有防火性，而且有便于平吊的特点。

## 12.2　室内设计平面图的绘制实例

建筑平面图是将房屋从门窗口处水平剖切后所做的俯视图，即将剖切平面以下部分向水平面投影所得的图形。平面图反映了房屋的平面形状和大小，房间、墙（或柱）、门窗的位置及各种尺寸。下面将介绍图 12-2 所示的办公室建筑平面设计的相关知识及绘图方法和技巧。

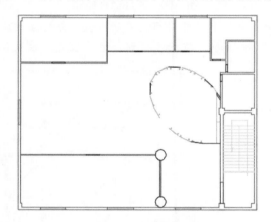

图 12-2　某办公室平面原始结构图

### 12.2.1　室内家具平面图的绘制

在办公室平面图的设计中，首先要确定的是功能空间的分区，而功能分区反映在设计图上最主要的方法就是命名房间和绘制房间的家具。对于一个办公区，其各个机构就是各个功能区，都有自身的特点，所以要根据这些特点并参照客户要求来划分空间。那么如何根据办公机构的设置与人员配备的情况来合理划分空间、布置办公室家具呢？这就成为室内设计的首要任务。

### 1．办公区家具装饰的设计

具体操作步骤如下：

**Step 01** 设置图层、命名空间。

首先新建一个"图块"层，并设为当前层，然后对各个房间的功能进行命名，具体方法是：

在菜单栏中选择"绘图"|"文字" A多行文字 "多行文字"命令，依照命令提示在需要命名的房间内指定需要输入文字位置的两个角点，将会弹出一个输入文字界面，在界面内输入房间名称。选中输入的文字，在弹出的"文字格式"工具栏内对文字的格式进行设置，单击"确定"按钮完成对房间名称的定义，效果如图 12-3 所示。

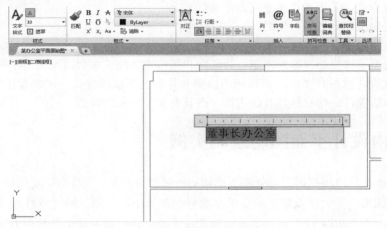

图 12-3 房间名称标注

**Step 02** 按此步骤，合理安排各个功能房间的平面位置，并标注相应房间的名称，使用"修改"工具栏中的"移动"按钮，将标注移到合适的位置，效果如图 12-4 所示。

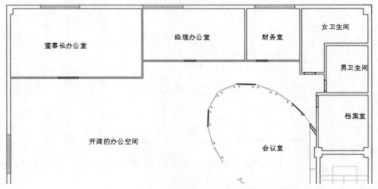

图 12-4 各个功能房间标注

**Step 03** 绘制办公家具。

以财务室的办公桌为例。选择"绘图"|"矩形"命令，在视图范围内绘制一个 1 200mm×600mm 的矩形和一个 360mm×360mm 的正方形，如图 12-5 所示。

使用"偏移"工具将矩形向内侧偏移 20mm，并通过 COPY（复制）命令将矩形和正方形再复制出一组，拖动到房间的合适位置按【Enter】键退出复制，效果如图 12-6 所示。

**Step 04** 按【Ctrl+O】组合键，打开随书附带光盘中的 CDROM\素材\第 12 章\办公家具图例.dwg 文件，将其中的办公椅和电脑粘贴到图形中，效果如图 12-7 所示。

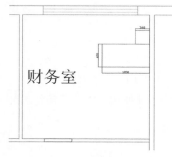

图 12-5　绘制办公桌　　　图 12-6　复制办公桌　　　图 12-7　添加图例

**Step 05** 创建"办公桌"图块。使用 BLOCK 命令将绘制的两个办公桌分别定义为"办公桌"和"办公桌 1"图块。

### 2．空间细分与卫生间平面装饰设计

卫生间、前厅和厨房的功能性比较强，所以在设计中要体现这些功能的适用性特点。具体设计要点如下：

（1）卫生间的空间布局

要根据房间大小和设备状况而定。可将洗漱、洗浴、洗衣和坐便器组合在同一空间中，这种布局节省空间，适合小型卫生间；有的卫生间较大，或者是长方形的，就可以用门、帐幕和拉门等进行隔断，一般是把洗浴与坐便器放置于一间，把洗漱、洗衣放置另一间。

（2）卫生间的地面处理

墙面用瓷砖来贴。地面选用防滑材料铺设，高度应低于其他地面 10～20mm，地漏应低于地面 10mm 左右，以利于排水。淋浴间应选用有机玻璃或钢化玻璃门，避免伤人。

（3）卫生间的设备布置

卫生间的设备一般有三大件：盥洗设备、便器设备和沐浴设备。如坐便器、浴缸、淋浴器或浴房、洗手台、梳妆镜、衣钩，以及热水器等，还包括配套的照明设备，如浴霸、浴灯等。对于办公室的卫生间来说，首先是解决盥洗设备和便器设备，而沐浴设备一般不做考虑。

（4）卫生间的色彩设计

通常卫浴空间采用统一调和配色和类似调和配色较多，强调统一性。采用对比配色时，必须控制好色彩的面积，鲜艳色的面积要小，色彩不宜差别太大。对材质本身的色彩和照明色彩等也必须给予整体考虑。对于半永久性使用的设备，如浴盆、洗脸盆和便器等，最好避免采用过分鲜艳的色彩。一般来讲，卫生间宜使用淡雅的具有清洁感的颜色。除白色外，淡粉红、淡橘黄、淡土黄、淡紫、淡蓝、淡青和淡绿等也较为常用。顶棚及墙面应考虑用反射系数高的明色，墙裙可以是色彩倾向明确和图案性强的颜色，地面色彩则不妨稍深些，可以起到稳定和加大空间感的效果。

其具体绘制步骤如下：

**Step 01** 继续对原有空间进行分割，细化功能分区。

比如把董事长办公室进一步划分为办公区、秘书办公区和接待区，在接待区可以放置相应的沙发和茶几等图例，而在办公区可插入相应的办公桌、电脑和电话等图块。如果室内空间比

较大，还可以根据需要划分出独立卫生间等。仍然是使用 INSERT 命令插入，方法同上，效果如图 12-8 所示。

`Step 02` 绘制卫生间隔墙。

在办公楼，卫生间一般会设有男、女卫生间两间，这样方便员工使用。

单击"绘图"工具栏中的"直线"按钮，在卫生间区域绘制隔墙，并使用"修剪"按钮，修剪墙体，设置墙体厚度为 30mm，效果如图 12-9 所示。

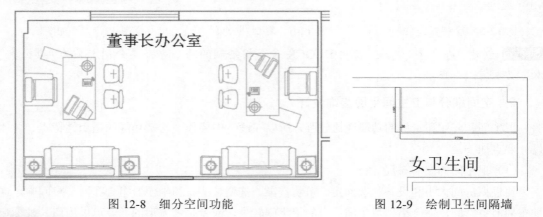

图 12-8　细分空间功能　　　　　　　　图 12-9　绘制卫生间隔墙

`Step 03` 绘制卫生间门。

使用"偏移"命令绘制隔墙内部隔断，且各个隔断的厚度都为 30mm，隔断间的空间为 900mm×1 100mm，其效果如图 12-10 所示。

使用"偏移"工具，将绘制的隔墙外墙线向内偏移，并每次以新偏移获得的直线为基线分别向右偏移 180mm、600mm、330mm、600mm、345mm、600mm，使用修剪工具将多余的线段删除，效果如图 12-11 所示。

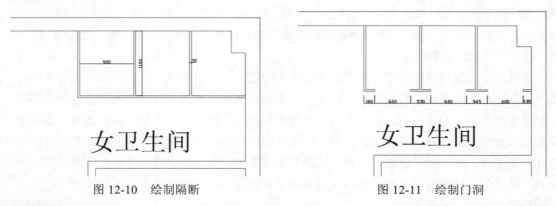

图 12-10　绘制隔断　　　　　　　　图 12-11　绘制门洞

`Step 04` 在命令行中输入 INSERT 命令，选择插入 DWG 参考图，在所提供的光盘中找到"坐便器"图块，将其插入到当前图形中，并且将插入的图块使用移动命令 MOVE 移动到隔间内的相应位置，效果如图 12-12 所示。

`Step 05` 绘制卫生间洗脸池和台面。

使用"绘图"工具栏中的"矩形"工具并插入素材图块，完成卫生间洗脸池和台面的绘制，效果如图 12-13 所示。

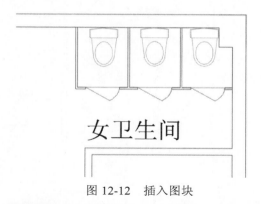

图 12-12　插入图块

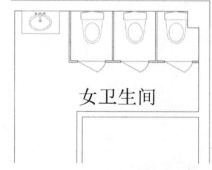

图 12-13　绘制洗脸池和台面

**Step 06** 使用同样的方法完成男卫生间的绘制。

### 3. 会议室平面装饰设计

观察图 12-17 所示的会议室，除了需要会议座椅外，还需要利用会议室南侧的空间，制作一个既实用又美观的储物柜，具体操作步骤如下：

**Step 01** 绘制会议桌。

单击"绘图"工具栏中的 "椭圆"按钮，在会议室中绘制一个一端为 1 560mm，半径为 1 760mm 的椭圆，效果如 12-14 所示。

使用"偏移"工具，选择绘制的椭圆，向内部偏移 140mm，完成后效果如图 12-15 所示。

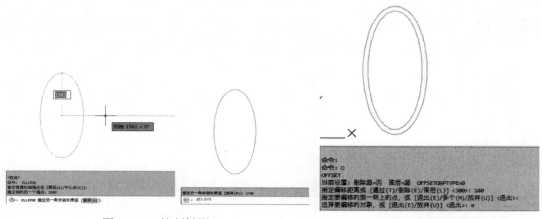

图 12-14　绘制椭圆

图 12-15　偏移椭圆

使用"移动"工具，选择绘制的圆环，将其移动至适当位置，效果如图 12-16 所示。

在菜单栏中选择"插入"|"块"命令，在弹出的对话框中选择随书附带光盘中的 CDROM\素材\第 12 章\会议室椅子组.dwg 文件，并将其移动到适当位置，效果如图 12-17 所示。

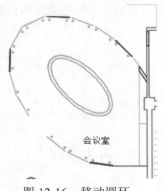

图 12-16　移动圆环

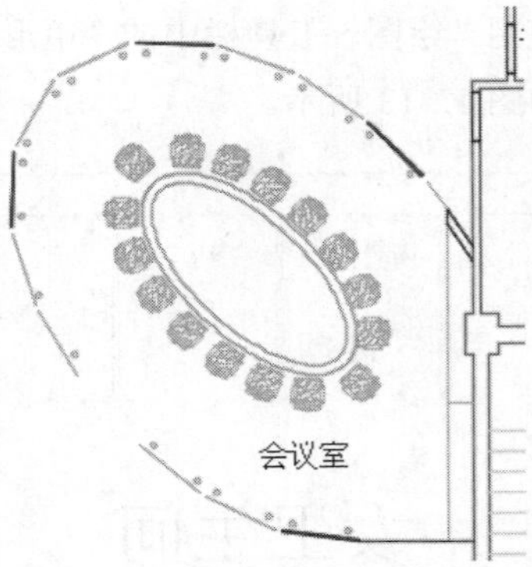

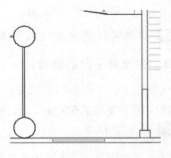

图 12-17　插入块

### 4．前厅的设计

办公楼的前台门厅是进入各个办公室的主要入口，也是客户对办公形象产生第一印象的地方，就好比人的一张脸，所以在造型和装饰上也最下工夫。图 12-18 所示的前厅比较狭长，所以在具体操作时需要在空间上进行进一步的分割。分割墙可以做成企业形象墙，再在形象墙背后做成一个接待区。

具体操作步骤如下：

图 12-18　前厅预览

Step 01　绘制门厅入口。靠近楼梯的方向作为前厅的大门入口，所以首先要绘制大门。具体绘制方法为：将门洞处的直线删除，在菜单栏中选择"绘图"｜"圆"命令，在门洞处绘制两个圆，效果如图 12-19 所示。

Step 02　在菜单栏中选择"绘图"｜"直线"命令，以两个圆的圆心为起点绘制相互平行的直线，线长为圆的半径，再将两个圆的圆心相连，效果如图 12-20 所示。

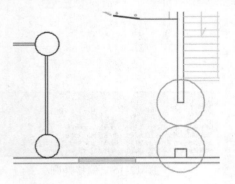

图 12-19　绘制圆

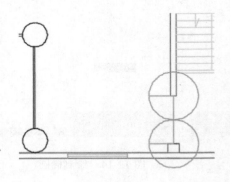

图 12-20　绘制直线

Step 03　在菜单栏中选择"修改"｜"修剪"命令，将圆进行修剪，效果如图 12-21 所示。

Step 04　在菜单栏中选择"插入"｜"块"命令，在弹出的对话框中选择随书附带光盘中的 CDROM\素材\第 12 章\会议室椅子.dwg 文件，并利用圆弧和直线命令绘制招待桌，效果如图 12-22 所示。

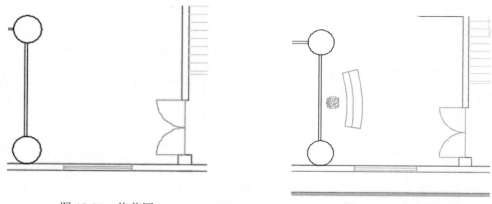

图 12-21　修剪圆　　　　　　　　　　　　　　　　　　　图 12-22　插入块

**Step 05** 绘制接待区。接待区的绘制如前面小节所述，具体不再赘述，主要布置沙发、茶几和衣柜等。最终效果如图 12-23 所示。

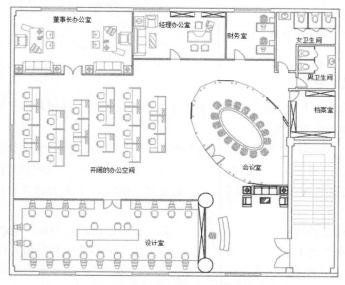

图 12-23　室内家具造型设计效果图

## 12.2.2　地面拼花造型的设计与绘制

　　地面是室内设计中一个非常重要的陪衬点，好的地面造型、颜色和亮度可以很好地衬托出室内效果，因为人们入室后，眼睛大多数时间都是在向地面看，所以在人的视域中，地面的比例比较大，离人眼的距离比较近，因此它的造型往往给人比较直观的印象。

　　在地面设计中必须注意设计的整体效果，包括上下界面的组合、地面和空间的实用机能、图案和色彩的设计，以及材料的质感和功能等。办公室的地面除使用石材或瓷砖外，应更多地使用实木地板、复合地板和优质地毯等软性材料。

　　下面将介绍如何绘制地面的拼花造型，最终效果如图 12-24 所示。

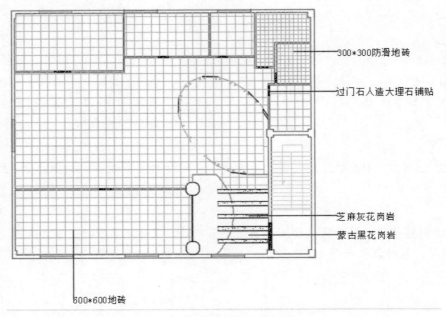

300*300防滑地砖

过门石人造大理石铺贴

芝麻灰花岗岩

蒙古黑花岗岩

600*600地砖

图 12-24　地面铺装效果图

### 1．前厅地面的绘制

在介绍详细的绘制步骤之前，先来了解一下地面装饰材料的应用和前厅地面的设计。

（1）地面装饰材料应用概述

地面装饰设计主要包括地面装饰材料的选用和装饰图案的处理等。地面装饰材料常用的有天然石材地面（花岗岩、大理石）、水泥板块地面（水磨石、混凝土）、陶瓷板地面、木板地面、金属板地面、钢化玻璃地面和卷材地面（地毯、地板革、橡胶）。在选择地面材料时应注意以下几个方面：

- 大量人流通过的地面，如门厅、电梯厅和过道等处可选用美观、耐磨与易于清洁的花岗岩或水磨石地面。在本节的实例中，在门厅处采用了水磨石和大理石结合的处理，过道和电梯厅采用档次比较高的大理石地面，而一些辅助空间则采用与走道一致的大理石地面，以取得统一。
- 安静、私密或休息的空间，可选用有良好消声和触感的地毯、橡胶和木地板等材料。在本实例中，办公室采用了地毯作为主要地面装饰材料，而会议室为了取得较好的视听效果，选用了天然实木地板作为装饰材料。
- 厨房、卫生间等处，应用防滑、耐水且易于清洁的地面，如缸砖、马赛克等材料。

（2）前厅的地面设计

前厅的地面一般人流量大，所以一般采用耐磨的材质，一种是石材地面，比如花岗岩、大理石等，这种材质比较高档；或者采用成本较低的耐磨瓷砖等，这是目前比较常见的材料。

具体操作步骤如下：

Step 01 设置地面。

首先使用直线工具将前厅的空间封闭起来，并使用修剪工具将多余的部分进行修剪，效果如图 12-25 所示。

**Step 02** 绘制轮廓线。

　　选择偏移命令，将刚刚绘制的左侧直线向右偏移 1 700mm，将得到的直线与原有的辅助线进行修剪，效果如图 12-26 所示。

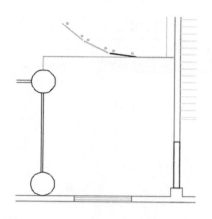

图 12-25　绘制轮廓线

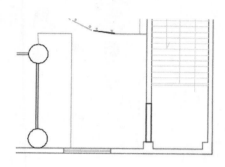

图 12-26　绘制辅助线

**Step 03** 绘制前厅地面造型。

　　选择"绘图"工具栏中的"圆弧"|"起点，端点，方向"命令，在门厅空间内绘制一个圆弧，其角度为端点 45°，使用修剪工具将多余的线删除，效果如图 12-27 所示。

　　使用矩形工具，绘制一个长 3 730mm、宽 300mm 的矩形，将其选中并移动到相应的位置，其效果如图 12-28 所示。使用复制命令，以矩形的右下角为基点向上复制 4 个矩形，其距离分别为 900mm、1 800mm、2 700mm、3 600mm，且使用修剪工具将圆弧上多余的线段删除，效果如图 12-29 所示。

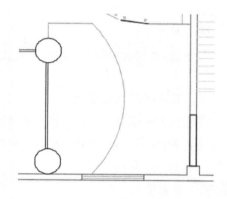

图 12-27　绘制圆弧

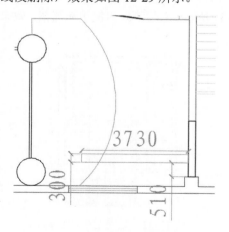

图 12-28　绘制矩形

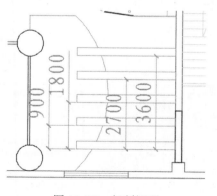

图 12-29　复制矩形

Step 04 填充图案。

单击"绘图"工具栏中的 "图案填充"按钮，在弹出的"图案填充和渐变色"对话框中设置"填充比例"为 2，"图案"为 AR-CONC，然后在矩形中单击进行填充，效果如图 12-30 所示。

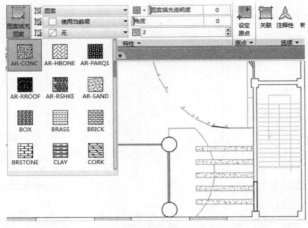

图 12-30 填充前厅地面

☂ 注 意

也可以选用 AR-SAND 图案对图形进行填充。

### 2．卫生间的地面设计

卫生间的地面装饰材料主要是要便于清洁、耐腐蚀和防滑，还要配合洁具的颜色，所以一般采用涂釉磨砂瓷砖作为装饰材料，也可以根据个人爱好，做相应的颜色和样式调整。

具体操作步骤如下：

Step 01 图案填充。

单击"绘图"工具栏中的 "图案填充"按钮，在弹出的"图案填充和渐变色"对话框中将填充比例设置为 95，将图案设置为 NET，如图 12-31 所示。对轮廓线内侧填充图案，效果如图 12-32 所示。

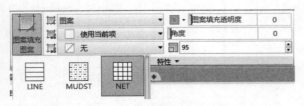

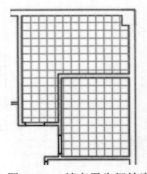

图 12-31 设置图案填充参数　　　　图 12-32 填充卫生间轮廓

Step 02　绘制标高。

卫生间由于排水的需要，所以地面并不是水平的，需要一定的倾斜角度，这就需要在卫生间标识标高，用来标识卫生间地面的倾斜方向。

具体方法是绘制标高三角符号，然后标注 0 基面和高差面，效果如图 12-33 所示。

Step 03　绘制材料标识。

在合适的空白位置绘制标识锚点、标识引线和标识文字，并把其他几个卫生间的铺地也填充材质，效果如图 12-34 所示。

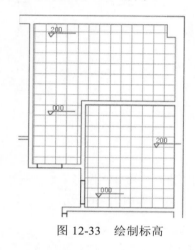

图 12-33　绘制标高

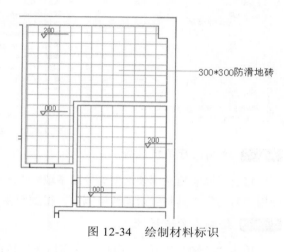

图 12-34　绘制材料标识

### 注　意

由于平面图中块元素比较多，而且十分复杂，用户在更改图例所在层或者是关闭图块层时，难免遇到填充结果不尽如人意的情况。此时可将填充的图案分解，然后使用"修剪"、"延伸"和"删除"等编辑命令，将位于图例内部的多余填充轮廓线删除。

## 12.2.3　天花的绘制

天花的装修，除选材外，主要是造型和尺寸比例的问题。前者应按照具体情况具体处理，而后者则需要以人体工程学、美学为依据进行计算。从高度上来说，家庭装修的内净空高度不应少于 2.6m，因此尽量不做造型天花，而选用石膏线条框设；而办公空间、酒店和宾馆等商业空间高度往往均高于 3m，所以可以选用各类天花板来装饰空间。

根据空间装饰的需求不同，其材料的需求也不尽相同。比如办公空间装饰中的天花材料多用石膏、铝扣板，以及最近新兴的软模天花等。在酒店、宾馆等装饰装修中，由于其对材料要求更高，一般会用到高级铝扣板、彩绘玻璃和异型软模天花等。普通办公室天花的装修材料常采用石膏板、夹板和金属板，有些天花悬吊网格或局部悬挂平板，部分或全部暴露楼板下的各种管线，简洁而不简单，实用而不失时代气息。设计者可以根据各个房间的性质综合选用。

具体绘制步骤如下。

### 1. 前厅的天花设计

**Step 01** 设置图层。

首先使用刚刚保存的"某办公室地面铺装图",将除前厅外的地面删除,并在图层栏中设置"天花"图层,将其设置为当前图层,如图 12-35 所示。

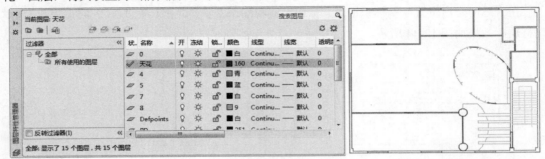

图 12-35 创建图层

**Step 02** 绘制门厅吊顶装饰。

将前厅原有地面铺装造型的"图案填充"删除,使用"直线"命令在图形中绘制直线,并使用"修剪"工具将多余的线段删除,得到想要的图形,其效果如图 12-36 所示。

**Step 03** 绘制石膏板拉缝。

单击"绘图"工具栏中的 "图案填充"按钮⊞·,在弹出的"图案填充和渐变色"对话框中将填充比例设置为 20,将图案设置为 AR-RROOF,将角度设置为 45°,对轮廓线内侧进行填充图案,效果如图 12-37 所示。

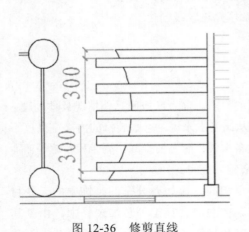

图 12-36 修剪直线

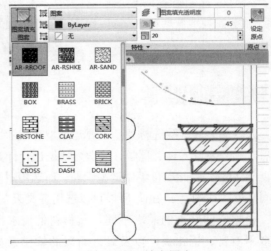

图 12-37 填充图案

**Step 04** 绘制格栅顶灯。

门厅位置的灯光一般要求比较华丽,但是如果门厅空间较小,装饰风格也比较简单,可以只采用吸顶灯或者格栅节能灯来做装饰,本实例采用后者。

选择菜单栏中的"插入"|"块"命令，在打开的"插入"对话框中单击"浏览"按钮，在打开的对话框中选择随书附带光盘中的 CDROM\素材\第 12 章\灯具.dwg 文件，将其放置在适当位置，如图 12-38 所示。

然后在命令行中输入 INSERT 命令，插入 6 个"灯具"图块，效果如图 12-39 所示。

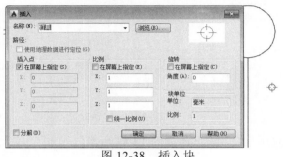

图 12-38 插入块

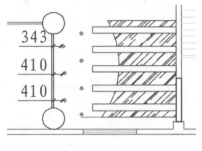

图 12-39 复制灯

**Step 05** 绘制吊顶材料的标高。

由于吊顶构建有不同的高度，所以在绘制完吊顶的平面图后，要绘制出标高值以表明其在立体空间的相互位置关系。

具体方法是绘制标高三角符号，然后标注靠上的白色有机板藏光为 2 600mm，再标注靠下的石膏吊顶为 2 700mm，效果如图 12-40 所示。

**Step 06** 绘制吊顶材料文字说明标识。

综合运用"绘图"工具栏中的 "圆"、"直线"和 "单行文字"工具，在合适的空白位置绘制标识锚点、标识引线和标识文字，并把它们分别放到合适的空白位置，效果如图 12-41 所示。

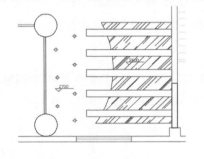

图 12-40 绘制标高

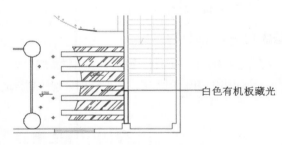

图 12-41 文字标注

### 2. 经理办公室的天花设计

办公间的天花绘制比较简单，主要是因为办公间不要求很烦琐的装饰，一般只是做简单的吸顶灯装饰即可。经理办公室一般需要做比较考究的设计，这里就以董事长办公室为例加以说明。

具体绘制步骤如下：

**Step 01** 绘制办公间天花造型。

使用"绘图"工具栏中的 "直线"工具，绘制辅助线，使用"偏移"工具进行偏移。绘制董事长办公室的房间顶板，绘制出 600mm×600mm 的正方形，效果如图 12-42 所示。

Step 02 绘制天花灯饰。

选择菜单栏中的"插入"|"块"命令，在打开的"插入"对话框中单击"浏览"按钮，在打开的对话框中选择随书附带光盘中的 CDROM\素材\第 12 章\灯具 3.dwg 文件，将其放置在适当位置，如图 12-43 所示。

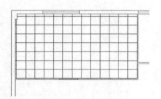

图 12-42　绘制房间顶板

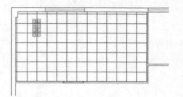

图 12-43　插入块

使用"复制"命令将插入的"灯具 3"图块进行复制，效果如图 12-44 所示。

Step 03 绘制其他空间吊顶。

使用同样的方法，绘制经理办公室、财务室、档案室、设计室，效果如图 12-45 所示。

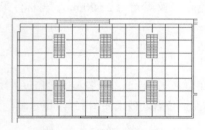

图 12-44　筒灯效果图

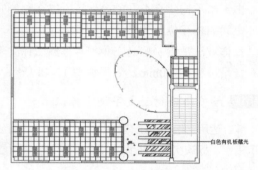

图 12-45　董事长办公室顶灯效果图

Step 04 绘制文字说明标识。

综合运用"绘图"工具栏中的 "圆"、"直线"和"单行文字"工具，在合适的空白位置绘制标识锚点、标识引线和标识文字，并把它们分别放到合适的空白位置，最终效果如图 12-46 所示。

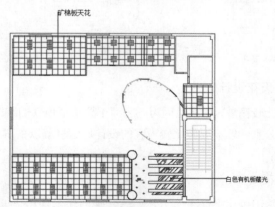

图 12-46　绘制文字说明标识

### 3．卫生间的天花设计

卫生间由于管道比较多，所以一般都需要吊顶，吊顶通常选用透光和不怕潮湿的材料。而且由于卫生间的潮湿环境，对灯具、衣镜和家具都要求具有防潮、防腐蚀性能，而且涂料等也是如此。下面以一个卫生间为实例加以说明。

具体绘制步骤如下：

**Step 01** 绘制卫生间吊顶轮廓。

卫生间吊顶的材料一般是防水、防潮的材料，这里采用的是防水澳泊板吊顶，具体绘制方法是：使用"绘图"工具栏中的"直线"工具，紧贴卫生间的内墙线，作一个封闭的区域，使用偏移工具将绘制的内墙线向内侧偏移 60mm，使用圆角工具将相互垂直的直线进行修改，其半径为 0，便于填充材质，效果如图 12-47 所示。

**Step 02** 绘制卫生间吊顶材料。

在菜单栏中选择"绘图"｜"图案填充"命令，在弹出的"图案填充创建"工具栏中，将"图案填充图案"设置为 ANSI32，"图案填充比例"设置为 30，"图案填充角度"设置为 45°，填充空间，效果如图 12-48 所示。

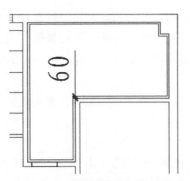

图 12-47 绘制卫生间吊顶轮廓

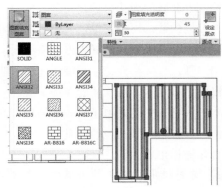

图 12-48 填充图案

**Step 03** 为卫生间插入灯具。

由于卫生间没有窗户，所以在脸池前的化妆镜前需要加强灯光，一般采用前照灯或者吸顶灯来达到目的，因此在卫生间放置灯具时可放置多个。

在菜单栏中选择"插入"｜"块"命令，在弹出的对话框中单击"浏览"按钮，选择随书附带光盘中的 CDROM\素材\第 12 章\灯具.dwg 文件，插入多个灯具，效果如图 12-49 所示。

**Step 04** 绘制男卫生间。

使用相同地方法，将男卫生间绘制出来，效果如图 12-50 所示。

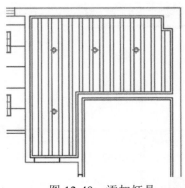

图 12-49 添加灯具

Step 05 绘制卫生间天花文字标识。

综合运用"绘图"工具栏中的"圆" 、"直线" 和"单行文字" **A** 工具，在合适的空白位置绘制标识锚点、标识引线和标识文字，并把它们分别放到合适的空白位置，最终效果如图 12-51 所示。

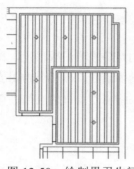

图 12-50　绘制男卫生间

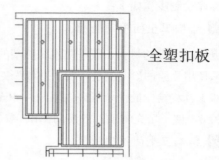

全塑扣板

图 12-51　卫生间吊顶最终效果图

### 4．办公区的天花设计

绘制办公区的天花吊顶。

办公间的装饰比较简单，一般需要采用防火、防潮和吸音等材料，常见材料有经济而又阻燃的矿棉板、石膏板，外观大方的格栅板，以及质轻美观的 PVC 扣板、铝扣板等。当然也可以不用吊顶，直接在天花顶刷墙漆，然后使用吸顶灯，这样比较简便。如果是吊顶，就需要使用内嵌的格栅灯具，这样才能保证美观。

本例大部分空间采用了比较简洁的刷乳胶漆的办法，部分空间，比如入口玄关处，采用吊顶装饰，并各自配以相应的灯具。

具体操作步骤如下：

Step 01 首先使用直线工具沿墙内侧线绘制封闭空间，使用"偏移"工具向内侧偏移 60mm，绘制出另外两条分隔线，如图 12-52 所示。然后使用"修剪"和"圆角"工具，将相互垂直的线连接，半径为 0，效果如图 12-53 所示。

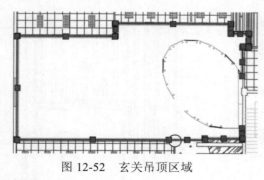

图 12-52　玄关吊顶区域　　　　　　　　　图 12-53　绘制玄关吊顶分割线

Step 02 绘制卫生间灯具、标高和文字说明。

使用 INSERT 命令插入筒灯图块，如图 12-54 所示，并标注标高和材质的文字说明，效果如图 12-55 所示。

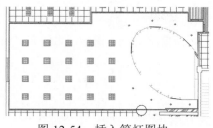

图 12-54　插入筒灯图块

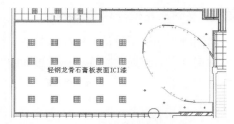

图 12-55　玄关天花装饰效果图

### 5. 会议室天花吊灯的设计

本实例根据实际需要，会议室空间要明亮一些，具体绘制方法如下：

**Step 01** 设计吊灯吊顶板。

如果房间没有做吊顶，可以使用偏移工具将会议室内侧线向内侧偏移 710mm，在得到偏移线后再向内侧偏移 150mm，效果如图 12-56 所示。

**Step 02** 插入吊灯。

使用 INSERT 命令，插入"筒灯"图块，并插入多个，效果如图 12-57 所示。

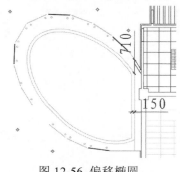

图 12-56　偏移椭圆

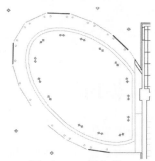

图 12-57　插入块

**Step 03** 绘制造型。

在菜单栏中选择矩形工具，在空间中创建 2 050mm×150mm 的矩形，并将其移动到适当位置。在菜单栏中选择"修改"｜"旋转"命令，将矩形旋转到适当角度，再使用"直线"工具绘制直线，其长度为 2 050mm，角度与绘制矩形相同，效果如图 12-58 所示。

使用相同方法绘制其他的造型，效果如图 12-59 所示。

图 12-58　绘制造型

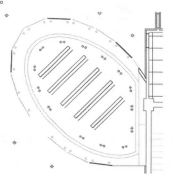

图 12-59　绘制其他造型

**Step 04** 整饬天花设计效果图。

当把所有的造型设计、标高和文字说明都绘制好后，需要整饬一下图形，比如文字说明的对齐排列等。最终天花装饰设计效果如图 12-60 所示。

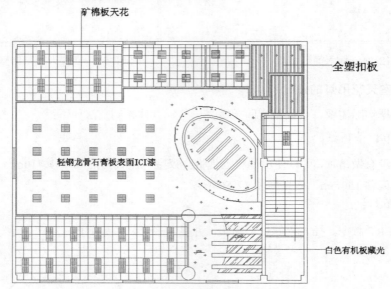

图 12-60　天花最终效果图

## 12.3　本章小结

本章首先讲解了办公室室内装修设计平面图的图纸内容和绘制流程，并对公装装修所涉及的室内功能空间划分和设计要点进行了简要论述。

从 12.2 节开始，以某办公楼的室内设计平面图为例，学习 AutoCAD 2015 在装修室内设计中的运用，具体包括办公室室内家具平面图的绘制、地面拼花的设计和绘制、天花装修平面布置图的绘制，以及配景、符号等内容。通过详细的操作步骤，展示了具体的绘制过程和操作技巧，从而使读者学会使用相关工具的组合和搭配，并能将理论和实例操作有机地结合起来，使理论不空谈，实例更明晰。

## 12.4　问题与思考

在本章中学习了办公室室内设计平面图的画法，请大家按照同样的步骤和方法练习绘制某办公楼局长办公室装修设计平面图，样图如图 12-61 所示。

参考步骤如下：

**Step 01** 设置图层、线型和颜色。

**Step 02** 使用"多段线"命令在已有的平面图中绘制天花轮廓线。

**Step 03** 使用"直线"、"矩形"和"偏移"命令绘制会议室的天花造型。

**Step 04** 使用"插入块"命令插入沙发、茶几和椅子等图块。

Step 05　使用 "阵列"、"复制" 和 "移动" 等命令布置天花石膏板装饰面。

Step 06　使用 "标注样式" 命令，替代尺寸样式的文本参数和全局比例。

Step 07　使用 "快速引线" 命令，快速标注天花图的引线注释。

Step 08　绘制立面投影符号，并整理图面，以完成绘制。

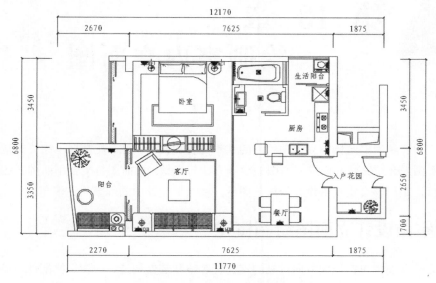

图 12-61　局长办公室平面布置和顶棚布置图

# 第 13 章
# 绘制室内立面图

本章主要介绍家庭装修中立面图绘制的基本内容和设计手法，在掌握了相关的基础知识以后，再用实例来介绍家庭装修中立面图的绘制方法与步骤。立面图是配合平面图表达家庭装修设计的图纸，是能够真实反映设计效果的图纸，要求把设计中的细节表达清楚。

## 13.1 室内设计立面图绘制概述

室内设计立面图包括投影方向可见的室内轮廓线和装修构造、门窗、构配件、墙面、固定家具、灯具、必要尺寸和标高，以及需要表示的非固定家具、灯具和装饰构件等。

### 13.1.1 室内设计立面图的内容

室内设计立面图是表现室内墙面装修及布置的图样，它除了固定的墙面装修外，尚可画出墙面上可以灵活移动的装饰品，以及陈设的家具等设施，供观赏和检查室内设计艺术效果及绘制透视效果图所用，如图 13-1 所示。

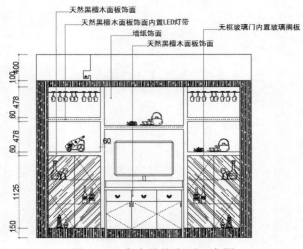

图 13-1　室内设计立面示意图

　　室内设计立面图所需绘制的内容包括：剖切后所有能观察到的物品，如家具、家电等陈设物品的投影，但家具陈设等物品应根据实际大小，用统一比例图面绘制；标出室内空间竖向尺寸及横向尺寸；需要标明墙面装饰材料的材质、色彩与工艺要求；另外，如果墙面上有装饰壁面、悬挂的织物，以及灯具等装饰物时也应标明。

　　室内装饰设计的立面面积比较大，与人的距离也比较近，又常有照片、挂毯等装饰品，是装饰设计中最重要的部分，对整个设计效果的成败起着极其重要的作用。因此在设计时不但要考虑到实际使用上的要求，更要考虑到设计艺术上的要求。立面的设计与整个设计目的要保持一致，营造出与其空间属性相一致的气氛。

　　室内装饰设计立面的设计过程需要注意以下几点：

- 注意充分利用材料的质感。装修立面是有色的或者带图案的，自身的分格及凸凹变化也带有图案化的特征，它们的材料特色及颜色特色都会影响到空间的特征，因此要尽可能利用立面设计的造型来表达空间的特性，包括空间的时代性、民族性与地方性，这些特性与其他要素综合在一起来反映空间的特色。
- 注意立面的封闭程度。立面的组成不完全是墙，也不一定是完全封闭的，有的可能是半隔半透的，有的可能是基本空透的，也有的可能是完全的实墙面。在实际工程中，有的将墙面用传统的窗花加以处理，有的把实墙面上的墙体处理成有装饰意味的空洞，这些手法极大地增加了光影变化的效果，烘托出了浓郁的民族气息。
- 要注意空间之间的关系。现在室内设计中的空间特色是强调流通空间，因此空间之间的过渡和协调是非常重要的，要处理好相邻空间的关系，就要处理好相邻空间的界面关系，主要是立面的关系，不但在空间上要做到该隔就隔、该透就透，还可以利用借景的手法增加景深，以达到丰富空间的效果。

　　概括来说，室内装饰的设计手法主要有以下几种：

- 使用不同材质的材料，对墙面进行处理，形成不同的质感进行对比。
- 使用不同色彩的材料，对墙面进行处理，形成各种图案来烘托气氛。
- 使用照片、挂毯等装饰物，对墙面进行处理，丰富立面内容。
- 使用不同材质的材料进行拼贴和拼缝，消除大面积墙面的单调感，使立面丰富。
- 采用博古架、书架和壁柜等家具对立面进行分割，在提供相应的使用功能的前提下，丰富室内空间内容。

# 13.2　室内设计立面图的绘制实例

　　室内立面图包括投影方向可见的室内轮廓线和装修构造、门窗、构配件、墙面、固定家具、灯具、必要的尺寸和标高，以及需要表示的非固定家具、灯具和装饰构件等。下面开始学习室内装饰设计立面图的绘制工作。在进行绘制以前，需要注意把所有的图形按照图层分开，并且在绘图时把要进行操作的图层设置成当前图层。为了叙述简便，就不在具体步骤中逐一说明了。

　　建筑的室内立面图名称根据平面图中内视符号的编号或字母来确定。本节内容并不完全按照这个顺序，考虑到初学者对 AutoCAD 命令操作并不十分熟悉，本节采用"由小到大"的渐进讲解模式，即从室内家具的绘制开始，由简单到复杂，循序渐进，希望读者可以尽快掌握 AutoCAD 中的命令和技巧。

## 13.2.1 室内家具立面图的绘制

下面以客厅内的家具陈设——电视机为例进行讲解。绘制电视机主要用到的命令有矩形工具（RECTANG）、偏移工具（OFFSET）、分解工具（EXPLODE）和倒角工具（FILLET）等。

 技 巧

> 激活 RECTANG 命令后，在"指定下一点或[倒角（C）/ 标高（E）/ 圆角（F）/ 厚度（T）/宽度（W）]:"的提示后，用户可以用光标确定端点的位置，也可以输入端点的坐标值来定位，还可以将光标放在所需的方向上，然后输入距离值来定义下一个端点的位置。如果直接按【Enter】键或空格键响应，则 AutoCAD 把最近完成的图元的最后一点指定为此次绘制矩形的结束。

**Step 01** 使用"矩形"（RECTANG）命令一个矩形，矩形的尺寸为 895mm×544mm，如图 13-2 所示。

**Step 02** 使用"偏移"（OFFSET）命令将矩形向内偏移 20mm，绘制出电视的内框，如图 13-3 所示。

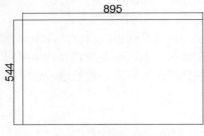

图 13-2　绘制矩形

图 13-3　偏移矩形

**Step 03** 使用"圆角"（FILLET）命令将外侧矩形的所有直角都倒成半径为 30mm 的圆角，如图 13-4 所示。

**Step 04** 使用"矩形"（RECTANG）命令在空白处绘制一个矩形，矩形的尺寸为 40mm×80mm，然后将其移动至图 13-5 所示位置。

图 13-4　设置圆角

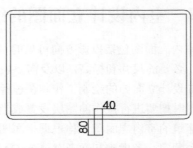

图 13-5　绘制矩形

**Step 05** 使用"直线"（LINE）命令一条长度为 200mm 的横线线段，然后调整至图 13-6 所示位置。

**Step 06** 最后使用"圆"（CIRCLE）命令，绘制一个半径为 5mm 的圆，然后调整至适当位置。电视机立面图绘制完成后的效果如图 13-7 所示。

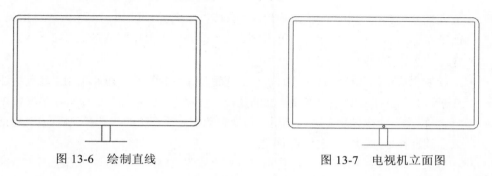

图 13-6　绘制直线　　　　　　　　　　图 13-7　电视机立面图

 提　示

矩形命令还提供了一种附加功能，可直接生成圆角或倒角矩形。

## 13.2.2　住宅室内立面图的绘制

室内装饰立面图，也称室内立面展开图。房间若为长方形，它将有 4 个室内立面，将这 4 个立面按一定顺序排列在一起，或按纵横轴线定位，或用索引符号命名联系，以便读者清楚地知道表现的是哪个房间的室内立面。室内装饰立面图也有剖面含义在里面，因为它表现的主要内容是室内一个房间的一个立面或全部立面，如图 13-8 所示。

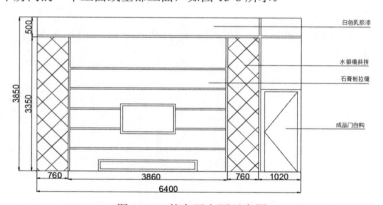

图 13-8　某客厅立面示意图

下面开始学习室内装饰设计立面图的绘制工作。在进行绘制以前，需要注意把所有的图形按照图层分开，并且在绘图时把要操作的图层设置成当前图层。为了叙述简便，就不在步骤里面逐一说明了。首先以客厅为例学习绘制客厅立面图的方法。

绘制客厅立面图的主要步骤如下：

**Step 01** 使用"矩形"和"直线"命令，绘制客厅的主要布置及主要区域。

Step 02 在已经绘制好的客厅区域内，绘制客厅某一立面的主要家具和相关装饰。

Step 03 在完成的立面图中进行标注和文字说明。

 技 巧

- 立面图的绘制过程中会较多地使用到"直线"（LINE）和"矩形"（RECTAMG）命令，而且在绘制的过程中往往会使用"修剪"、"延伸"、"偏移"、"复制"和"粘贴"等命令，使得绘图时间大大缩短。
- 对绘制完成后的图形进行标注时，对于连续的家具标注往往可以使用"连续标注"命令来减少标注工作量。但需要注意的是，在使用"连续标注"命令时，必须要在使用"线性标注"命令以后才可以使用。系统自动在先前标注的线性标注后面连续标注，只需要选择标注的尺寸定位点即可。
- 在标准文字说明时需要注意，使用"单行文字"（DTEXT）命令对所绘制的图纸进行说明，在第一次使用"单行文字"命令时，需要对文字的高度和角度进行选择，确定后就可以输入所需要的文字了，最后使用"直线"命令将所输入的文字进行引出标注。

 提 示

绘制住宅室内立面图，其实是前述各种简单命令的综合应用，在绘制过程中不必完全拘泥于书中所讲的顺序和方法，可以尝试多种方法的应用。

### 1. 绘制客厅立面图

Step 01 使用"直线"（LINE）命令绘制长度为 3 850mm 的垂直线和长度为 6 400mm 的水平直线，如图 13-9 所示。

Step 02 使用"偏移"（OFFSET）命令把刚才绘制的水平线分别向上偏移 3 350mm 和 3 850mm，如图 13-10 所示。

图 13-9　绘制直线

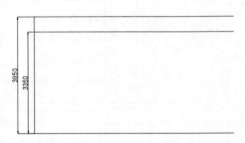

图 13-10　偏移水平直线

 注 意

使用"直线"命令时，在屏幕左下角的信息栏中打开正交模式，或者直接按【F8】键，也可打开正交模式，再次按【F8】键，就可以退出正交模式。正交模式可以保证绘出的线为水平或者垂直。

**Step 03** 使用 "偏移"（OFFSET）命令把刚才绘制的垂直直线向右偏移 760mm，然后依次将偏移得到的直线分别向右偏移 3 860mm、760mm 和 1 020mm，如图 13-11 所示。

**Step 04** 继续使用 "偏移"（OFFSET）命令，将偏移距离设置为 50mm，将图 13-12 所示的线段分别向右和向上进行偏移。

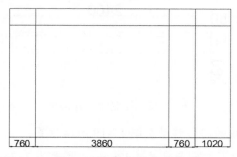

图 13-11　偏移垂直直线

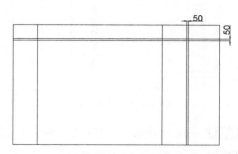

图 13-12　偏移线段

**Step 05** 使用 "修剪"（TRIM）命令，将多余的线段进行修剪，如图 13-13 所示。

**Step 06** 使用 "偏移"（OFFSET）命令，将图 13-14 所示的线段分别向下偏移 770mm 和 1 290mm。

图 13-13　修剪线段

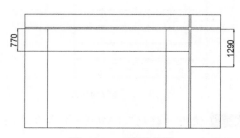

图 13-14　偏移线段

**Step 07** 使用 "偏移"（OFFSET）命令，将图 13-14 所示的线段向内侧偏移 40mm，如图 13-15 所示。

**Step 08** 使用 "修剪"（TRIM）命令，将多余的线段进行修剪，效果如图 13-16 所示。

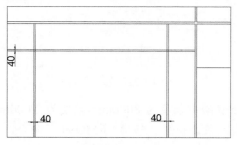

图 13-15　偏移线段

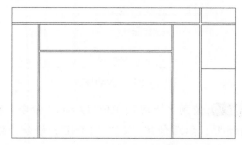

图 13-16　修剪线段

**Step 09** 使用 "偏移"（OFFSET）命令，将偏移距离设置为 500mm，将图 13-17 所示的线段向下偏移。

Step 10 使用"矩形"（RECTANG）命令，在空白位置绘制长度为 2 400mm、宽度为 280mm 的矩形，然后使用"偏移"（OFFSET）命令，将矩形向内偏移 50mm，如图 13-18 所示。

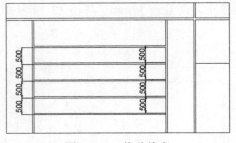

图 13-17  偏移线段

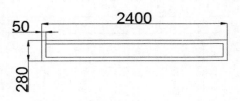

图 13-18  绘制矩形并偏移

Step 11 使用"移动"（MOVE）命令，将绘制完成的图形移动至图 13-19 所示位置。

Step 12 使用"矩形"（RECTANG）命令，在空白位置绘制长度为 1 328mm、宽度为 747mm 的矩形，然后使用"偏移"（OFFSET）命令，将矩形向内偏移 50mm，如图 13-20 所示。

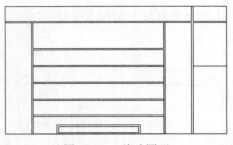

图 13-19  移动图形

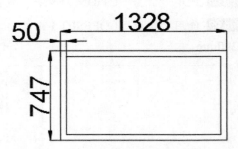

图 13-20  绘制矩形并偏移

Step 13 使用"移动"（MOVE）命令，将绘制完成的图形移动至图 13-21 所示位置。

Step 14 使用"修剪"（TRIM）命令，将多余的线段进行修剪，效果如图 13-22 所示。

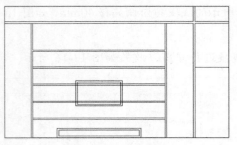

图 13-21  移动图形

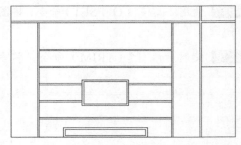

图 13-22  修剪线段

Step 15 使用"矩形"（RECTANG）命令，在空白位置绘制长度为 800mm、宽度为 2 000mm 的矩形。然后使用"线"（LINE）命令，绘制两条线段。使用"移动"（MOVE）命令，将图形移动至图 13-23 所示位置。

Step 16 使用"图案填充"（HATCH）命令，将"填充图案"设置为 ANSI37，"填充图案比例"设置为 100，如图 13-24 所示。

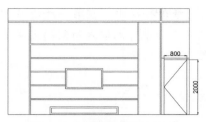

图 13-23　绘制图形并移动

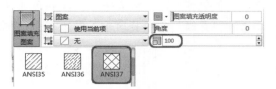

图 13-24　设置图案填充

☂ **注　意**

　　使用 "图案填充"（HATCH）命令时，需要选择填充的种类和比例等，具体设置如图 13-25 和图 13-26 所示。在选择好以上部分后，重要的一点是对填充区域的选择。填充壁纸时，由于填充的部分比较复杂，需要直接指定选择区域，这时以 "添加:选择对象" 的方式选择，需要把组成填充区域的所有线段都选上，这样能够更加精确地指定选择区域。需要强调的是，以上选择区域必须是由线段组成的闭合区域，这样才能进行填充。

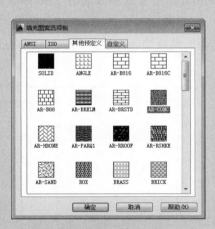

图 13-25　填充参数设置 1

图 13-26　填充参数设置 2

**Step 17** 在图 13-27 所示区域进行图案填充。

**Step 18** 对绘制的客厅立面图进行尺寸标注，效果如图 13-28 所示。

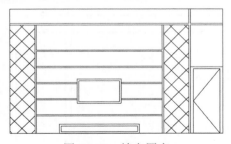

图 13-27　填充图案

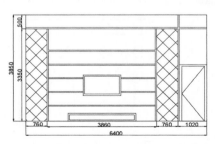

图 13-28　标注尺寸

Step 19 使用"单行文字"（TEXT）命令对所绘制的图纸进行说明。在第一次使用"单行文字"命令时，需要对文字的高度和角度进行选择，确定后就可以输入所需的文字了，最后使用"直线"命令将所输入的文字引出标注，如图 13-29 所示。

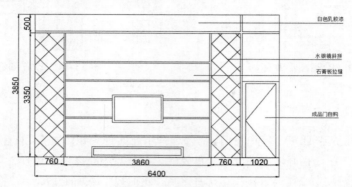

图 13-29　添加标注和引线

### 2. 绘制餐厅立面图

Step 01 使用"直线"（LINE）命令绘制长度为 2 600mm 的垂直线和长度为 3 800mm 的水平直线，如图 13-30 所示。

Step 02 使用"偏移"（OFFSET）命令，将水平直线分别向上偏移 70mm、2 300mm 和 2 600mm，如图 13-31 所示。

图 13-30　绘制直线

图 13-31　偏移水平直线

Step 03 使用"偏移"（OFFSET）命令，将垂直直线分别向右偏移 2 700mm、100mm、900mm 和 100mm，如图 13-32 所示。

Step 04 使用"修剪"（TRIM）命令，将多余的线段进行修剪，如图 13-33 所示。

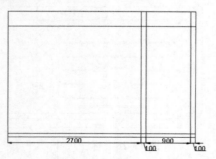

图 13-32　偏移垂直直线

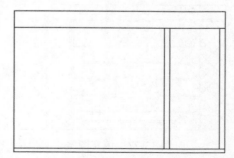

图 13-33　修剪线段

**Step 05** 使用"偏移"（OFFSET）命令，将最左侧的垂直直线分别向右偏移 800mm、600mm、20mm 和 580mm，如图 13-34 所示。

**Step 06** 使用"偏移"（OFFSET）命令，将最下面的水平直线分别向上偏移 800mm、20mm、380mm、20mm、380mm 和 20mm，如图 13-35 所示。

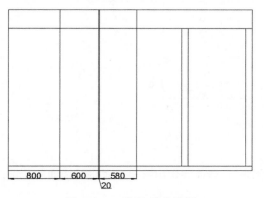

图 13-34　偏移垂直线段

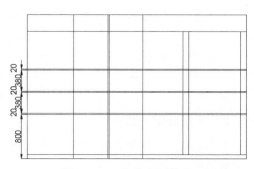

图 13-35　偏移水平线段

**Step 07** 使用"修剪"（TRIM）命令，将多余的线段进行修剪，如图 13-36 所示。

**Step 08** 打开随书附带光盘中的 CDROM\素材\第 13 章\餐厅立面图素材.dwg 文件，将文件中的素材图形进行复制，添加到餐厅立面图中，然后使用"修剪"（TRIM）命令将多余的线段进行修剪，如图 13-37 所示。

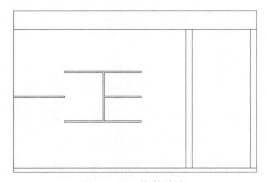

图 13-36　修剪线段

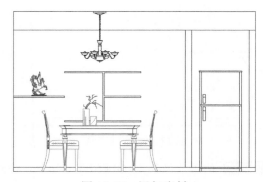

图 13-37　添加素材

 **提　示**

> 绘制立面图时可以根据设计需要绘制家具图案，也可以从图库中调取已有的或者以前曾经创建的家具图例。在实际的绘制过程中要注意灵活应用。

**Step 09** 对绘制的餐厅立面图进行尺寸标注，然后使用"单行文字"（TEXT）命令对所绘制的图纸进行说明，最后使用"直线"命令将所输入的文字引出标注，如图 13-38 所示。

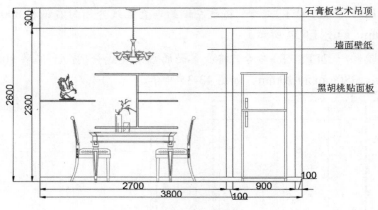

图 13-38　标注尺寸

### 3．绘制卧室立面图

卧室立面图一般包含床、床头柜和灯具等的绘制，有些需要做出衣柜或者进行墙面的装饰，如粘贴墙纸、壁纸等。

**Step 01** 使用"矩形"（RECTANG）命令，绘制一个长度为 4 700mm、宽度为 2 800mm 的矩形，如图 13-39 所示。

**Step 02** 使用"分解"（EXPLODE）命令将矩形分解，然后使用"偏移"（OFFSET）命令，将最底边分别向上偏移 70mm、2 400mm 和 2 600mm，如图 13-40 所示。

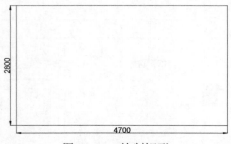

图 13-39　绘制矩形

图 13-40　偏移最底边线段

**Step 03** 使用"偏移"（OFFSET）命令，将最左侧边分别向右偏移 850mm 和 3 400mm，如图 13-41 所示。

**Step 04** 使用"修剪"（TRIM）命令，将多余的线段进行修剪，效果如图 13-42 所示。

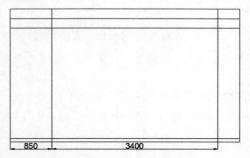

图 13-41　偏移最左侧线段

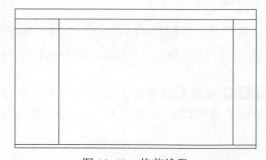

图 13-42　修剪线段

**Step 05** 使用"矩形"(RECTANG)命令,在空白位置绘制一个长度为 100mm、宽度为 30mm 的矩形,如图 13-43 所示。

**Step 06** 使用"圆"(CIRCLE)命令,绘制一个半径为 25mm 的圆,并放在图 13-44 所示的位置。

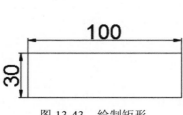

图 13-43　绘制矩形

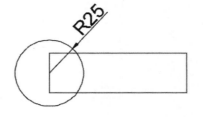

图 13-44　绘制圆

**Step 07** 使用"修剪"(TRIM)命令,将多余的线段进行修剪,如图 13-45 所示。

**Step 08** 使用"移动"(MOVE)命令,将绘制好的图形移动至图 13-46 所示位置。

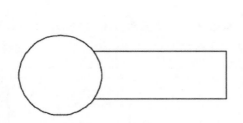

图 13-45　修剪线段

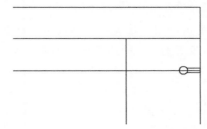

图 13-46　移动图形

**Step 09** 将多余的线段删除,然后使用"多段线"(PLINE)命令绘制窗帘,如图 13-47 所示。

**Step 10** 使用"矩形"(RECTANG)命令,在空白位置绘制一个长度为 500mm、宽度为 1 900mm 的矩形,如图 13-48 所示。

**Step 11** 使用"偏移"(OFFSET)命令,将矩形向内偏移 30mm,如图 13-49 所示。

图 13-47　绘制窗帘

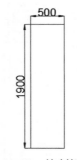

图 13-48　绘制矩形

图 13-49　偏移矩形

**Step 12** 使用"分解"(EXPLODE)命令将内侧的矩形进行分解,然后使用"偏移"(OFFSET)

命令，将其底边分别向上偏移 470mm 和 20mm，如图 13-50 所示。

**Step 13** 将绘制完成的图形移动至图 13-51 所示位置，然后使用"修剪"（TRIM）命令，将多余的线段进行修剪，如图 13-51 所示。

图 13-50　偏移线段

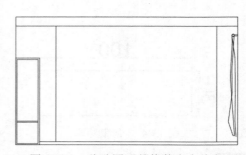

图 13-51　移动图形并修剪多余线段

**Step 14** 打开随书附带光盘中的 CDROM\素材\第 13 章\卧室立面图素材.dwg 文件，将文件中的素材图形进行复制，添加到卧室立面图中，然后使用"修剪"（TRIM）命令，将多余的线段进行修剪，如图 13-52 所示。

**Step 15** 使用"图案填充"（HATCH）命令，将"填充图案"设置为 AR-SAND，"填充图案比例"设置为 5，对墙面进行图案填充，如图 13-53 所示。

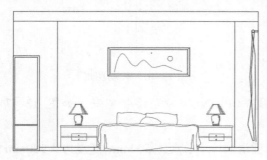

图 13-52　添加素材

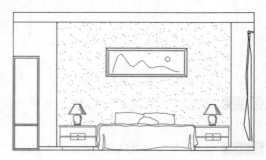

图 13-53　填充图案

**Step 16** 对绘制的卧室立面图进行尺寸标注，然后使用"单行文字"（TEXT）命令对所绘制的图纸进行说明，最后使用"直线"命令将所输入的文字引出标注，如图 13-54 所示。

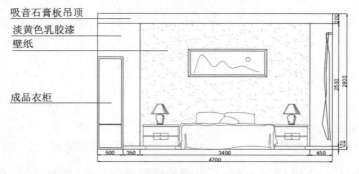

图 13-54　卧室立面图

☂ 注　意

　　如果没有现成的立面床或床头柜的图例，可以使用"创建块"（BLOCK）命令进行创建，如图 13-55 所示。然后通过"插入块"（INSERT）命令进行调入，如图 13-56 所示。

图 13-55　创建块　　　　　　　　　　　图 13-56　插入块

### 4．绘制卫生间立面图

**Step 01** 使用 "矩形"（RECTANG）命令，绘制一个长度为 3 300mm、宽度为 2 300mm 的矩形，如图 13-57 所示。

**Step 02** 使用 "分解"（EXPLODE）命令将矩形分解，然后使用 "偏移"（OFFSET）命令，将左侧的垂直直线向右偏移 2 260mm，然后将偏移得到的直线继续向右偏移 120mm，如图 13-58 所示。

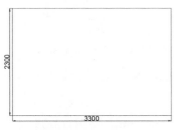

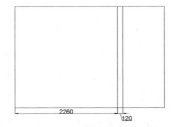

图 13-57　绘制矩形　　　　　　　　　　图 13-58　偏移垂直线段

**Step 03** 使用 "偏移"（OFFSET）命令，将最左侧的线段向右依次偏移 300mm，如图 13-59 所示。

**Step 04** 使用 "偏移"（OFFSET）命令，将顶层的线段向下依次偏移 300mm，如图 13-60 所示。

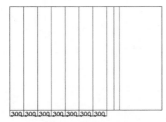

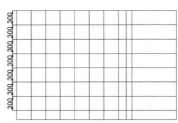

图 13-59　偏移最左侧线段　　　　　　　图 13-60　偏移顶层线段

**Step 05** 使用"修剪"（TRIM）命令，将多余的线段进行修剪，如图 13-61 所示。

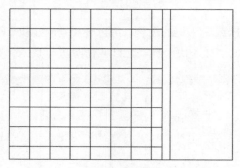

图 13-61　修剪线段

**Step 06** 使用"矩形"（RECTANG）命令，在空白位置绘制一个长度为 40mm、宽度为 600mm 的矩形，如图 13-62 所示。

**Step 07** 继续使用"矩形"（RECTANG）命令，绘制一个长度为 90mm、宽度为 20mm 的矩形，如图 13-63 所示。

图 13-62　绘制矩形　　　　　　　　　　图 13-63　继续绘制矩形

**Step 08** 使用"复制"（COPY）命令，将绘制的矩形向上复制两个，矩形之间的间距为 200mm，如图 13-64 所示。

**Step 09** 使用"圆角"（FILLET）命令，将圆角半径设置为 5mm，将图 13-65 所示的边角都设置为圆角。

**Step 10** 使用"圆"（CIRCLE）命令，绘制一个半径为 10mm 的圆，然后将其移动至图 13-66 所示位置。

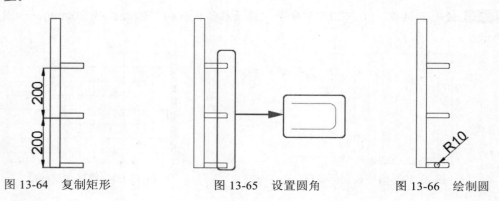

图 13-64　复制矩形　　　　　　图 13-65　设置圆角　　　　　　图 13-66　绘制圆

Step 11 使用 "移动"（MOVE）命令，将绘制好的图形移动至图 13-67 所示的位置。

Step 12 使用 "矩形"（RECTANG）命令，在空白位置绘制一个长度为 600mm、宽度为 750mm 的矩形，如图 13-68 所示。

Step 13 使用 "分解"（EXPLODE）命令，将矩形进行分解，然后使用 "偏移"（OFFSET）命令，将左右两侧及顶部的线段向内偏移 20mm，如图 13-69 所示。

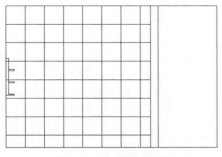
图 13-67   移动图形

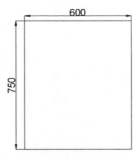
图 13-68   绘制矩形

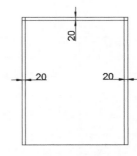
图 13-69   偏移线段

Step 14 使用 "修剪"（TRIM）命令，将多余的线段进行修剪，如图 13-70 所示。

Step 15 使用 "偏移"（OFFSET）命令，将最底边的线段向上依次偏移 450mm 和 200mm，如图 13-71 所示。

Step 16 使用 "直线"（LINE）命令，绘制图 13-72 所示的直线。

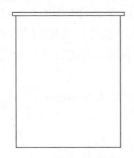
图 13-70   修剪线段

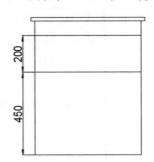
图 13-71   偏移线段

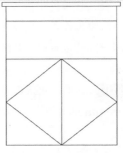
图 13-72   绘制直线

Step 17 使用 "圆"（CIRCLE）命令，绘制一个半径为 20mm 的圆，如图 13-73 所示。

Step 18 使用 "移动"（MOVE）命令，将图形移动至图 13-74 所示的位置。

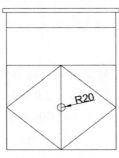
图 13-73   绘制圆

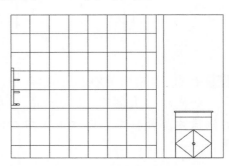
图 13-74   移动图形

Step 19 打开随书附带光盘中的 CDROM\素材\第 13 章\卫生间立面图素材.dwg 文件，将文件中的素材图形进行复制，添加到卫生间立面图中，然后使用"修剪"（TRIM）命令，将多余的线段进行修剪，如图 13-75 所示。

Step 20 对绘制的卫生间立面图进行尺寸标注，然后使用"引线"（MLEADER）命令对所绘制的图纸进行标注说明，最终效果如图 13-76 所示。

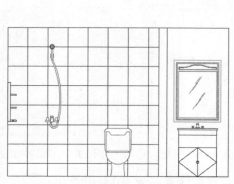

图 13-75　添加素材并修剪线段

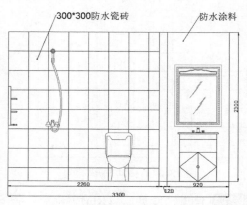

图 13-76　卫生间立面图

## 13.3　公共建筑室内设计

公共建筑的室内设计可以按照空间的使用分成办公会议空间的设计，如各种类型的会议室、办公室的室内设计；客房的设计；餐饮空间的设计，如餐厅、咖啡厅的室内设计；商业空间的设计；休闲空间的设计；公共洗手间的设计等。本节将以接待大厅为例，简单说明公共建筑室内立面图的绘制。

Step 01 使用"矩形"（RECTANG）命令，在空白位置绘制一个长度为 9 000mm、宽度为 3 400mm 的矩形，如图 13-77 所示。

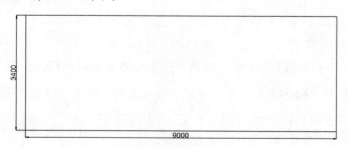

图 13-77　绘制矩形

Step 02 使用"分解"（EXPLODE）命令，将矩形进行分解；然后使用"偏移"（OFFSET）命令，将底边向上偏移 3 000mm；然后将最左侧的边向右偏移 5 230mm，以偏移得到的线段为偏移对象，继续依次向右偏移 100mm、2 400mm 和 100mm，如图 13-78 所示。

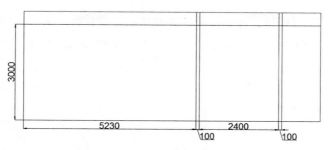

图 13-78　偏移线段

**Step 03** 使用 "修剪"（TRIM）命令，将多余的线段进行修剪，如图 13-79 所示。

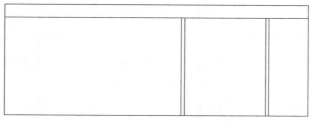

图 13-79　修剪线段

**Step 04** 使用 "偏移"（OFFSET）命令，将最左侧的线段向右偏移 2 660mm，将底边向上偏移 700mm，如图 13-80 所示。

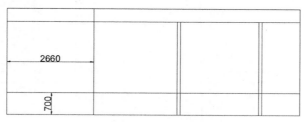

图 13-80　偏移线段

**Step 05** 继续使用 "偏移"（OFFSET）命令，将左侧第二条垂线向右偏移 4 次，以偏移得到的线段为偏移对象，依次偏移 500mm。然后将左侧第二条垂线继续向左偏移 5 次，以偏移得到的线段为偏移对象，依次偏移 500mm、 500mm、500mm、500mm、50mm，如图 13-81 所示。

**Step 06** 使用 "矩形"（RECTANG）命令，在图 13-82 所示位置绘制一个长度为 4 100mm、宽度为 300mm 的矩形，如图 13-82 所示。

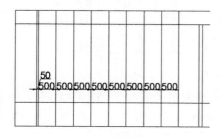

图 13-81　偏移线段

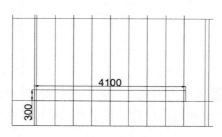

图 13-82　绘制矩形

**Step 07** 使用"修剪"（TRIM）命令，将多余的线段进行修剪，如图 13-83 所示。

**Step 08** 使用"偏移"（OFFSET）命令，将矩形向内偏移 30mm，如图 13-84 所示。

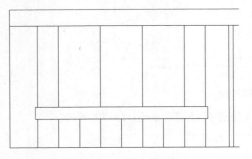

图 13-83　去除多余的线段

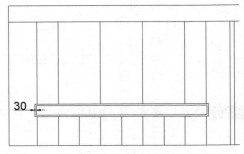

图 13-84　偏移矩形

**Step 09** 使用"图案填充"（HATCH）命令，将"填充图案"设置为 NET3，"填充图案比例"设置为 50，对墙面进行图案填充，如图 13-85 所示。

**Step 10** 使用"图案填充"（HATCH）命令，将"填充图案"设置为 GRASS，"填充图案比例"设置为 5，对墙面进行图案填充，如图 13-86 所示。

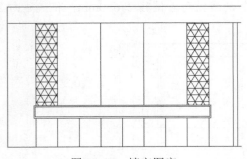

图 13-85　填充图案

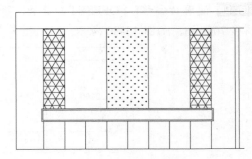

图 13-86　填充图案

**Step 11** 打开随书附带光盘中的 CDROM\素材\第 13 章\接待大厅立面图素材.dwg 文件，将文件中的素材图形进行复制，然后添加到接待大厅立面图中，如图 13-87 所示。

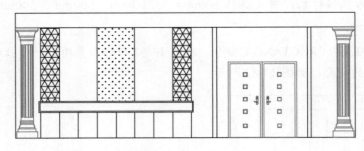

图 13-87　添加素材

**Step 12** 对绘制的接待大厅立面图进行尺寸标注，然后使用"引线"（MLEADER）命令对所绘制的图纸进行标注说明，最终效果如图 13-88 所示。

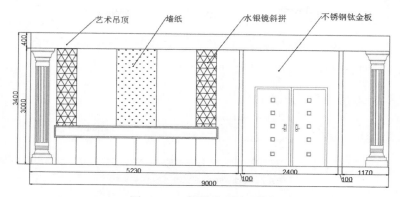

图 13-88　接待大厅立面图

## 13.4　本章小结

　　本章详细讲解了室内装修中立面图绘制的基本知识，并且讲解了立面图的设计内容和设计要求，还总结了一些相关的绘图知识与技巧。掌握修剪大批量的直线的技巧可以提高修改的效率，从而更轻松地绘制装修立面图。

## 13.5　问题与思考

　　1. 绘制图 13-89 所示的立面设计图。

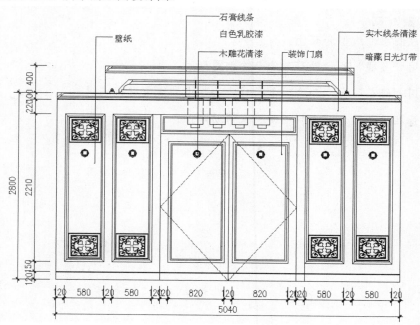

图 13-89　室内设计立面图

　　参考步骤如下：

Step 01 设置图层、线型和颜色。

Step 02 使用"直线"和"偏移"命令绘制图形。

Step 03 使用"修剪"和"删除"命令对所绘制出的线条进行编辑。

Step 04 注意在绘图时合理绘制辅助线来帮助定位。

2. 绘制图 13-90 所示的立面设计图。

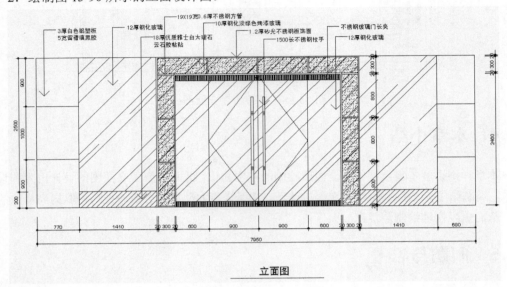

图 13-90　移动营业厅立面图

参考步骤如下：

Step 01 设置图层、线型和颜色。

Step 02 使用"直线"和"偏移"命令绘制图形。

Step 03 使用"修剪"和"删除"命令对所绘制出的线条进行编辑。

Step 04 注意在绘图时合理绘制辅助线来帮助定位。

# 第 14 章
# 绘制室内天花图

室内天花图是配合室内设计平面图和室内设计立面图来表达室内设计的图纸。本章主要介绍室内设计中室内天花的基本内容和设计手法，用实例来介绍室内天花图的绘制方法与步骤。

## 14.1 室内天花图绘制概述

在进行设计之前，先要了解室内天花的相关概念及设计要素，通过对这些基础知识的掌握，可以明白一些基本的设计原理，并且增强感性认识，能够更加深入地理解设计中需要注意的部分，从而为完成一个正确的设计打下坚实的基础。

### 14.1.1 天花的作用和形式

天花（即天花板）是室内空间的顶界面，也是室内空间中不常与人接触的水平界面。由于天花位于人的上方，所以在室内设计中，天花的设计往往对整个室内空间形式的形成和限制室内高度方面起着决定性的作用。另外，在室内设计中，天花由于不常被人接触，因而具有比墙面和地面更为自由变化的形式，这些不同的形式常常带来不同的艺术效果，可以很好地塑造和调节室内的空间氛围。

天花的形式有很多种，从结构形式上来看，天花可以分为以下两大类。

#### 1. 暴露结构式

暴露结构式天花是指在建筑结构原有的基础上不做吊顶或者很少做吊顶，仅做简单的修饰，使原有建筑结构直接暴露出来，直接体现建筑结构美的天花形式。这种形式的天花多用于大跨度结构的建筑或者工业建筑，如体育馆、火车站、飞机场和厂房等，如图14-1所示。

#### 2. 吊顶式

吊顶式天花是指通过不同的装饰材料和装饰方法将建筑结构局部或者全部遮挡起来的天花形式。吊顶类的天花形式有很多，所追求的艺术形式也各不一样，从外观上来看可以分为平顶式、灯井式、悬吊式和韵律式等。

- 平顶式是指无凹凸变化的吊顶，它的表面除了嵌入一些灯具以外，往往很平整，造型简单，施工方便，多用于办公室、教室等功能比较简单的场所，如图14-2所示。

图 14-1　浦东国际机场的暴露式天花

图 14-2　某办公室的平顶式天花

- 灯井式是指吊顶局部升高，在升高的部分内藏灯具，局部凹进，形成灯井的吊顶。其中灯井的常见形式有方形、圆形、椭圆形和自由形，这种吊顶可以形成较高空间的效果，多用于会议室、客厅等人流相对较大的空间，如图 14-3 所示。

- 悬吊式是指由吊顶局部标高降低产生的顶棚形式，吊顶的整体可以是折板，也可以是平板或者灯箱等其他形式，这种吊顶可以形成较为自由的空间，因此应用最为广泛，如音乐厅、酒吧和商场等，如图 14-4 所示。

图 14-3　某会议室的灯井式天花

图 14-4　某商场的悬吊式天花

- 韵律式是指有韵律感的吊顶形式，一般表现为有某种规律变化灯具或者重复出现的装饰元素等，形式较为自由，无须考虑天花的对位关系，适合平面布置经常更换，以及大空间的场所，常见的有候机楼、商场等，如图 14-5 所示。

图 14-5　某公共建筑的韵律式天花

## 14.1.2　天花的设计方法

　　天花是室内设计的重点所在，不同的室内空间需要采用不同的设计手法和不同的天花形式才能形成各自的风格。室内设计的天花面积一般都比较大，不经常与人接触，又常有灯具等装饰品，是室内设计中非常重要的部分，对整个设计效果起着重要的烘托作用。因此在设计时，不但要考虑到实际使用上的要求，更要考虑到空间艺术上的要求。

　　概括来说，天花的设计方法主要有以下几种：
- 根据空间的性质和功能要求，确定最佳的天花形式。
- 根据地面和墙面的艺术风格及色彩体系，选择天花的基本色彩、图案和材质。
- 根据通风、照明及屋顶结构的需求，确定天花的高度及构造做法。
- 根据地面家具的布局需求，确定天花的灯井形式及中心位置。
- 根据墙面的艺术风格，确定天花与墙面交界处的处理办法。
- 使用灯具、挂件等装饰物，对天花进行处理，丰富天花内容。

## 14.1.3　天花的设计步骤

　　下面开始学习室内装饰设计天花图的绘制工作。在进行绘制以前，需要注意把所有的图形按照图层分开，各个图层的颜色和线形均设置完毕，并且在绘图时把要操作的图层设置为当前图层。

　　下面以某住宅的客厅为例，详细介绍天花设计的主要步骤。

### 1．绘出建筑平面图，清晰、准确地表达出需要设计的天花位置

　　天花平面图一般采用镜像投影法绘制，其图形上的前后、左右位置均与平面图相同，轴线的排列顺序及相对位置也与平面图相同。在图中要表示出门和窗的位置，门窗洞口尺寸不需要标注，各轴线除了 4 个角部的轴线以外，其他的轴线可以标注也可以不用标注，但是各轴线之间的尺寸需要标注出来，总尺寸也需要标注出来，如图 14-6 所示。

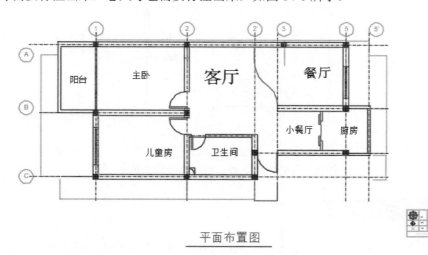

平面布置图

图 14-6　某住宅建筑平面图

具体操作如下：

**Step 01** 选择绘制的墙体"轴线"图层，并置为当前图层。

**Step 02** 选择 "绘图" | "直线"命令，绘制所有客厅的墙体轴线。

**Step 03** 选择绘制的"墙体"图层，并置为当前图层。选择 "修改" | "偏移"命令，输入一半墙体厚度的数值为偏移值进行偏移。

**Step 04** 选择"修改" | "修剪"命令，将墙线进行修剪，完成墙线的绘制。

**Step 05** 选择绘制的墙体"门窗"图层并置为当前图层。与平面图相对应，同样利用 "直线"和 "修剪"命令，依次绘制出墙体上的门和窗。

**Step 06** 选择绘制的墙体"标注"图层，并置为当前图层。

**Step 07** 选择 "标注" | "线性"命令，依次标注出轴间尺寸、总尺寸。

**Step 08** 在"绘图"工具栏中单击"圆"按钮 ⊙，在"绘图"工具栏中单击画出轴线号。

### 2. 绘出天花的平面形式、灯井形状、跌级数量等

完成后的效果如图 14-7 所示。具体操作如下：

**Step 01** 新建相应的天花图层，并设置相应的颜色。

**Step 02** 根据墙体的轮廓绘制矩形，作为天花的总轮廓。

**Step 03** 偏移矩形制作出天花的大体轮廓。

**Step 04** 对天花的特殊材质进行填充。

**Step 05** 在相应的位置添加灯具。

**Step 06** 对天花平面图进行标注。

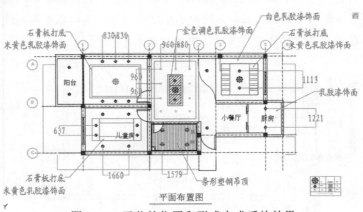

图 14-7　天花的位置和形式完成后的效果

## 14.1.4　室内天花图的特点

室内天花图包含综合天花图、天花造型及尺寸定位图，以及天花照明及电器设备定位图。本书将针对天花平面图进行重点介绍。

　　室内天花图的特点为：室内天花图一般是采用镜像投影法绘制的，因此，天花图和平面图有很多相似之处，它的作用是表明天花的平面形式、材料和尺寸，以及灯具和其他房间顶部设施的位置和大小等。天花图无须像平面图一样标注出所有的轴线，只需注明 4 个角的轴线即可；天花图上的门和窗一般无须图示其开启方向线，只需图示门窗过梁底面，为了区别，窗只用一条细虚线表示；如果天花出现跌级设计，则其跌级的变化应用标高结合其分区进行标注。

# 14.2　室内天花图绘制实例

　　在室内设计中，天花部分最重要的就是灯具和装饰品的布置，它可以直接体现出空间的氛围。而在天花图的绘制中，灯具和装饰品的绘制也往往是最复杂和重要的。所以在讲述室内天花图实例之前，先来讲述一下灯具的绘制方法。

## 14.2.1　灯具的绘制

　　根据结构特性来看，室内设计中在天花上常用的灯具有筒灯、吸顶灯、吊灯、沐浴灯、灯带和投射灯等。天花图的灯具在绘制时要求小型灯具按照比例用细实线圆圈表示，而较大型的灯具可以按比例画出灯具正投影的外轮廓线，力求简单概括。下面将以吸顶灯为例进行说明。

　　具体操作步骤如下：

`Step 01` 使用"圆"工具，绘制半径为 77mm 的圆，如图 14-8 所示。

`Step 02` 选择"直线"工具，绘制两条相互垂直且长度为 210mm 的直线，如图 14-9 所示。

图 14-8　绘制圆　　　　　　　　　　　　　图 14-9　绘制直线

`Step 03` 选择两条直线捕捉其交点，将其移动到圆的圆心位置，如图 14-10 所示。

`Step 04` 选择绘制的圆，将其颜色修改为红色，如图 14-11 所示。

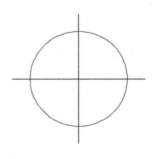

图 14-10　移动直线　　　　　　　　　　　　图 14-11　改变圆的颜色

### 14.2.2 住宅天花图的绘制

住宅是设计师经常遇到的室内设计项目，住宅设计要体现出温馨、和谐的家居气氛，因而住宅的天花设计需要注意其造型和色彩是否柔和与协调。再加上住宅的功能相对简单和有序，不论是客厅、餐厅、卧室、书房，还是厨房和卫生间，每个房间的天花设计都应该依据房间功能的不同，而显示出特定的造型和风格。

在实际工作中，室内设计是在建筑设计完成以后进行的，为了提高效率，往往采用直接使用建筑平面图的方式来绘制天花图，即在设计中把建筑平面图复制出来，删除家具等与天花无关的内容，修改门和窗的形式。在这里我们就按照这种方法绘制图纸，效果如图 14-12 所示。

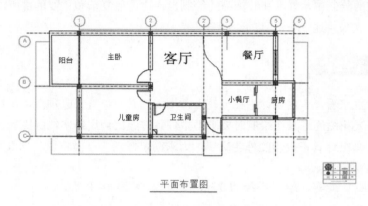

图 14-12 修改过的建筑平面图

### 1. 客厅天花的绘制

客厅的天花设计形式是表现住宅室内设计风格的重要方面。天花既要与地面和墙面的设计元素相协调，又要能够独立存在，形成局部视觉亮点。下面以某现代欧式风格的住宅天花为例，说明客厅天花的绘制步骤。

Step 01 打开随书附带光盘中的 CDROM\素材\第 14 章\室内平面图.dwg 文件，如图 14-13 所示。

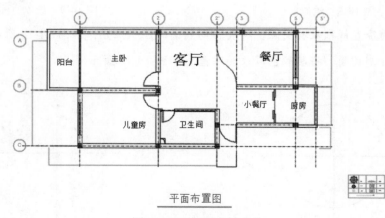

图 14-13 打开素材文件

**Step 02** 打开"图层"面板，新建"客厅天花"图层，将"颜色"设为绿色，并置为当前图层，如图 14-14 所示。

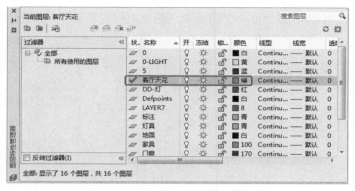

图 14-14　新建"客厅天花"图层

**Step 03** 选择"矩形"工具，以客厅的墙线为基准，绘制矩形，如图 14-15 所示。

**Step 04** 选择"偏移"工具，选择上一步绘制的矩形，将其分别向内偏移 190mm、1 046mm、1 142mm，完成后的效果如图 14-16 所示。

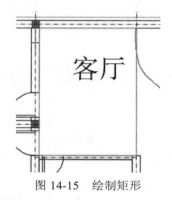

图 14-15　绘制矩形

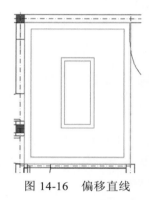

图 14-16　偏移直线

**Step 05** 选择两个小矩形，单击"特性"按钮，在其下拉列表中将"对象颜色"设为红色，效果如图 14-17 所示。

**Step 06** 选择最内侧的矩形，使用"分解"工具将其分解，如图 14-18 所示。

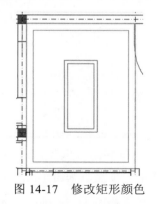

图 14-17　修改矩形颜色

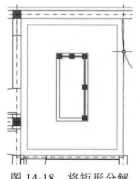

图 14-18　将矩形分解

**Step 07** 选择上一步分解矩形的上侧边，使用"偏移"工具，将其分别向下偏移 620mm、

1 240mm，如图 14-19 所示。

**Step 08** 选择"图案填充"工具，在"图案填充编辑器"中将"图案"设为 JIS-RC-30，将"颜色"设为"颜色 8"，将"角度"设为 0，将"比例"设为 4，如图 14-20 所示。

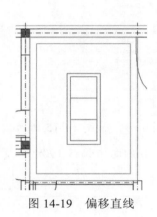

图 14-19　偏移直线　　　　　　　　　图 14-20　图案填充设置

**提　示**

可以重复按【F8】键和【F3】键确定正交模式和捕捉模式状态为 ON，以提高绘图的准确率。

**Step 09** 在"图案填充编辑器"中，单击"添加：拾取点"按钮，拾取最里侧的矩形，按【Enter】键进行确认，返回到"图案填充编辑器"中单击"确定"按钮，填充后的效果如图 14-21 所示。

**Step 10** 在图例表中选择"吊灯"对象，将其拖至 3 个小圆的中心位置，如图 14-22 所示。

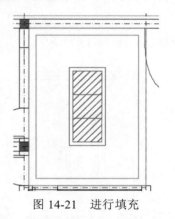

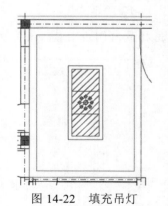

图 14-21　进行填充　　　　　　　　　图 14-22　填充吊灯

**Step 11** 继续选择"吸顶灯"对象将其放置到两侧矩形的中心位置，如图 14-23 所示。

**Step 12** 选择"分解"命令，将第一次偏移的矩形进行分解，如图 14-24 所示。

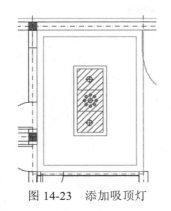

图 14-23　添加吸顶灯

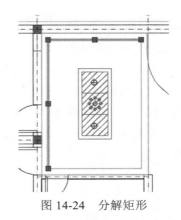

图 14-24　分解矩形

**Step 13** 使用 "偏移" 工具, 将分解矩形的上、下两个边分别向内偏移 500mm, 如图 14-25 所示。

**Step 14** 继续使用 "偏移" 工具, 将左、右两侧的边向内偏移 400mm, 如图 14-26 所示。

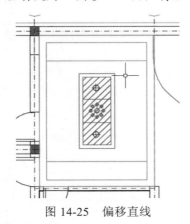

图 14-25　偏移直线

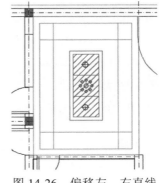

图 14-26　偏移左、右直线

**Step 15** 在图例表中选择筒灯对象, 将其放置在偏移直线的相交点位置, 如图 14-27 所示。

**Step 16** 使用 "复制" 工具, 选择添加的筒灯, 根据偏移的直线每隔 960mm 复制一个筒灯, 如图 14-28 所示。

**Step 17** 选择偏移的辅助线, 按【Delete】键将其删除, 效果如图 14-29 所示。

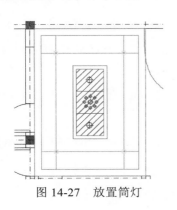

图 14-27　放置筒灯

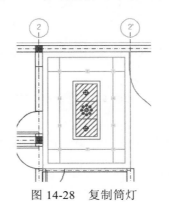

图 14-28　复制筒灯

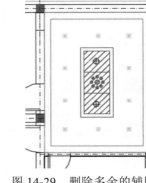

图 14-29　删除多余的辅助线

### 2. 餐厅天花的绘制

餐厅的天花造型要求在住宅中仅次于客厅，常常成为人们注目的焦点，其形式和客厅的天花比较起来更加活泼和清新，在风格上除了与客厅要保持一致外，也要有自身的特点。

下面仍以现代欧式风格的住宅天花为例，说明餐厅天花的绘制步骤。

**Step 01** 继续上一节的操作，打开"图层特性管理器"选项板，新建"餐厅天花"图层，将其颜色修改为 77，并将其置为当前图层，如图 14-30 所示。

**Step 02** 选择"矩形"工具，根据餐厅的墙线绘制矩形，如图 14-31 所示。

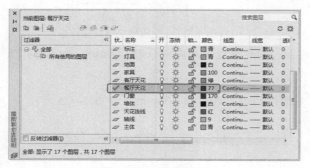

图 14-30 新建图层

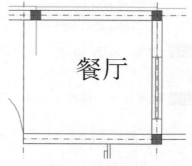

图 14-31 绘制矩形

**Step 03** 选择"偏移"工具，根据命令行提示输入 365，将上一步绘制的矩形向内偏移，完成后的效果如图 14-32 所示。

**Step 04** 选择"分解"工具，将上一步偏移的矩形进行分解，如图 14-33 所示。

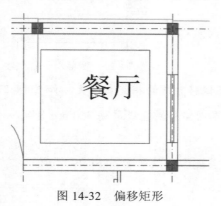

图 14-32 偏移矩形

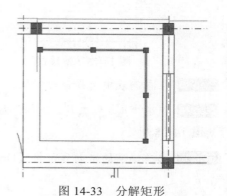

图 14-33 分解矩形

**Step 05** 选择"偏移"命令将矩形两侧的边分别向内偏移 540mm，完成后的效果如图 14-34 所示。

**Step 06** 继续执行"偏移"命令，将矩形的上边分别向下偏移 327mm、432mm，如图 14-35 所示。

**Step 07** 选择上一步偏移的直线，选择"复制"工具，复制距离 327mm，依次向下偏移，得到图 14-36 所示的效果。

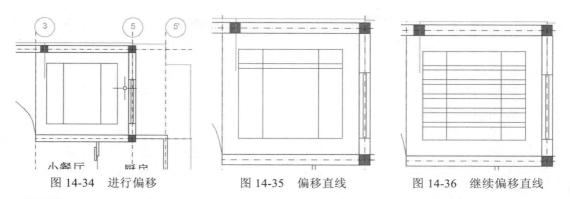

图 14-34　进行偏移　　　　图 14-35　偏移直线　　　　图 14-36　继续偏移直线

**Step 08** 选择所有的偏移直线，将其颜色修改为绿色，完成后的效果如图 14-37 所示。

**Step 09** 使用"修剪"工具将多余的线条删除，完成后的效果如图 14-38 所示。

**Step 10** 使用"直线"工具，连接分解矩形的两个中点，如图 14-39 所示。

图 14-37　修改颜色　　　　图 14-38　修剪直线　　　　图 14-39　绘制直线

**Step 11** 在图例表中选择吊灯，将其拖至上一步两个直线的交点处，如图 14-40 所示。

**Step 12** 选择"吸顶灯"分别添加到垂直直线与矩形的交点处，如图 14-41 所示。

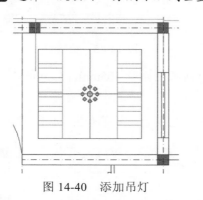

图 14-40　添加吊灯　　　　　　　　　图 14-41　添加吸顶灯

**Step 13** 选择添加的两个吸顶灯，利用"移动"工具将吸顶灯分别将向内侧移动 466mm，完成后的效果如图 14-42 所示。

**Step 14** 选择添加的两条辅助线，按【Delete】键将其删除，如图 14-43 所示。

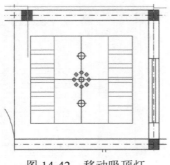

图 14-42　移动吸顶灯

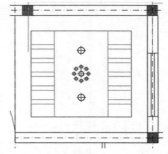

图 14-43　删除多余的直线

### 3. 卧室天花的绘制

　　卧室是以休息为主要功能的，其中家具所占的空间也比较多，所以在一般情况下，卧室的天花往往简洁明快，或者只做局部点缀，天花形式要比客厅和餐厅简单得多。卧室的天花一般选用浅色系列，既避免造成头重脚轻的感觉，又可以烘托出温馨、祥和的气氛。

　　下面将详细讲解卧室天花的绘制步骤。

Step 01　继续上一节的操作，打开"图层特性管理器"选项板，新建"卧室天花"图层，颜色保持默认即可，并将其设置为当前图层，如图 14-44 所示。

Step 02　选择"矩形"工具，围绕主卧的墙线绘制矩形，如图 14-45 所示。

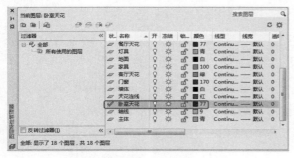

图 14-44　新建"卧室天花"图层

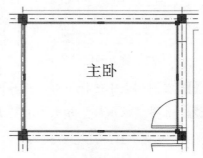

图 14-45　绘制矩形

Step 03　使用"偏移"工具，将上一步创建的矩形分别向内偏移 405mm、525mm，完成后的效果如图 14-46 所示。

Step 04　选择偏移的两个矩形，将其颜色修改为绿色，完成后的效果如图 14-47 所示。

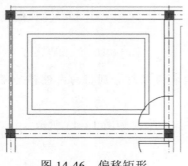

图 14-46　偏移矩形

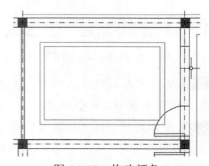

图 14-47　修改颜色

**Step 05** 使用 "直线" 工具连接大矩形的中点，如图 14-48 所示。

**Step 06** 在图例表中选择吊灯对象，将其添加到两条直线的交点位置，如图 14-49 所示。

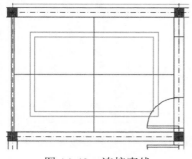

图 14-48　连接直线

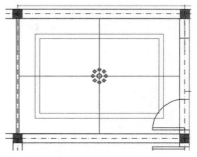

图 14-49　添加吊灯

**Step 07** 利用 "分解" 工具，将添加的吊顶分解，并将其颜色设为青色，完成后的效果如图 14-50 所示。

**Step 08** 选择吸顶灯，将其复制到矩形和直线的角点位置，如图 14-51 所示。

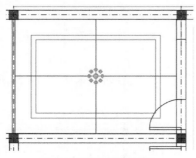

图 14-50　调整颜色

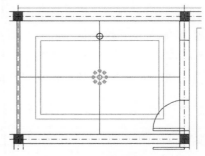

图 14-51　添加吸顶灯

**Step 09** 执行 "复制" 命令，将上一步添加的吸顶灯分别向左和向右复制，复制距离为 830mm，如图 14-52 所示。

**Step 10** 选择 "移动" 工具，将 3 个吸顶灯向上移动 210mm，完成后的效果如图 14-53 所示。

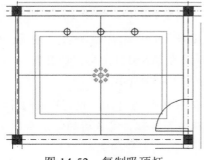

图 14-52　复制吸顶灯

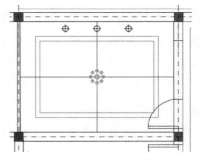

图 14-53　移动吸顶灯

**Step 11** 继续选择 3 个吸顶灯，使用 "镜像" 工具以水平辅助线为镜像轴进行镜像，完成后的效果如图 14-54 所示。

**Step 12** 删除多余的辅助线，查看效果，如图 14-55 所示。

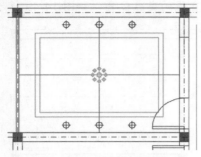

图 14-54　镜像后的效果

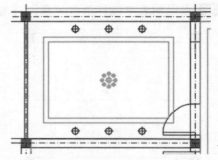

图 14-55　删除多余线段后的效果

#### 4．卫生间天花的绘制

　　卫生间的天花一直是住宅室内设计的难点，因为空间小、湿度大且有异味，因此应该选择适当的材料制作天花。另外，由于卫生间在天花板下面存在许多管道，因此，卫生间天花大多采用吊顶的形式，对上部的管线进行遮挡和美化。

　　下面仍以现代欧式风格的住宅天花为例，说明卫生间天花的绘制步骤。

**Step 01** 继续上一节的操作，打开"图层特性管理器"选项板，新建"卫生间天花"图层，将颜色设为 250，如图 14-56 所示。

**Step 02** 使用"矩形"工具，根据卫生间的墙线绘制矩形，完成后的效果如图 14-57 所示。

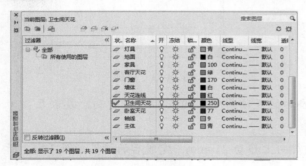

图 14-56　新建图层

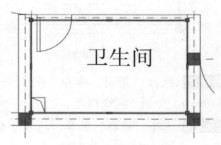

图 14-57　绘制矩形

**Step 03** 选择"偏移"工具，将上一步绘制的矩形向内偏移 50mm，如图 14-58 所示。

**Step 04** 在工具选项栏中单击"图案填充"按钮，根据命令行提示，输入 T，按【Enter】键，弹出"图案填充和渐变色"对话框，将"图案"设为 ANSI31，将"颜色"设为"颜色 8"，将"角度"和"比列"分别设为 45 和 26，如图 14-59 所示。

**Step 05** 单击"添加：拾取点"按钮，在场景中拾取偏移矩形的内部，按【Enter】键进行确认。返回到"图案填充和渐变色"对话框，单击"确定"按钮，完成后的效果如图 14-60 所示。

**Step 06** 选择"矩形"工具，绘制长度和宽度分别为 184mm 的正方形，完成后的效果如图 14-61 所示。

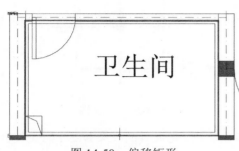

图 14-58　偏移矩形

图 14-59　设置图案填充参数

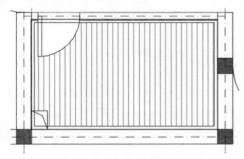

图 14-60　填充图案

图 14-61　绘制正方形

**Step 07** 使用 "直线" 工具绘制两条相互垂直且长度为 300mm 的直线，完成后的效果如图 14-62 所示。

**Step 08** 选择上一步绘制的两条直线，捕捉其交点，将其移动到正方形的中心位置，完成后的效果如图 14-63 所示。

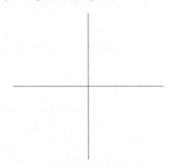

图 14-62　绘制直线

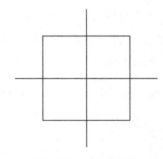

图 14-63　移动直线

**Step 09** 在工具选项栏中单击 "创建块" 按钮，弹出 "块定义" 对话框，将 "名称" 设为 "筒灯 2"；单击 "拾取点" 按钮，在场景中拾取筒灯中点，按【Enter】键；单击 "选择对象" 按钮，框选绘制的筒灯，按【Enter】键进行确认；返回到 "块定义" 对话框，单击 "确定" 按钮，如图 14-64 所示。

**Step 10** 设置完图块后的效果如图 14-65 所示。

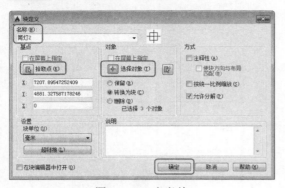

图 14-64　定义块

图 14-65　定义图块

**Step 11** 选择"直线"工具，捕捉矩形的两个角点绘制直线，完成后的效果如图 14-66 所示。

**Step 12** 在工具选项栏中单击"块"按钮，在下拉列表中选择"插入"→"更多选项"命令，如图 14-67 所示。

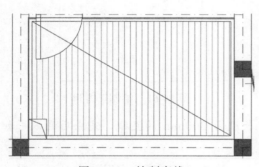

图 14-66　绘制直线

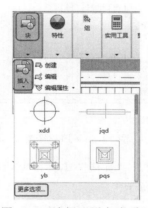

图 14-67 选择"更多选项"

**Step 13** 弹出"插入"对话框，选择"筒灯 2"对象，将其添加到创建的直线上，可以根据自己的爱好进行设置，完成后的效果如图 14-68 所示。

**Step 14** 选择新插入的两个筒灯对象，选择"镜像"工具，以直线中点水平方向为轴进行镜像，完成后的效果如图 14-69 所示。

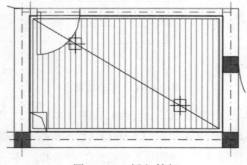

图 14-68　插入筒灯

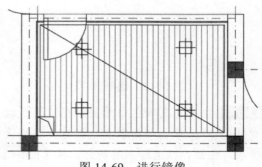

图 14-69　进行镜像

**Step 15** 将辅助线删除，在图例表中选择"浴霸"和"排气扇"进行添加，完成后的效果如图 14-70 所示。

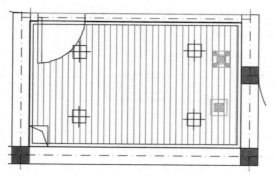

图 14-70  添加排气扇和浴霸

**Step 16** 使用同样的方法设置其他房间的天花，完成后的效果如图 14-71 所示。

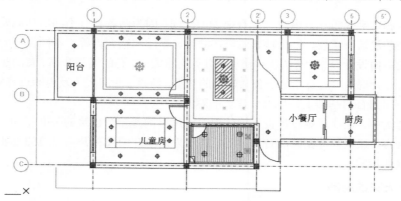

图 14-71  添加其他房间的天花

**Step 17** 使用"线性标注"工具，对灯的位置进行标注，完成后的效果如图 14-72 所示。

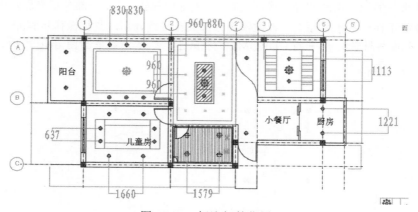

图 14-72  标注灯的位置

**Step 18** 使用"多重引线"工具，对天花的构造进行标注，完成后的效果如图 14-73 所示。

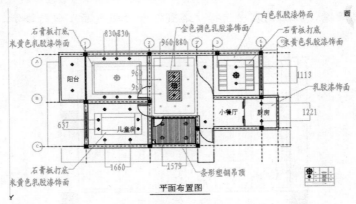

图 14-73　标注天花的构造

## 14.2.3　公共建筑天花图的绘制

公共建筑和住宅建筑在室内设计上有很大的不同，因为两者具有不同的功能要求和空间氛围。常见的公共建筑有学校、办公楼、商场、酒店、餐厅和宿舍楼等。不同类型的公共建筑需要选择不同的室内设计风格，有的庄严肃穆、有的典雅大方、有的温馨和谐、有的热情奔放……设计师在进行设计时，一定要立足于公共建筑的类型、特性、空间大小及内涵进行构思和选材，才能在建筑空间固有的基础上升华整个建筑的魅力。

在公共建筑中，往往最难设计也最能体现设计风格的是整个建筑的公共空间，比如酒店的大堂、办公楼的会议室和歌剧院的音乐厅等。在这里简单介绍几种公共建筑的重要空间的天花设计方法及操作步骤。

### 1．大堂天花的绘制

办公楼是公共建筑中使用人数相对较少而且功能比较单一的一种，属于公共空间中比较安静的一种。在这里，只以某办公楼的大堂和会议室为例，介绍办公楼天花的设计方法和操作步骤。

办公楼大堂的天花由两部分组成，一部分是大堂顶部的天花，一部分是夹层走廊下的天花，两个天花高度不在一个水平面上，在此仅对顶部天花进行介绍。具体操作步骤如下：

**Step 01** 打开随书附带光盘中的 CDROM\素材\第 14 章\办公室平面图.dwg 文件，如图 14-74 所示。

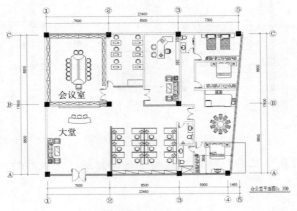

图 14-74　打开素材文件

**Step 02** 在平面图中选择大堂部分，并将其复制出，将多余的家具删除，如图 14-75 所示。

图 14-75　复制出大堂对象

**Step 03** 打开"图层特性管理器"选项板，新建"大堂天花"图层，将"颜色"设为"蓝色"，并将其设为当前图层，如图 14-76 所示。

**Step 04** 选择"矩形"工具，围绕大堂的墙线绘制矩形，完成后的效果如图 14-77 所示。

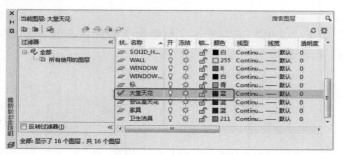

图 14-76　新建图层

图 14-77　绘制矩形

**Step 05** 选择"分解"工具，将绘制的矩形进行分解；然后利用"偏移"工具，将矩形左右两侧的边向内偏移 800mm，完成后的效果如图 14-78 所示。

**Step 06** 使用"直线"工具，连接上一步偏移直线的两个交点，并将直线的颜色设为红色，作为辅助线，如图 14-79 所示。

图 14-78　偏移直线

图 14-79　绘制辅助线

**Step 07** 选择"圆"工具，以辅助线的交点为圆心绘制半径为 680mm 的圆，如图 14-80 所示。

**Step 08** 选择"偏移"工具，选择上一步绘制的圆，分别向外偏移 40mm、200mm、240mm，完成后的效果如图 14-81 所示。

**Step 09** 选择"矩形"工具，绘制长度为 2 620mm、宽度为 30mm 的矩形，如图 14-82 所示。

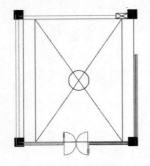

图 14-80　绘制圆

图 14-81　偏移圆形

图 14-82　绘制矩形

**Step 10** 在工具箱中选择"移动"工具，捕捉矩形的中心点位置，将其移动到辅助线的交点位置，如图 14-83 所示。

**Step 11** 选择创建的矩形对其进行复制，并将复制的矩形进行 90° 旋转，完成后的效果如图 14-84 所示。

**Step 12** 按【F8】键开启正交模式，使用"复制"工具将水平矩形向上和向下垂直，复制距离为 105mm，完成后的效果如图 14-85 所示。

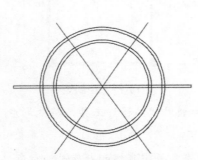

图 14-83　移动矩形

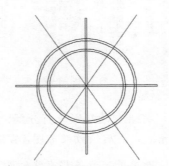

图 14-84　复制矩形并旋转

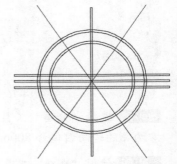

图 14-85　复制水平矩形

**Step 13** 继续使用"复制"工具将垂直的矩形分别向左和向右复制，复制距离为 105mm，完成后的效果如图 14-86 所示。

**Step 14** 利用"修剪"工具，将多余的线条删除，完成后的效果如图 14-87 所示。

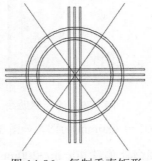

图 14-86　复制垂直矩形

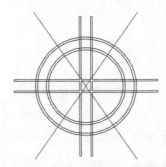

图 14-87　删除多余的线条

**Step 15** 选择"复制"工具，选择大矩形的上侧边，将其向下垂直复制一次，复制距离为 30mm，完成后的效果如图 14-88 所示。

**Step 16** 继续选择"复制"工具，选择大矩形的上侧边和上一步复制的线，将其向下复制，复制距离为 110mm，完成后效果如图 14-89 所示。

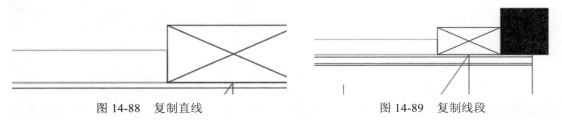

图 14-88 复制直线          图 14-89 复制线段

**Step 17** 选择上一步复制的两条直线，依次向下复制，复制 5 次，将其复制间距设为 110mm，完成后的效果如图 14-90 所示。

**Step 18** 选择复制的所有线段，将其颜色修改为"颜色 8"，完成后的效果如图 14-91 所示。

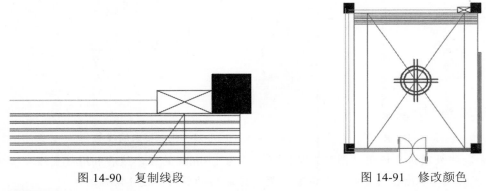

图 14-90 复制线段          图 14-91 修改颜色

**Step 19** 使用"镜像"工具，选择复制的所有线条，以矩形垂直线的中点为镜像轴，进行镜像，完成后的效果如图 14-92 所示。

**Step 20** 选择"矩形"工具，绘制长度和宽度分别为 345mm 和 332mm 的矩形，并将其移动到线段的中心位置，如图 14-93 所示。

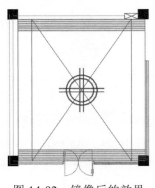
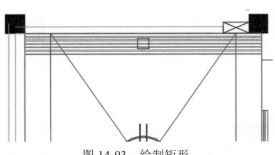

图 14-92 镜像后的效果          图 14-93 绘制矩形

Step 21 使用"复制"工具将上一步绘制的矩形分别向左和向右复制,距离为 1 380mm,完成后的效果如图 14-94 所示。

Step 22 利用"修剪"工具,将多余的线条删除,绘制灯池,完成后的效果如图 14-95 所示。

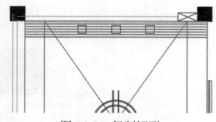

图 14-94 复制矩形

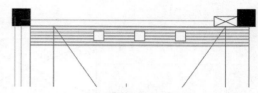

图 14-95 删除多余的线条

Step 23 选择上一步创建的 3 个矩形,执行"镜像"命令,以矩形的垂直边的中点为镜像轴进行镜像,完成后的效果如图 14-96 所示。

Step 24 使用"修剪"工具将镜像后图形的多余线条删除,完成后的效果如图 14-97 所示。

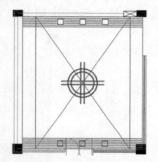

图 14-96 镜像后的效果

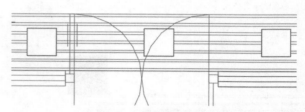

图 14-97 删除多余的线条

Step 25 下面制作吸顶灯。使用"圆"工具绘制半径为 120mm 的圆,然后利用"直线"工具绘制两条长度为 340mm 的直线,并调整位置,完成后的效果如图 14-98 所示。

Step 26 选择创建的吸顶灯,利用复制工具,将其添加到灯池中,完成后的效果如图 14-99 所示。

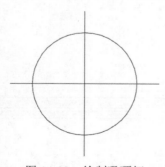

图 14-98 绘制吸顶灯

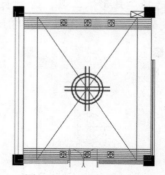

图 14-99 添加吸顶灯

Step 27 继续选择吸顶灯对象,将其放置到天花的左侧,可以根据的喜好确定灯放置的位置,并每隔 1 800mm 放置一盏灯,完成后的效果如图 14-100 所示。

Step 28 选择创建的所有吸顶灯，执行"镜像"命令，以矩形水平线的中点为镜像轴进行镜像，完成后的效果如图 14-101 所示。

Step 29 选择矩形上方灯池中央位置的灯，使用"复制"工具，按【F8】键开启正交模式，将其垂直向下复制，复制距离为 1 500mm，完成后的效果如图 14-102 所示。

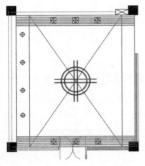

图 14-100　放置吸顶灯

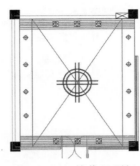

图 14-101　镜像吸顶灯

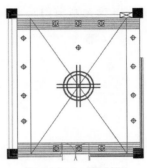

图 14-102　复制灯

Step 30 继续执行"复制"命令，选择上一步复制的灯，将其分别向左和向右复制，复制距离为 1 600mm，并将中间位置的灯删除，完成后的效果如图 14-103 所示。

Step 31 选择复制的吸顶灯，将其颜色修改为绿色，并执行"镜像"命令，沿着垂直直线的中心点为镜像轴进行镜像，删除辅助线，完成后的效果如图 14-104 所示。

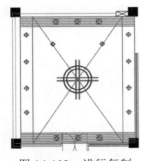

图 14-103　进行复制

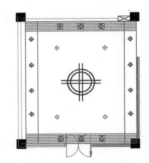

图 14-104　进行镜像

Step 32 使用"线性标注"命令，对灯的位置进行标注，如图 14-105 所示。

Step 33 使用"引线"工具，对天花的构造进行标注，完成后的效果如图 14-106 所示。

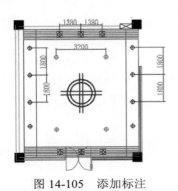

图 14-105　添加标注

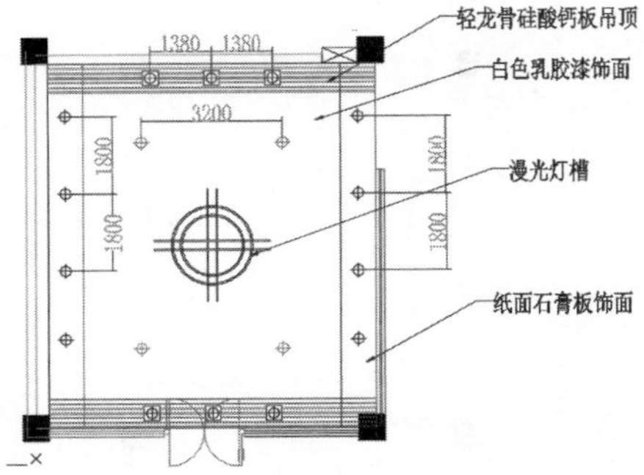

轻龙骨硅酸钙板吊顶
白色乳胶漆饰面
漫光灯槽
纸面石膏板饰面

图 14-106　引线标注

## 2．会议室天花的绘制

`Step 01` 继续上一节的操作，复制出会议室房间，并将多余的家具删除，完成后的效果如图 14-107 所示。

`Step 02` 打开"图层特性管理器"选项板，新建"会议室天花"图层，将颜色设为蓝色，并将其设为当前图层，如图 14-108 所示。

图 14-107　复制出会议室

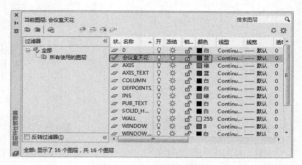

图 14-108　新建图层

`Step 03` 在工具箱中选择"矩形"工具，根据墙线绘制矩形，如图 14-109 所示。

`Step 04` 使用"分解"工具，将创建的矩形分解，然后使用"偏移"工具，将矩形所有的边向内偏移 1 000mm，完成后的效果如图 14-110 所示。

图 14-109　绘制矩形

图 14-110　偏移直线

`Step 05` 使用"修剪"工具，将多余的线条删除，完成后的效果如图 14-111 所示。

`Step 06` 选择"偏移"工具，选择两条垂直直线，并将其向内偏移 600mm 和 900mm，如图 14-112 所示。

图 14-111　删除多余的线条

图 14-112　偏移直线

**Step 07** 继续使用"偏移"工具,开启正交模式,将水平直线分别向下偏移 2 000mm、2 200mm、4 200mm、4 400mm,完成后的效果如图 14-113 所示。

**Step 08** 使用"修剪"工具将多余的线条删除,如图 14-114 所示。

图 14-113　偏移直线

图 14-114　修剪多余的线条

**Step 09** 选择中间水平的 4 两条直线,将其颜色修改为绿色,完后的效果如图 14-115 所示。

**Step 10** 使用"直线"工具,捕捉直线的交点绘制辅助线,如图 14-116 所示。

**Step 11** 在工具箱中选择"多边形"工具,根据命令提示,输入 4,按【Enter】键;根据命令提示捕捉辅助线的交点为中心点,按【I】键,然后按【Enter】键进行确认,完成后的效果如图 14-117 所示。

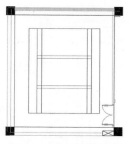

图 14-115　修改颜色

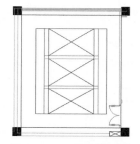

图 14-116　绘制辅助线

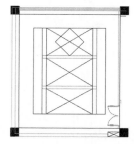

图 14-117　绘制多边形

**Step 12** 使用同样的方法绘制出其他多边形,完成后的效果如图 14-118 所示。

**Step 13** 选择上一节创建的吸顶灯,使用"复制"工具,将其移动到辅助线的交点位置,完成后的效果如图 14-119 所示。

**Step 14** 继续选择吸顶灯对象进行复制,并将其复制到大矩形上边的中点位置,如图 14-120 所示。

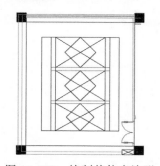

图 14-118　绘制其他多边形

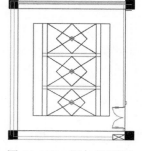

图 14-119　添加吸顶灯

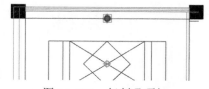

图 14-120　复制吸顶灯

**Step 15** 选择上一步添加的吸顶灯，使用"复制"命令，将吸顶灯分别向两边复制，复制距离为 1 500mm，完成后的效果如图 14-121 所示。

**Step 16** 选择所有的吸顶灯，执行"移动"命令，开启正交模式，将其垂直向下移动，移动距离为 640mm，完成后的效果如图 14-122 所示。

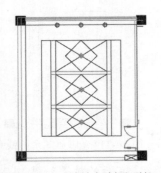

图 14-121　继续复制吸顶灯

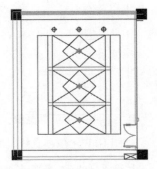

图 14-122　进行移动

**Step 17** 执行"镜像"命令，将上一步移动的吸顶灯以矩形垂直边的中点为镜像轴进行镜像，完成后的效果如图 14-123 所示。

**Step 18** 使用同样的方法添加其他位置的灯具，并将多余的辅助线删除，完成后的效果如图 14-124 所示。

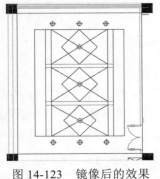

图 14-123　镜像后的效果

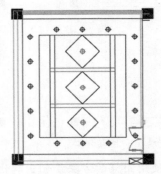

图 14-124　进行移动

**Step 19** 使用"线性标注"和"引线"命令对其进行标注，完成后的效果如图 14-125 所示。

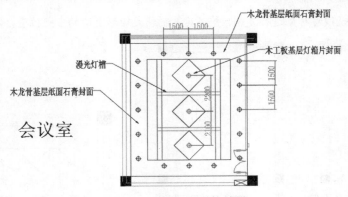

图 14-125　标注后的效果

### 3. 餐厅天花的绘制

餐厅是一种独特的建筑，它既可以是独立的，也可以作为附属房间和其他功能房间组合在一起。根据餐饮习惯的不同，餐厅的室内设计也要突出相应的餐饮文化，常见的餐厅有中餐厅和西餐厅之分。在这里，只以某栋综合楼中的中餐厅和西餐厅为例，介绍餐厅天花的设计方法和操作步骤。

（1）中餐厅天花的绘制

其操作步骤如下：

**Step 01** 启动软件后，打开随书附带光盘中的 CDROM\素材\第 14 章\中餐厅局部平面图.dwg 文件，如图 14-126 所示。

**Step 02** 新建"天花"图层，设置颜色为蓝色，并置为当前图层，如图 14-127 所示。

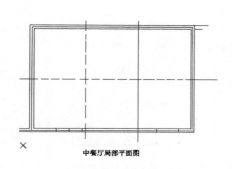

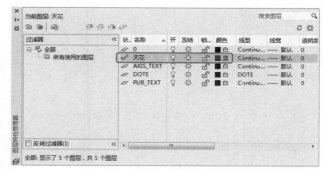

图 14-126　打开素材文件　　　　　　　　　　图 14-127　新建图层

**Step 03** 使用"矩形"命令，沿餐厅墙体内缘绘制一个矩形框，作为跌级天花的辅助线，如图 14-128 所示。

**Step 04** 使用"偏移"命令，将辅助线分别向内偏移 1 800mm 和 300mm，形成灯井，如图 14-129 所示。

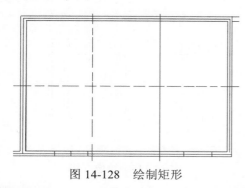

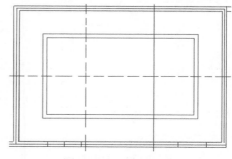

图 14-128　绘制矩形　　　　　　　　　　　图 14-129　偏移矩形

**Step 05** 执行"直线"命令，捕捉矩形的中点绘制直线，完成后的效果如图 14-130 所示。

**Step 06** 使用"复制"工具，将直线分别向两侧进行复制，复制距离为 4 290mm，完成后的效果如图 14-131 所示。

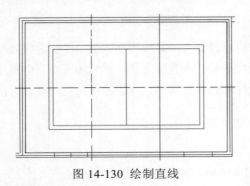

图 14-130 绘制直线

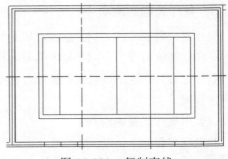

图 14-131 复制直线

**Step 07** 使用"偏移"命令，将灯井内缘线向内偏移 900mm，如图 14-132 所示。

**Step 08** 使用"多段线"命令，绘制一个 300mm×4 200mm 的矩形框（灯槽），如图 14-133 所示。

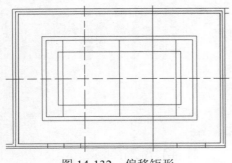

图 14-132 偏移矩形

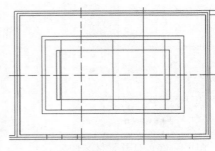

图 14-133 绘制灯槽

**Step 09** 使用"复制"命令，复制灯槽到开间轴线上，如图 14-134 所示。

**Step 10** 使用"镜像"命令，将绘制好的两个灯槽沿着灯井垂直中心线水平镜像，如图 14-135 所示。

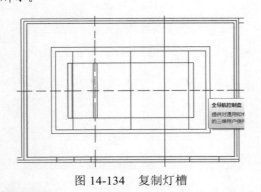

图 14-134 复制灯槽

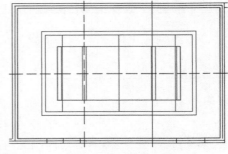

图 14-135 镜像灯槽

**Step 11** 使用"删除"命令，将所有辅助线删除，效果如图 14-136 所示。

**Step 12** 使用"直线"命令，沿中心线绘制辅助线，如图 14-137 所示。

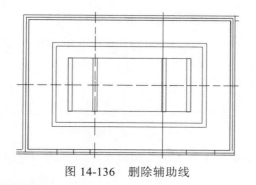

图 14-136　删除辅助线

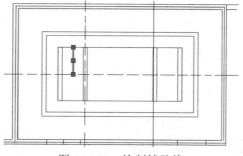

图 14-137　绘制辅助线

**Step 13** 使用"圆"命令，绘制直径为 880mm 和 680mm 的同心圆，如图 14-138 所示。

**Step 14** 使用"移动"命令，将同心圆向下移动至直线的中点，将所有辅助线删除，效果如图 14-139 所示。

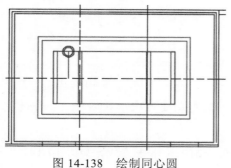

图 14-138　绘制同心圆

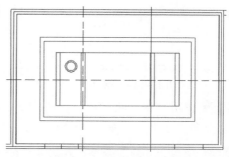

图 14-139　修剪多余的线条

**Step 15** 使用"镜像"命令，将绘制好的同心圆沿着中心线进行复制，如图 14-140 所示。

**Step 16** 使用"插入块"命令，将"吊灯"图块插入到已经绘制好的图形内，如图 14-141 所示。

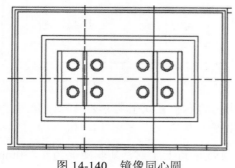

图 14-140　镜像同心圆

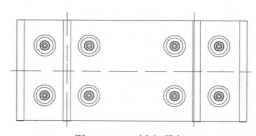

图 14-141　插入吊灯

**Step 17** 使用"矩形"命令，绘制一个 600mm×200mm 的矩形框；使用"圆"命令，在矩形框的中点上绘制一个直径为 80mm 的圆，如图 14-142 所示。

**Step 18** 使用"偏移"命令，将矩形框和圆均向内偏移 10mm，如图 14-143 所示。

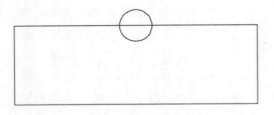

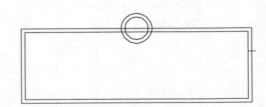

图 14-142　绘制矩形和圆　　　　　　　　　　图 14-143　偏移后的效果

**Step 19** 使用"移动"命令，将绘制好的同心圆向下移动至矩形框的中点，如图 14-144 所示。

**Step 20** 使用"复制"命令，将同心圆分别向左和向右复制，复制间距为 150mm。选择中间的同心圆，按【Delete】键将其进行删除，效果如图 14-145 所示。

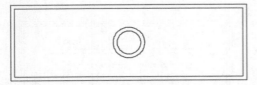

图 14-144　移动同心圆　　　　　　　　　　图 14-145　复制同心圆

**Step 21** 使用"创建块"命令，将步骤 18 中得到的图形创建为块，名称为"灯槽一"，并将多余的直线删除，如图 14-146 所示。

**Step 22** 使用"直线"命令，在场景中绘制的灯槽间绘制一条水平直线，如图 14-147 所示。

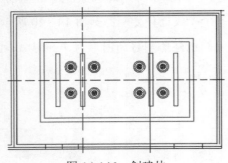

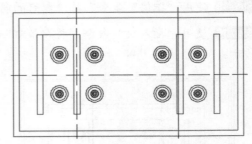

图 14-146　创建块　　　　　　　　　　图 14-147　绘制直线

**Step 23** 使用"定数等分"（DIEVIDE）命令，将绘制的水平直线平均分为 4 段。使用"插入块"命令 ，将"灯槽一"图块插入到水平直线的分段点上，如图 14-148 所示。

**Step 24** 使用"复制"命令，将上一步中得到的一组灯槽向上复制，复制距离为 1 830mm。并将灯槽和水平直线按【Delete】键进行删除，效果如图 14-149 所示。

**Step 25** 使用"镜像"命令，将灯槽分别沿着水平中心线和垂直中心线进行镜像，如图 14-150 所示。

**Step 26** 使用"直线"命令，在两组灯槽之间绘制一条直线作为辅助线，如图 14-151 所示。

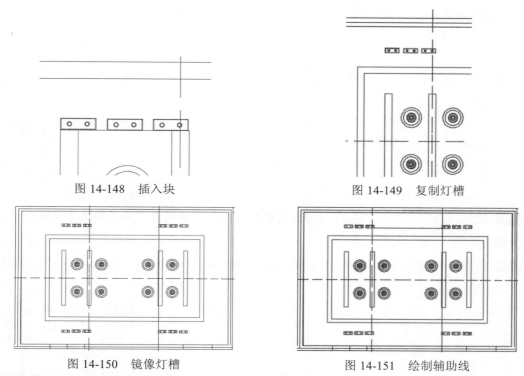

图 14-148 插入块　　　　　　　　　图 14-149 复制灯槽

图 14-150 镜像灯槽　　　　　　　　图 14-151 绘制辅助线

Step 27 使用"复制"命令，将左侧一组灯槽复制到辅助线中点的位置上。选择辅助线，按【Delete】键删除，如图 14-152 所示。

Step 28 使用"镜像"命令，将灯槽分别沿着水平中心线进行镜像，完成中餐厅的天花绘制，如图 14-153 所示。

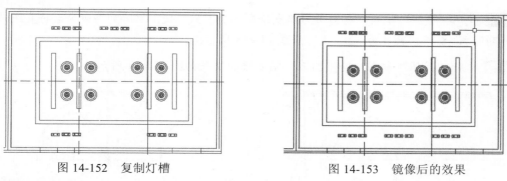

图 14-152 复制灯槽　　　　　　　　图 14-153 镜像后的效果

Step 29 使用前面章节所讲的知识，根据自己的爱好对其进行标注，此处不再赘述。

（2）西餐厅天花的绘制

其操作步骤如下：

Step 01 打开随书附带光盘中的 CDROM\素材\第 14 章\西餐厅局部平面图.dwg 文件，如图 14-154 所示。

Step 02 使用"直线"命令，绘制天花的垂直中心线，如图 14-155 所示。

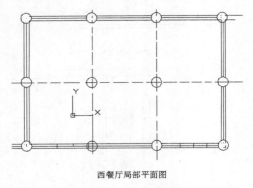

西餐厅局部平面图

图 14-154　打开素材文件

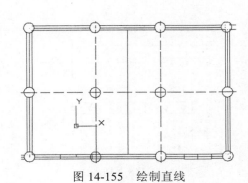

图 14-155　绘制直线

**Step 03** 使用 "圆" 命令，以房间内部的两根柱子为圆心绘制圆，捕捉圆边上的点到中间的辅助线，如图 14-156 所示。

**Step 04** 使用 "偏移" 命令，将其中的一个圆分别向内和向外偏移 900mm，如图 14-157 所示。

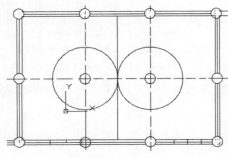

图 14-156　绘制圆

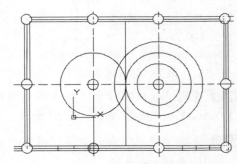

图 14-157　偏移圆

**Step 05** 使用 "直线" 命令，以圆心为起点绘制水平直线。使用 "阵列" 命令，将直线 "环形阵列"，设置阵列数目为 12，效果如图 14-158 所示。

**Step 06** 执行 "圆弧" 命令，绘制圆弧，完成后的效果如图 14-159 所示。

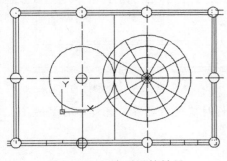

图 14-158　阵列后的效果

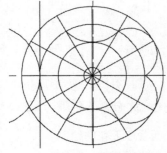

图 14-159　绘制圆弧

**Step 07** 使用 "镜像" 命令，将绘制的弧线沿垂直中心线分别镜像，效果如图 14-160 所示。

**Step 08** 将多余的辅助线删除，效果如图 14-161 所示。

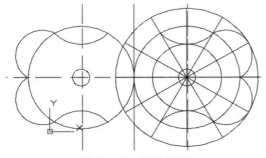

图 14-160　镜像圆弧

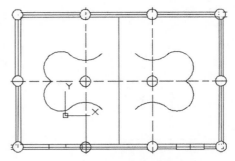

图 14-161　删除多余的辅助线

**Step 09** 使用"样条曲线"（SPLINE）命令，绘制一条曲线，并将左右两侧的曲线连接起来，如图 14-162 所示。

**Step 10** 使用"镜像"命令，对样条曲线进行镜像，如图 14-163 所示。

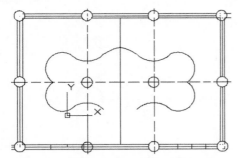

图 14-162　绘制样条曲线

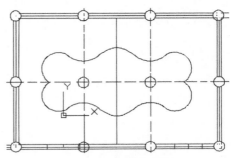

图 14-163　镜像效果

**Step 11** 使用"偏移"命令，将绘制好的曲线向内进行偏移，设置偏移距离为 300mm，如图 14-164 所示。

**Step 12** 使用夹点模式对样条曲线进行延伸，使其闭合，完成后的效果如图 14-165 所示。

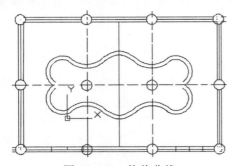

图 14-164　偏移曲线

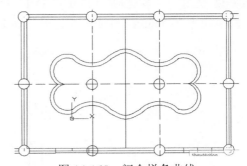

图 14-165　闭合样条曲线

**Step 13** 使用"圆"命令，以其中一根柱子的中点为圆心绘制直径为 2 300mm 的圆，如图 14-166 所示。

**Step 14** 使用"插入块"命令，将"筒灯一"图块插入上一步绘制圆和水平线的交叉点上，如图 14-167 所示。

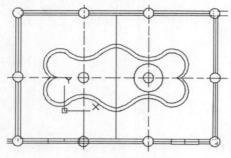

图 14-166　绘制圆

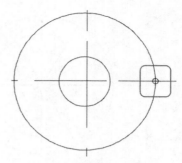

图 14-167　插入筒灯

**Step 15** 使用"阵列"命令，将筒灯进行环形阵列，设置阵列数目为 28。选择辅助线，按【Delete】键进行删除，效果如图 14-168 所示。

**Step 16** 使用"镜像"命令，将所得筒灯沿天花垂直中心线进行镜像，效果如图 14-169 所示。

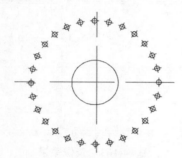

图 14-168　阵列后的效果

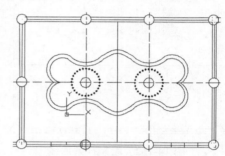

图 14-169　镜像后的效果

**Step 17** 使用"矩形"命令，沿着整个西餐厅的墙体中心线绘制一个矩形框作为辅助线。使用"偏移"命令，将辅助线向内偏移 1 000mm，完成后的效果如图 14-170 所示。

**Step 18** 使用"正多边形"（POLYGON）命令，以偏移后的辅助线和轴线的交点为基准点，绘制半径为 280mm 的内接正五边形，如图 14-171 所示。

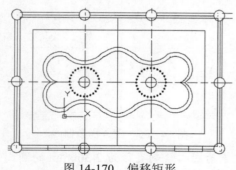

图 14-170　偏移矩形

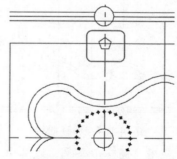

图 14-171　绘制多边形

**Step 19** 使用"偏移"命令，将正五边形分别向内偏移 30mm、140mm 和 160mm，效果如图 14-172 所示。

**Step 20** 使用"旋转"命令，将最里边的两个五边形沿逆时针方向旋转 36°，如图 14-173 所示。

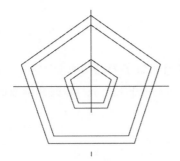

图 14-172　偏移正五边形

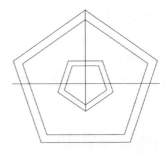

图 14-173　旋转后的效果

**Step 21** 使用"复制"命令，将绘制好的五边形灯具复制动到中线位置，如图 14-174 所示。

**Step 22** 使用"复制"命令，将左右两边的灯分别向左和向右复制，设置间距为 2 900mm，如图 14-175 所示。

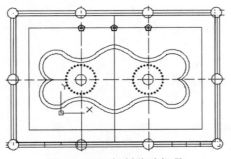

图 14-174　复制移动灯具

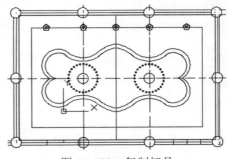

图 14-175　复制灯具

**Step 23** 使用"镜像"命令 ◢▮，将绘制好的一排五边形灯具沿着整个天花的水平中心线向下镜像。

**Step 24** 选择所有的辅助线，按【Delete】键进行删除，完成西餐厅天花的绘制，效果如图 14-176 所示。

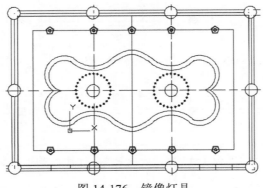

图 14-176　镜像灯具

**Step 25** 参照前面客厅天花中的步骤对西餐厅天花进行尺寸标注和文字说明，此处不再赘述。

## 14.3　本章小结

　　本章详细讲解了室内设计天花图绘制的基本知识，并且讲解了天花图的设计内容和设计要求，还总结了一些相关的绘图知识与技巧。掌握修剪大批量直线的技巧，可以提高修改的效率，能够更轻松地绘制装修天花图。

## 14.4　问题与思考

　　1. 完成某欧式住宅的整套天花灯具布置图，效果如图 14-177 所示。

　　参考步骤如下：

**Step 01** 分别设置图层、线形和颜色。

**Step 02** 使用"直线"和"偏移"命令绘制图形。

**Step 03** 使用"修剪"和"删除"命令对所绘制出的线条进行编辑。

**Step 04** 注意在绘图时合理地绘制辅助线来帮助定位。

**Step 05** 使用"块"和"插入"命令对灯具进行修改和编辑，可以多次使用，以提高绘图效率。

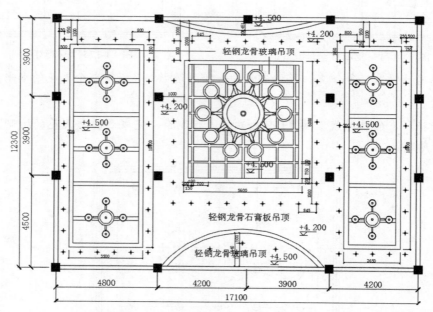

图 14-177　某欧式住宅天花灯具布置图

　　2. 完成某欧式住宅的整套天花定位图，效果如图 14-178 所示。

　　参考步骤如下：

**Step 01** 设置图层、线型和颜色。

**Step 02** 使用"直线"命令绘制标注符号。

**Step 03** 使用"单行文字"命令进行注释。

**Step 04** 使用"线性标注"和"连续标注"命令提高标注的效率。

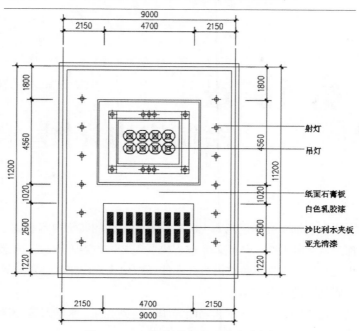

图 14-178　某欧式住宅天花定位图

# 第 15 章
# 绘制室内详图

虽然装饰平面图和装饰立面图已基本上将整个室内空间的装饰内容表达出来了，但是这些平面图和立面图都是从大处着眼，从整体布局上来展现装饰内容，而对于内部细节，如门窗节点、玄关、隔断和天花等，其具体装修内容并不能详细地表现出来，还需要另配装饰详图，以小详图的形式具体表现内部细节的装修概况。

本章将从绘制门窗详图、玄关详图和隔断详图等经典实例，来学习装修详图的绘制方法和具体的绘制过程。

## 15.1  门窗造型与构造

### 1．门窗的使用功能与造型

门窗一般都是以自由开关为前提的，同时门窗构件也具有使室内空间相对独立的功能，因此它们必须具备足以防止损害居住、工作和学习等各种骚扰入侵的功能。而门窗既要具有分隔功能，在使用上作为开口部位，又与自由出入诸因素（功能）之间存在矛盾，因为这些开口部位容易降低或影响其隔断功能。例如，窗户因有采光、通风及视野上的需要，通常采用耐久性的透明玻璃是最能满足这种需要的，但在防止日晒、隔声和防盗等方面则很难说是优良的材料，而且窗户还要兼顾其开关等五金配件装置，因而对满足气密性、水密性及防止不法入侵者等方面的要求又不易达到。

针对这些问题，应在门窗选材和构造方面采取相应的措施予以妥善解决，使选用的门窗既符合实际使用功能的条件，又能满足其使用质量。门、窗构件是建筑围护结构的组成部分，具有一定的装饰作用，它对完善建筑物的外观造型和室内环境有很大影响。因此，在满足使用功能的前提下，门窗的外观造型、比例尺度、色彩及排列组合形式等方面，均应与建筑物的内外环境及立面整体造型进行协调、统一的艺术处理。

### 2．门窗的材料与细部构造

（1）门的材料

一般门的构造主要由门扇和门樘组成。门樘按其部位不同，又分为上槛、中槛、下槛和边框；门扇则由上冒头、中冒头、下冒头和边框构成。为解决室内外通风、采光等问题，常在门扇的上部设腰窗。门框与墙洞之间为了安装方便，一般留出一定的缝隙。安装完成后往往用木条盖缝，称贴脸或门头线。

　　门按使用材料划分，有木门、金属门、玻璃门和塑料门等。木门在建筑中应用最广泛。门扇形式主要分拼板门、镶板门和夹板门 3 种。拼板门用厚木板拼成，有时加设横档或斜撑，构造简单，坚固耐用，门扇重大，外形显得粗犷有力，常用作分户门或外门。镶板门用木料做框，框内镶嵌的门心板一般用木板或纤维板，局部也可镶嵌玻璃，适用于建筑的内外门。夹板门的门扇骨架用料较小，一般用双面粘贴胶合板或纤维板，外形简洁美观，门扇自重小，适用于民用建筑的内门。当用于潮湿的环境时，应粘贴防水胶合板。玻璃门常在门扇的局部或全部装置玻璃，以解决透光和避免遮挡视线而发生碰撞。一般采用木或金属做框，内装玻璃，有的则采用整块较厚的钢化玻璃，四周做成金属框或无框。把手及锁等金属五金配件直接安装在 12mm 厚的玻璃门扇上。金属门一般分钢板门和铝合金门两种。

　　（2）窗的材料

　　窗的常用材料有木、钢、铝合金、塑料及钢塑复合材料等，个别特殊的也用不锈钢及耐候性高强钢或青铜。窗的构造一般由窗樘和窗扇两部分组成，两者间均用五金件连接。窗按材料分为木窗、钢窗、铝合金窗、塑料窗和塑钢复合材料窗等。

　　（3）门窗的五金配件

　　门窗因使用场合、开闭形式及类型等的不同，需要各种规格、类型的五金配件与之相配套。如今门窗用的拉手、插销和铰链（合页）等五金产品已经把本身功能和装饰功能集于一体了，产品的外观造型和表面处理都非常考究，材料有不锈钢、铜和其他合金。如用于金属门窗中的五金配件，为了防止金属之间的接触腐蚀，在安装中最好采用不锈钢、铜或经镀锌处理的五金配件；又如门用的铰链，不仅要求能完全支托住门扇的重量，还要能承受住频繁的开关冲击，并注意门开闭中对门扇和门樘要取适度的"平面高低差"。同时为了考虑擦窗玻璃的方便与安全，这类平开窗的铰链可改用长脚铰链或平移式铰链；对于大面积的采光玻璃幕墙，还要考虑设置擦窗机。这些因素在设计中是不容忽视的。

# 15.2　绘制门及门套立面图

　　在专业设计制图中，首先要做的就是设置图形单位和图形界限。具体设置在前面的章节中已经说明，在此不再讲述。

### 1．绘制门套立面图

`Step 01` 使用"直线"命令绘制两条长度为 2 700mm 的垂直直线和长度为 1 750mm 的水平直线，效果如图 15-1 所示。

`Step 02` 使用"偏移"（OFFSET）命令，以左右两侧的边为偏移对象，以偏移出的对象作为下一次的偏移对象，分别创建出间距为 5mm、40mm、5mm、90mm、20mm、40mm、5mm 和 20mm 的垂直轮廓

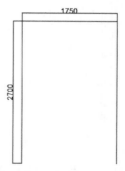

图 15-1　绘制直线

线；以上侧水平轮廓线作为起始偏移对象，以偏移出的对象作为下一次的偏移对象，分别创建出间距为 5mm、40mm、5mm、190mm、20mm、40mm、5mm 和 20mm 的水平轮廓线，效果如图 15-2 所示。

**Step 03** 再使用"圆角"（FILLET）命令对上一步偏移出的直线进行圆角处理，其圆角半径设置为 0，绘制出门立面轮廓线，效果如图 15-3 所示。

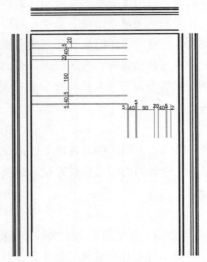

图 15-2　偏移直线

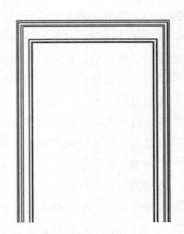

图 15-3　圆角处理

**Step 04** 绘制门左侧的造型。使用"偏移"（OFFSET）命令，以左侧边为偏移对象，以偏移出的对象作为下一次的偏移对象，分别创建出间距为 175mm、370mm、370mm、370mm、370mm、360mm 的垂直轮廓线，效果如图 15-4 所示。

**Step 05** 再次使用偏移工具，将刚刚偏移出的直线向右均偏移 10mm，再使用修剪工具将多余的直线进行修剪，效果如图 15-5 所示。

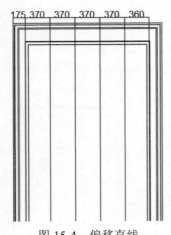

图 15-4　偏移直线

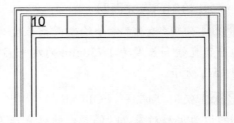

图 15-5　偏移直线并修剪

**Step 06** 使用"偏移"（OFFSET）命令，以上侧水平轮廓线作为起始偏移对象，以偏移出的对象作为下一次的偏移对象，分别创建出间距为 275mm、850mm、850mm、850mm 的水平轮廓线，偏移完成后的效果如图 15-6 所示。

**Step 07** 再次使用偏移工具，将刚刚偏移出的第一条直线向下偏移 10mm，将第二、三条直线分别向上、向下偏移 5mm，再使用修剪工具将多余的直线进行修剪，效果如图 15-7 所示。

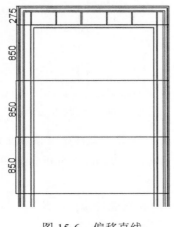

图 15-6　偏移直线

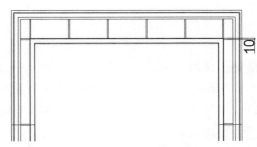

图 15-7　偏移直线并修剪

### 2. 绘制门的立面图

**Step 01** 绘制"门"。使用"直线"（LINE）命令，绘制门高为 2 670mm，宽为 1 750mm，效果如图 15-8 所示。

**Step 02** 使用偏移命令，将绘制的门的左侧边向右偏移，以偏移出的对象作为下一次的偏移对象，分别创建出间距为 1 100mm、10mm 的直线，再分别将上、下边向中间偏移 20mm，效果如图 15-9 所示。

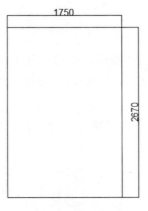

图 15-8　绘制门

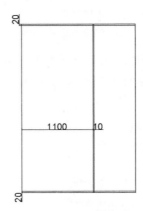

图 15-9　绘制门立面分隔

**Step 03** 在菜单栏中选择"修剪"命令，将偏移出的直线进行修剪，效果如图 15-10 所示。

**Step 04** 使用"偏移"（OFFSET）命令，将绘制的图形左侧线向右偏移，以偏移出的对象作为下一次的偏移对象，分别创建出间距为 150mm、350mm、100mm、350mm 的直线，效果如图 15-11 所示。

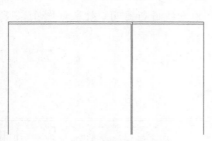

图 15-10　修剪直线

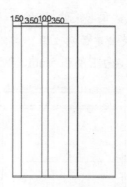

图 15-11　偏移直线

Step 05 使用"偏移"（OFFSET）命令，将绘制的图形上侧线向下偏移，以偏移出的对象作为下一次的偏移对象，分别创建出间距为 170mm、500mm、90mm、500mm、90mm、500mm、90mm、500mm 的直线，效果如图 15-12 所示。

Step 06 在菜单栏中选择"修改"|"修剪"命令，将绘制的直线进行修剪，效果如图 15-13 所示。

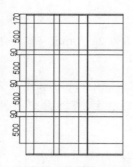

图 15-12　偏移直线

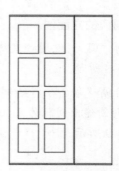

图 15-13　修剪直线

Step 07 修剪完成后会得到 8 个矩形，使用偏移工具将 8 个矩形的边均向内侧偏移，以偏移出的对象作为下一次的偏移对象，分别创建出间距为 15mm、50mm、15mm 的直线，效果如图 15-14 所示。

Step 08 使用"圆角"命令，对绘制的偏移线进行圆角处理，其圆角半径设置为 0，完成后效果如图 15-15 所示。

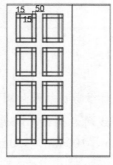

图 15-14　偏移直线

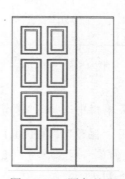

图 15-15　圆角处理

**Step 09** 使用直线工具，将绘制的小方格中的 3 个相连，如图 15-16 所示。

**Step 10** 在菜单栏中选择"修改"|"偏移"命令，将图形进行偏移，效果如图 15-17 所示。

图 15-16　绘制直线

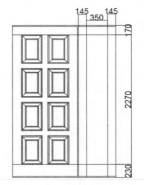

图 15-17　偏移直线

**Step 11** 使用"修剪"工具，将偏移出的直线进行修剪，修剪完成后效果如图 15-18 所示。

**Step 12** 在菜单栏中选择"修改"|"偏移"命令，将偏移出的矩形向中间偏移，效果如图 15-19 所示。

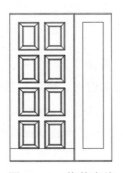

图 15-18　修剪直线

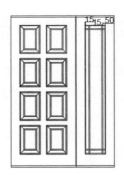

图 15-19　偏移矩形

**Step 13** 在菜单栏中选择"修改"|"修剪"命令，将偏移的直线进行修剪，并使用直线命令绘制 4 条斜线，效果如图 15-20 所示。

**Step 14** 单扇门绘制完成后，将其全部选中，使用移动工具，将门移动到门套处，效果如图 15-21 所示。

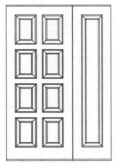

图 15-20　修剪直线并绘制斜线

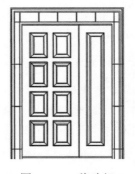

图 15-21　移动门

Step 15  在菜单栏中选择"绘图"|"多段线"命令，在门下方绘制一条多段线，双击多段线，将宽度设置为 25，效果如图 15-22 所示。

Step 16  在菜单栏中选择"插入"|"块"命令，在弹出的对话框中单击"浏览"按钮，在弹出的对话框中选择随书附带光盘中的 CDROM\素材\第 15 章\门把手.dwg 文件，效果如图 15-23 所示。

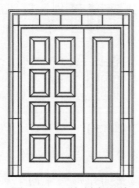

图 15-22　绘制多段线

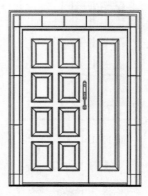

图 15-23　插入块

## 15.3　绘制入户门节点剖面大样

下面根据 15.2 节中讲述的绘制门的剖视图的方法绘制门大样图。

Step 01  在菜单栏中选择"绘图"|"直线"命令，在绘图区绘制图形，效果如图 15-24 所示。

Step 02  在菜单栏中选择"修改"|"偏移"命令，将图形左侧的边向右偏移，以偏移出的对象作为下一次的偏移对象，分别创建出间距为 31mm、10mm、1mm、3mm、6mm、1mm、10mm 的垂直轮廓线，效果如图 15-25 所示。

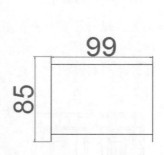

图 15-24　绘制直线

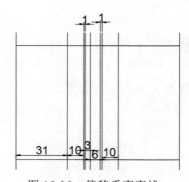

图 15-25　偏移垂直直线

Step 03  在菜单栏中选择"修改"|"偏移"命令，将图形下侧的边向上偏移，以偏移出的对象作为下一次的偏移对象，分别创建出间距为 10mm、5mm、1mm 的水平轮廓线，效果如图 15-26 所示。

Step 04  在菜单栏中选择"修改"|"修剪"命令，将偏移的直线进行修剪，效果如图 15-27 所示。

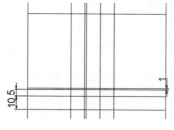

图 15-26　偏移水平直线

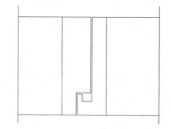

图 15-27　修剪直线

**Step 05** 使用"偏移"命令，将绘制的图形上侧边向下偏移，以偏移出的对象作为下一次的偏移对象，分别创建出间距为 2mm、13mm、2.5mm、1mm、1mm、34mm、1mm、1mm、2.5mm、13mm、2mm 的水平轮廓线，然后调整偏移直线的长度，效果如图 15-28 所示。

**Step 06** 使用修剪工具，将偏移出的直线进行修剪，并使用直线命令将直线封闭，效果如图 15-29 所示。

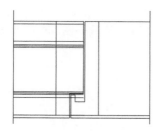

图 15-28　偏移水平直线

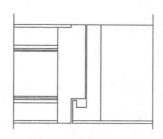

图 15-29　修剪直线

**Step 07** 使用相同的方法绘制另一侧的直线，效果如图 15-30 所示。

**Step 08** 在菜单栏中选择"绘图"|"圆弧"|"起点，端点，方向"命令，在绘图区中绘制一条圆弧，其位置如图 15-31 所示。

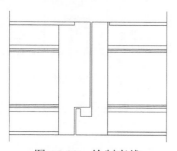

图 15-30　绘制直线

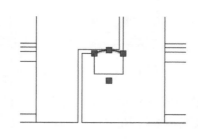

图 15-31　绘制圆弧

**Step 09** 使用直线工具，在绘制图形的左、右两条边上绘制墙体的断层，效果如图 15-32 所示。

**Step 10** 在菜单栏中选择"绘图"|"图案填充"命令，对图形中的部分进行填充，将填充图案设置为 ANSI37，将填充比例设置为 1，效果如图 15-33 所示。

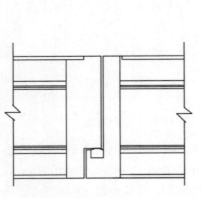

图 15-32　绘制断层

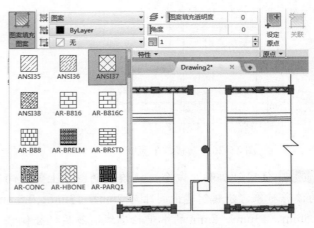

图 15-33　填充 ANSI37 图案

Step 11　在菜单栏中选择"绘图"｜"图案填充"命令，对图形中的部分进行填充，将填充图案设置为 CORK，将填充比例设置为 1，效果如图 15-34 所示。

Step 12　在视图中选择直线，并将选中直线的颜色设置为 254，效果如图 15-35 所示。

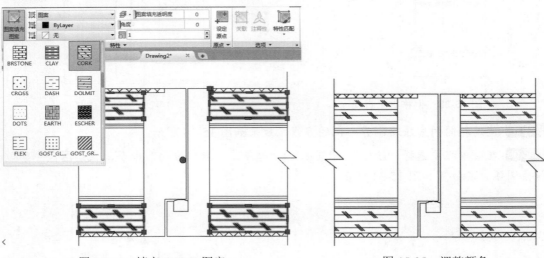

图 15-34　填充 CORK 图案　　　　　　　　　　　图 15-35　调整颜色

Step 13　在菜单栏中选择"绘图"｜"图案填充"命令，将填充图案设置为 STARS，将填充比例设置为 0.1，填充效果如图 15-36 所示。

Step 14　在菜单栏中选择"绘图"｜"样条曲线"命令，在图形中绘制曲线，效果如图 15-37 所示。

Step 15　使用"单行文字"（DTEXT）命令对所绘制的图纸进行说明，最后使用"直线"命令将所输入的文字进行引出标注，具体操作步骤可以参考以前的实例。其门节点剖面大样最终详图如图 15-38 所示。

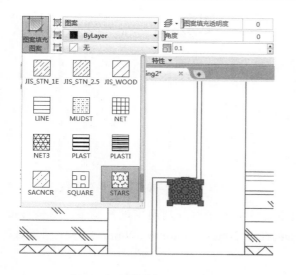

图 15-36　填充 STARS 图案

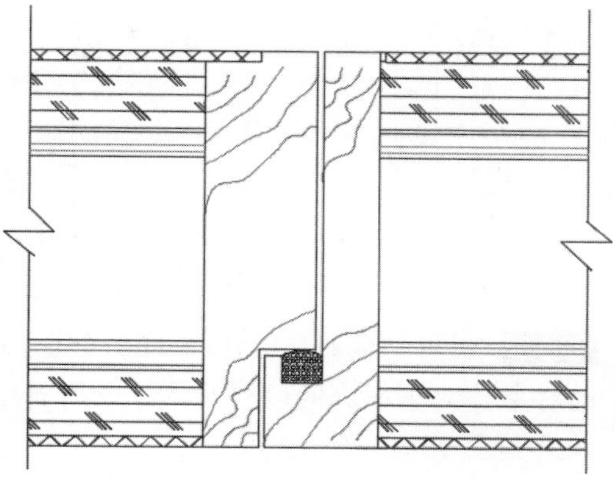

图 15-37　绘制曲线

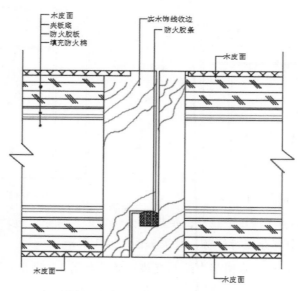

图 15-38　门节点剖面大样详图

## 15.4　绘制窗立面图

下面以窗的立面为例，讲解一下窗户立面详图的绘制方法。

Step 01 使用 "直线" 命令，绘制一个 1 410mm × 1 410m 的矩形，效果如图 15-39 所示。

Step 02 使用 "偏移"（OFFSET）命令，以绘制的矩形的左侧边为偏移对象，以偏移出的对象作为下一次的偏移对象，分别创建出间距为 20mm、240mm、20mm、850mm、20mm、240mm、20mm 的垂直轮廓线，效果如图 15-40 所示。

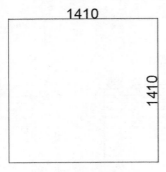

图 15-39　绘制矩形

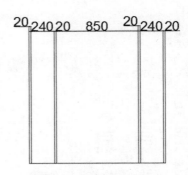

图 15-40　偏移垂直直线

**Step 03** 使用"偏移"（OFFSET）命令，将最上方的水平线分别向下进行偏移，以偏移出的对象作为下一次的偏移对象，分别创建出间距为 20mm、300mm、20mm 的水平轮廓线，效果如图 15-41 所示。

**Step 04** 使用"修剪"工具，将偏移出的直线进行修剪，效果如图 15-42 所示。

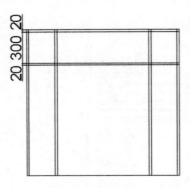

图 15-41　偏移水平直线

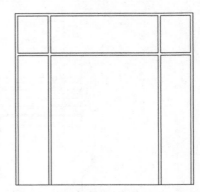

图 15-42　修剪直线

**Step 05** 修剪完成后，会得到几个矩形，使用"偏移"工具将矩形边均向内部偏移 20mm，并使用修剪工具将多余部分进行修剪，效果如图 15-43 所示。

**Step 06** 使用"直线"命令，在图形中绘制直线，效果如图 15-44 所示。

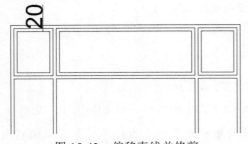

图 15-43　偏移直线并修剪

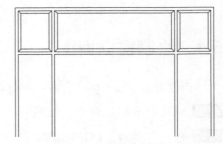

图 15-44　绘制直线

**Step 07** 在图 15-45 所示的区域中，将其上侧边向下进行偏移，以偏移出的对象作为下一次的偏移对象，分别创建出间距为 35mm、600mm、35mm、350mm 的水平线段，将左、右两侧的边向中间偏移 35mm，效果如图 15-45 所示。

**Step 08** 在菜单栏中选择"修改"|"修剪"命令，将偏移出的直线进行修剪，效果如图 15-46 所示。

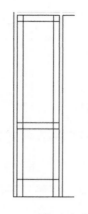

图 15-45 偏移直线

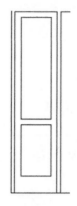

图 15-46 修剪直线

**Step 09** 使用"偏移"命令，将偏移出的矩形再次向内部进行偏移，效果如图 15-47 所示。

**Step 10** 使用圆角工具，将偏移出的直线进行处理，然后使用直线命令将其连接，效果如图 15-48 所示。

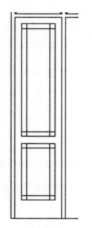

图 15-47 偏移矩形

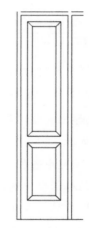

图 15-48 圆角处理

**Step 11** 将绘制的图形选中，使用复制粘贴命令将其粘贴到图 15-49 所示的位置。

**Step 12** 选择中间的矩形，使用偏移工具，将其左侧边向右偏移，以偏移出的对象作为下一次的偏移对象，分别创建出间距为 40mm、345mm、40mm、40mm、345mm 的垂直线段，效果如图 15-50 所示。

**Step 13** 使用偏移工具，选择上侧边将其向下偏移，以偏移出的对象作为下一次的偏移对象，分别创建出间距为 35mm、785mm、25mm、35mm 的水平线段，效果如图 15-51 所示。

**Step 14** 选择"修剪"命令，将偏移出的直线进行修剪，效果如图 15-52 所示。

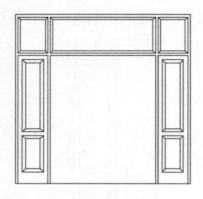

图 15-49　复制图形

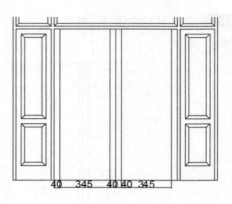

图 15-50　偏移垂直直线

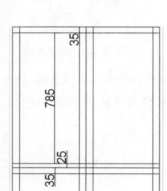

图 15-51　偏移水平直线

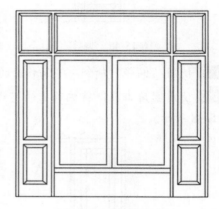

图 15-52　修剪直线

**Step 15** 将偏移出的矩形再次使用偏移工具向中间偏移 25mm，然后使用圆角工具进行圆角处理，效果如图 15-53 所示。

**Step 16** 在菜单栏中选择"插入"|"块"命令，在打开的"块"对话框中单击"浏览"按钮，在弹出的对话框中选择随书附带光盘中的 CDROM\素材\第 15 章\窗帘.dwg 文件，将插入的块分解并放置在相应位置，效果如图 15-54 所示。

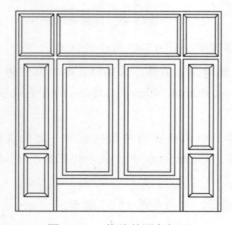

图 15-53　偏移并圆角矩形

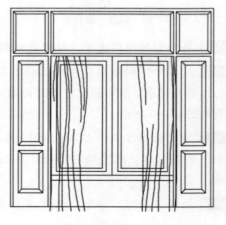

图 15-54　插入块

**Step 17** 使用 "修剪" 命令, 将多余的部分进行修剪, 效果如图 15-55 所示。

**Step 18** 在菜单栏中选择 "绘图" | "图案填充" 命令, 将填充图案设置为 ANSI33, 将填充比例设置为 50, 进行图案填充, 效果如图 15-56 所示。

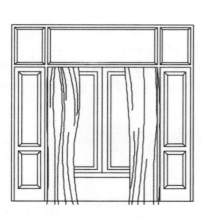

图 15-55 修剪图形

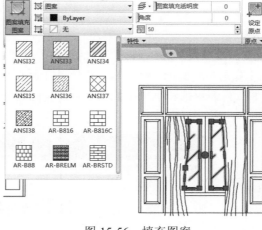

图 15-56 填充图案

**Step 19** 使用 "单行文字" ( DTEXT ) 命令对所绘制的图纸进行说明, 效果如图 15-57 所示。

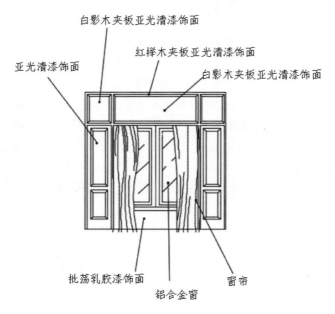

图 15-57 文字标注

## 15.5 绘制窗的节点详图

下面以窗的详图为例, 讲解一下窗户节点详图的绘制方法。

**Step 01** 使用 "矩形" ( RECTANG ) 命令绘制剖面墙体, 设置墙体的尺寸为 1 050mm×240mm, 效果如图 15-58 所示。

图 15-58　绘制墙体

**Step 02** 然后使用"图案填充"（HATCH）命令对墙体进行填充，选择"设置"选项，弹出"图案填充和渐变色"对话框，选择"图案填充"选项卡，在"类型和图案"选项组的"图案"下拉列表中选择 ANSI31 选项，设置比例为 10，角度为 0，进行填充，效果如图 15-59 所示。

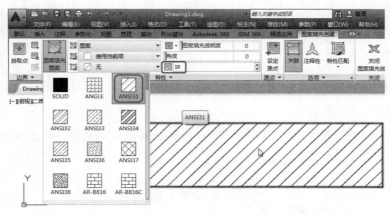

图 15-59　填充效果

**Step 03** 选择矩形，然后在"默认"选项卡中单击"修改"组中的"分解"按钮，用"直线"工具绘制 70°的斜线段，然后将最上方的水平线向左延长，使用"偏移"（OFFSET）命令将最上方的水平线分别向下偏移 240mm、10mm、10mm 和 250mm，将最右边的竖直线向左偏移 850mm，然后使用"延伸"工具将水平线段进行延伸，使用延伸工具将偏移的垂直线段进行延伸，效果如图 15-60 所示。再使用"修剪"（TRIM）命令进行修剪，效果如图 15-61 所示。

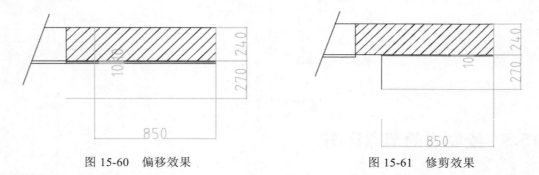

图 15-60　偏移效果　　　　　　　　　　　图 15-61　修剪效果

**Step 04** 绘制百叶门的两侧夹板。使用"矩形"（RECTANG）命令绘制矩形，设置矩形的尺寸为 21mm×260mm，效果如图 15-62 所示。再使用"分解"（EXPLODE）命令将矩形分解，使用"偏移"（OFFSET）命令将最左边的垂直线分别向右偏移 3mm、3mm、12mm 和 3mm，将最上边的水平线分别向下偏移 50mm、50mm、50mm、50mm、50mm、5mm 和 5mm，偏移效果如图 15-63 所示。

图 15-62　绘制矩形

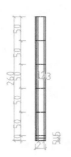

图 15-63　偏移效果

Step 05　使用"修剪"（TRIM）命令将偏移出的直线进行修剪，修剪效果如图 15-64 所示。使用"直线"（LINE）命令，取消正交捕捉模式，绘制斜直线，效果如图 15-65 所示。

图 15-64　修剪效果

图 15-65　斜直线效果

Step 06　把绘制好的百叶门的两侧的夹板（见图 15-65）移到合适位置，效果如图 15-66 所示；再使用"镜像"（MIRROR）命令镜像百叶门的两侧夹板，然后使用直线工具绘制线段，效果如图 15-67 所示。

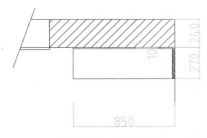

图 15-66　移动效果

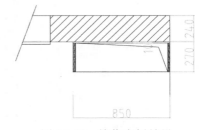

图 15-67　镜像夹板效果

Step 07　用绘制百叶门的两侧夹板的方法绘制百叶门，效果如图 15-68 所示；再使用"镜像"（MIRROR）命令镜像百叶门，效果如图 15-69 所示。

图 15-68　绘制百叶门

Step 08 使用"移动"（MOVE）命令，把百叶门移到合适的位置，效果如图 15-70 所示。

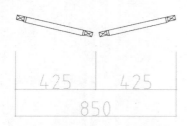

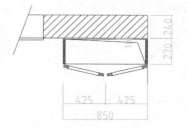

图 15-69　镜像百叶门效果　　　　　　　　图 15-70　移动百叶门

Step 09 用绘制百叶门的两侧夹板的方法绘制铝合金窗，效果如图 15-71 所示。

Step 10 使用"移动"（MOVE）命令，把铝合金窗移到合适的位置，效果如图 15-72 所示。

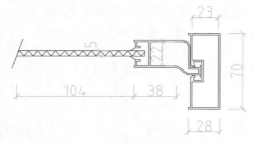

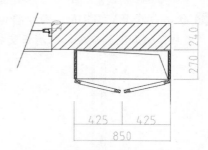

图 15-71　绘制铝合金窗　　　　　　　　图 15-72　移动铝合金窗

Step 11 使用"单行文字"（DTEXT）命令对所绘制的图纸进行说明。最后使用"直线"命令将所输入的文字进行引出标注，效果如图 15-73 所示。

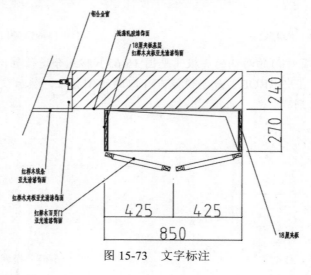

图 15-73　文字标注

# 15.6　绘制玄关详图

在房屋装修中，人们往往最重视客厅的装饰和布置，而忽略对玄关的装饰。其实，在房间的整体设计中，玄关是给人第一印象的地方，是反映主人文化气质的"脸面"。设计玄关，一是为了增加主人的私密性。为避免客人一进门就对整个室内一览无遗，在进门处用木制或玻璃做隔断，划出一块区域，在视觉上遮挡一下。二是为了起装饰作用。推开房门，第一眼看到的就是玄关，这里是客人从繁杂的外界进入这个家庭的最初感觉。可以说，玄关设计是设计师整体设计思想的浓缩，它在房间装饰中起到画龙点睛的作用，能使客人一进门就有眼前一亮的感觉。三是方便客人脱衣、换鞋、挂帽。最好把鞋柜、衣帽架和大衣镜等设置在玄关内，鞋柜可做成隐蔽式，衣帽架和大衣镜的造型应美观大方，与整个玄关的风格相协调。

玄关的概念源于中国，过去中式民宅推门而见的"影壁"（或称照壁），就是现代家居中玄关的前身。中国传统文化重视礼仪，讲究含蓄内敛，有一种"藏"的精神。体现在住宅文化上，"影壁"就是一个生动写照，不但使外人不能直接看到宅内人的活动，而且通过影壁在门前形成一个过渡性的空间，为来客指引方向，也给主人一种领域感。

一般在设计玄关时，常采用的材料有木材、夹板贴面、雕塑玻璃、喷砂彩绘玻璃、镶嵌玻璃、玻璃砖、镜屏、不锈钢、花岗岩、塑胶饰面材、壁毯和壁纸等。

在设计玄关时，若充分考虑到玄关周边的相关环境，把握住周围环境要素的设计原则，要获得美妙效果应该不难。需要强调的是，设计时一定要立足整体，抓住重点，在此基础上追求个性，这样才会大有所获。

下面以别墅的玄关为例，讲解一下玄关详图的绘制方法。具体操作步骤如下：

Step 01 使用"多段线"（PLINE）命令绘制长度为 1 880mm、宽度为 2 600mm 的矩形，作为玄关外轮廓，并双击多段线，将其宽度设置为窗套内框，效果如图 15-74 所示。

Step 02 使用"偏移"（OFFSET）命令，将矩形上侧的平行边线向下偏移 280mm，以偏移出的线为偏移对象继续向下偏移 1 520mm、30mm，效果如图 15-75 所示。

图 15-74　绘制矩形

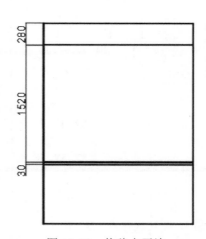

图 15-75　偏移水平边

Step 03 在绘制的多段线的最上侧边绘制一条等长的直线。

Step 04 按【Enter】键，重复使用"偏移"（OFFSET）命令，将上侧的水平边线向下偏移，以偏移出的线为偏移对象继续向下偏移 615mm、10mm、325mm、10mm、860mm、700mm，效果如图 15-76 所示。

**Step 05** 在菜单栏中选择"绘图"|"矩形"命令，在绘图区中绘制一个 280mm × 230mm 的矩形，并将其移动到图 15-77 所示的位置。

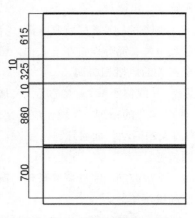

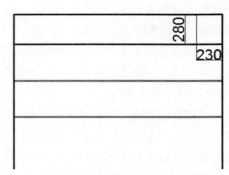

图 15-76　继续偏移水平边　　　　　　图 15-77　绘制矩形并移动

**Step 06** 在菜单栏中选择"绘图"|"图案填充"命令，为矩形进行填充图案，将填充图案设置为 ANSI31H 和 TRIANG，填充比例都设置为 5，效果如图 15-78 所示。

**Step 07** 选择之前偏移出的最下侧直线，将其向上进行偏移，以偏移出的直线为下次偏移对象，依次偏移距离 173mm、173mm、173mm，效果如图 15-79 所示。

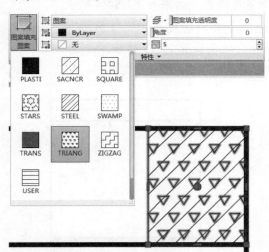

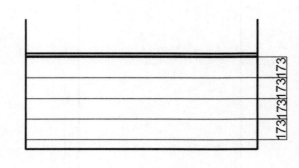

图 15-78　填充图案　　　　　　　　　　图 15-79　偏移直线

**Step 08** 使用直线命令，绘制同左侧多段线等长的直线，并以绘制的直线为基线向右偏移，以偏移出的对象作为下一次的偏移对象，分别偏移 350mm、224mm、170mm、393mm、393mm，效果如图 15-80 所示。

**Step 09** 在菜单栏中选择"修改"|"修剪"命令，将绘制的直线进行修剪，效果如图 15-81 所示。

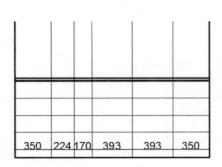

图 15-80　偏移垂直直线

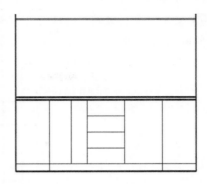

图 15-81　修剪直线

**Step 10** 在菜单栏中选择"绘图"|"圆"|"圆心，半径"命令，在绘图区中绘制一个半径为 10mm 的圆，并将其复制粘贴多个分布在图形中，效果如图 15-82 所示。

**Step 11** 在菜单栏中选择"绘图"|"圆"|"圆心，半径"命令，在绘图区中绘制半径为 10mm 的圆，使用偏移工具将圆向内侧偏移 5.6mm，并将其复制粘贴 3 个分布在图形中，效果如图 15-83 所示。

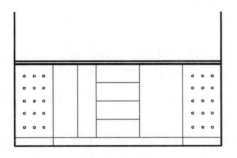

图 15-82　绘制圆

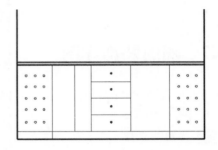

图 15-83　绘制同心圆

**Step 12** 使用矩形工具绘制两个矩形放置在图 15-84 所示的位置。

**Step 13** 在菜单栏中选择"插入"|"块"命令，在弹出的对话框中单击"浏览"按钮，在弹出的对话框中选择随书附带光盘中的 CDROM\素材\第 15 章\花.dwg 和零件.dwg 文件，并将其放置在适当位置，效果如图 15-85 所示。

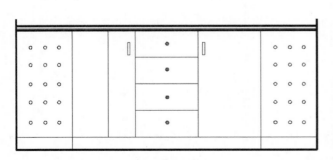

图 15-84　绘制矩形

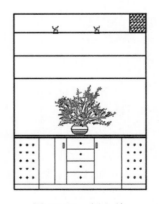

图 15-85　插入块

**Step 14** 使用"单行文字"（DTEXT）命令对所绘制的图纸进行说明。最后使用"直线"命令将所输入的文字进行引出标注，效果如图 15-86 所示。

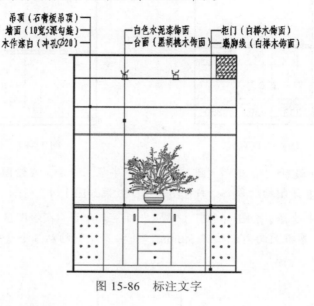

图 15-86 标注文字

## 15.7 隔断装饰详图

下面以隔断的立面为例，讲解一下隔断立面详图的绘制方法。

具体操作步骤如下：

**Step 01** 使用"直线"命令绘制 3 条长度为 2 000mm 的垂直线和一条长度为 1 400mm 的水平直线，效果如图 15-87 所示。

**Step 02** 使用"偏移"（OFFSET）命令把刚才绘制的直线均向外偏移，以偏移出的直线为偏移对象分别向外偏移 7mm、8mm、45mm，绘制门的基本轮廓，效果如图 15-88 所示。

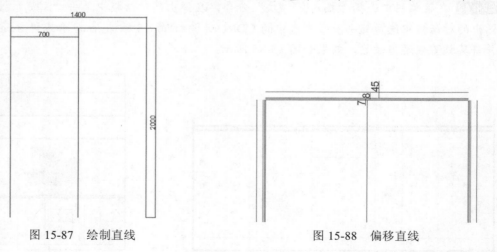

图 15-87 绘制直线　　　　　图 15-88 偏移直线

Step 03  使用 "圆角"（FILLET）命令将偏移出的直线进行圆角处理，其圆角半径设置为 0，
效果如图 15-89 所示。

Step 04  再以绘制的直线的上侧边为偏移对象向下偏移，以偏移出的直线为偏移对象分别
向下偏移 100mm、1 800mm，再以左、右两边的直线为偏移对象，以偏移出的直线继续为
偏移对象分别向中间偏移 100mm、500mm，效果如图 15-90 所示。

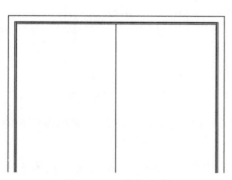

图 15-89  圆角处理

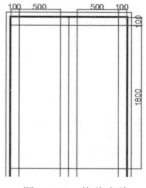

图 15-90  偏移直线

Step 05  使用 "修剪"（TRIM）命令将偏移出来的线段进行修剪，删除多余的线段，效果
如图 15-91 所示。

Step 06  在菜单栏中选择 "绘图" | "图案填充" 命令，为绘制的矩形填充图案，将填充图
案设置为 ANSI35，将填充比例设置为 50，效果如图 15-92 所示。

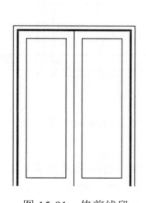

图 15-91  修剪线段

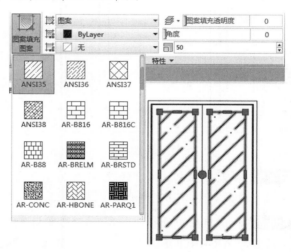

图 15-92  填充图案

Step 07  使用直线工具，在绘图区中绘制一个 2 800mm × 2 820mm 的矩形，效果如图 15-93
所示。

Step 08  使用偏移工具，将左、右两侧的边均向中间偏移，以偏移出的线为下次偏移对象，
分别向中间偏移 400mm、100mm、140mm；将矩形的上侧边为偏移对象，以偏移出的线
为下次偏移对象进行偏移，分别向下偏移 250mm、390mm，效果如图 15-94 所示。

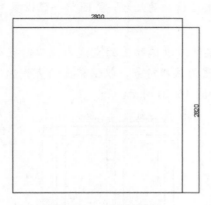

图 15-93　绘制矩形

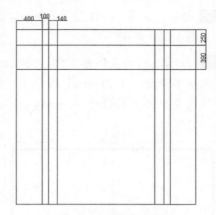

图 15-94　偏移直线

**Step 09** 在菜单栏中选择"修改"|"修剪"命令，将偏移出的直线进行修剪，删除多余的线段，效果如图 15-95 所示。

**Step 10** 使用"偏移"命令，以上侧边为偏移对象再次向下偏移，以偏移出的线为下次偏移对象，分别向下偏移 250mm、100mm、600mm、20mm、560mm、20mm、100mm、770mm、20mm、100mm、100mm、20mm，效果如图 15-96 所示。

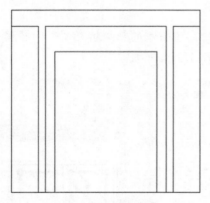

图 15-95　修剪直线

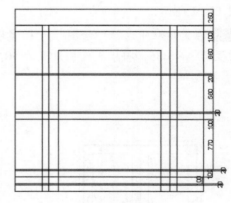

图 15-96　偏移直线

**Step 11** 在菜单栏中选择"修改"|"修剪"命令，将偏移出的直线进行修剪，删除多余的线段，效果如图 15-97 所示。

**Step 12** 在菜单栏中选择"绘图"|"图案填充"命令，为绘制的图形填充图案，将填充图案设置为 AR-RROOF，将填充比例设置为 5，填充角度设置为 45°，效果如图 15-98 所示。

**Step 13** 在菜单栏中选择"插入"|"块"命令，在弹出的对话框中单击"浏览"按钮，选择随书附带光盘中的 CDROM\素材\第 15 章\饰品 1.dwg、饰品 2.dwg、饰品 3.dwg 文件，将其放置在适当位置，效果如图 15-99 所示。

**Step 14** 使用移动工具，将之前绘制的门放置在相应的位置，并使用直线和曲线绘制图案，效果如图 15-100 所示。

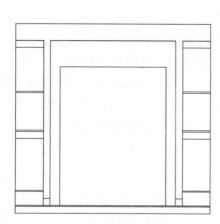

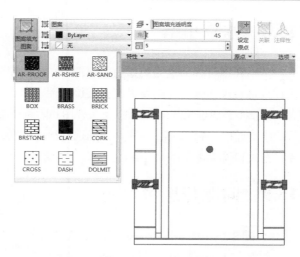

图 15-97　修剪直线

图 15-98　图案填充

图 15-99　插入块

图 15-100　放置门

**Step 15** 使用"单行文字"（DTEXT）命令对所绘制的图纸进行说明。最后使用"直线"命令将所输入的文字进行引出标注，效果如图 15-101 所示。

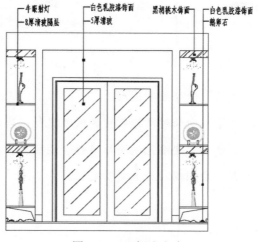

图 15-101　标注文字

## 15.8　本章小结

　　本章详细讲解了家庭装修中内部细节，如门窗节点、玄关和隔断等，其具体装修内容并不能详细地表现出来，还需要另配有装饰详图，以小详图的形式具体表现内部细节的装修概况。

　　本章主要通过绘制门窗详图、玄关详图和隔断详图等经典实例学习了装修详图的绘制方法和具体的绘制过程。在门、窗、玄关、隔断选材和构造方面采取相应的措施予以妥善解决，使选用的门窗、玄关和隔断既符合实际使用功能，又能满足其使用质量，这也是对绘图者的基本要求。

## 15.9　问题与思考

　　绘制图 15-102 和图 15-103 所示的室内设计详图（可参见本书附带光盘中的 CAD 文件"详图绘制练习 1.dwg"和"详图绘制练习 2.dwg"）。

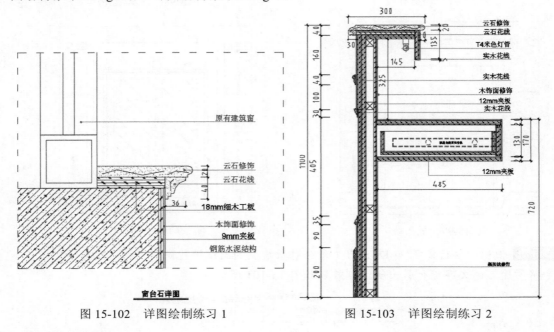

图 15-102　详图绘制练习 1　　　　　　　　图 15-103　详图绘制练习 2

　　参考步骤如下：

**Step 01** 设置图层、线形和颜色。

**Step 02** 使用"直线"和"偏移"命令绘制图形。

**Step 03** 使用"修剪"和"删除"命令对所绘制出的线条进行编辑。

**Step 04** 使用"图案填充"命令对需要填充的图形进行合理填充。

**Step 05** 注意，在绘图时合理地绘制辅助线来帮助定位。

# 第 16 章
# 绘制室内照明图纸

照明设计是相对室内环境自然采光而言的，它是依据不同建筑室内空间环境中的所需照度，正确选用照明方式与灯具类型来为人们提供良好的光照条件，以使人们在建筑室内空间环境中能够获得最佳的视觉效果，同时还能够获得某种气氛和意境，增强其建筑室内空间表现效果及审美感受的一种设计处理手法。本章将重点介绍室内照明系统的基本知识，并通过对设计范例的制作，使读者对室内照明系统设计有一个初步的了解。

## 16.1 室内照明系统的基本概念

室内照明系统一般由以下 4 个部分组成。
- 光源，包括白炽灯、卤钨灯等。
- 灯具，包括灯座、灯罩等。
- 控制电器，包括开关、调光台等。
- 供电系统，包括导线、总开关和配电柜等。

### 16.1.1 室内照明设计的目的

从居住环境来看，若没有光线就会影响人们的正常生活，所以居住环境中的采光与照明是人们日常生活中必备的条件之一，也是人们审美情趣上的基本要求。尤其是居住环境的照明，它既能强化我们所要表现的环境空间，也可淡化或隐藏那些不愿外露的私密空间。室内照明设计的目的就是实现适宜的照明分布设计，并且塑造各种类型的气氛。现代室内照明的作用主要表现在以下几个方面：
- 提供舒适的视觉条件。
- 创造良好的空间气氛。
- 表达建筑环境的个性。
- 对室内空间的组织作用。

### 16.1.2 室内照明设计的原则

为了满足上面所述的设计目的，提供更好的光感受，塑造更舒适的室内环境，在进行室内照明设计时需要按照以下原则进行设计：

- 要求有适宜的照度和照度分布。
- 要求有合理的亮度比和亮度分布。
- 要求有效地控制眩光。
- 要求实现艺术美，深化环境的主题，强化空间各种要素。
- 要求满足安全性和经济性的要求。

## 16.2 室内照明工程系统设计

通过上面对室内照明工程设计概念的简单介绍，对室内照明设计有了一个基本了解。在进行室内设计之前，还要对室内照明工程设计的内容有所了解，只有这样才能明确所要做的设计的工程量，并合理安排实际进度，最终完成整体设计。

### 16.2.1 室内照明系统设计内容

室内照明工程系统的设计内容包括以下两个部分：

- 室内照明部分的设计，又称为光照设计，包括选择照明方式，选择光源和灯具，确定灯具的布置，确定照度标准并进行照度计算。
- 供电部分的设计，又称为电气设计，包括选择配电方式、供电电压和电器接线，进行负荷计算，选择导线、开关和熔断器等电气设备的型号和规格，绘制电气照明施工图，以及编写设备材料表和施工说明等。

### 16.2.2 室内照明设计的步骤

`Step 01` 明确照明设计的用途和目的。

`Step 02` 确定适当的照度。

`Step 03` 确定照明质量。

`Step 04` 选择光源。

`Step 05` 确定照明方式。

`Step 06` 确定照明器具的选择。

`Step 07` 确定照明器具的位置。

`Step 08` 进行电气设计。

### 16.2.3 室内照明设计施工图的要求

- 电力平面图，绘出电力平面图，画出轴线、主要尺寸、工艺设备编号，以及进出线位置等。

- 电力系统图，用单线绘出各种电气设备、导线规格、线路保护管颈和敷设方法，以及用电设备名称等，并标出各个部位的电气参数。
- 电力安装图，包括照明配电箱、灯具、开关、插座、照明，以及插座回路的平面布置图，还包括线路走向等。
- 照明系统图，包括照明配电箱电气系统图，标注配电箱型号和规格。
- 照明控制图，包括照明控制原理图和特殊照明装置图。

# 16.3　照明标准值与电路图元件图形符号

在进行室内照明工程设计的过程中，了解相关的计算参数和电路元件图形符号是非常关键的。只有了解参数才能够进行正确的设计，而掌握了电路元件图形符号，就能绘制出标准化的图纸。因为设计图纸是要指导施工的，只有标准化的图纸才便于施工人员正确读图，并正确施工。

## 16.3.1　照明标准值

根据建筑照明设计标准（GB 50034—2013），对各种常用环境中的照明标准值都进行了规定，可以根据需要进行选择。居住建筑照明标准值如表 16-1 所示。公共建筑照明标准值如表 16-2 所示。

表 16-1　居住建筑照明标准值

| 房间或者场所 | | 参考平面及高度 | 照度标准值 | Ra |
|---|---|---|---|---|
| 起居室 | 一般活动 | 0.75m 水平面 | 100 | 80 |
| | 书写阅读 | | 300 | |
| 卧室 | 一般活动 | 0.75m 水平面 | 75 | 80 |
| | 书写阅读 | | 150 | |
| 餐厅 | | 0.75m 水平面 | 150 | 80 |
| 厨房 | 一般活动 | 0.75m 水平面 | 100 | 80 |
| | 操作台 | 台面 | 150 | |
| 卫生间 | | 0.75m 水平面 | 100 | 80 |

表 16-2　公共建筑照明标准值

| 房间或者场所 | 参考平面及高度 | 照度标准值 | UGR | Ra |
|---|---|---|---|---|
| 普通办公室 | 0.75m 水平面 | 300 | 19 | 80 |
| 高档办公室 | 0.75m 水平面 | 500 | 19 | 80 |
| 会议室 | 0.75m 水平面 | 300 | 19 | 80 |
| 接待室、前台 | 0.75m 水平面 | 300 | — | 80 |
| 营业厅 | 0.75m 水平面 | 300 | 22 | 80 |
| 设计室 | 实际工作面 | 500 | 19 | 80 |
| 文件整理 | 0.75m 水平面 | 300 | 19 | 80 |
| 资料、档案室 | 0.75m 水平面 | 200 | — | 80 |

## 16.3.2　电路图的元件图形符号

电路图的元件图形符号是电路设计图中非常重要的部分，因为施工图是重要的图示语言，需要通过简明扼要的图纸尽量清楚地实现设计的要求。构成电气工程的设备、元件和线路有很多，结构类型不一，安装方法各异。在电气工程图中，设备、元件、线路及安装方法等是需要用国家统一规定的图形文字符号来表达的，因此在进行建筑电气设计时，必须掌握相应的符号，明白符号的组成及代表的含义。根据国家规范要求，图形符号可以分为 3 类：基本图形符号，它代表独立的器件和设备；一般图形符号，它代表某一大类设备元件；明细图形符号，它代表具体的器件和设备。文字符号是配合图形符号并进一步说明图形符号的。

由于电路图元件图形符号的重要性和标准性，国家制定了统一的标准，常用的建筑电气图纸中的电气图形符号包括系统图图形符号、平面图图形符号、电气设备、文字符号和系统图的回路符号。

有些电气工程设计中，国家规定的统一符号可能还不足以满足图纸表达的需要，可以根据工程的实际情况，设定某些图形符号，并在设计图纸中加以说明。每项工程都应该有图例说明。相关的图形符号有很多，本书中没有列出所有的符号，只是将最常用的符号列出，如表 16-3 所示，其他符号可以在建筑电气设计规范中查询。

表 16-3　常用电气符号图例

| 项　目 | 内　容 | 项　目 | 内　容 |
|---|---|---|---|
| — | 日光灯 | | 射灯 |
| | 壁灯 | | 排风扇 |
| | 防水防雾灯 | | 四联开关 |
| × | 吸顶灯 | | 二联开关 |
| | 工艺吊灯 | | 单联开关 |
| | 普通吊灯 | | 三联开关 |

# 16.4　住宅建筑照明设计

住宅照明设计是所有照明设计工程中数量最大的工程类型，也是最常规的设计。这种设计关系着每个人的生活质量，因此需要更加深入地了解人们的生活习惯，对人们最基本的要求和较高水准的要求要有所了解，这样才能恰当地满足人们各种层次的照明需求。

## 16.4.1　住宅照明设计的基本要求

在住宅设计中，灯光照明有很强的使用功能和装饰要求，通过合理的照明设计，对光源的性质及位置的合理选择，并运用光源颜色及照度的调整，与灯饰、家具及其他陈设合理搭配，塑造所需的空间气氛，对人们的活动空间进行塑造，形成各具特色的格调，充满各种情趣。

## 16.4.2　住宅照明的设计要点与灯具的布置原则

在住宅照明设计中，需要注意以下几点：

● 满足人们使用的基本照度要求。
● 情景照明与基本照明要分开。
● 电器设施应该有足够的余量控制。
● 注意各个房间之间照度的协调。

灯具的布置就是确定灯在房间内的空间位置。灯具的位置对照明的质量有很大的影响，工作面的照度、反射光与眩光、亮度的分布以及阴影的影响等都与灯具的位置有直接关系。灯具的布置是否合理还直接关系到照明设计的有效性与经济性，以及照明灯具的维护、维修等。因此，只有合理的灯具设计才能获得良好的照明质量。在照明设计中选择灯具时，需要考虑以下几点要素：

● 灯具的光度效应，如灯具效率、配色、表面亮度与眩光等。
● 灯具使用的经济性，如维护费用、价格光通比和电消耗等。
● 灯具使用的环境条件，如是否防潮、防爆等。
● 灯具的外形是否与建筑协调。

住宅照明有一般照明和局部照明之分。一般照明是为整个房间照明，所以称为主体照明；局部照明是作为房间内部的局部范围照明的，直接安装在工作地点附近。一般照明常采用顶棚吊灯或者吸顶灯，可以根据房间的高度来选择，也可以采用镶嵌式灯具，这种照明可以使房间显得比较开阔。对于高级住宅，可以采用装饰性艺术吊灯。由于这种住宅的面积比较大，装修标准比较高，需要特别强调照明灯具的艺术性，体现一种富丽堂皇的气氛，因此在客厅常采用带金属托架和玻璃装饰罩的花灯。

## 16.4.3　客厅照明的设计要点

客厅是家庭中最重要的公共空间，是会客和家人团聚的场所，在这种公共空间的照明设计中，灯的装饰性和照明要求应该符合相应的要求，即创造热烈的气氛，使客人感受到热情。一般照明应该安装在客厅中央，灯具的设置以吊灯或者多支吸顶灯为主，可以通过照度的控制来调节室内灯照的气氛。客厅家具中重要的部分是电视机的位置，很多家庭都采用电视墙的设计，将电视位置的一面墙体与书架、博古架和电视柜结合在一起。需要做相应的背景灯照明，进行装饰照明的同时也提供基本的背景照明，避免过大的照度差，加强对眼睛的保护。另外还可以用射灯对客厅中的字画及艺术品进行投光照明，衬托其艺术魅力。还可以在距离地面比较高的天花板上设计内凹式的照明装置，光源可以隐藏起来。

## 16.4.4　入口玄关照明的设计要点

入口玄关是室内外重要的过渡空间，这个空间虽小，却是一个家庭的门面，是一个家庭个性的初步展现，给人们的第一印象非常重要，因此在家庭装修中，入口玄关是非常受重视的部分。光源设计应该是主题装饰照明与一般照明相结合，以满足装饰照明为主、满足功能性为辅。

一般照明应该采用吸顶灯或者简洁的吊灯，也可以在墙面上安装壁灯，保证入口玄关有比较高的照度，使环境空间庄重大方，显得高贵典雅。

### 16.4.5 卧室照明的设计要点

卧室是休息的空间，卧室的照明需要有宁静、温馨的气氛，使人有一种安全感。但是也有一些人把卧室当作客卧兼用，因此要根据需求的不同来进行相应的照明设计。常规卧室的设计安装主体照明和床头灯的辅助照明就可以了，一般在卧室的中间安装一个吸顶灯，在卧室的床头安装两个床头灯，可以用壁灯也可以用台灯，灯具不宜采用有过强反光的金属材质，灯光的强度也不宜过强，从而创造出一种温馨的气氛。在灯光的颜色选择上，建议采用比较温暖的淡黄色。对于客卧兼用的房间，应该设置两套可以相互切换的灯具，以适应不同时期的使用要求。主体照明可以参照客厅设计，最好采用可以调光的灯具，以实现功能的调节。

### 16.4.6 书房照明的设计要点

书房是人们进行思考和写作的场所，书桌的照明是设计的重点。在书桌上进行的主要活动是看书、学习或者绘图、写作等文字工作，因此需要保证足够的照度，并且灯光的照射范围应该是可调的，因此一般采用台灯或者可以调节灯具位置的吊灯进行照明。由于一般人用右手书写，为了避免书写时受阴影的影响，一般灯光的投射方向应是从左侧射入的。书房内是藏书的地方，会摆放书柜，因此在书柜的顶部需要增设射灯，提供相应的照明或者起到一定的装饰作用。

### 16.4.7 其他辅助空间照明的设计要点

浴室和厨房的照明应该把安全放在第一位，特别是浴室，为了防止飞溅的水花造成漏电或者短路事故，需要安装防水的灯具，而且灯具的安装位置要尽量高一点，最好采用吸顶灯。镜前灯一般是为了化妆而用，采用可以调节方向的射灯为宜。厨房也以采用吸顶灯加上操作区的射灯照明为宜。

## 16.5 公共建筑照明设计

公共建筑照明设计是比较高端的设计内容，从设计的深度和广度上来说，都是居住建筑难以比拟的。在各种公共建筑照明设计中，办公建筑的照明设计是比较简单的设计内容，对于大剧院这样复杂的公共建筑，在照明和音响设备上的设计难度不比建筑造型上的难度小。因此需要了解各种公共建筑对照明设计的要求，这样才能正确地设计公共建筑照明。

### 16.5.1 办公空间照明的设计要点

现代办公空间是由多种视觉作业所组成的工作环境。各种办公活动都需要舒适的、相对无眩光的照明条件。办公室照明已成为直接影响办公效率的主要因素之一，越来越引起人们的高度重视。

由于办公时间基本都是白天，因此人工照明应与天然采光结合设计，以形成舒适的照明环境。办公室照明灯具宜采用荧光灯。暖色系列和昼光系列会给人以偏暖和偏冷的感觉，白色系列色温度为 3 500～4 000K，明亮的白色光可与自然光进行完美的结合，有明亮感觉，使人视觉开阔、精力集中。

办公室的一般照明宜设计在工作区的两侧，采用荧光灯时宜使灯具纵轴与水平视线平行，不宜将灯具布置在工作位置的正前方。照度水平主要取决于视觉作业的需要与经济条件的可能。国际发达国家的办公室照度值水平远高于我国，设计时要结合国情作出合理的选择。

眩光是影响照明质量最重要的因素，现代办公环境必须严格控制眩光，否则会明显地影响人们的工作。眩光包括直射眩光和反射眩光。限制直射眩光，一般是从光源的亮度、背景亮度与灯具安装位置等因素加以考虑。限制反射眩光的方法，一是尽量使工作者不处在照明光源同眼睛形成的镜面反射角内；二是使用发光表面面积大、亮度低的灯具，或使用在视觉方向反射光较小的特殊配光灯具。视觉作业的邻近表面及房间内的装饰表现宜采用无光泽的装饰材料，避免亮光的表面产生光线反射。

## 16.5.2　餐饮和娱乐场所照明的设计要点

餐饮、娱乐等场所应采用多种照明组合设计的方式，同时采用调光装置，以满足不同功能和使用上的需要。酒吧、咖啡厅和茶室等照明设计，宜采用低照度水平并可调光，餐桌上可设烛台、台灯等局部低照度照明。但入口及收款台处的照度要高，以满足功能上的需要。室内艺术装饰品应该选择合适强度的照度。

## 16.5.3　商业场所照明的设计要点

商业场所的照明设计比较复杂，为了吸引顾客，商场必须创造一个舒适的光环境，一个顾客购物时如果感觉舒适，就会停留更长的时间，花更多的钱，并乐于一次又一次地再来消费。优质的照明能够激发情绪和感觉，进而加强商店的品牌。因此满足商品的可见度和吸引力是十分重要的。对商品等特定物体进行照明，以提升它们的外在形象，同时强调它们，使它们成为注意力的焦点。

商业场所的照明分为基础照明、重点照明和环境照明 3 种。基础照明提供基本的功能照明；合理的重点照明（陈列柜和橱窗照明）可以营造出多种对比效果，强调商品的形状、质地和颜色，提升商品可见度和吸引力，吸引更多的关注；环境照明可以营造舒适的光环境，表达空间的各种情绪。

## 16.5.4　酒店照明的设计要点

不同于办公室、商场和车站等公共场所，酒店是挽留客人、停留住宿的地方，其照明要传达给客人的暗示和感受是亲切、温馨、安全、高雅和私密，是能够让客人找到家的感觉的地方，是能够让客人彻底放松的地方，所以酒店照明必须是丰富的、有情调的、令人视觉舒适的、心情愉悦的；同时也必须是目的性清晰而准确的，能够充分显示不同光源照明功效的。因此必须将不同功能区的照明性质进行分门别类的研究，必须目的性极强地布置灯具的位置和选择光源（灯具），将"必要照明区"和"次要照明区"加以区别。好的照明设计能通过不同的照明对客人心理产生积极作用，能提高对酒店经营的良性影响。

在酒店大堂的照明上，有一种观点认为大堂必须显得豪华、气派，所以大堂的光线一定要做到越亮越好。甚至有人认为大堂的照明就等同于照亮，越亮越好。实际上，大堂的照度虽然需要比较充足，但这种充足不是简单化的，而是划分区域的、目标明确的、节奏丰富的、富于表现力和感染力的。

客房提供给客人的不仅仅是一个休息的空间，更多的是享受和关怀，一个好的光环境，更是体现酒店档次的关键所在。当人处在高亮度的环境中时，会使精神处于紧张状态，不利于放松身心，所以，客房的亮度要相对低一点。客房光环境设计的核心是营造一种宁静、温馨、怡人、柔和、舒适的光环境，给人以舒适、放松的感觉。根据功能的不同，客房各区域的亮度应控制在 50～300 Lx。客房的照明设计根据功能区域的不同需要进行分区域设计，依次为门厅通道、洗浴间、休息空间和阅读空间。每个区域的设计重点是不同的。

# 16.6 建筑照明设计实例

本例就是在建筑平面图的基础上，根据建筑设计的要求，进行相应的配电设计和照明设计。本节以绘制某小办公楼室内的电气图纸为例，讲述运用 AutoCAD 2015 绘制照明电路图的方法，并介绍相应的操作命令和建筑电气设计的基础知识。

## 16.6.1 绘制前的准备

通过前面的理论学习，相信读者已对电气设计有了基本了解，接下来通过实例操作，来增加对绘图的感性认识。首先需要做好绘图的前期准备。

在本例中，通过对小办公楼的电气图纸进行绘制，来学习相关图纸的知识。具体操作步骤如下：

Step 01 单击"快速访问工具栏"中的"新建"按钮，弹出"选择样板"对话框，选择 acadiso.dwt 样板，如图 16-1 所示，单击"打开"按钮，新建一个图形文件。

图 16-1 新建一个图形文件

**Step 02** 选择"格式"|"图层"命令，打开"图层特性管理器"选项板，如图 16-2 所示。

图 16-2　"图层特性管理器"选项板

**Step 03** 设置各个图层的名称、颜色和线形等，如图 16-3 所示。

**Step 04** 在状态栏上右击"对象捕捉"按钮，在弹出的快捷菜单中选择"对象捕捉设置"命令，弹出"草图设置"对话框，选择"对象捕捉"选项卡，按照图 16-4 所示选择相应的复选框，完成后单击"确定"按钮。

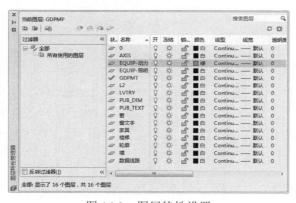

图 16-3　图层特性设置

图 16-4　对象捕捉设置

**Step 05** 绘制建筑平面图，主要采用了"直线"和"修剪"命令。先绘制出轴线，再进行尺寸标注，如图 16-5 和图 16-6 所示。

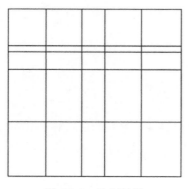

图 16-5　绘制轴线

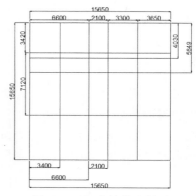

图 16-6　标注轴线和轴号

Step 06 根据以前所学的绘图方法，绘制建筑平面图，先绘制墙线，再加上门窗，最后进行文字标注，如图 16-7～图 16-9 所示。

Step 07 使用"直线" ∕ 和"修剪" ∕∙∙ 命令，将室内的家具绘制在建筑图上，以便于理解电气符号的位置。最后将轴线删除，完成建筑平面图的绘制，如图 16-10 所示。

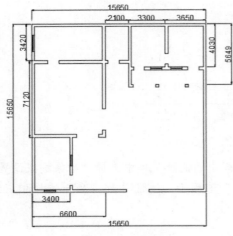

图 16-7　绘制墙线

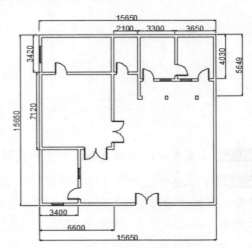

图 16-8　绘制门窗

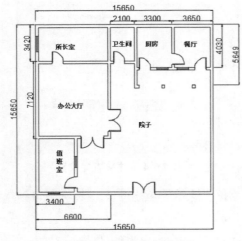

图 16-9　文字标注

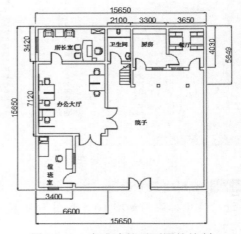

图 16-10　完成建筑平面图的绘制

 提　示

在实际工程图纸的绘制过程中，水电专业的图纸不需要重新绘制建筑图，而是在建筑专业提供的条件图的基础上进行修改的。

在实际工程图纸的绘制过程中，建筑专业提供的条件图中，家具的位置对于电气图纸的绘制起到重要的作用，电气设备的布置需要满足建筑家具布置使用的要求。

## 16.6.2　绘制供电平面图

供电平面图在实际工程的设计中，是在建筑专业的建筑平面图的基础上删去不需要的部分，再根据相关电路知识和规范，以及业主的要求，绘制每个房间的电路插座的位置。

供电平面图是将所需要的开关和插座按照设计的要求在建筑平面图的基础上表示出来。开关和插座的安装也分为明装和暗装两种方式。明装时先用塑料膨胀圈和螺栓将木台固定在墙上，然后将开关或者插座安装在木台上；暗装时将开关盒或者插座盒按照图纸要求位置埋在墙体内，等到敷线完毕后再接线，然后将开关或者插座以及面板用螺钉固定在开关盒或者插座盒上。在安装开关时，注意潮湿的房间不宜安装开关，一定要安装时，要采用防水型开关。另外，开关及插座的安装位置规范有明确的要求，如表 16-4 所示。

表 16-4　开关和插座安装高度表

| 标　识 | 名　　称 | 距地高度/mm | 备　注 |
|---|---|---|---|
| a | 跷板开关 | 1 300～1 400 | |
| b | 拉线开关 | 2 000～3 000 | |
| c | 电源插座 | ≥1 800 | |
| d | 电源插座 | | 儿童活动场所需要带保护门 |
| d | 电话插座 | 300 | |
| d | 电视插座 | | |
| e | 壁扇 | ≥1 800 | |

具体绘制步骤如下：

**Step 01** 供电平面图的绘制一般是在建筑平面图的基础上进行修改的，把建筑平面图上多余的部分删掉，只留下需要的墙体、门窗和家具。也可用以前所讲的方法重新绘制平面图，如图 16-10 所示。

**Step 02** 使用"插入"命令，打开随书附带光盘中的 CDROM\素材\第 16 章\电气图例.dwg 插入到当前图中，将图中所需要的灯具、插座等电气元件符号插入到指定的位置，如图 16-11 和图 16-12 所示。

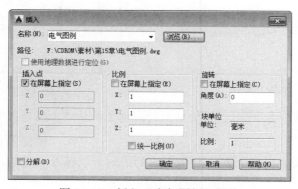

图 16-11　插入"电气图例"图块

| 图 例 | 名 称 | 型 号 规 格 | 安装方式 | 备 注 |
|---|---|---|---|---|
| —— | 暗藏灯带 | | | |
| | 防潮吸顶灯 | 250V.40W | 吸顶 | |
| ◎ | 吸顶灯 | 250V.40W | 吸顶 | |
| ◖ | 壁灯 | 250V.40W | | |
| ✦ | 斗胆灯 | | 暗藏安装 | |
| ▦ | 双管日光灯 | 250V .2X40W | 暗藏安装 | |
| ▤ | 三管日光灯 | 250V. 3X40W | 暗藏安装 | 1200×600 格栅灯 |
| K | 二联四空插座 | AP86Z14A14 15A | 暗装 | 三相空调插座 |
| K | 单联三孔插座 | AP86Z13A10 15A | 暗装 | 空调插座 |
| | 单联五孔插座 | AP86Z223A10 10A | 暗装 | |
| | 单联单控翘板开关 | AP86K11—10 10A | 暗装1.3 m | |
| | 双联单控翘板开关 | AP86K21—10 10A | 暗装1.3 m | |
| | 三联单控翘板开关 | AP86K31—10 10A | 暗装1.3 m | |
| | 单联双控翘板开关 | AP86K12—10 10A | 暗装1.3 m | |
| ■ ZP | 供电照明配电箱 | | 暗装1.2 m | |

图 16-12  电气图例

**Step 03** 使用"分解"(EXPLODE)命令将"电气图例"图块炸开,这样才能将里面的每个图例直接调用。

**Step 04** 使用"复制"命令,将需要的图例(如插座、配电箱等)按照需要复制到图上,如图 16-13 和图 16-14 所示。

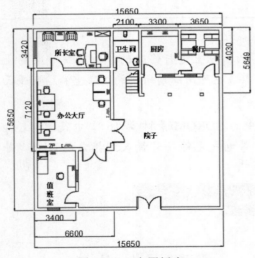

图 16-13  布置插座

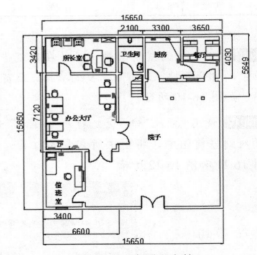

图 16-14  布置配电箱

**Step 05** 使用"多段线"命令,将绘制出的图例(如插座、配电箱等)按照需要连接起来,如图 16-15 所示。

**Step 06** 使用"单行文字"命令,将绘制出的图例加以编号和说明,完成图纸的绘制,如图 16-16 所示。

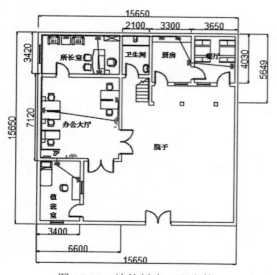

图 16-15　连接插座、配电箱

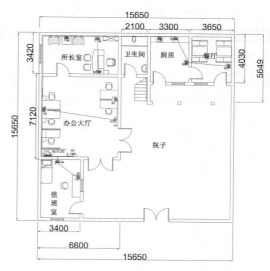

图 16-16　文字标注

 提　示

在本图的绘制中，插座的高度在"电气图例"图块中统一表示出来，再用不同的编号加以说明，这样表示图面比较简洁，但是需要与图例说明配合才能够完全表达清楚。

二层供电平面图的绘制流程与一层供电平面图的绘制是完全一样的，这里不再赘述，只将最后的成图展示出来，可以在学习之后进行练习，如图 16-17 所示（可参见随书附带光盘中的 CDROM\素材\第 16 章\二层供电平面图.dwg 文件）。

### 16.6.3　绘制天花照明平面图

办公楼的天花照明平面图，顾名思义是在天花平面图的基础上完成的。在实际工程的设计中，经常是在建筑专业的平面条件图的基础上删去不需要的部分，增加平面条件图上没有的天花布置图，再根据相关电路知识和规范，以及业主的要求，把照明的灯具用连线连接起来，主要是绘制每个房间的光源，以及相应的控制器的位置。接下来讲解天花照明平面图的绘制方法。

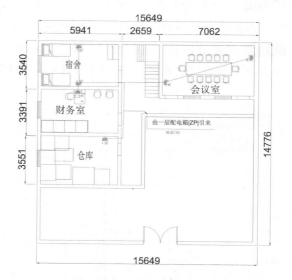

图 16-17　二层供电平面图

### 1. 一层天花照明平面图的绘制

**Step 01** 与供电平面图一样，天花照明平面图也是在前图的基础上完成的，在本例中直接打开图 16-10 所示的建筑图。

**Step 02** 使用"插入块"（INSERT）命令，把图 16-12 所示的图块插入到图中，目的是为了在画图时能够随时调用图块，如图 16-18 所示。

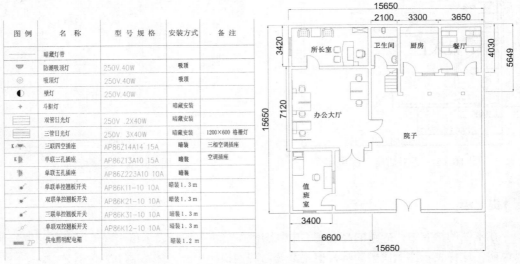

图 16-18　一层建筑平面图

**Step 03** 在命令行中输入 LAYER 命令，打开"图层特性管理器"选项板，新建"照明线路"和"天花吊顶"图层，并且把"照明线路"图层设置为当前图层，如图 16-19 所示。

**Step 04** 使用"偏移"（OFFSET）命令，把墙线向内偏移 500mm，绘制出吊顶的轮廓线，并且将多余的线条用"修剪"（TRIM）命令修剪掉，如图 16-20 所示。

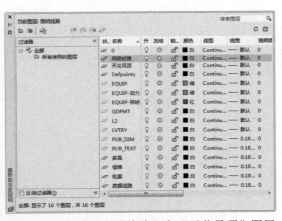

图 16-19　新建"照明线路"和"天花吊顶"图层

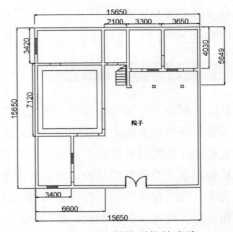

图 16-20　绘制吊顶的轮廓线

**Step 05** 使用"线段等分"（DIVIDE）命令，把吊顶的轮廓线等分为 8 段，再按照前面介绍的方法打开"草图设置"对话框，选择"对象捕捉"选项卡，在"对象捕捉模式"选项组中选择"节点"复选框，如图 16-21 所示。

**Step 06** 使用"直线"（LINE）命令，把吊顶的轮廓线进行分隔，使用"节点捕捉"命令 ○
进行精确定位，如图 16-22 所示。

图 16-21　选择"节点"复选框

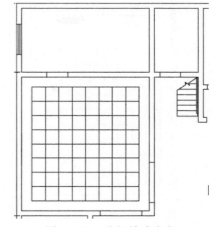

图 16-22　进行精确定位

**Step 07** 重复步骤 5 和步骤 6，把吊顶的轮廓线进行分隔，并使用"节点捕捉"命令进行精确定位，如图 16-23 所示。

**Step 08** 将吊顶的轮廓线向内偏移 500mm，绘制出辅助线，再把 3 管"日光灯"图块复制到图形中，利用辅助线对日光灯进行定位，如图 16-24 所示。

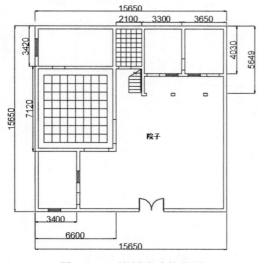

图 16-23　绘制成功的吊顶

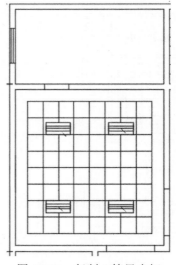

图 16-24　复制 3 管日光灯

**Step 09** 参考步骤 8，把 3 管"日光灯"图块复制到图形中，辅助线的绘制是将两个方向的墙线的中点连接起来，再绘制日光灯的中线，最后进行定位，如图 16-25 所示。

**Step 10** 把排气扇复制到卫生间，再使用"修剪"命令 -/-- 把相交的线段剪掉，把多余的辅助线删掉，最后完成的效果如图 16-26 所示。

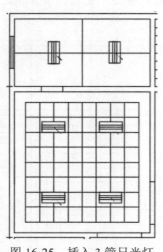

图 16-25 插入 3 管日光灯

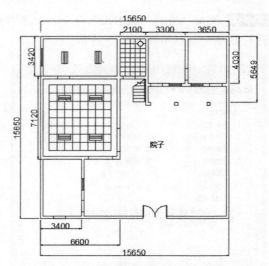

图 16-26 日光灯和排气扇布置图

**Step 11** 参照上面的步骤，用复制命令把需要加上的灯具放置到相应位置，如图 16-27 所示。注意这时的灯具位置不需要精确定位，只需把大致位置表示出来即可。

**Step 12** 使用"复制"命令 把需要加上的开关放置到相应位置，开关位置也不需要精确定位，效果如图 16-28 所示。

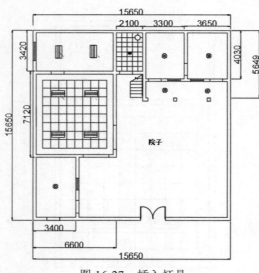

图 16-27 插入灯具

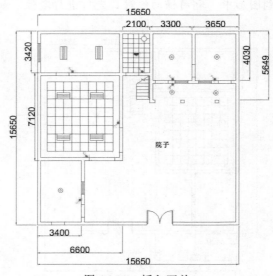

图 16-28 插入开关

**Step 13** 使用"直线"命令 把绘制出的开关和灯具连接起来，如图 16-29 所示。注意绘制时要开启捕捉模式，用来定位。

**Step 14** 最后使用"单行文字"命令进行文字标注。注意，对于很多重复的文字，可以在写完一个以后，其他的用"复制"命令 复制即可，效果如图 16-30 所示（可参见本书附带光盘 CDROM\场景\第 16 章\一层天花照明平面图.dwg）。

提　示

在图纸的绘制中，需要及时调整当前层，如绘制天花吊顶时就把天花吊顶层设置为当前层，在绘制线路时就把相应的图层设置成为当前层，这样方便以后进行修改。

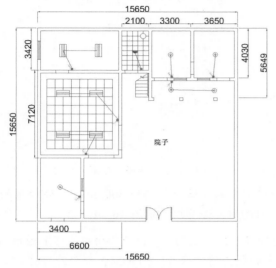

图 16-29　连接开关和灯具

图 16-30　一层天花照明平面图

### 2. 二层天花照明平面图的绘制

**Step 01** 与一层天花照明平面图一样，二层天花照明平面图也是在建筑图的基础上修改完成的，在本例中直接打开图 16-31 所示的建筑图。

**Step 02** 在命令行中输入 LAYER 命令，打开"图层特性管理器"选项板，新建"照明线路"和"天花吊顶"图层，并且把"天花吊顶"图层设置为当前图层。

**Step 03** 把图 16-12 所示的图块插入到图中。这里讲解另外一种调用图块的方法。在 AutoCAD 中，也可以不使用 INSERT 命令来插入图块，可以像 Word 中的那样，使

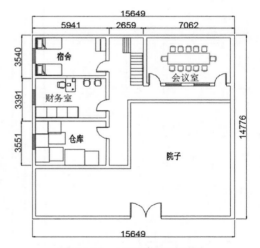

图 16-31　二层建筑平面图

用"复制"和"粘贴"命令来直接操作。由于 AutoCAD 2015 可以一次打开多个图，先打开一层天花照明平面图，选择要复制的对象，直接按【Ctrl+C】（复制）组合键，如图 16-32 所示。再选择"菜单浏览器"|"打开"|"图形"命令，如图 16-33 所示，在弹出的对话框中选择需要切换的文件，在这里选择"二层天花照明平面图.dwg"文件，然后单击"打开"按钮。直接按【Ctrl+V】组合键，就可以把在另外一个图上复制的部分粘贴到本图上来。

| 图 例 | 名 称 | 型 号 规 格 | 安装方式 | 备 注 |
|---|---|---|---|---|
| | 暗藏灯带 | | | |
| | 防爆吸顶灯 | 250V.40W | 吸顶 | |
| | 吸顶灯 | 250V.40W | 吸顶 | |
| | 壁灯 | 250V.40W | | |
| | 斗胆灯 | | 暗藏安装 | |
| | 双管日光灯 | 250V .2X40W | 暗藏安装 | |
| | 三管日光灯 | 250V. 3X40W | 暗藏安装 | 1200×600 格栅灯 |
| | 二联四空插座 | AP86Z14A14 15A | 暗装 | 二相空调插座 |
| | 单联三孔插座 | AP86Z13A10 15A | 暗装 | 空调插座 |
| | 单联五孔插座 | AP86Z223A10 10A | 暗装 | |
| | 单联单控翘板开关 | AP86K11—10 10A | 暗装1.3 m | |
| | 双联单控翘板开关 | AP86K21—10 10A | 暗装1.3 m | |
| | 三联单控翘板开关 | AP86K31—10 10A | 暗装1.3 m | |
| | 单联双控翘板开关 | AP86K12—10 10A | 暗装1.3 m | |
| | 供电照明配电箱 ZP | | 暗装1.2 m | |

图 16-32 需要复制的图块

图 16-33 选择"图形"命令

**Step 04** 使用"偏移"（OFFSET）命令，把会议室中的墙线向内偏移 400mm，绘制吊顶的轮廓线，并且将多余的线条用"修剪"命令（TRIM）修剪掉，如图 16-34 所示。

**Step 05** 使用"偏移"（OFFSET）命令，把会议室吊顶的东、西两侧轮廓线各向内偏移 1 400mm 和 1 700mm，绘制吊顶的分隔线，并且将多余的线条用"修剪"（TRIM）命令修剪掉，如图 16-35 所示。

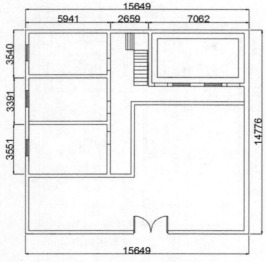

图 16-34 绘制吊顶轮廓

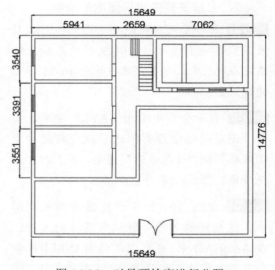

图 16-35 对吊顶轮廓进行分隔

**Step 06** 使用"偏移"（OFFSET）命令，把办公室东、西两侧的墙线向内偏移 1 000mm，南侧的墙线向内偏移 1 200mm，绘制日光灯的辅助线，如图 16-36 所示。

**Step 07** 使用"复制"（COPY）命令，把日光灯复制到图示的位置，定位点是日光灯左上角的交点对应辅助线左上角的交点，如图 16-37 所示。

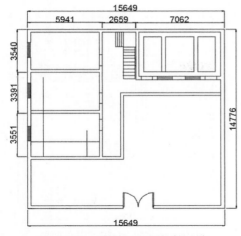

图 16-36　绘制日光灯的辅助线

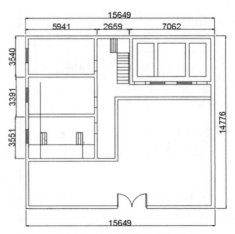

图 16-37　复制日光灯

 提　示

按【F3】键打开捕捉设置，便于寻找精确的捕捉点。

Step 08 使用 "复制"（COPY）命令，把日光灯复制到其他办公室中，定位点是墙线的交点。可以连续复制几个日光灯，然后删除辅助线，效果如图 16-38 所示。

Step 09 使用 "复制" 命令 把需要加上的开关和灯具放置到相应位置，位置不需要精确定位，如图 16-39 所示。

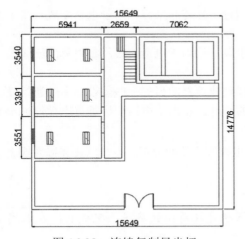

图 16-38　连续复制日光灯

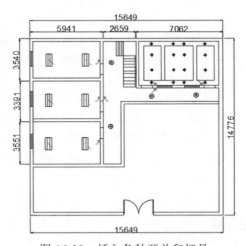

图 16-39　插入各种开关和灯具

Step 10 使用 "直线" 命令 把绘制出的开关和灯具连接起来，注意绘制时要打开捕捉开关以便进行定位，如图 16-40 所示。

Step 11 最后使用 "单行文字" 命令 进行文字标注，完成二层天花照明平面图的绘制，如图 16-41 所示（可参见本书随书附带光盘中的 CDROM\场景\第 16 章\二层天花照明平面图.dwg）。

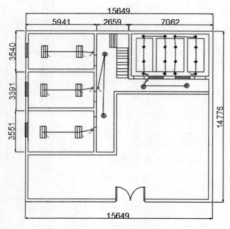

图 16-40　连接开关和灯具

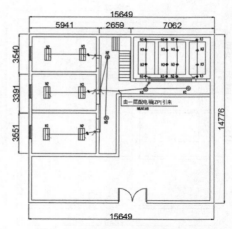

图 16-41　二层天花照明平面图

## 16.6.4　绘制综合布线平面图

综合布线系统（GCS）是开放式结构，能支持电话及多种计算机数据系统，还能支持会议电视、监视电视等系统的需要。相关标准将建筑物综合布线系统分为 6 个子系统。

- 工作区子系统：由终端设备连接到信息插座的连线组成，包括装配软线、连接器和连接所需的扩展软线，相当于电话配线系统中连接话机的用户线及话机终端部分。
- 配线子系统：相当于电话配线系统中配线电缆或连接到用户出线盒的用户线部分。
- 干线子系统：它提供建筑物的干线电缆的路由。该子系统由布线电缆组成，相当于电话配线系统中的干线电缆。
- 设备间子系统：把共用系统设备的各种不同设备互连起来。相当于电话配线系统中的站内配线设备，以及电缆和导线连接部分。
- 管理子系统：为连接其他子系统提供连接手段。相当于电话配线系统中每层配线箱或电话分线盒部分。
- 建筑群子系统：由一个建筑物中的电缆延伸到建筑群的另外一些建设物中的通信设备和装置上，它提供楼群之间通信设施所需的硬件。相当于电话配线重点电缆保护箱及各建筑物之间的干线电缆。

总的来说，综合布线系统就是将通信、网络和电视等系统的位置、设备以及连接方式表示出来，为施工提供依据。

综合布线平面图的具体绘制过程如下：

Step 01　与天花照明平面图一样，综合布线平面图也是在前图的基础上完成的，在本例中直接打开图 16-10 所示的建筑图。

Step 02　使用"插入块"（INSERT）命令，打开随书附带光盘中的 CDROM\素材\第 16 章\综合布线支线选用示例.dwg 插入到图中，目的是为了在画图时能够随时调用图块，如图 16-42 所示。

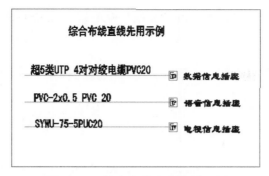

图 16-42　综合布线支线选用示例

**Step 03** 在命令行中输入 LAYER 命令，打开"图层特性管理器"选项板，新建"数据线路"图层，并将其设置为当前图层，如图 16-43 所示。

**Step 04** 由于数据插座在本图中是合并到一起的，需要再制作合并在一起的数据插座图块。先把相关的"数据插座"图块用"分解"（EXPLODE）命令打散，再放到一起，如图 16-44 所示。

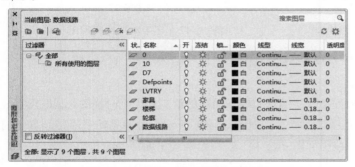

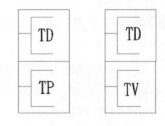

图 16-43　新建"数据线路"图层　　　　图 16-44　编辑"数据插座"图块

**Step 05** 再把"数据插座"图块中多余的线条删掉，修改成"数据插座 1"和"数据插座 2"，再使用 BLOCK 命令将它们编辑成两个同名图块，如图 16-45 所示。

图 16-45　制作"数据插座"图块

**Step 06** 把制作好的"数据插座"图块插入到图中，有些地方图块的方向需要调整，即在插入图块以后使用"旋转"命令⟳旋转 90° 后再放置到需要的位置，如图 16-46 所示。

**Step 07** 把配线箱插入到图中，再使用"直线"命令 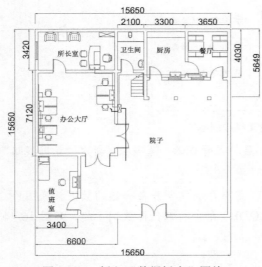，把绘制的数据插座和配线箱连接起来，如图 16-47 所示。

图 16-46 插入"数据插座"图块

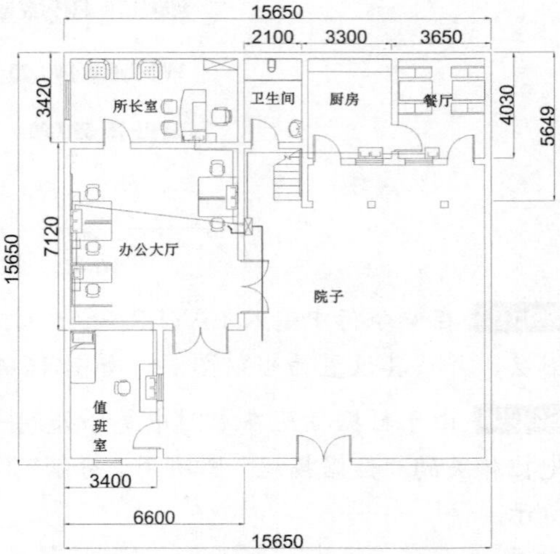

图 16-47 连接数据插座和配线箱

**Step 08** 最后使用"单行文字"命令 A 进行文字标注，完成一层综合布线平面图的绘制，如图 16-48 所示。

二层综合布线平面图的绘制流程与一层综合布线平面图的绘制是完全一样的，这里只将最后的成图展示出来，可以在学习之后进行练习，如图 16-49 所示（可参见随书附带光盘中的 CDROM\场景\第 16 章\一层综合布线平面图.dwg 和二层综合布线平面图.dwg）。

图 16-48 一层综合布线平面图

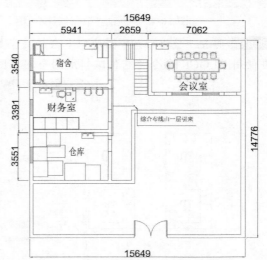

图 16-49 二层综合布线平面图

## 16.7　本章小结

　　本章详细讲解了室内照明系统的基本知识，以及室内建筑电气照明施工图的要求，并对照明设计中需要注意的要点进行了介绍，可使读者对室内照明系统设计有一个初步的了解，并通过实例的学习，练习前面所学的 AutoCAD 知识。

## 16.8　问题与思考

　　1．如何提高综合布线设计图的绘制效率？
　　2．如何快速调用电路图的元件图形符号？

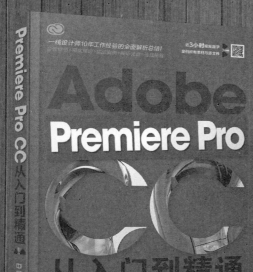

图解教学＋情景互助＋实战练习

＋视听光盘＝行业高手！

本书特点：
- 采用最新版本讲解
- 知识讲解系统全面
- 精心提取实用技巧
- 附赠多媒体教学盘

# 读 者 意 见 反 馈 表

亲爱的读者：

感谢您对中国铁道出版社的支持，您的建议是我们不断改进工作的信息来源，您的需求是我们不断开拓创新的基础。为了更好地服务读者，出版更多的精品图书，希望您能在百忙之中抽出时间填写这份意见反馈表发给我们。随书纸制表格请在填好后剪下寄到：北京市西城区右安门西街8号中国铁道出版社综合编辑部 于先军 收（邮编：100054）。或者采用传真（010-63549458）方式发送。此外，读者也可以直接通过电子邮件把意见反馈给我们，E-mail地址是：46768089@qq.com，我们将选出意见中肯的热心读者，赠送本社的其他图书作为奖励。同时，我们将充分考虑您的意见和建议，并尽可能地给您满意的答复。谢谢！

------------------------------------------------

所购书名：_____

个人资料：

姓名：_____ 性别：_____ 年龄：_____ 文化程度：_____

职业：_____ 电话：_____ E-mail：_____

通信地址：_____ 邮编：_____

------------------------------------------------

您是如何得知本书的：

□书店宣传 □网络宣传 □展会促销 □出版社图书目录 □老师指定 □杂志、报纸等的介绍 □别人推荐
□其他（请指明）

您从何处得到本书的：

□书店 □邮购 □商场、超市等卖场 □图书销售的网站 □培训学校 □其他

影响您购买本书的因素（可多选）：

□内容实用 □价格合理 □装帧设计精美 □带多媒体教学光盘 □优惠促销 □书评广告 □出版社知名度
□作者名气 □工作、生活和学习的需要 □其他

您对本书封面设计的满意程度：

□很满意 □比较满意 □一般 □不满意 □改进建议

您对本书的总体满意程度：

从文字的角度 □很满意 □比较满意 □一般 □不满意
从技术的角度 □很满意 □比较满意 □一般 □不满意

您希望书中图的比例是多少：

□少量的图片辅以大量的文字 □图文比例相当 □大量的图片辅以少量的文字

您希望本书的定价是多少：


本书最令您满意的是：

1.
2.

您在使用本书时遇到哪些困难：

1.
2.

您希望本书在哪些方面进行改进：

1.
2.

您需要购买哪些方面的图书？对我社现有图书有什么好的建议？


您更喜欢阅读哪些类型和层次的计算机书籍（可多选）？

□入门类 □精通类 □综合类 □问答类 □图解类 □查询手册类 □实例教程类

您在学习计算机的过程中有什么困难？


您的其他要求：